TURING 图灵原创

Vue.js技术内幕

黄轶◎著

人民邮电出版社
北京

图书在版编目（CIP）数据

Vue.js技术内幕 / 黄轶著. -- 北京 : 人民邮电出版社, 2022.9
（图灵原创）
ISBN 978-7-115-59646-8

Ⅰ. ①V… Ⅱ. ①黄… Ⅲ. ①网页制作工具一程序设计 Ⅳ. ①TP393.092.2

中国版本图书馆CIP数据核字(2022)第114915号

内容提要

本书将带领读者阅读 Vue.js 3.0 的源码，通过大量注释、流程图，呈现每部分源码的"前因后果"，帮助读者体会 Vue.js 的设计思想。全书共七部分，分为 24 章，作者结合实际用例，循序渐进地介绍了 Vue.js 的整体设计、组件、响应式原理、编译和优化、实用特性、内置组件、官方生态等内容。阅读本书不仅可以深入理解 Vue.js 的内核实现，还能学到阅读源码的技巧，提高业务逻辑分析能力和代码重构能力。

本书面向有 Vue.js、React 或者 Angular 等框架的使用经验，对源码设计感兴趣，渴望在技术方面进一步成长的开发者。

◆ 著　　　黄　轶
　责任编辑　杨　琳
　责任印制　彭志环
◆ 人民邮电出版社出版发行　　北京市丰台区成寿寺路11号
　邮编　100164　　电子邮件　315@ptpress.com.cn
　网址　https://www.ptpress.com.cn
　天津千鹤文化传播有限公司印刷
◆ 开本：800×1000　1/16
　印张：30.25　　　　2022年9月第1版
　字数：675千字　　　2022年9月天津第1次印刷

定价：119.80元

读者服务热线：(010)84084456-6009　印装质量热线：(010)81055316

反盗版热线：(010)81055315

广告经营许可证：京东市监广登字 20170147 号

前　　言

为什么要学习 Vue.js 源码？

在前端技术日新月异的今天，前端应用的复杂度也在日益提升，熟练掌握一个 MVVM 前端开发框架已经成为必然要求，因为这能够在很大程度上帮助前端开发者提高生产力。Vue.js、React 和 Angular 是目前国内最流行的三个 MVVM 框架，其中 Vue.js 凭借轻量、易上手的优势收获了大批“粉丝”。

但也正因为 Vue.js 上手门槛低，市场需求与人才现状之间存在不少现实矛盾：初级开发人员已经很难满足当前的需求，而高级开发人员又供不应求。面试官早已不只是考查你在应用层面的熟练程度，还喜欢通过技术背后的实现原理来判断你对技术的掌握程度，以及你对技术是否有钻研精神。如果你对于 Vue.js 的使用只是浮于表面，技术能力不过关，那么你将很难在行业中立足。

以我多年的从业经历来看：

> *了解技术实现原理是前端工作的必然要求，而阅读源码是了解技术实现原理的最直接方法，是高效提升个人技术能力的有效途径。*

此外，学习 Vue.js 源码还能够从更多层面提升你的技术实力。

首先，有助于加强 JavaScript 功底。Vue.js 底层源码是用纯原生 JavaScript 写的，在阅读 Vue.js 源码的过程中，你可以学习很多 JavaScript 编程技巧。这种贴合实战的学习方式，比天天抱着编程书看要高效得多。

其次，提升工作效率，形成学习与成长的良性循环。了解技术的底层实现原理，会让你在工作中更加游刃有余，在遇到问题后可以快速定位并分析解决。这样你的工作效率就会大大提升，从而节省出更多的时间来学习和提升自己。

再次，借鉴优秀源码的经验，学习高手思路。你可以通过阅读优秀的项目源码，了解高手是如何组织代码的，了解一些算法思想和设计模式的应用，甚至培养“造轮子”的能力。实际上，Vue.js 3.0 的设计实现就参考了很多优秀的开源 JavaScript 库。

最后，提升自己解读源码的能力。阅读源码本身是很好的学习方式，一旦你掌握了看源码的技巧，未来学习其他框架也会容易得多。而且，工作中也可以通过阅读已有的代码快速熟悉项目，提高业务逻辑分析能力和代码重构能力。

为什么要写作本书？

学习源码有这么多好处，很多人也明白这个道理，为什么很少有人愿意去阅读源码呢？

- 学习源码很枯燥，不像开发项目那样能够快速得到反馈，达到立竿见影的效果。
- 学习源码相对于开发项目来说更抽象，理解起来也更难，很多人学着学着就放弃了。
- 还有很多人想要更深入地学习 Vue.js，希望能够再上升一个高度，却不得其门而入。

这正是我写作本书的原因之一。我希望结合自己多年的源码研究经验和 Vue.js 实践经验，同时结合一些实际项目中的使用场景，来带你一起阅读源码，深入浅出地帮助你了解其技术实现原理。

此外，我平时喜欢写作和分享，曾经帮助很多人入门和进阶 Vue.js。在以往分享经验和答疑解惑的过程中，我更加直观地感受到了 Vue.js 学习者的困惑之处，也懂得了如何才能帮助大家更好地学习源码。

所以只要你能认真跟随我学习源码，就会发现原本枯燥的事情也能变得有趣。随着你不断深入地理解 Vue.js 的实现，你会越来越有成就感，学习的动力也就越来越强了。

怎样阅读本书？

我会对 Vue.js 3.0 的源码进行透彻的分析，但不会一味地解释源码，而是更加注重解读 Vue.js 在实现某个功能（feature）时的设计思想是什么以及为什么会这么做。相比单纯解释源码这种“翻译”的工作，我更喜欢做“阅读理解”，把每部分源码的“前因后果”分析清楚。

为了便于没有 TypeScript 经验的读者理解，我会尽量将编译后的 JavaScript 代码展示出来，并且通过注释说明代码的主要功能；尽量精简代码的分支逻辑，方便你理解核心流程；结合图例帮助你理解一些晦涩难懂的代码功能；结合实际用例，让你可以更加直观地明白源码背后想要解决的实际场景问题。

本书分为七部分，共 24 章。我会结合实际用例，循序渐进地带你深入 Vue.js 的内核实现。

- **第一部分（第 1 章、第 2 章）：Vue.js 的整体设计。**了解 Vue.js 框架的演进过程、Vue.js 3.*x* 主要做了哪些优化，以及分析 Vue.js 3.*x* 源码的目录结构、不同版本的 Vue.js 及其构建方式。
- **第二部分（第 3 章～第 8 章）：组件。**探究组件内部实现的奥秘，分析组件的实例、生命周期、属性、异步组件等。
- **第三部分（第 9 章～第 11 章）：响应式原理。**深入了解数据的响应式原理，学习常见的响应式对象 API、计算属性以及侦听器的实现原理。
- **第四部分（第 12 章～第 14 章）：编译和优化。**了解编译过程以及背后的优化思想。
- **第五部分（第 15 章～第 18 章）：实用特性。**探索实用特性背后的实现原理。
- **第六部分（第 19 章～第 22 章）：内置组件。**了解内置组件背后的实现原理。
- **第七部分（第 23 章、第 24 章）：官方生态。**了解前端路由和状态管理的实现原理。

准备好，让我们一起来感受 Vue.js 3.0 的美吧！

目　录

第一部分　Vue.js 的整体设计

第二部分　组件

第四部分 编译和优化

第五部分 实用特性

第一部分

Vue.js 的整体设计

从 2016 年底正式发布至今，Vue.js 2.0 已存在了不短的时间，其周边的生态设施都已经非常完善。对于 Vue.js 的用户而言，它几乎满足了日常开发中的所有需求。

你可能觉得 Vue.js 2.*x* 已经足够优秀，但是在 Vue.js 作者尤小右[1]的眼中，它还不够完美。在迭代 2.*x* 版本的过程中，他发现了很多需要解决的痛点，比如源码自身的维护性问题，数据量大导致的渲染和更新的性能问题，以及一直想舍弃但为了兼容性而保留的“鸡肋”API 等。另外，他还希望能给开发人员带来更好的编程体验，比如更好的 TypeScript 支持、逻辑复用实践，等等。

2020 年 9 月 18 日，Vue.js 3.0 正式发布，代号为 One Piece，它从源码、性能和语法 API 这三个大的方面做了优化。

本书的主要内容是分析 Vue.js 3.*x* 的框架源码实现。不过在正式分析之前，我希望带你了解一下 Vue.js 框架演进的过程，以及 Vue.js 3.*x* 主要做了哪些优化。

此外，我还会分析 Vue.js 3.*x* 源码的目录结构、不同版本的 Vue.js 及其构建方式。学习这些会为之后正式的源码分析打下良好的基础。

---

① 即尤雨溪。——编者注

第1章

Vue.js 3.*x*的优化

框架的升级通常会伴随着一系列优化。相比于 Vue.js 2.*x*，Vue.js 3.*x* 就做了多方面的优化。

接下来，就让我带你了解 Vue.js 3.*x* 具体做了哪些优化。相信你学习完本章，不仅能知道 Vue.js 3.*x* 的升级给开发带来的益处，还能学到一些设计思想和理念，并应用在自己的开发工作中，获得能力和技巧的提升。

1.1 源码优化

源码优化面向的是 Vue.js 框架的开发者，目的是让 Vue.js 框架本身的代码更易于开发和维护。源码的优化主要体现在使用 monorepo 和 TypeScript 开发和管理源码。

1.1.1 monorepo

Vue.js 2.*x* 的源码托管在 src 目录下，然后依据功能拆分出了 compiler（模板编译的相关代码）、core（与平台无关的通用运行时代码）、platforms（平台专有代码）、server（服务端渲染的相关代码）、sfc（.vue 单文件解析相关代码）和 shared（共享工具代码）等目录（见图 1-1）。而到了 Vue.js 3.*x*，源码整体是通过 monorepo 的方式维护的，并根据功能将不同的模块拆分到 packages 目录下的不同子目录中（见图 1-2）。

可以看出，相对于 Vue.js 2.*x* 的源码组织方式，monorepo 把这些模块拆分到不同的包（package）中，每个包有各自的 API、类型定义和测试。这样一来，模块拆分的粒度更细，职责划分更明确，模块之间的依赖关系也更加明显，使得开发人员更容易阅读、理解和更改所有模块源码，提高了代码的可维护性。

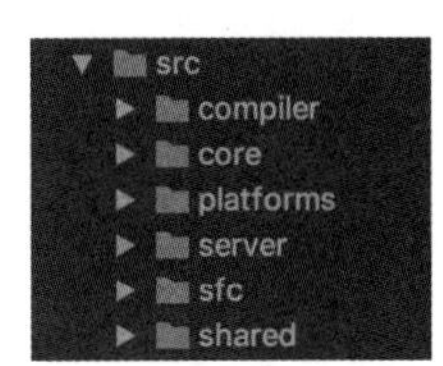

图 1-1 src 目录

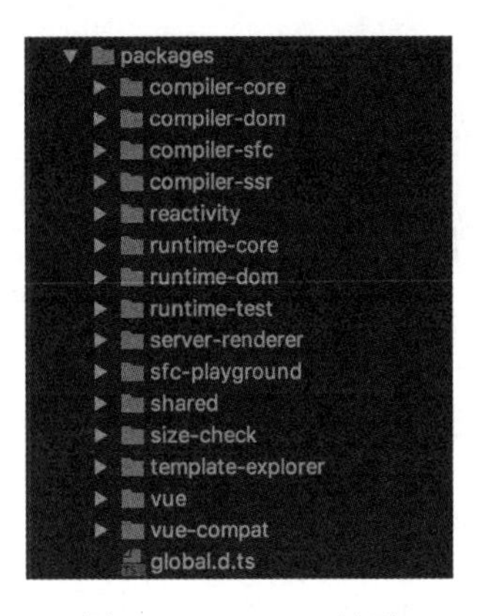

图 1-2 packages 目录

另外，一些包（比如 reactivity 响应式库）是可以独立于 Vue.js 使用的，用户如果只想使用 Vue.js 3.*x* 的响应式能力，就可以单独依赖这个响应式库，而不用依赖整个 Vue.js。这就减小了引用包的体积大小，而 Vue.js 2.*x* 是做不到这一点的。关于 Vue.js 3.*x* 每个包的用处，我会在第 2 章详细说明。

1.1.2 TypeScript

Vue.js 1.*x* 版本的源码没有使用类型语言，小右使用 JavaScript 开发了整个框架。但是对于复杂的框架项目开发，使用类型语言非常有利于代码的维护，因为它可以在编码期间帮你做类型检查，避免一些由类型问题导致的错误；也有利于定义接口的类型，并且有利于 IDE 对变量类型的推导。因此在重构 Vue.js 2.0 的时候，小右选择了 Flow。但是对于 Vue.js 3.*x*，他抛弃 Flow 转而采用 TypeScript 重构了整个项目。这里有两方面的原因。

首先，Flow 是 Facebook 出品的 JavaScript 静态类型检查工具，能以非常低的成本对已有的 JavaScript 代码进行签入，非常灵活。这也是 Vue.js 2.0 当初选择它的一个原因。但是对于一些复杂场景下的类型检查，Flow 支持得并不好。记得我在看 Vue.js 2.*x* 源码的时候，在代码注释中看到了 Vue.js 开发人员对 Flow 的吐槽，比如在组件更新 `props` 的地方出现了：

```
const propOptions: any = vm.$options.props // wtf flow?
```

由于 Flow 并没有正确推导出 `vm.$options.props` 的类型，开发人员不得不强制声明 `propsOptions` 的类型为 `any`，显得很不合理。

其次，Vue.js 3.*x* 在抛弃 Flow 后，使用 TypeScript 重构了整个项目。这是因为 TypeScript 提供了更好的类型检查，能支持复杂的类型推导。由于源码本身使用 TypeScript 编写，也省去了单独维护 d.ts 文件的麻烦。就整个 TypeScript 的生态来看，TypeScript 团队越做越好，TypeScript 本身保持着一定频率的迭代和更新，支持的功能也越来越多。

此外，小右和 TypeScript 团队也一直保持着良好的沟通，我们可以期待 TypeScript 对 Vue.js 有越来越好的支持。

1.2 性能优化

性能优化对前端工程师来说是老生常谈的问题。那么对于 Vue.js 2.x 这样已经足够优秀的前端框架，其性能优化可以从哪些方面获得突破呢？

1.2.1 源码体积优化

我们在平时工作中也经常会尝试优化静态资源的体积，因为 JavaScript 包的体积越小，就意味着网络传输时间越短，JavaScript 引擎解析包的速度越快。Vue.js 3.x 在源码体积减小方面做了哪些工作呢？

- 移除一些冷门的功能（比如 `filter`、`inline-template` 等）。这一点非常好理解，由于这些功能不再支持，它们对应的代码也可以删除了。
- 引入 tree-shaking 技术，减小打包体积。tree-shaking 的原理也很简单：依赖 ES2015 模块语法的静态结构（即 `import` 和 `export`），通过编译阶段的静态分析，找到没有导入的模块并打上标记，然后在压缩阶段删除已标记的代码。

举个例子，如果在一个 `math` 模块中定义了 `square(x)`和 `cube(x)`两个函数：

```
export function square(x) {
  return x * x
}

export function cube(x) {
  return x * x * x
}
```

我们在外面只导入 `cube` 模块：

```
import { cube } from './math.js'
```

那么最终 `math` 模块会被 webpack 打包，生成如下代码：

```
/* 1 */
/***/ (function(module, __webpack_exports__, __webpack_require__) {
  'use strict';
  /* unused harmony export square */
  /* harmony export (immutable) */ __webpack_exports__['a'] = cube;
  function square(x) {
    return x * x;
  }
```

```
  function cube(x) {
    return x * x * x;
  }
});
```

可以看到，未被导入的 square 模块被标记了，然后压缩阶段会利用 uglify-js 和 terser 等压缩工具真正地删除这些没有用到的代码。

利用 tree-shaking 技术，如果你在项目中没有导入 Transition、KeepAlive 等组件，它们对应的代码就不会被打包，这样也就间接达到了减小 Vue.js 代码体积的目的。

1.2.2 数据劫持优化

Vue.js 区别于 React.js 的一大特色是，它的数据是响应式的。这个特色从 Vue.js 1.*x* 版本就一直存在，这也是 Vue.js 的支持者们喜欢它的原因之一。DOM 是数据的一种映射，Vue.js 在数据发生变化后可以自动更新 DOM，用户只需要专注于数据的修改，没有额外的心智负担。

在 Vue.js 内部，想实现这个功能是要付出一定代价的，那就是必须劫持数据的访问和更新。其实这很好理解：当数据改变后，为了自动更新 DOM，就必须劫持数据的更新，也就是说当数据发生改变后能自动执行一些代码去更新 DOM。

那么问题来了：Vue.js 怎么知道该更新哪一个 DOM 呢？因为在渲染 DOM 的时候访问了数据，所以可以对它进行访问劫持，这样就在内部建立了依赖关系，也就知道数据对应的 DOM 是什么了。

以上只是大体的思路，具体实现更加复杂，内部还使用了一个名为 watcher 的数据结构做依赖管理，如图 1-3 所示。

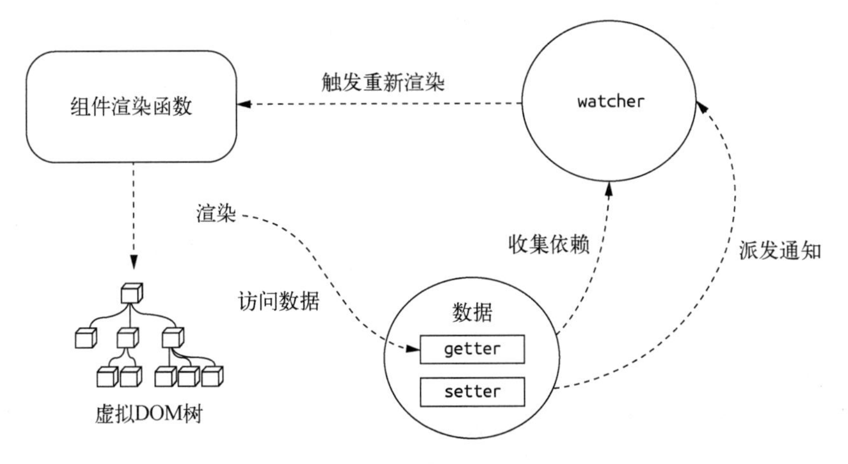

图 1-3　Vue.js 数据劫持优化思路

Vue.js 1.*x* 和 Vue.js 2.*x* 内部都是通过 `Object.defineProperty` API 去劫持数据的 getter 和 setter 的：

```
Object.defineProperty(data, 'a', {
  get(){
    // track
  },
  set(){
    // trigger
  }
})
```

但这个 API 有一些缺陷：它必须预先知道要拦截的 `key` 是什么，所以并不能检测对象属性的添加和删除。尽管 Vue.js 为了解决这个问题提供了 `$set` 和 `$delete` 实例函数，但是对于用户来说，这还是增加了一定的心智负担。

另外，使用 `Object.defineProperty` 的方式还有一个问题。举个例子，比如这个嵌套层级较深的对象：

```
export default {
  data: {
    a: {
      b: {
        c: {
          d: 1
        }
      }
    }
  }
}
```

由于 Vue.js 无法判断你在运行时到底会访问哪个属性，所以对于这样一个嵌套层级较深的对象而言，如果要劫持它内部深层次的对象变化，就需要递归遍历这个对象，执行 `Object.defineProperty` 把每一层对象数据都变成响应式的。毫无疑问，如果我们定义的响应式数据过于复杂，这就会产生相当大的性能负担。

Vue.js 3.*x* 为了解决上述两个问题，使用了 `Proxy` API 进行数据劫持：

```
observed = new Proxy(data, {
  get() {
    // track
  },
  set() {
    // trigger
  }
})
```

由于它劫持的是整个对象，那么自然对于对象的属性的增加和删除都能检测得到。

但要注意的是，`Proxy` API 并不能侦听到内部深层次的对象变化，因此 Vue.js 3.*x* 的处理方式是在 Proxy 处理器对象的 getter 中递归响应。这样的好处是，只有真正访问到的内部对象才会变成响应式的，而不是“无脑”递归，并且无疑在一定程度上提升了性能。我会在第 9 章详细介绍它的具体实现原理。

1.2.3 编译优化

为了便于理解，我们先来看图 1-4。

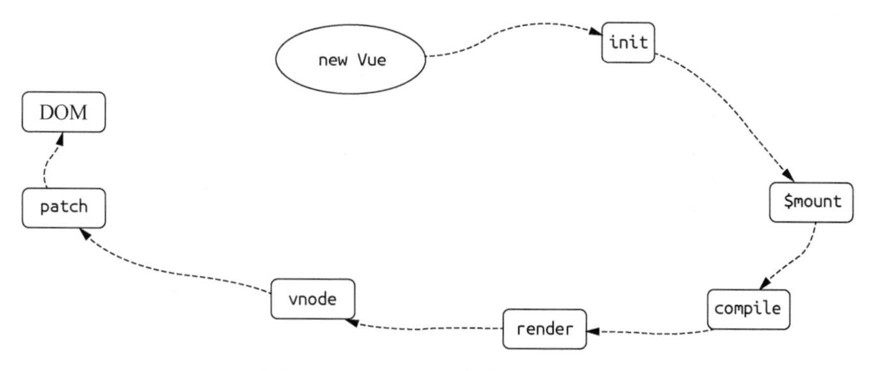

图 1-4 new Vue 渲染成 DOM 流程

这是 Vue.js 2.*x* 从 `new Vue` 开始渲染成 DOM 的流程，上面说过的响应式过程就发生在图 1-4 中的 init 阶段。另外，模板 `template` 编译生成 `render` 函数的流程是可以借助 `vue-loader` 在 webpack 编译阶段离线完成的，并非一定要在运行时完成。

所以想优化整个 Vue.js 的运行时，除了数据劫持部分的优化，还可以在耗时相对较多的 `patch` 阶段想办法。Vue.js 3.*x* 就是这么做的，它通过在编译阶段优化编译的结果，来实现运行时 `patch` 过程的优化。

我们知道，通过数据劫持和依赖收集，Vue.js 2.*x* 数据更新并触发重新渲染的粒度是组件级的（见图 1-5）。

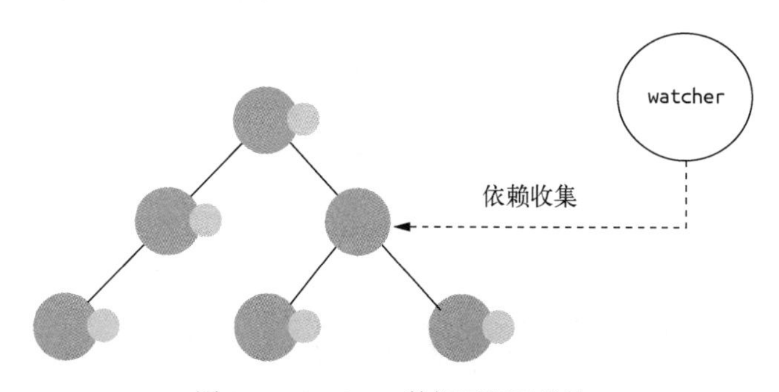

图 1-5 Vue.js 2.*x* 数据更新及渲染

虽然 Vue.js 能保证触发更新的组件最小化，但在单个组件内部依然需要遍历该组件的整个 vnode 树。举个例子，比如我们要更新这个组件：

```
<template>
  <div id="content">
    <p class="text">static text</p>
    <p class="text">static text</p>
    <p class="text">{{message}}</p>
    <p class="text">static text</p>
    <p class="text">static text</p>
  </div>
</template>
```

整个 diff 过程如图 1-6 所示。

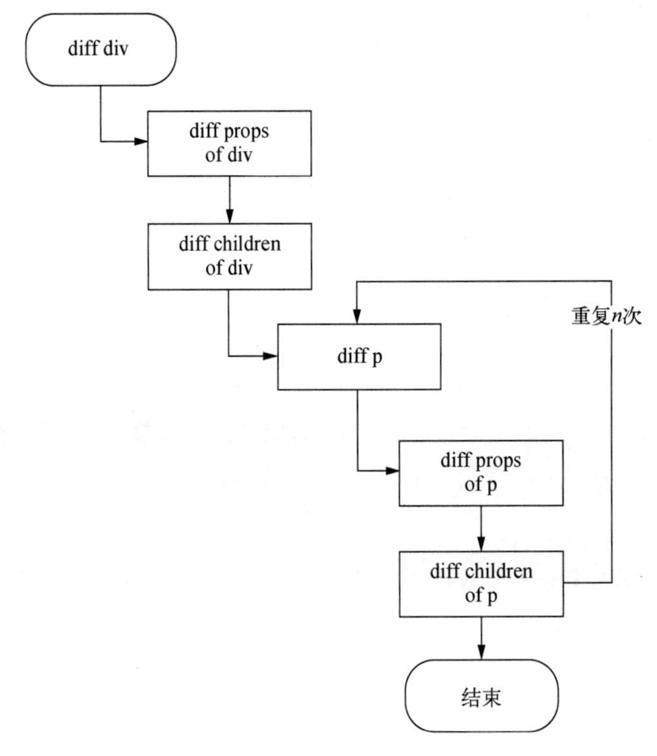

图 1-6　diff 过程

从图 1-6 中可以看到，这段代码中只有一个动态节点，因此有很多 diff 和遍历其实是不需要的。但是在 Vue.js 2.x 的 diff 算法中，会遍历所有的节点，这就会导致 vnode 的更新性能跟模板大小正相关，跟动态节点的数量无关。当一些组件的整个模板内只有少量动态节点时，这些遍历就是性能的浪费。

对于上述例子，理想状态是只需要 diff 这个绑定 `message` 动态节点的 `p` 标签即可。

Vue.js 3.*x* 做到了，它通过编译阶段对静态模板的分析，编译生成了 Block Tree。Block Tree 是将模板基于动态节点指令切割的嵌套区块，每个区块内部的节点结构是固定的，而且每个区块只需要以一个 `Array` 来追踪自身包含的动态节点。

借助 Block Tree，Vue.js 将 `vnode` 的更新性能由与模板整体大小相关提升为与动态内容的数量相关。这是一个非常大的性能突破，我会在后面详细分析它是如何实现的。除此之外，Vue.js 3.*x* 还在运行时重写了 diff 算法，我会在第 4 章详细分析它的实现。

1.3 语法 API 优化

除了源码和性能，Vue.js 3.*x* 还在语法方面进行了优化，主要是提供了 `Composition` API。那么，它有哪些作用和优势呢？

1.3.1 优化逻辑组织

在 Vue.js 1.*x* 和 2.*x* 版本中，编写组件在本质上就是编写一个"包含了描述组件选项的对象"，我们把它称为 Options API。它的好处在于写法非常符合直觉思维，对于新手来说很容易理解。这也是很多人喜欢 Vue.js 的原因之一。

Options API 的设计按照 `methods`、`computed`、`data` 和 `props` 这些不同的选项分类。当组件小的时候，这种分类方式一目了然。但是在大型组件中，一个组件可能有多个逻辑关注点。当使用 Options API 的时候，每个关注点都有自己的 Options，如果需要修改一个逻辑关注点，就需要在单个文件中不断上下切换和寻找。

以官方的 Vue CLI UI file explorer 为例，它是 `vue-cli` GUI 应用程序中的一个复杂的文件浏览器组件。这个组件需要处理许多不同的逻辑关注点：

- 跟踪当前文件夹状态并显示其内容；
- 处理文件夹导航（打开、关闭、刷新等）；
- 处理新文件夹的创建；
- 切换显示收藏夹；
- 切换显示隐藏文件夹；
- 处理当前工作目录的更改。

如果我们按照逻辑关注点做颜色编码，就可以看到当使用 Options API 编写组件时，这些逻辑关注点是非常分散的（见图 1-7）。

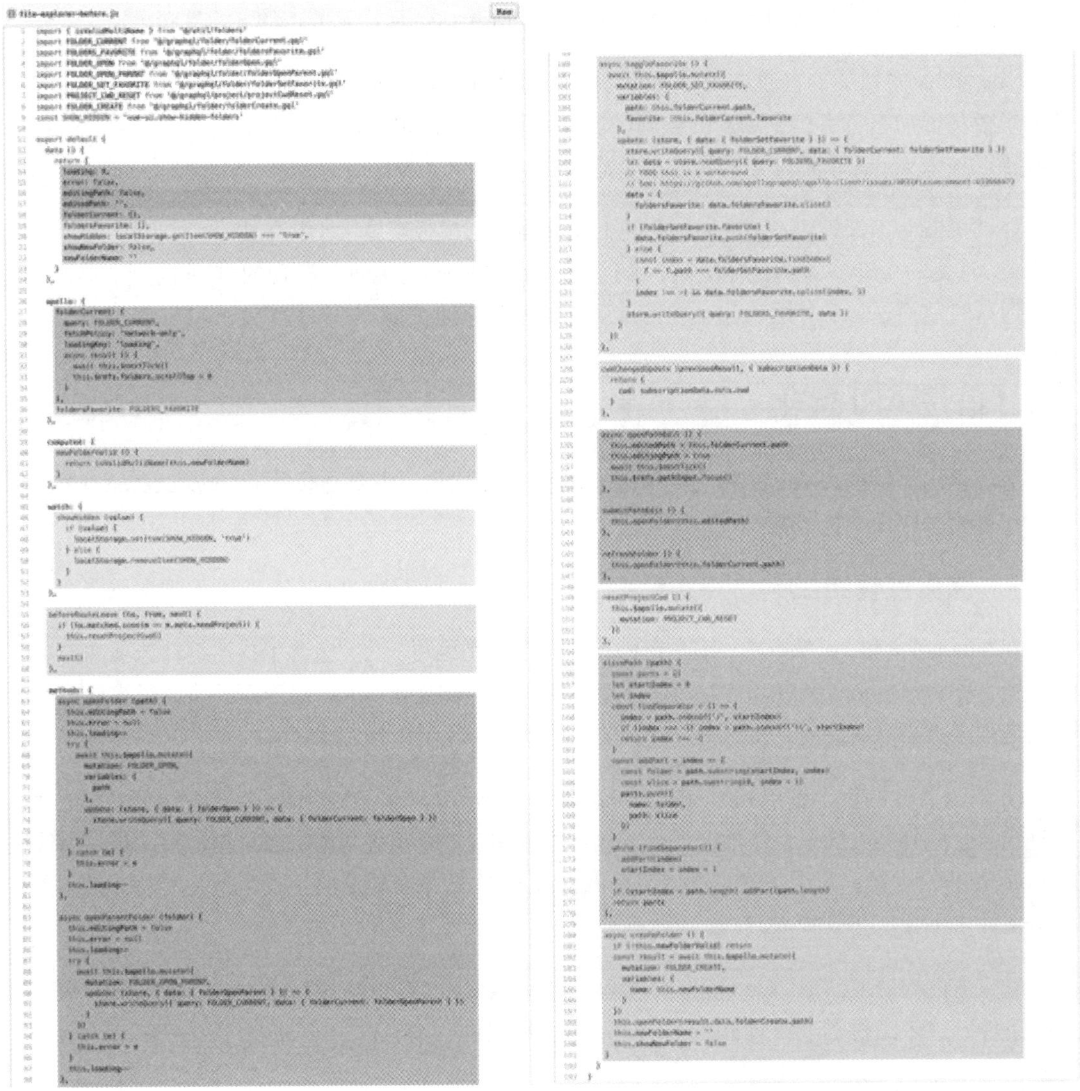

图 1-7　Options API 编写组件逻辑关注点

Vue.js 3.*x* 提供了一种新的 API：`Composition` API。它有一个很好的机制能解决这样的问题，就是将某个逻辑关注点相关的代码全部放在一个函数里。这样，当需要修改一个功能时，就不再需要在文件中跳来跳去。

通过图 1-8，我们可以很直观地感受到 `Composition` API 在逻辑组织方面的优势。

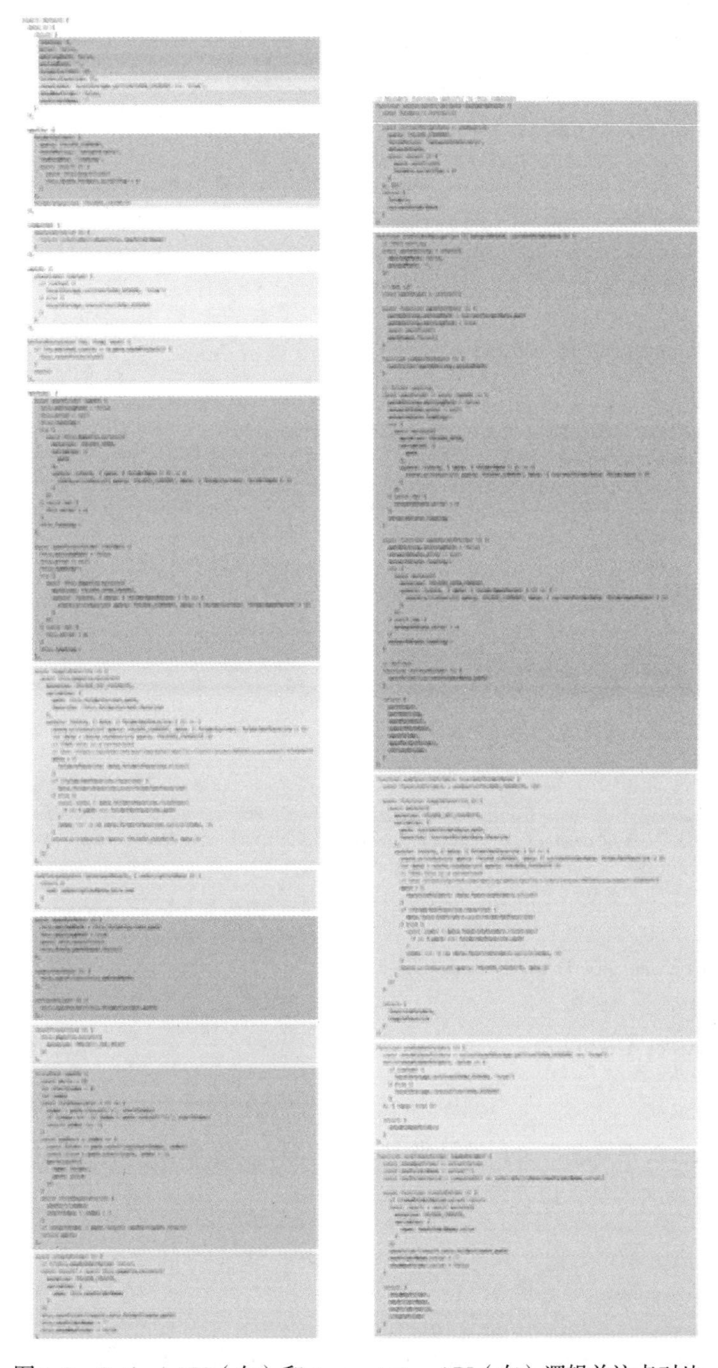

图 1-8 Options API（左）和 Composition API（右）逻辑关注点对比

1.3.2 优化逻辑复用

当我们开发的项目变得复杂的时候，免不了要抽象出一些可复用的逻辑。在 Vue.js 2.x 中，我们通常会用 mixin 去复用逻辑。举一个鼠标位置侦听的例子，我们会编写如下函数 `mousePositionMixin`：

```
const mousePositionMixin = {
  data() {
    return {
      x: 0,
      y: 0
    }
  },
  mounted() {
    window.addEventListener('mousemove', this.update)
  },
  destroyed() {
    window.removeEventListener('mousemove', this.update)
  },
  methods: {
    update(e) {
      this.*x* = e.pageX
      this.y = e.pageY
    }
  }
}
export default mousePositionMixin
```

在组件中使用它：

```
<template>
  <div>
    Mouse position: x {{ x }} / y {{ y }}
  </div>
</template>

<script>
import mousePositionMixin from './mouse'

export default {
  mixins: [mousePositionMixin]
}
</script>
```

使用单个 mixin 似乎问题不大，但是当一个组件混入大量不同的 mixin 的时候，会存在两个非常明显的问题：命名冲突，以及数据来源不清晰。

首先，每个 mixin 都可以定义自己的 `props` 和 `data`，它们之间是无感的，所以很容易定义相同的变量，导致命名冲突。

其次，对组件而言，如果模板中使用不在当前组件中定义的变量，就不太容易知道这些变量是在哪里定义的，这就是数据来源不清晰。

不过，Vue.js 3.*x* 设计的 Composition API 很好地帮助我们解决了 mixin 的这两个问题。

我们来看一下在 Vue.js 3.*x* 中如何书写这个示例：

```
import { ref, onMounted, onUnmounted } from 'vue'

export default function useMousePosition() {
  const x = ref(0)
  const y = ref(0)
  const update = e => {
    x.value = e.pageX
    y.value = e.pageY
  }
  onMounted(() => {
    window.addEventListener('mousemove', update)
  })
  onUnmounted(() => {
    window.removeEventListener('mousemove', update)
  })
  return { x, y }
}
```

这里约定函数 useMousePosition 为钩子函数，然后在组件中使用：

```
<template>
  <div>
    Mouse position: x {{ x }} / y {{ y }}
  </div>
</template>

<script>
  import useMousePosition from './mouse'

  export default {
    setup() {
      const { x, y } = useMousePosition()
      return { x, y }
    }
  }
</script>
```

可以看到，整个数据来源变得清晰了，而且即使编写更多的钩子函数，也不会出现命名冲突的问题。

Composition API 除了在逻辑复用方面有优势，也有更好的类型支持，因为它们都是一些函数。在调用函数时，所有的类型自然就被推导出来了，不像 Options API，对所有的东西都使用 this。另外，Composition API 对 tree-shaking 友好，代码也更容易压缩。

这里需要说明的是，Composition API 属于 API 的增强，它并不是 Vue.js 3.x 组件开发的范式。如果你的组件足够简单，还是可以使用 Options API。

1.4　引入 RFC

作为一个流行开源框架的作者，小右可能每天都会收到各种各样的功能请求（feature request）。但并不是社区一有新功能的需求，框架就会立刻支持，因为随着 Vue.js 的用户越来越多，小右会更加重视稳定性，仔细考量每一个可能影响最终用户的更改，并且有意识地防止新 API 对框架本身的实现带来复杂性的提升。

因此在 Vue.js 2.x 版本开发到后期的阶段，小右就启用了 RFC。它的全称是 Request For Comments，旨在为新功能进入框架提供一个一致且受控的路径。当社区有一些新需求的时候，可以先提交一个 RFC，然后由社区和 Vue.js 的核心团队一起讨论。只有这个 RFC 最终通过，它才会被实现。

到了 Vue.js 3.x，小右在实现代码前就大规模启用了 RFC，来确保他的改动和设计都是经过讨论并得到确认的，从而避免走弯路。Vue.js 3.x 版本有很多重大的改动，每一个都有对应的 RFC。通过阅读这些 RFC，你可以了解每一个功能被采用或废弃的前因后果。

Vue.js 3.x 目前已被实现及合并的 RFC 都在 GitHub 的 vuejs/rfcs 项目页面上。阅读后，你也可以大致了解 Vue.js 3.x 的一些变化，以及为什么会产生这些变化，以便了解其前因后果。

1.5　总结

Vue.js 3.x 的升级从源码、性能和语法 API 等层面做了优化。另外，通过引入 RFC，框架的每一个功能升级也变得可控。

在平时，你也可以像小右一样去审视自己的工作、发现痛点，找到可以改进和努力的方向并付诸实践。只有这样，你才能够不断提升自己的能力，工作上也会有不错的产出。

Vue.js 3.x 做了这么多改进，相信你一定对它的实现细节非常感兴趣，那么在接下来的章节里，就让我对 Vue.js 的源码抽丝剥茧，一层层地为你展现 Vue.js 背后的实现原理和细节。

第 2 章

Vue.js 3.*x* 源码总览

当你准备阅读 Vue.js 3.*x* 的源码时，首先要做的事情就是将源码从 GitHub 上克隆下来，然后用你熟悉的 IDE 打开源码目录。

源码目录中相对重要的就是 packages 和 scripts 目录，前者存放的是 Vue.js 3.*x* 的源码和测试代码，而后者存放的是编译构建的相关代码。

接下来，我会带你大致了解 Vue.js 3.*x* 的源码目录结构和编译构建。

2.1 源码目录结构

上一章提到过，Vue.js 3.*x* 的源码采用 monorepo 的方式来维护，其最大特点就是根据功能将不同的模块拆分到 packages 目录下面的不同子目录中，如图 2-1 所示。

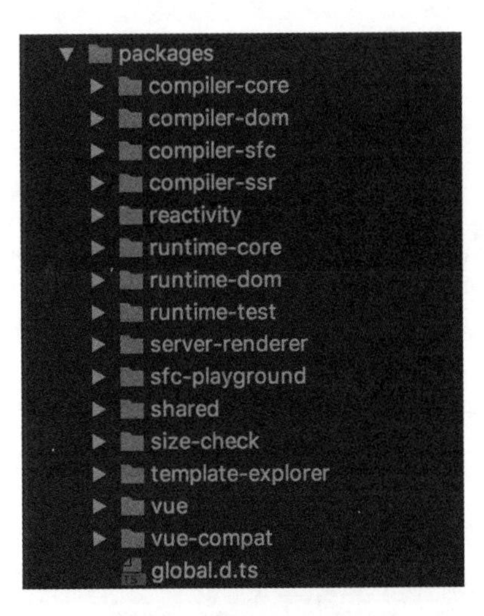

图 2-1 packages 目录

下面大致介绍一下各个包（package）的功能。

- **compiler-core**

Vue.js 是一个跨平台的框架，既可以在浏览器端编译，也可以在服务端编译。所谓编译，就是把模板字符串转化成渲染函数。compiler-core 包含了与平台无关的编译器核心代码实现，包括编译器的基础编译流程：解析模板生成 AST—AST 的节点转换—根据 AST 生成代码。在 AST 的节点转换过程中，会执行很多转换插件，compiler-core 则包含所有与平台无关的转换插件。

- **compiler-dom**

在浏览器端编译时，会使用 compiler-dom 提供的编译器，它是在 compiler-core 的基础上进行的封装。compiler-dom 包含了专门针对浏览器的转换插件。

- **compiler-ssr**

在服务端编译时，会使用 compiler-ssr 提供的编译器，它也是在 compiler-core 的基础上进行的封装，也依赖了 compiler-dom 提供的一部分辅助转换函数。compiler-ssr 包含了专门针对服务端渲染的转换插件。

- **compiler-sfc**

我们通常会用.vue 编写一个单文件组件，但是.vue 文件类型是不能直接被浏览器解析的，需要编译。

为了处理.vue 文件，我们会借助如 webpack 的 `vue-loader` 这样的处理器。它会先解析.vue 文件，把 `template`、`script`、`style` 部分抽离出来，然后各个模块运行各自的解析器，单独解析。

.vue 文件的解析，以及 `template`、`script`、`style` 的解析的相关代码都是由 compiler-sfc 模块实现的。

- **runtime-core**

runtime-core 包含了与平台无关的运行时核心实现，包括虚拟 DOM 的渲染器、组件实现和一些全局的 JavaScript API。可以基于 runtime-core 创建针对特定平台的高阶运行时（即自定义渲染器）。

- **runtime-dom**

它就是基于 runtime-core 创建的以浏览器为目标的运行时，包括对原生 DOM API、属性、样式、事件等的管理。

- **runtime-test**

它是用于测试 runtime-core 的轻量级运行时，仅适用于 Vue.js 自身的内部测试——确保使用此包测试的逻辑与 DOM 无关，并且运行速度比 jsdom 快。它可以在任何 JavaScript 环境中使用，因为它会渲染成一棵普通的 JavaScript 对象树，该树可用于断言正确的渲染输出。它还提供用于序列化树、触发事件和记录更新期间所执行的实际节点操作的实用工具，可以用作实现自定义渲染器的参考。

- **reactivity**

数据驱动是 Vue.js 的核心概念之一，响应式系统是实现数据驱动的前提。

reactivity 包含了响应式系统的实现，它是 runtime-core 包的依赖，也可以作为与框架无关的包独立使用。

- **template-explorer**

它是用于调试模板编译输出的工具。先在源码根目录下运行 `yarn dev-compiler`（运行前需要执行 yarn 的安装依赖），再去根目录下运行 `yarn open`，就可以打开模板编译输出工具，调试编译结果了。Vue.js 官方还提供了模板编译输出工具的在线版本 Vue Template Explorer，你可以访问它来调试模板的编译输出。

- **sfc-playground**

和 template-explorer 类似，sfc-playground 是用于调试 SFC（single file component，单文件组件）编译输出的工具。与 template-explorer 不同的是，它不仅仅包含 `template` 部分的编译，还包含了 `script` 和 `style` 部分的编译。此外，由于 Vue.js 3.*x* 还支持了`<script setup>`等语法糖，SFC 中的 `template` 在编译的时候，也会考虑 `script` 部分的代码，因此即使对于相同的 `template`，使用 sfc-playground 编译的结果也可能和使用 template-explorer 编译的结果有所不同。Vue.js 官方还提供了 SFC 编译输出工具的在线版本 Vue SFC Playground，你可以访问它来调试 SFC 的编译输出。

- **shared**

它包含多个包共享的内部实用工具库（尤其是运行时和编译器包使用的与环境无关的实用工具）。

❑ **size-check**

它是 Vue.js 内部使用的一个包，用于检测 tree-shaking 后 Vue.js 运行时的代码体积。

❑ **server-renderer**

它包含了服务端渲染的核心实现，是用户在使用 Vue.js 实现服务端渲染时所需要依赖的包。

❑ **vue**

虽然 Vue.js 源码被拆成了多个包，但是用户在使用的时候还是直接导入单个包，该包就是 vue 这个目录构建产生的。vue 是面向用户的完整构建，包括运行时版本和带编译器的版本。

❑ **vue-compat**

它是 Vue.js 3.*x* 的一个构建版本，提供可配置的 Vue.js 2.*x* 兼容行为。在该构建版本中，大多数公共 API 的行为与 Vue.js 2.*x* 中的完全相同，只有少数例外。在 Vue.js 3.*x* 中使用已更改或已弃用的功能会在运行时发出警告。这些包并非完全独立，而是有一定的依赖关系，可以用图 2-2 来描述。

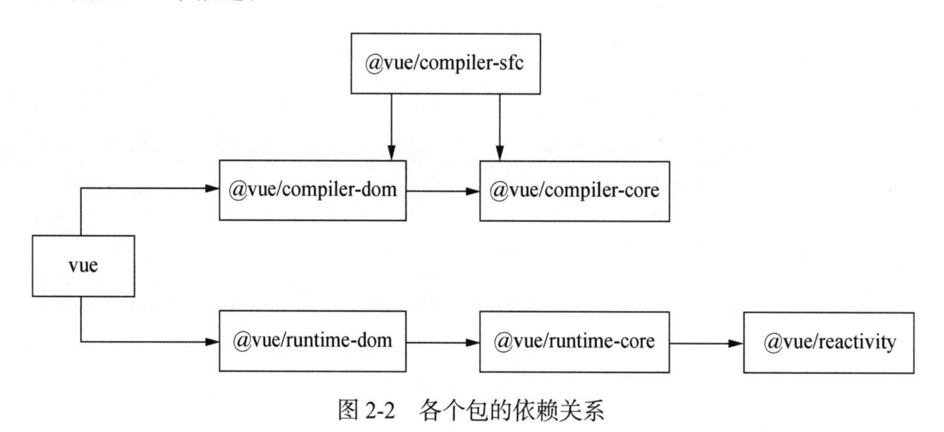

图 2-2　各个包的依赖关系

2.2　不同构建版本 Vue.js 的使用场景

当你在源码根目录运行 `yarn build` 时，会执行各个包的编译构建，其中 vue 这个包的 dist 目录下会有多个不同构建版本的 Vue.js。

先看看这些打包后的文件名。一个明显的特点是，部分打包后的文件名带有 `runtime` 的字符串，我们把它们称作运行时版本，剩下的则称作带编译器的版本。那么，它们之间有什么区别呢？

2.2.1 Runtime-only 与 Runtime + Compiler

Vue.js 支持我们在编写组件的时候定义模板 `template`，而 `template` 是不能直接使用的，需要先把它编译生成 `render` 函数。如果我们希望在运行时动态编译 `template`，就得使用 Runtime + Compiler 版本的 Vue.js。但是，模板编译的过程其实是可以离线运行的。例如，借助 webpack 的 `vue-loader`，就可以在离线构建的时候把.vue 文件中的 `template` 部分编译成 `render` 函数，并添加到组件的对象中。这样在运行时组件对象就已经有 `render` 函数了，从而可以使用 Runtime-only 版本的 Vue.js。

通常，我更推荐使用 Runtime-only 版本的 Vue.js，因为它不仅比 Runtime + Compiler 版本的 Vue.js 更轻量，而且性能更好，原因在于它减少了运行时动态编译模板的流程。

2.2.2 CDN 直接使用

CDN 直接使用的 Vue.js 有两大类：`global` 版本和 `esm-browser` 版本。

- **vue(.runtime).global(.prod).js**

  可以通过`<script src="...">`的方式在浏览器端直接加载 `global` 版本的 Vue.js，它会暴露全局的 `Vue` 对象。

  `global` 版本内联了 Vue.js 的所有核心内部包，它是一个单独的文件，不依赖于其他文件。在该版本中，不带`.runtime` 的是全构建版本，即带有编译器和运行时，它支持在运行时编译模板。而带有`.runtime` 的只包含运行时版本，所以需要模板在项目构建的阶段进行预编译。

  此外，不带`.prod` 的是开发时版本，它的代码没有被压缩，并且会把源码中的 `if (__DEV__)` 硬编码为 `if(true)`。而带有`.prod` 的是生产线版本，它不仅会压缩代码，还会把所有源码中 `if (__DEV__)`分支的代码删除。

- **vue(.runtime).esm-browser(.prod).js**

  `esm-browser` 版本可以通过原生的 ES Module 导入，只需要通过`<script type="module">`的方式导入模块即可。不过，原生 ES Module 的导入方式只支持新版本的现代浏览器，不支持 IE 浏览器。

除此之外，`esm-browser` 版本和 `global` 版本在依赖项内联、运行时编译、硬编码 `prod/dev` 的行为上是一致的。

2.2.3 配合打包工具使用

除了直接通过 CDN 加载的方式，更常用的是配合打包工具来使用 Vue.js。

- **vue(.runtime).esm-bundler.js**

  esm-bundler 版本是配合如 webpack、rollup 和 parcel 的打包工具一起使用的。和 global 版本不同，esm-bundler 版本会把源码中的 if (__DEV__)替换成 if(process.env.NODE_ENV !== 'production')，然后在这些打包工具编译构建的时候替换 process.env.NODE_ENV。esm-bundler 不提供.prod 版本，它会随着应用程序的代码一起被这些打包工具压缩。

注意，esm-bundler 版本的内部会依赖一些独立的包，比如@vue/runtime-dom 也是依赖它们的 esm-bundler 版本。比起 global 和 esm-browser 内联了所有 Vue.js 核心内部包的方式，esm-bundler 的方式更有利于 tree-shaking。举个例子，虽然 runtime-core.esm-bundler.js 中定义了 KeepAlive 组件对象并导出，但如果应用程序压根没有导入 KeepAlive 组件，那么 KeepAlive 组件定义的这部分代码在编译后会被标记，并在压缩阶段删除。这样就减小了包的体积，达到了性能优化的目的。

此外，在某些情况下仍然可能需要带编译器版本的 vue.esm-bundler.js，比如对一些内联 JavaScript 字符串创建的模板做动态编译。因为在默认情况下执行 import vue，打包器会加载 vue.runtime.esm-bundler.js，所以我们需要配置打包器对 vue 引用的别名，来指向这个带编译器版本的 vue.esm-bundler.js。举个例子，对于借助 vue-cli 脚手架创建的项目，你可以在 vue.config.js 中配置 runtimeCompiler 选项为 true。

2.2.4 服务端渲染使用

除了浏览器端，Vue.js 还可以用于服务端，做服务端渲染。

- **vue.cjs(.prod).js**

  cjs 版本用于 Node.js 服务端渲染，由于遵循 Common JS 规范，它可以通过 require 的方式加载。

  cjs 的 dev/prod 版本都是预编译好的，至于运行时加载哪个版本，会根据 process.env.NODE_ENV 的值来决定。

在了解了不同版本 Vue.js 的使用场景后，你可能会好奇，dist 目录下的这些 Vue.js 版本是如何生成的。那么接下来，我们就来大致了解一下 Vue.js 的编译构建过程。

2.3 编译构建

打开根目录下的 package.json 你会发现，当执行 yarn build 命令时，实际上就是在执行 node scripts/build.js 来完成 Vue.js 的编译构建。Vue.js 源码的整个编译过程大致分为如下几个核心步骤。

2.3.1 收集编译目标

收集编译目标其实就是确定 packages 目录下的哪些包需要编译。来看一下相关的代码：

```
// scripts/utils.js
const targets = (exports.targets = fs.readdirSync('packages').filter(f => {
  if (!fs.statSync(`packages/${f}`).isDirectory()) {
    return false
  }
  const pkg = require(`../packages/${f}/package.json`)
  if (pkg.private && !pkg.buildOptions) {
    return false
  }
  return true
}))
```

这段逻辑就是遍历 packages 目录下的子包，读取每个包中的 package.json 文件，获取 JSON 对象 pkg。然后判断 pkg 的 private 和 buildOptions 字段，只要 private 不为 true 或者配置了 buildOptions，那么该包就是编译的目标。

经过遍历处理后，最终获得 targets 的值为：['compiler-core', 'compiler-dom', 'compiler-sfc', 'compiler-ssr', 'reactivity', 'runtime-core', 'runtime-dom', 'server-renderer', 'shared', 'size-check', 'template-explorer', 'vue', 'vue-compat']。

2.3.2 并行编译

获取编译目标之后，为了提高编译效率，Vue.js 采用了并行编译的方式。因为每个包的编译都是一个异步过程，并且它们之间的编译是没有依赖关系的，所以可以并行编译。来看一下相关的代码：

```
// scripts/build.js
async function buildAll(targets) {
  await runParallel(require('os').cpus().length, targets, build);
}
```

buildAll 函数只有单个参数，传入的 targets 就是前面获取的编译目标。buildAll 的内部是通过 runParallel 函数来实现并行编译的，来看一下它的实现：

```
// scripts/build.js
async function runParallel(maxConcurrency, source, iteratorFn) {
```

```
  const ret = [];
  const executing = [];
  for (const item of source) {
    const p = Promise.resolve().then(() => iteratorFn(item, source));
    ret.push(p);

    if (maxConcurrency <= source.length) {
      const e = p.then(() => executing.splice(executing.indexOf(e), 1));
      executing.push(e);
      // 正在执行的任务数超过最大并发数
      if (executing.length >= maxConcurrency) {
        // 等待优先完成的任务
        await Promise.race(executing);
      }
    }
  }
  return Promise.all(ret);
}
```

runParallel 函数拥有三个参数，其中 maxConcurrency 是最大并发数，它是根据计算机中 CPU 的最大核心数得到的；source 传入的是编译目标 targets；iteratorFn 传入的是单个编译函数 build。

runParallel 内部会创建一个 executing 数组来记录当前正在执行的异步任务，然后遍历 source，依次执行每个包的单独编译。在遍历的过程中，如果发现正在执行的异步任务 executing 的长度大于最大并发数 maxConcurrency，则停止循环后续的异步任务，等待当前某个异步任务执行完毕。然后，当某个异步任务优先执行完毕后，就会被从 executing 中删除，这样就又可以继续循环执行后续的异步任务了。重复前面的逻辑，直至全部执行完毕。

2.3.3 单个编译

因此，真正执行单个包编译的还是 build 函数。来看一下它的实现：

```
// scripts/build.js
async function build(target) {
  const pkgDir = path.resolve(`packages/${target}`);
  const pkg = require(`${pkgDir}/package.json`);

  // 只编译公共包
  if (isRelease && pkg.private) {
    return;
  }

  if (!formats) {
    await fs.remove(`${pkgDir}/dist`);
  }

  const env =
    (pkg.buildOptions && pkg.buildOptions.env) ||
```

```
    (devOnly ? "development" : "production");

  // 执行 rollup 命令，运行 rollup 打包工具
  await execa(
    "rollup",
    [
      "-c",
      "--environment",
      [
        `COMMIT:${commit}`,
        `NODE_ENV:${env}`,
        `TARGET:${target}`,
        formats ? `FORMATS:${formats}` : ``,
        buildTypes ? `TYPES:true` : ``,
        prodOnly ? `PROD_ONLY:true` : ``,
        sourceMap ? `SOURCE_MAP:true` : ``
      ]
        .filter(Boolean)
        .join(",")
    ],
    { stdio: "inherit" }
  );

  // ...
}
```

`build` 函数只有单个参数 `target`，表示目录名字符串。根据 `target`，我们能获取对应目录下的 package.json 文件，即每个包的描述文件。

从 package.json 中，我们可以获取每个包的 `buildOptions` 字段，这个属性用来描述与包编译相关的配置。然后通过运行 `rollup` 命令，并传入一些环境变量，就可以对每个包进行编译。

所以最终每个包还是通过 `rollup` 打包工具来编译的，具体的编译方式就需要看 `rollup` 是如何配置的了。

2.4 rollup 配置

`rollup` 的配置在 rollup.config.js 中，该文件最终会导出一个对象类型的配置数组，单个配置的格式大致如下：

```
{
  input,
  output,
  external,
  plugins
}
```

其中，`input` 是编译打包的入口文件，`output` 是编译后的目标文件，`external` 是排除在目标文件

之外的第三方库，而 plugins 是编译中用到的一些插件。

整个 rollup.config.js 代码较多，为了让你更好地理解它是如何做的配置，我把它拆分成以下几个方面，并配合一些具体的示例来分析。

2.4.1　输入与输出

我们重点关注 input 和 output 字段，来了解每个包编译的入口文件有哪些，又会编译生成哪些文件。

因为编译配置对象最终会通过 createConfig 函数创建，我们可以通过倒推的方式来分析，截取其中与 input 和 output 相关的代码：

```
// rollup.config.js
function createConfig(format, output, plugins = []) {
  if (!output) {
    console.log(require('chalk').yellow(`invalid format: "${format}"`))
    process.exit(1)
  }

  output.sourcemap = !!process.env.SOURCE_MAP
  output.externalLiveBindings = false

  const isGlobalBuild = /global/.test(format)

  // ...
  if (isGlobalBuild) {
    output.name = packageOptions.name
  }

  // ...
  const entryFile = /runtime$/.test(format) ? `src/runtime.ts` : `src/index.ts`

  // ...
  return {
    input: resolve(entryFile),
    output,
    // ...
  }
}
```

从上述代码可以看出，input 的来源是 resolve(entryFile)，而 entryFile 的值取决于 format 的格式：要么是 src/runtime.ts，要么是 src/index.ts。resolve 函数的实现如下：

```
const packagesDir = path.resolve(__dirname, 'packages')
const packageDir = path.resolve(packagesDir, process.env.TARGET)
const resolve = p => path.resolve(packageDir, p)
```

其中，packagesDir 指向源码的 packages 目录，packageDir 是根据环境变量中的 TARGET 与 packagesDir

解析的，而 TARGET 的值就是在前面单个包编译过程中执行 rollup 命令传入的。

举个例子，假设我们正在编译 vue 这个包，那么 target 就是 vue，packageDir 就是 packages/vue。执行 resolve 后，对应的 input 就是 packages/vue/src/runtime.ts 或者 packages/vue/src/index.ts。

接下来，我们需要了解 format 的值是如何得到的。来看一下和 format 相关的代码：

```
// rollup.config.js
const pkg = require(resolve(`package.json`))
const packageOptions = pkg.buildOptions || {}
const defaultFormats = ['esm-bundler', 'cjs']
const inlineFormats = process.env.FORMATS && process.env.FORMATS.split(',')
const packageFormats = inlineFormats || packageOptions.formats || defaultFormats
const packageConfigs = process.env.PROD_ONLY
  ? []
  : packageFormats.map(format => createConfig(format, outputConfigs[format]))
```

最终，代码通过遍历 packageFormats 拿到每一个 format，然后执行 createConfig，传入 format，构造编译配置对象。

packageFormats 的值优先取 inlineFormats，也就是执行 rollup 命令时环境变量中配置的 FORMATS 属性值。

如果 inlineFormats 为空，则继续找 packageOptions.formats，packageOptions 对应的就是每个包的 package.json 文件中定义的 buildOptions 属性。举个例子，vue 包的 package.json 文件中的 buildOptions 定义如下：

```
{
  "buildOptions": {
    "name": "Vue",
    "formats": [
      "esm-bundler",
      "esm-bundler-runtime",
      "cjs",
      "global",
      "global-runtime",
      "esm-browser",
      "esm-browser-runtime"
    ]
  }
}
```

可以看到，它有多种 formats，那么根据前面计算 input 的逻辑，对于 vue 这个包，它有两个 input，分别是 packages/vue/src/runtime.ts 和 packages/vue/src/index.ts。

虽然 input 只有两种，但是它对应的编译后的文件有多种。这是如何做到的呢？这就和 output 相关了。

与 input 不同，output 的值是一个对象，它的格式大致如下：

```
{
  name,
  dist,
  format,
  sourcemap
}
```

其中，name 表示编译的目标文件名，dist 表示编译的目标目录，format 表示文件编译的格式，sourcemap 表示是否开启 source map。

createConfig 函数传入的第二个参数是 output，代码如下：

```
packageFormats.map(format => createConfig(format, outputConfigs[format]))
```

很显然，这个 output 是由 outputConfigs 和 format 求得的。来看一下 outputConfigs 都有哪些配置：

```
const outputConfigs = {
  'esm-bundler': {
    file: resolve(`dist/${name}.esm-bundler.js`),
    format: `es`
  },
  'esm-browser': {
    file: resolve(`dist/${name}.esm-browser.js`),
    format: `es`
  },
  cjs: {
    file: resolve(`dist/${name}.cjs.js`),
    format: `cjs`
  },
  global: {
    file: resolve(`dist/${name}.global.js`),
    format: `iife`
  },
  'esm-bundler-runtime': {
    file: resolve(`dist/${name}.runtime.esm-bundler.js`),
    format: `es`
  },
  'esm-browser-runtime': {
    file: resolve(`dist/${name}.runtime.esm-browser.js`),
    format: 'es'
  },
  'global-runtime': {
    file: resolve(`dist/${name}.runtime.global.js`),
    format: 'iife'
  }
}
```

这里支持的 format 有三种：es 表示 ES 模块，会生成 xxx.esm-bundler.js 或者 xxx.esm-browser.js；

cjs 表示 Common JS 模块，会生成 xxx.cjs.js；iife 表示立即执行函数，会生成 xxx.global.js。

至此，我们可以了解到，根据 format 的不同，编译过程会有不同的 input 输入文件，也会编译生成不同的 output 输出文件。

以 vue 这个包举例，有 7 种不同的 format，对应了 7 个不同的输出文件，但是输入文件却只有两种：runtime.ts 和 index.ts。

你可能会有疑问：esm-bundler 和 esm-browser 对应的输入文件都是 index.ts，output 的 format 都是 es，但是输出文件却不同，这是如何做到的呢？

其实在编译的过程中，还有一个会产生变量的因素 external。接下来，我们就来详细介绍一下它的作用。

2.4.2 external

external 作为 rollup 配置对象的一个属性，表示在打包过程中需要排除的第三方库。

在执行 createConfig 创建编译配置对象的时候，和 external 相关的代码如下：

```
// rollup.config.js
const isBrowserESMBuild = /esm-browser/.test(format)
const isGlobalBuild = /global/.test(format)

const external =
isGlobalBuild || isBrowserESMBuild
  ? packageOptions.enableNonBrowserBranches
    ? []
    // 列出这些是为了阻止编译时的警告
    : ['source-map', '@babel/parser', 'estree-walker']
  : [
    // Node/esm-bundler 的构建，要排除所有相关依赖的第三方库
      ...Object.keys(pkg.dependencies || {}),
      ...Object.keys(pkg.peerDependencies || {}),
      // 用在@vue/compiler-sfc 或 server-renderer 中
      ...['path', 'url', 'stream']
    ]
```

除了 global 和 esm-browser 的构建，cjs 和 esm-bounder 的构建方式会把包的所有依赖都作为 external，这样这些第三方库的代码就只会被作为依赖引入，而不会被直接打包进目标文件。

举个例子，vue 包依赖了@vue/shared、@vue/compiler-dom 和@vue/runtime-dom。当你完成 vue 包的编译，打开目标文件 vue/dist/vue.esm-bounder.js 时，会看到如下代码：

```
import * as runtimeDom from '@vue/runtime-dom';
import { initCustomFormatter, warn, registerRuntimeCompiler } from '@vue/runtime-dom';
export * from '@vue/runtime-dom';
```

```
import { compile } from '@vue/compiler-dom';
import { isString, NOOP, extend, generateCodeFrame } from '@vue/shared';
```

可以看到，vue 包的所有依赖都是通过 `import` 的方式导入的。

而当你打开 vue/dist/vue.esm-browser.js 时，会发现该文件没有和 `import` 相关的代码，因为它已经内联了所有依赖包的代码。

因此，虽然同样是以 index.ts 作为编译的入口文件，且输出的 `format` 都是 `es`，但由于 `external` 的配置不同，它们的编译打包结果也不同。

2.4.3　插件配置

在 `rollup` 编译过程中，还会运行一些插件来辅助编译。接下来，我们就来分析 vue 编译过程中的几个核心插件。

- ts 插件

  Vue.js 3.x 的源码都是用 TypeScript 编写的，需要把 TypeScript 编译生成 JavaScript。

  借助 `rollup` 的插件 `rollup-plugin-typescript2`，我们就可以完成 TypeScript 的编译，相关代码如下：

```
// rollup.config.js
const shouldEmitDeclarations = process.env.TYPES != null && !hasTSChecked

const tsPlugin = ts({
  // 是否开启语法检查
  check: process.env.NODE_ENV === 'production' && !hasTSChecked,
  // 编译配置文件 tsconfig.json 的路径
  tsconfig: path.resolve(__dirname, 'tsconfig.json'),
  // 缓存的根路径
  cacheRoot: path.resolve(__dirname, 'node_modules/.rts2_cache'),
  // 覆盖 tsconfig.json 中的一些配置
  tsconfigOverride: {
    compilerOptions: {
      // 是否开启 source map
      sourceMap: output.sourcemap,
      // 生成类型定义文件
      declaration: shouldEmitDeclarations,
      // 生成类型定义文件的 map
      declarationMap: shouldEmitDeclarations
    },
    // 排除测试 TypeScript 文件的编译
    exclude: ['**/__tests__', 'test-dts']
  }
})

hasTSChecked = true
```

上述代码定义了 tsPlugin，并传入了一些配置，其中 check 表示是否要做代码的语法检查。为了保证每个包的编译过程只做一次语法检查且只生成一次 TypeScript 类型定义文件，在内部定义了 hasTSChecked 变量做逻辑控制。

- replace 插件

在 Vue.js 3.*x* 的源码中，我们经常会看到如__DEV__、__BROWSER__和__VERSION__这样的变量。这些实际上并不是运行时定义的变量，它们仅仅是占位变量，会在编译阶段被替换。借助 rollup 的插件 replace，我们就可以完成这一替换操作，相关代码如下：

```
// rollup.config.js
function createReplacePlugin(
  isProduction,
  isBundlerESMBuild,
  isBrowserESMBuild,
  isBrowserBuild,
  isGlobalBuild,
  isNodeBuild
) {
  const replacements = {
    __COMMIT__: `"${process.env.COMMIT}"`,
    __VERSION__: `"${masterVersion}"`,
    __DEV__: isBundlerESMBuild
      ? // 保存由打包器处理
        `(process.env.NODE_ENV !== 'production')`
      : // 硬编码
        !isProduction,
    // 仅在 Vue.js 内部测试用
    __TEST__: false,
    // global/esm 构建，直接在浏览器端运行
    __BROWSER__: isBrowserBuild,
    __GLOBAL__: isGlobalBuild,
    __ESM_BUNDLER__: isBundlerESMBuild,
    __ESM_BROWSER__: isBrowserESMBuild,
    // 目标 Node.js, SSR
    __NODE_JS__: isNodeBuild,
    // 2.x 兼容构建
    __COMPAT__: isCompatBuild,
    __FEATURE_SUSPENSE__: true,
    __FEATURE_OPTIONS_API__: isBundlerESMBuild ? `__VUE_OPTIONS_API__` : true,
    __FEATURE_PROD_DEVTOOLS__: isBundlerESMBuild
      ? `__VUE_PROD_DEVTOOLS__`
      : false,
    ...(isProduction && isBrowserBuild
      ? {
          'context.onError(': `/*#__PURE__*/ context.onError(`,
          'emitError(': `/*#__PURE__*/ emitError(`,
          'createCompilerError(': `/*#__PURE__*/ createCompilerError(`,
          'createDOMCompilerError(': `/*#__PURE__*/ createDOMCompilerError(`
        }
      : {})
```

```
  }
  // 允许内联参数覆盖上述配置
  Object.keys(replacements).forEach(key => {
    if (key in process.env) {
      replacements[key] = process.env[key]
    }
  })
  return replace({
    // 替换的对象配置
    values: replacements,
    // 阻止赋值操作等号左侧的替换
    preventAssignment: true
  })
}

const isProductionBuild =
process.env.__DEV__ === 'false' || /\.prod\.js$/.test(output.file)
const isBundlerESMBuild = /esm-bundler/.test(format)
const isBrowserESMBuild = /esm-browser/.test(format)
const isNodeBuild = format === 'cjs'
const isGlobalBuild = /global/.test(format)

createReplacePlugin(
  isProductionBuild,
  isBundlerESMBuild,
  isBrowserESMBuild,
  // isBrowserBuild?
  (isGlobalBuild || isBrowserESMBuild || isBundlerESMBuild) &&
    !packageOptions.enableNonBrowserBranches,
  isGlobalBuild,
  isNodeBuild
)
```

从上述代码可以看出，不同的 `format` 会对源码中这些不同的占位变量执行不同的逻辑替换。

举个例子，对于源码中的`__DEV__`变量，如果 `format` 中带有 `esm-bundler`，那么它会被替换成`(process.env.NODE_ENV !== 'production')`，这段代码会交由相应的其他打包工具做二次处理；如果 `format` 是其他格式，那么它会根据是否是生产环境构建来硬编码，将其替换成 `true` 或者 `false`。

- ❑ terser 插件

在生产环境中，为了减小包体积，编译后的包还需要做代码压缩。

借助 `rollup` 的插件 `rollup-plugin-terser`，我们就可以完成代码的压缩工作，相关代码如下：

```
// rollup.config.js
function createMinifiedConfig(format) {
  const { terser } = require('rollup-plugin-terser')
  return createConfig(
```

```
    format,
    {
      // 把压缩后的目标文件名后缀替换为.prod.js
      file: outputConfigs[format].file.replace(/\.js$/, '.prod.js'),
      format: outputConfigs[format].format
    },
    [
      terser({
        // 在压缩 ES 模块的时候开启
        module: /^esm/.test(format),
        compress: {
          ecma: 2015,
          // 假定对象属性访问，如 foo.bar 或者 foo["bar"]没有任何副作用
          pure_getters: true
        },
        // 解决 Safari 10 循环迭代器错误
        safari10: true
      })
    ]
  )
}

if (process.env.NODE_ENV === 'production') {
  packageFormats.forEach(format => {
    if (packageOptions.prod === false) {
      return
    }
    if (format === 'cjs') {
      packageConfigs.push(createProductionConfig(format))
    }
    if (/^(global|esm-browser)(-runtime)?/.test(format)) {
      packageConfigs.push(createMinifiedConfig(format))
    }
  })
}
```

从上述代码可以看出，只有在生产环境中，且编译后的文件满足 format 开头是 global 或者 esm-browser，才会执行压缩代码的操作。如果 format 是 cjs，那么编译后的代码在 Node.js 端运行，不需要压缩；如果 format 带有 esm-bundler，那么它的压缩过程会交由相应的其他打包工具处理，不需要在这个阶段压缩。

此外，createMinifiedConfig 函数除了配置 terser 插件，还修改了 output 的配置，把压缩后的目标文件名后缀替换为.prod.js。

2.5 总结

Vue.js 3.*x* 的源码是通过 monorepo 的方式维护的，根据功能将不同的模块拆分到 packages 目录下的不同子目录中。

源码通过编译，会构建出不同版本的 Vue.js，它们的应用场景各不相同：有的支持 CDN 直接导入，有的需要配合打包工具使用，有的用于服务端渲染。

在源码编译构建的过程中，会先收集编译目标，然后执行并行编译，最终通过 `rollup` 工具完成单个包的编译。

在运行 `rollup` 编译单个包时，它会从每个包的 package.json 中读取相关的编译配置，最终编译生成不同的目标文件。

了解这些知识点不仅会对你后续分析源码有很大的帮助，也能对你在不同场景下使用 Vue.js 3.*x* 起到一定的指导作用。此外，如果你今后也想使用 TypeScript 开发一些原生的 JSSDK，那么 Vue.js 3.*x* 的源码组织方式，以及编译构建的配置都是值得参考的。

第二部分

组　件

相信你作为一个 Vue.js 开发者，最熟悉的应该就是组件了。在开发 Vue.js 项目的时候，我们的大部分时间会花在写组件上。组件系统是 Vue.js 的一个重要概念，它是对 DOM 结构的一种抽象，我们可以使用小型、独立且通常可复用的组件构建大型应用。仔细想想，几乎任意类型的应用界面都可以抽象为一棵组件树（见图 1）。

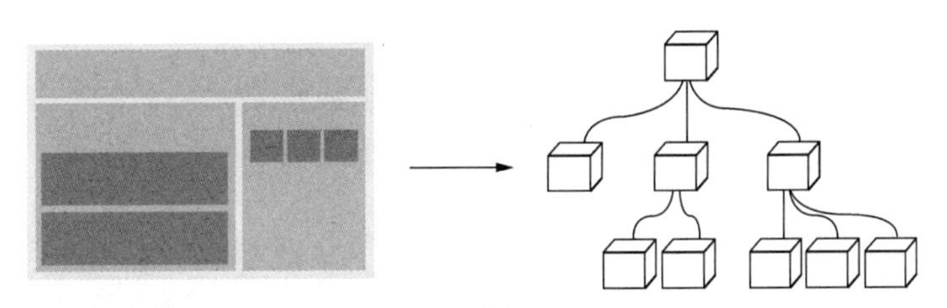

图 1　组件系统

组件化也是 Vue.js 的核心思想之一，它允许我们用模板加对象描述的方式去创建一个组件，再给组件注入不同的数据，就可以完整地渲染出组件（见图 2）。

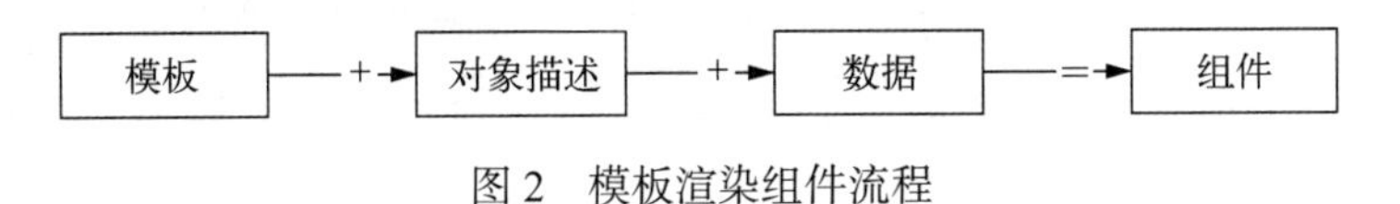

图 2　模板渲染组件流程

当数据更新后，组件可以自动重新渲染，因此用户只需要专注于数据逻辑的处理，而无须关心 DOM 的操作。这样，无论是开发体验还是开发效率都得到了很大的提升。

用短短几行代码，就可以构建出庞大的组件结构，这一切都是 Vue.js 框架的功劳。那它究竟是怎么做到的呢？在第二部分，我会带你探究组件内部实现的奥秘，看看它是如何渲染到 DOM 上，又是如何在数据变化后重新渲染的。此外，我还会分析组件的实例、生命周期、属性、异步组件等常见的特性，让你透彻地理解组件的实现。

第 3 章

组件的渲染

在 Vue.js 中，组件是一个非常重要的概念，整个应用的页面都是通过组件渲染来实现的。但是，你知道这些组件内部的工作原理吗？编写好的组件又是怎样最终转变为真实 DOM 的呢？带着这些疑问，我们来分析 Vue.js 3.*x* 中的组件是如何渲染的。

首先，组件是一个抽象的概念，它是对一棵 DOM 树的抽象。我们在页面中写一个组件节点：

```
<hello-world></hello-world>
```

这段代码并不会在页面上渲染一个`<hello-world>`标签。它具体渲染成什么，取决于我们怎么编写 `HelloWorld` 组件的模板。举个例子，`HelloWorld` 组件内部的模板定义如下：

```
<template>
  <div>
    <p>Hello World</p>
  </div>
</template>
```

最终会在页面上渲染一个 `div`，内部包含一个 `p` 标签，用来显示 `Hello World` 文本。

所以，从表面来看，组件的模板决定了组件生成的 DOM 标签。而在 Vue.js 内部，一个组件要想真正渲染生成 DOM，还需要经历“创建 vnode–渲染 vnode–生成 DOM”这几个步骤，如图 3-1 所示。

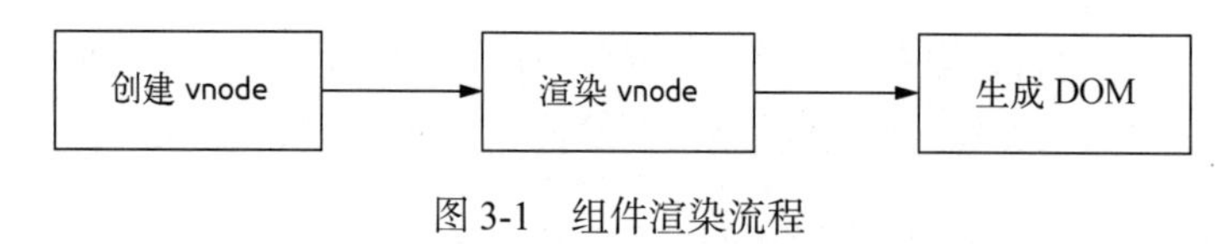

图 3-1　组件渲染流程

那么，什么是 vnode？它和组件又有什么关系呢？

3.1 什么是 vnode

vnode 本质上是用来描述 DOM 的 JavaScript 对象，它在 Vue.js 中可以描述不同类型的节点，比如普通元素节点、组件节点等。

3.1.1 普通元素 vnode

什么是普通元素节点呢？举个例子，我们在 HTML 中使用<button>标签来写一个按钮：

```
<button class="btn" style="width:100px;height:50px">Click me</button>
```

可以用 vnode 这样表示<button>标签：

```
const vnode = {
  type: 'button',
  props: {
    'class': 'btn',
    style: {
      width: '100px',
      height: '50px'
    }
  },
  children: 'Click me'
}
```

其中，type 属性表示 DOM 的标签类型；props 属性表示 DOM 的一些附加信息，比如 style、class 等；children 属性表示 DOM 的子节点，在该示例中它是一个简单的文本字符串。当然，children 也可以是一个 vnode 数组。

3.1.2 组件 vnode

vnode 除了可以像上面那样用于描述一个真实的 DOM，也可以用来描述组件。举个例子，我们在模板中引入一个组件标签<custom-component>：

```
<custom-component msg="test"></custom-component>
```

可以用 vnode 这样表示<custom-component>组件标签：

```
const CustomComponent = {
  // 在这里定义组件对象
}
const vnode = {
  type: CustomComponent,
  props: {
    msg: 'test'
  }
}
```

组件 vnode 其实是对抽象事物的描述，这是因为我们并不会在页面上真正渲染一个<custom-component>标签，而是会最终渲染组件内部定义的 HTML 标签。

除了上述两种 vnode 类型外，还有纯文本 vnode、注释 vnode，等等。

另外，Vue.js 3.*x* 内部还针对 vnode 的 type 做了更详尽的分类，包括 Suspense 和 Teleport 等，并且对 vnode 的类型信息进行了编码，以便在后面 vnode 的挂载阶段根据不同的类型执行相应的处理逻辑：

```
// runtime-core/src/vnode.ts
const shapeFlag = isString(type)
  ? 1 /* ELEMENT */
  : isSuspense(type)
    ? 128 /* SUSPENSE */
    : isTeleport(type)
      ? 64 /* TELEPORT */
      : isObject(type)
        ? 4 /* STATEFUL_COMPONENT */
        : isFunction(type)
          ? 2 /* FUNCTIONAL_COMPONENT */
          : 0;
```

3.1.3　vnode 的优势

知道什么是 vnode 后，你可能会好奇：为什么一定要设计 vnode 这样的数据结构呢？它有什么优势呢？

首先是抽象。引入 vnode，可以把渲染过程抽象化，从而使得组件的抽象能力得到提升。其次是可跨平台。因为对于 patch vnode 的过程，不同平台可以有自己的实现，再基于 vnode 做服务端渲染、Weex 平台渲染或小程序平台的渲染就变得容易了很多。

不过这里要特别注意，在浏览器端使用 vnode 并不意味着不用操作 DOM 了。很多人误以为 vnode 的性能一定比手动操作原生 DOM 好，这其实是不一定的。

这种基于 vnode 实现的 MVVM 框架，在每次组件渲染生成 vnode 的过程中，会有一定的耗时，大组件尤其如此。举个例子，对于一个 1000 行 × 10 列的 Table 组件，组件渲染生成 vnode 的过程会遍历 1000 行 × 10 次去创建内部 cell vnode，整体耗时就会比较长。再加上挂载 vnode 生成 DOM 的过程也会有一定的耗时，所以当我们更新组件的时候，用户会感觉到明显的卡顿。

虽然 diff 算法在减少 DOM 操作方面足够优秀，但最终还是免不了操作 DOM，因此性能并不是 vnode 的优势所在。

3.2 如何创建 vnode

通常，我们在开发组件时会编写组件的模板，并不会手写 vnode。那么 vnode 是如何创建的呢？

Vue.js 3.*x* 内部提供了 createBaseVNode 函数来创建基础的 vnode 对象，我们来看一下它的实现：

```
// runtime-core/src/vnode.ts
function createBaseVNode(type, props = null, children = null, patchFlag = 0, dynamicProps = null,
shapeFlag = type === Fragment ? 0 : 1 /* ELEMENT */, isBlockNode = false, needFullChildrenNormalization
= false) {
  const vnode = {
    __v_isVNode: true,
    __v_skip: true,
    type,
    props,
    key: props && normalizeKey(props),
    ref: props && normalizeRef(props),
    scopeId: currentScopeId,
    slotScopeIds: null,
    children,
    component: null,
    suspense: null,
    ssContent: null,
    ssFallback: null,
    dirs: null,
    transition: null,
    el: null,
    anchor: null,
    target: null,
    targetAnchor: null,
    staticCount: 0,
    shapeFlag,
    patchFlag,
    dynamicProps,
    dynamicChildren: null,
    appContext: null
  }
  if (needFullChildrenNormalization) {
    normalizeChildren(vnode, children)
    if (shapeFlag & 128 /* SUSPENSE */) {
      type.normalize(vnode)
    }
  }
  else if (children) {
    vnode.shapeFlag |= isString(children)
      ? 8 /* TEXT_CHILDREN */
      : 16 /* ARRAY_CHILDREN */
  }
  // ...
```

```
  // 处理 Block Tree
  return vnode
}
```

createBaseVNode 做的事情比较简单：根据传入的参数创建一个 vnode 对象，这个 vnode 对象可以完整地描述该节点的信息。

此外，如果参数 needFullChildrenNormalization 为 true，还会执行 normalizeChildren 去标准化子节点。

在函数的最后，还会有一些关于 Block Tree 的处理逻辑。你暂时不用关注它，我会在第 14 章进行详细的分析。

createBaseVNode 主要是针对普通元素节点创建的 vnode。组件 vnode 是通过 createVNode 函数创建的，来看它的实现：

```
function createVNode(type, props = null, children = null, patchFlag = 0, dynamicProps = null, isBlockNode
= false) {
  // 判断 type 是否为空
  if (!type || type === NULL_DYNAMIC_COMPONENT) {
    if ((process.env.NODE_ENV !== 'production') && !type) {
      warn(`Invalid vnode type when creating vnode: ${type}.`)
    }
    type = Comment
  }
  // 判断 type 是不是一个 vnode 节点
  if (isVNode(type)) {
    const cloned = cloneVNode(type, props, true /* mergeRef: true */)
    if (children) {
      normalizeChildren(cloned, children)
    }
    return cloned
  }
  // 判断 type 是不是一个 class 类型的组件
  if (isClassComponent(type)) {
    type = type.__vccOpts
  }
  // class 和 style 标准化
  if (props) {
    props = guardReactiveProps(props)
    let { class: klass, style } = props
    if (klass && !isString(klass)) {
      props.class = normalizeClass(klass)
    }
    if (isObject$1(style)) {
      if (isProxy(style) && !isArray(style)) {
        style = extend({}, style)
      }
      props.style = normalizeStyle(style)
    }
```

```
  }
  // 对 vnode 的类型信息做了编码
  const shapeFlag = isString(type)
    ? 1 /* ELEMENT */
    : isSuspense(type)
      ? 128 /* SUSPENSE */
      : isTeleport(type)
        ? 64 /* TELEPORT */
        : isObject$1(type)
          ? 4 /* STATEFUL_COMPONENT */
          : isFunction$1(type)
            ? 2 /* FUNCTIONAL_COMPONENT */
            : 0
  return createBaseVNode(type, props, children, patchFlag, dynamicProps, shapeFlag, isBlockNode, true)
}
```

可以看到，相比于 createBaseVNode，createVNode 有很多额外的判断逻辑，比如判断 type 是否为空：

```
if (!type || type === NULL_DYNAMIC_COMPONENT) {
  if ((process.env.NODE_ENV !== 'production') && !type) {
    warn(`Invalid vnode type when creating vnode: ${type}.`)
  }
  type = Comment
}
```

判断 type 是不是一个 vnode 节点：

```
if (isVNode(type)) {
  const cloned = cloneVNode(type, props, true /* mergeRef: true */)
  if (children) {
    normalizeChildren(cloned, children)
  }
  return cloned
}
```

判断 type 是不是一个 class 类型的组件：

```
if (isClassComponent(type)) {
    type = type.__vccOpts
  }
```

除此之外，createVNode 还会对属性中的 style 和 class 执行标准化，其中也会有一些判断逻辑：

```
if (props) {
  if (isProxy(props) || InternalObjectKey in props) {
    props = extend({}, props)
  }
  let { class: klass, style } = props
  if (klass && !isString(klass)) {
    props.class = normalizeClass(klass)
```

```
  }
  if (isObject(style)) {
    if (isProxy(style) && !isArray(style)) {
      style = extend({}, style)
    }
    props.style = normalizeStyle(style)
  }
}
```

接下来，它还会根据 vnode 的类型编码：

```
const shapeFlag = isString(type)
  ? 1 /* ELEMENT */
  : isSuspense(type)
    ? 128 /* SUSPENSE */
    : isTeleport(type)
      ? 64 /* TELEPORT */
      : isObject(type)
        ? 4 /* STATEFUL_COMPONENT */
        : isFunction(type)
          ? 2 /* FUNCTIONAL_COMPONENT */
          : 0
```

最后执行 createBaseVNode，创建 vnode 对象。由于 needFullChildrenNormalization 参数是 true，创建完 vnode 对象后还会执行 normalizeChildren 去标准化子节点。这个过程也会有一系列的判断逻辑。

仔细想想，createVNode 之所以在创建 vnode 前做了很多判断，是因为要处理各种各样的情况。然而对于普通元素 vnode 而言，完全不需要这么多的判断逻辑，因此使用 createBaseVNode 即可。这就是 Vue.js 3.2 版本针对普通元素 vnode 创建部分所做的性能优化。

那么，createVNode 和 createBaseVNode 这些函数是在什么时候执行的呢？前面提到过，组件的 template 模板不能直接使用，必须编译生成 render 函数。

举个例子，我们有如下模板：

```
<template>
  <div>
    <p>Hello World</p>
    <custom-component></custom-component>
  </div>
</template>
```

借助 Vue.js 官方提供的在线模板导出工具 Vue Template Explorer，可以看到它编译后的 render 函数：

```
import { createElementVNode as _createElementVNode, resolveComponent as _resolveComponent, createVNode
as _createVNode, openBlock as _openBlock, createElementBlock as _createElementBlock } from "vue"
```

```
const _hoisted_1 = /*#__PURE__*/_createElementVNode("p", null, "Hello World", -1 /* HOISTED */)

export function render(_ctx, _cache, $props, $setup, $data, $options) {
  const _component_custom_component = _resolveComponent("custom-component")

  return (_openBlock(), _createElementBlock("template", null, [
    _createElementVNode("div", null, [
      _hoisted_1,
      _createVNode(_component_custom_component)
    ])
  ]))
}
```

可以看到，在 render 函数内部会执行 createElementVNode 函数（createBaseVNode 的别名）创建普通元素的 vnode，执行 creatVNode 函数创建组件的 vnode。

另外，这些 vnode 之间也是有父子关系的，createElementVNode 和 createVNode 函数的第三个参数表示的是子节点 vnode，因此 div 标签对应的 vnode 的子节点 children 就是 p 标签所对应 vnode 和 custom-component 的 vnode 构成的数组。

通过父子关系的建立，组件内部的 vnode 实际上就构成了一棵 vnode 树，它和模板中的 DOM 树是一一映射的关系。

因此，vnode 就是在 render 函数执行的时候创建的。那么 render 函数是如何执行的呢？这就要从组件的挂载过程说起了。

3.3 组件的挂载

组件的挂载函数是 mountComponent。为了突出核心流程，我把该函数做了简化：

```
// runtime-core/src/renderer.ts
const mountComponent = (initialVNode, container, anchor, parentComponent, parentSuspense, isSVG, optimized) => {
  // 创建组件实例
  const instance = (initialVNode.component = createComponentInstance(initialVNode, parentComponent, parentSuspense))
  // 设置组件实例
  setupComponent(instance)
  // 设置并运行带副作用的渲染函数
  setupRenderEffect(instance, initialVNode, container, anchor, parentSuspense, isSVG, optimized)
}
```

mountComponent 函数拥有多个参数，这里只关注前四个参数，其中 initialVNode 表示组件 vnode，container 表示组件挂载的父节点，anchor 表示挂载的参考锚点，parentComponent 表示父组件实例。

mountComponent 主要做了三件事情：创建组件实例，设置组件实例，以及设置并运行带副作用的渲染函数。

首先是创建组件实例，Vue.js 3.*x* 虽然不像 Vue.js 2.*x* 那样通过类的方式去实例化组件，但内部也通过对象的方式创建了当前渲染的组件实例。

其次是设置组件实例，instance 保存了很多与组件相关的数据，维护了组件的上下文，包括对 props、插槽以及其他实例的属性的初始化处理。

创建和设置组件实例在这里不再展开，我会在第 5 章详细分析。接下来重点分析如何设置并运行带副作用的渲染函数。

3.3.1　设置副作用渲染函数

我们重点来看一下 setupRenderEffect 这个函数的实现：

```
// runtime-core/src/renderer.ts
const setupRenderEffect = (instance, initialVNode, container, anchor, parentSuspense, isSVG, optimized) => {
  // 组件的渲染和更新函数
  const componentUpdateFn = () => {
    if (!instance.isMounted) {
      // 渲染组件生成子树 vnode
      const subTree = (instance.subTree = renderComponentRoot(instance))
      // 把子树 vnode 挂载到 container 中
      patch(null, subTree, container, anchor, instance, parentSuspense, isSVG)
      // 保存渲染生成的子树根 DOM 节点
      initialVNode.el = subTree.el
      instance.isMounted = true
    }
    else {
      // 更新组件
    }
  }
  // 创建组件渲染的副作用响应式对象
  const effect = new ReactiveEffect(componentUpdateFn, () => queueJob(instance.update), instance.scope)
  const update = (instance.update = effect.run.bind(effect))
  update.id = instance.uid
  // 允许递归更新自己
  effect.allowRecurse = update.allowRecurse = true
  update()
}
```

setupRenderEffect 函数内部利用响应式库的 ReactiveEffect 函数创建了一个副作用实例 effect，并且把 instance.update 函数指向 effect.run（副作用函数的实现会在第 9 章详细介绍）。

当首次执行 instance.update 时，内部就会执行 componentUpdateFn 函数，触发组件的首次渲染。

当组件的数据发生变化时，组件渲染函数 componentUpdateFn 会重新执行一遍，从而达到重新渲染组件的目的。

componentUpdateFn 函数内部会判断这是一次初始渲染还是组件的更新渲染。目前我们只分析初始渲染流程，而组件的更新渲染流程会在第 4 章分析。

初始渲染主要做两件事情：渲染组件生成 subTree，以及把 subTree 挂载到 container 中。

3.3.2 渲染组件生成 subTree

渲染组件生成 subTree 是通过执行 renderComponentRoot 函数来完成的，我们来看看它的实现：

```
// runtime-core/src/componentRenderUtils.ts
function renderComponentRoot(instance) {
  const { vnode, proxy, withProxy, props, render, renderCache, data, setupState, ctx } = instance
  let result
  try {
    if (vnode.shapeFlag & 4) {
      // 有状态的组件渲染
      const proxyToUse = withProxy || proxy
      result = normalizeVNode(render.call(proxyToUse, proxyToUse, renderCache, props, setupState,
data, ctx))
    }
    else {
      // 函数式组件渲染
    }
    // 其他逻辑省略
  }
  catch (err) {
    handleError(err, instance, 1 /* RENDER_FUNCTION */)
    // 渲染出错则渲染成一个注释节点
    result = createVNode(Comment)
  }
  return result
}
```

renderComponentRoot 函数拥有单个参数 instance，它是组件的实例。从该实例中可以获取与组件渲染相关的上下文数据。我们在其中可以拿到 instance.vnode，它就是前面在执行 mountComponent 的时候传递的 initialVNode，并且可以拿到 instance.render，它就是组件对应的渲染函数。

接着，我们进行判断：如果是一个有状态的组件，则执行 render 函数渲染组件生成 vnode。

这就是前面提到的 render 函数的执行时机，而 render 函数的返回值再经过内部一层标准化，就是该组件渲染生成的 vnode 树的根节点 subTree。

注意，这里千万别把 subTree 和 initialVNode 弄混了，虽然它们都是 vnode 对象，但是意义完全不同。举个例子说明，在 App 组件中定义如下模板：

```
// App.vue
<template>
  <div class="app">
    <p>This is an app.</p>
    <hello></hello>
  </div>
</template>
```

借助模板导出工具，可以看到它编译后的 render 函数：

```
import { createElementVNode as _createElementVNode, resolveComponent as _resolveComponent, createVNode as _createVNode, openBlock as _openBlock, createElementBlock as _createElementBlock } from "vue"

const _hoisted_1 = { class: "app" }
const _hoisted_2 = /*#__PURE__*/_createElementVNode("p", null, "This is an app.", -1 /* HOISTED */)

export function render(_ctx, _cache, $props, $setup, $data, $options) {
  const _component_hello = _resolveComponent("hello")

  return (_openBlock(), _createElementBlock("template", null, [
    _createElementVNode("div", _hoisted_1, [
      _hoisted_2,
      _createVNode(_component_hello)
    ])
  ]))
}
```

针对<hello>这个自定义标签，会执行_createVNode(_component_hello)生成组件类型的 vnode，该 vnode 会在后续递归挂载 Hello 组件的时候，作为 initialVnode 传入。

Hello 组件的模板如下：

```
<template>
  <div class="hello">
    <p>Hello, Vue 3.0!</p>
  </div>
</template>
```

借助模板导出工具，可以看到它编译后的 render 函数：

```
import { createElementVNode as _createElementVNode, openBlock as _openBlock, createElementBlock as _createElementBlock } from "vue"

const _hoisted_1 = /*#__PURE__*/_createElementVNode("div", { class: "hello" }, [
  /*#__PURE__*/_createElementVNode("p", null, "Hello, Vue 3.0!")
], -1 /* HOISTED */)
const _hoisted_2 = [
  _hoisted_1
```

```
]

export function render(_ctx, _cache, $props, $setup, $data, $options) {
  return (_openBlock(), _createElementBlock("template", null, _hoisted_2))
}
```

render 函数返回的 vnode 会被作为 Hello 组件的 subTree。

因此，在 App 组件中，<hello>节点渲染生成的 vnode，对应的就是 Hello 组件的 initialVNode。为了方便记忆，也可以把后者称作“组件初始化 vnode”。而 Hello 组件内部整个 DOM 节点对应的 vnode 就是执行 renderComponentRoot 渲染生成的对应 subTree，可以称之为“子树 vnode”。

渲染生成子树 vnode 后，接下来就要继续调用 patch 函数把子树 vnode 挂载到容器 container 中了。

3.3.3 subTree 的挂载

subTree 的挂载主要是通过执行 patch 函数完成的，我们来看看它的实现：

```
// runtime-core/src/renderer.ts
const patch = (n1, n2, container, anchor = null, parentComponent = null, parentSuspense = null, isSVG
= false, slotScopeIds = null, optimized = false) => {
  const { type, shapeFlag } = n2
  switch (type) {
    case Text:
      // 处理文本节点
      break
    case Comment:
      // 处理注释节点
      break
    case Static:
      // 处理静态节点
      break
    case Fragment:
      // 处理 Fragment 元素
      break
    default:
      if (shapeFlag & 1 /* ELEMENT */) {
        // 处理普通 DOM 元素
        processElement(n1, n2, container, anchor, parentComponent, parentSuspense, isSVG,
slotScopeIds, optimized)
      }
      else if (shapeFlag & 6 /* COMPONENT */) {
        // 处理组件
        processComponent(n1, n2, container, anchor, parentComponent, parentSuspense, isSVG,
slotScopeIds, optimized)
      }
      else if (shapeFlag & 64 /* TELEPORT */) {
        // 处理 TELEPORT
      }
```

```
      else if (shapeFlag & 128 /* SUSPENSE */) {
        // 处理 SUSPENSE
      }
  }
}
```

patch 的本意是“打补丁”，这个函数有两个功能：一是根据 vnode 挂载 DOM，二是根据新 vnode 更新 DOM。对于初次渲染，这里只分析创建过程，更新过程将在第 4 章分析。

在创建的过程中，patch 函数接收多个参数，我们目前重点关注前四个。

- 第一个参数 n1 表示旧的 vnode，当 n1 为 null 的时候，表示是一次挂载的过程。
- 第二个参数 n2 表示新的 vnode，后续会根据这个 vnode 的类型执行不同的处理逻辑。
- 第三个参数 container 表示 DOM 容器，也就是 vnode 在渲染生成 DOM 后，会挂载到 container 下面。
- 第四个参数 anchor 表示挂载参考的锚点，在后续执行 DOM 挂载操作的时候会以它为参考点。

对于渲染的节点，这里重点关注两种类型节点的渲染逻辑：对普通 DOM 元素的处理和对组件的处理。

3.3.4 普通元素的挂载

首先来看一下处理普通 DOM 元素的 processElement 函数的实现：

```
// runtime-core/src/renderer.ts
const processElement = (n1, n2, container, anchor, parentComponent, parentSuspense, isSVG, slotScopeIds,
optimized) => {
  isSVG = isSVG || n2.type === 'svg'
  if (n1 == null) {
    // 挂载元素节点
    mountElement(n2, container, anchor, parentComponent, parentSuspense, isSVG, slotScopeIds, optimized)
  }
  else {
    // 更新元素节点
  }
}
```

processElement 函数的逻辑很简单：如果 n1 为 null，就执行挂载元素节点的逻辑，否则执行更新元素节点的逻辑。

我们接着来看挂载元素的 mountElement 函数的实现：

```
// runtime-core/src/renderer.ts
const mountElement = (vnode, container, anchor, parentComponent, parentSuspense, isSVG, slotScopeIds,
optimized) => {
  let el
```

```
  const { type, props, shapeFlag } = vnode
  // 创建 DOM 元素节点
  el = vnode.el = hostCreateElement(vnode.type, isSVG, props && props.is, props)
  if (shapeFlag & 8 /* TEXT_CHILDREN */) {
    // 处理子节点 vnode 是纯文本的情况
    hostSetElementText(el, vnode.children)
  }
  else if (shapeFlag & 16 /* ARRAY_CHILDREN */) {
    // 处理子节点 vnode 是数组的情况
    mountChildren(vnode.children, el, null, parentComponent, parentSuspense, isSVG && type !==
      'foreignObject', slotScopeIds, optimized || !!vnode.dynamicChildren)
  }
  if (props) {
      // 处理 props，比如 class、style、events 等属性
      for (const key in props) {
        if (!isReservedProp(key)) {
          hostPatchProp(el, key, null, props[key], isSVG)
        }
      }
    }
  // 把创建的 DOM 元素节点挂载到 container 上
  hostInsert(el, container, anchor)
}
```

mountElement 挂载元素函数主要做四件事：创建 DOM 元素节点，处理 children，处理 props，以及挂载 DOM 元素到 container 上。

首先是创建 DOM 元素节点。我们通过 hostCreateElement 函数创建，这是一个与平台相关的函数。我们来看一下它在 Web 环境下的定义：

```
// runtime-dom/src/nodeOps.ts
const svgNS = 'http://www.w3.org/2000/svg'
const doc = (typeof document !== 'undefined' ? document : null)
function createElement(tag, isSVG, is, props) {
  const el = isSVG
    ? doc.createElementNS(svgNS, tag)
    : doc.createElement(tag, is ? { is } : undefined)
  // 处理 Select 标签多选属性
  if (tag === 'select' && props && props.multiple != null) {
    el.setAttribute('multiple', props.multiple)
  }
  return el
}
```

createElement 函数拥有四个参数，其中 tag 表示创建的标签，isSVG 表示该标签是否是 svg，is 表示用户创建 Web Component 规范的自定义标签，props 表示一些额外属性。

createElement 最终还是调用浏览器底层的 DOM API document.createElementNS 或者 document.createElement 来创建 DOM 元素。因此 Vue.js 强调不操作 DOM，只是希望用户不直接碰触 DOM。Vue.js 本身并没有什么神奇的魔法，内部还是会操作 DOM。

另外，对于其他平台（比如 Weex），`hostCreateElement` 函数就不再操作 DOM 了，而是操作与平台相关的 API。这些与平台相关的函数是在创建渲染器阶段作为参数传入的。

创建完 DOM 节点，就要对子节点进行处理了。我们知道 DOM 是一棵树，`vnode` 同样是一棵树，并且和 DOM 结构是一一映射的。因此每个 `vnode` 节点都可能会有子节点，并且子节点需要优先处理。

如果子节点是纯文本 `vnode`，则执行 `hostSetElementText` 函数，它在 Web 环境下通过设置 DOM 元素的 `textContent` 属性设置文本：

```
// runtime-dom/src/nodeOps.ts
function setElementText(el, text) {
  el.textContent = text
}
```

`setElementText` 函数拥有两个参数，其中 `el` 表示要设置文本的 DOM 节点，`text` 表示要设置的文本。该函数的实现非常简单，把 `text` 设置到 `el` 的 `textContent` 属性上即可。

除了纯文本，子节点还可能是 `vnode` 数组。在这种情况下，则执行 `mountChildren` 函数：

```
// runtime-core/src/renderer.ts
const mountChildren = (children, container, anchor, parentComponent, parentSuspense, isSVG,
slotScopeIds, optimized, start = 0) => {
  for (let i = start; i < children.length; i++) {
    const child = (children[i] = optimized ? cloneIfMounted(children[i]) : normalizeVNode(children[i]))
    // 递归 patch 挂载 child
    patch(null, child, container, anchor, parentComponent, parentSuspense, isSVG, slotScopeIds,
optimized)
  }
}
```

`mountChildren` 函数会遍历 `children`，获取每一个 `child`，然后递归执行 `patch` 函数，挂载每一个 `child`。

`mountChildren` 函数的第二个参数是 `container`，而我们调用 `mountChildren` 函数传入的第二个参数是在调用 `mountElement` 时创建的 DOM 节点 `el`。这相当于将 `el` 作为其子节点的 `container`，这样就建立了 DOM 的父子关系。

另外，通过递归 `patch` 这种深度优先遍历树的方式，我们就可以构造完整的 DOM 树，完成组件的渲染。

处理完所有子节点，回到当前节点，接下来要做的就是判断是否有 `props`：如果有，则给这个 DOM 节点添加相关的 `class`、`style` 和 `event` 等属性，并做相关的处理。这些逻辑都在 `hostPatchProp` 函数内部，这里就不展开了。

最后，执行 hostInsert 函数把创建的 DOM 元素节点挂载到 container 上。它在 Web 环境下是这样定义的：

```
// runtime-dom/src/nodeOps.ts
function insert(child, parent, anchor) {
 parent.insertBefore(child, anchor || null)
}
```

insert 函数拥有三个参数，其中 child 表示插入节点，parent 表示插入节点的父节点，anchor 表示 child 插入的参考节点。

insert 函数内部通过 DOM API 来执行 insertBefore，它会把 child 插入到 anchor 的前面。如果 anchor 为 null，那么 child 将会被插入到 parent 子节点的末尾。

执行 insert 之后，mountElement 中创建的 DOM 元素 el 就挂载到父容器 container 上了。由于 insert 是在处理子节点后执行的，整个 DOM 的挂载顺序是先子节点、后父节点，并且最终挂载到最外层的容器上。

3.3.5 组件的嵌套挂载

细心的你可能会发现，在执行 mountChildren 的时候递归执行的是 patch 函数，而不是 mountElement 函数。这是因为子节点可能有其他类型的 vnode，比如组件 vnode。

如果在 patch 的过程中遇到了组件 vnode，则会执行 processComponent 来处理组件 vnode 的挂载，它的实现如下：

```
// runtime-core/src/renderer.ts
const processComponent = (n1, n2, container, anchor, parentComponent, parentSuspense, isSVG,
slotScopeIds, optimized) => {
  if (n1 == null) {
   // 挂载组件
   mountComponent(n2, container, anchor, parentComponent, parentSuspense, isSVG, slotScopeIds,
optimized)
  }
  else {
    // 更新组件
  }
}
```

processComponent 函数的逻辑也很简单：如果 n1 为 null，就执行挂载组件的逻辑，否则执行更新组件的逻辑。

挂载组件是通过执行 mountComponent 函数实现的，前面已经分析过它的流程，因此嵌套组件的挂载就是一个递归的过程。通过递归，无论组件的嵌套层级多深，都可以完成整个组件树的渲染。

至此，我们知道了组件的挂载是通过 mountComponent 函数完成的。在组件的挂载过程中，如果遇到嵌套的子组件，还会递归执行 mountComponent。那么，最外层的组件是在什么时机执行 mountComponent 的呢？这要从应用程序的初始化流程说起。

3.4　应用程序初始化

在 Vue.js 3.*x* 中，初始化一个应用程序的方式如下：

```
import { createApp } from 'vue'
import App from './app'
const app = createApp(App)
app.mount('#app')
```

首先，我们来分析 createApp 的流程：

```
// runtime-dom/src/index.ts
const createApp = ((...args) => {
  // 创建 app 对象
  const app = ensureRenderer().createApp(...args)
  const { mount } = app
  // 重写 mount 函数
  app.mount = (containerOrSelector) => {
    // ...
  }
  return app
})
```

从上述代码可以看出 createApp 主要做了两件事情：创建 app 对象和重写 app.mount 函数。接下来，我们就具体地分析一下它们的实现。

3.4.1　创建 app 对象

首先，我们使用 ensureRenderer().createApp()来创建 app 对象：

```
// runtime-dom/src/index.ts
const app = ensureRenderer().createApp(...args)
```

其中，ensureRenderer()用来创建一个渲染器对象。你可以简单地把它理解为包含平台渲染核心逻辑的 JavaScript 对象，它的内部代码大致是这样的：

```
// runtime-dom/src/index.ts
// 与平台渲染相关的一些配置，比如更新属性、操作 DOM 的函数等
const rendererOptions = extend({ patchProp, forcePatchProp }, nodeOps)
let renderer
// 延时创建渲染器，当用户只依赖响应式包的时候，可以通过 tree-shaking 移除与核心渲染逻辑相关的代码
function ensureRenderer() {
  return renderer || (renderer = createRenderer(rendererOptions))
}
```

从代码中可以看出，渲染器 renderer 只在 ensureRenderer()执行的时候才会被创建，这是一种延时创建渲染器的方式。这样做的好处是，当用户只依赖响应式包的时候，并不会创建渲染器，因此可以通过 tree-shaking 的方式移除与核心渲染逻辑相关的代码。

在创建渲染器的时候，会传递 rendererOptions 参数，它包含了一些与平台渲染相关的配置，比如在浏览器环境中更新属性、操作 DOM 的函数等。

接下来，我们来分析 createRenderer 的实现：

```
// runtime-core/src/renderer.ts
function createRenderer(options) {
  return baseCreateRenderer(options)
}
function baseCreateRenderer(options) {
  function render(vnode, container) {
    // 组件渲染的核心逻辑
  }

  return {
    render,
    createApp: createAppAPI(render)
  }
}

// runtime-core/src/apiCreateApp.ts
function createAppAPI(render) {
  // createApp 函数接收两个参数：根组件的对象和根 props
  return function createApp(rootComponent, rootProps = null) {
    const app = {
      _component: rootComponent,
      _props: rootProps,
      mount(rootContainer) {
        // 创建根组件的 vnode
        const vnode = createVNode(rootComponent, rootProps)
        // 利用渲染器渲染 vnode
        render(vnode, rootContainer)
        app._container = rootContainer
        return vnode.component.proxy
      }
    }
    return app
  }
}
```

createRenderer 内部通过执行 baseCreateRenderer 创建一个渲染器。这个渲染器内部有一个 render 函数，包含渲染的核心逻辑；还有一个 createApp 函数，它是执行 createAppAPI 函数返回的函数，可接收 rootComponent 和 rootProps 两个参数。

当我们在应用层面执行 createApp(App)函数时，会把 App 组件对象作为根组件传递给 rootComponent。这样，createApp 内部就创建了一个 app 对象，它会提供 mount 函数，用于挂载组件。

在 app 对象的整个创建过程中，Vue.js 利用闭包和函数柯里化的技巧，很好地实现了参数保留。比如，在执行 app.mount 的时候，并不需要传入核心渲染函数 render、根组件对象和根 props。这是因为在执行 createAppAPI 的时候，render 参数已经被保留下来了，而在执行 createApp 的时候，rootComponent 和 rootProps 两个参数也被保留下来了。

3.4.2　重写 app.mount 函数

根据前面的分析，我们知道 createApp 返回的 app 对象已经拥有了 mount 函数，但在入口函数中，接下来的逻辑却是对 app.mount 函数的重写。先思考一下，为什么要重写这个函数，而不把相关逻辑放在 app 对象的 mount 函数内部来实现。

这是因为 Vue.js 不仅仅是为 Web 平台服务的，它的目标是支持跨平台渲染，而 createApp 函数内部的 app.mount 函数是一个标准的可跨平台的组件渲染流程：

```
// runtime-core/src/apiCreateApp
mount(rootContainer) {
  // 创建根组件的 vnode
  const vnode = createVNode(rootComponent, rootProps)
  // 执行核心渲染函数渲染 vnode
  render(vnode, rootContainer)
  app._container = rootContainer
  return vnode.component.proxy
}
```

标准的跨平台渲染流程是先创建 vnode，再渲染 vnode。此外，参数 rootContainer 也可以是不同类型的值。比如，在 Web 平台上，它是一个 DOM 对象；而在其他平台（比如 Weex 和小程序）上，它可以是其他类型的值。所以这里的代码不应该包含任何与特定平台相关的逻辑，也就是说这些代码的执行逻辑都是与平台无关的。因此我们需要在外部重写这个函数，来完善 Web 平台下的渲染逻辑。

接下来，再来看看对 app.mount 的重写都做了哪些事情：

```
// runtime-dom/src/index.ts
app.mount = (containerOrSelector) => {
  // 标准化容器
  const container = normalizeContainer(containerOrSelector)
  if (!container)
    return
  const component = app._component
  // 如果组件对象没有定义 render 函数和 template 模板，则取容器的 innerHTML 作为组件模板内容
  if (!isFunction(component) && !component.render && !component.template) {
    component.template = container.innerHTML
  }
  // 挂载前清空容器内容
  container.innerHTML = ''
  // 真正的挂载
  return mount(container)
}
```

重写后的 app.mount 函数首先通过 normalizeContainer 使容器标准化（这里可以传入字符串选择器或者 DOM 对象，但如果是字符串选择器，就需要把它转换成 DOM 对象，作为最终挂载的容器），然后做一个 if 判断：如果组件对象没有定义 render 函数和 template 模板，则取容器的 innerHTML 作为组件模板内容。接着在挂载前清空容器内容，最终调用 app.mount 函数，执行标准的组件渲染流程。

在这里，重写的逻辑都是与 Web 平台相关的。此外，这么做也能让用户在使用 API 时更加灵活，比如 app.mount 的第一个参数就同时支持选择器字符串和 DOM 对象这两种类型。

从 app.mount 开始，才算真正进入组件渲染流程。接下来，我们重点看一下要在核心渲染流程做的两件事情：创建 vnode 和渲染 vnode。

3.4.3　执行 mount 函数渲染应用

创建 vnode 是通过执行 createVNode 函数并传入根组件对象 rootComponent 来完成的。根据前面的分析，这里会生成一个组件 vnode。接着会执行 render 核心渲染函数来渲染 vnode：

```
// runtime-core/src/renderer.ts
const render = (vnode, container) => {
  if (vnode == null) {
    // 销毁组件
    if (container._vnode) {
      unmount(container._vnode, null, null, true)
    }
  } else {
    // 创建或者更新组件
    patch(container._vnode || null, vnode, container)
  }
  // 缓存 vnode 节点，表示已经渲染
  container._vnode = vnode
}
```

render 函数拥有两个参数，其中 vnode 表示要渲染的 vnode 节点，container 表示 vnode 生成 DOM 后挂载的容器。

render 函数的实现很简单：如果它的第一个参数 vnode 为空，就执行销毁组件的逻辑，否则执行 patch 函数来创建或者更新组件的逻辑。

由于我们对根组件的 vnode 执行了 render(vnode, rootContainer)，patch 函数内部会执行 processComponent 的逻辑，进而执行 mountComponent 去挂载组件到根容器 rootContainer 上。

至此，就和前面的流程衔接上了。Vue.js 3.*x* 就是这样从应用程序的入口开始，通过递归渲染的方式完成了整个应用的渲染。

3.5　总结

组件化是 Vue.js 的核心思想之一，它允许我们用模板加对象描述的方式去创建组件，再给组件注入不同的数据，就可以完整地渲染出组件。

vnode 本质上是用来描述 DOM 的 JavaScript 对象，它在 Vue.js 中可以描述不同类型的节点，比如普通元素节点、组件节点等。引入 vnode，可以把渲染过程抽象化，从而使得组件的抽象能力得到提升。此外，vnode 也让跨平台实现变得更加容易。

我们编写的组件模板通常会经过编译生成 render 函数。在组件的渲染过程中，会执行 render 函数渲染生成 vnode 节点，然后在 patch 阶段把 vnode 变成真实的 DOM 并且挂载到页面上。

在 patch 的过程中，如果遇到组件的 vnode 节点，会递归执行组件的渲染。无论组件的嵌套层级多深，都可以完成整个组件树的渲染。

应用程序的入口是 createApp 函数，可以通过它渲染根组件，进而完成整个应用的渲染，并最终将其挂载到某个 DOM 容器中。

最后，图 3-2 会帮助你更加直观地了解应用程序的整个渲染流程。

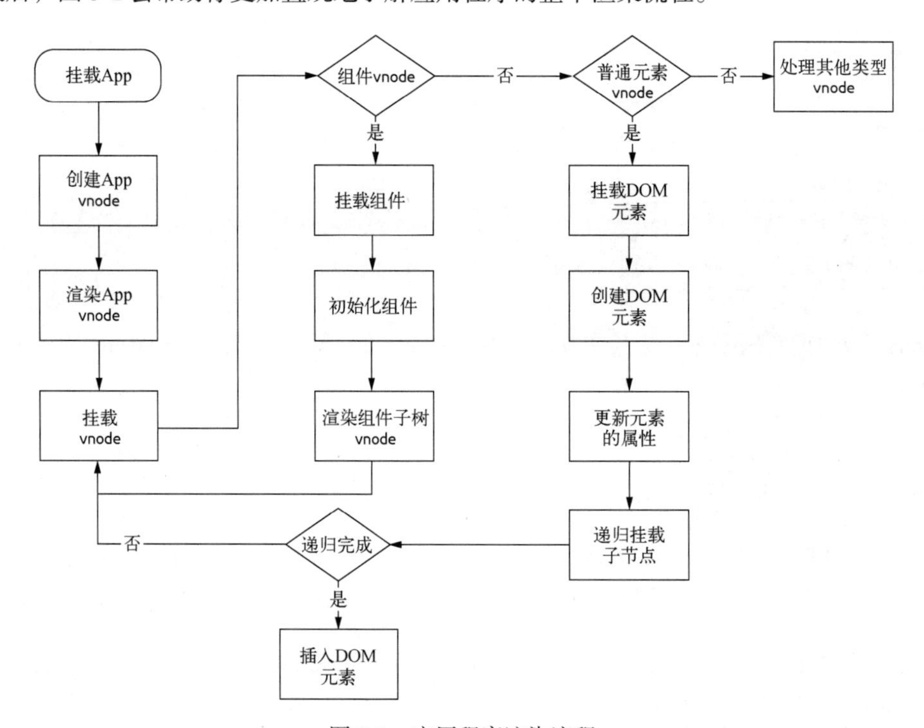

图 3-2　应用程序渲染流程

第 4 章

组件的更新

上一章梳理了组件渲染的过程，本质上就是把各种类型的 vnode 渲染成真实的 DOM。我们也知道了组件是由模板、组件描述对象和数据构成的。组件在渲染过程中创建了一个带副作用的渲染函数，当数据变化的时候就会执行这个渲染函数来触发组件的更新。本章会具体分析组件的更新过程。

4.1 渲染函数更新组件的过程

我们先来回顾一下带副作用的渲染函数 setupRenderEffect 的实现，但是这次要重点关注更新组件部分的逻辑：

```
// runtime-core/src/renderer.ts
const setupRenderEffect = (instance, initialVNode, container, anchor, parentSuspense, isSVG, optimized)
=> {
  // 组件的渲染和更新函数
  const componentUpdateFn = () => {
    if (!instance.isMounted) {
      // 渲染组件
    }
    else {
      // 更新组件
      let { next, vnode } = instance
      // next 表示新的组件 vnode
      if (next) {
        // 更新组件 vnode 节点信息
        updateComponentPreRender(instance, next, optimized)
      }
      else {
        next = vnode
      }
      // 渲染新的子树 vnode
      const nextTree = renderComponentRoot(instance)
      // 缓存旧的子树 vnode
      const prevTree = instance.subTree
```

```
      // 更新子树 vnode
      instance.subTree = nextTree
      // 组件更新核心逻辑，根据新旧子树 vnode 执行 patch
      patch(prevTree, nextTree,
        // 父节点在 Teleport 组件中可能已经改变，所以容器直接查找旧树 DOM 元素的父节点
        hostParentNode(prevTree.el),
        // 参考节点在 Fragment 组件中可能已经改变，所以直接查找旧树 DOM 元素的下一个节点
        getNextHostNode(prevTree),
        instance,
        parentSuspense,
        isSVG
       )
      // 缓存更新后的 DOM 节点
      next.el = nextTree.el
    }
  }
  // 创建组件渲染的副作用响应式对象
  const effect = new ReactiveEffect(componentUpdateFn, () => queueJob(instance.update),
instance.scope)
  const update = (instance.update = effect.run.bind(effect))
  update.id = instance.uid
  // 允许递归更新自己
  effect.allowRecurse = update.allowRecurse = true
  update()
}
```

可以看到，更新组件主要做了三件事情：更新组件 vnode 节点，渲染新的子树 vnode，以及根据新旧子树 vnode 执行 patch 逻辑。

首先是更新组件 vnode 节点。这里有一个条件判断，用于判断组件实例中是否有新的组件 vnode（用 next 表示）：有则更新组件 vnode，没有则将 next 指向之前的组件 vnode。为什么需要判断？这其实涉及一个组件更新策略，本章稍后会分析。

接着是渲染新的子树 vnode。因为数据发生了变化，模板又和数据相关，所以渲染生成的子树 vnode 也会发生相应的变化。

最后就是核心的 patch 逻辑，用来找出新旧子树 vnode 的不同，并找到一种合适的方式更新 DOM。我们下面就来分析这个过程。

4.2　patch 流程

我们先来看 patch 流程的实现：

```
// runtime-core/src/renderer.ts
const patch = (n1, n2, container, anchor = null, parentComponent = null, parentSuspense = null, isSVG
= false, slotScopeIds = null, optimized = false) => {
  // 如果存在新旧节点且其类型不同，则销毁旧节点
```

```
  if (n1 && !isSameVNodeType(n1, n2)) {
    anchor = getNextHostNode(n1)
    unmount(n1, parentComponent, parentSuspense, true)
    // 将 n1 设置为 null，保证后续执行 mount 逻辑
    n1 = null
  }
  const { type, shapeFlag } = n2
  switch (type) {
    case Text:
      // 处理文本节点
      break
    case Comment:
      // 处理注释节点
      break
    case Static:
      // 处理静态节点
      break
    case Fragment:
      // 处理 Fragment 元素
      break
    default:
      if (shapeFlag & 1 /* ELEMENT */) {
        // 处理普通 DOM 元素
        processElement(n1, n2, container, anchor, parentComponent, parentSuspense, isSVG,
slotScopeIds, optimized)
      }
      else if (shapeFlag & 6 /* COMPONENT */) {
        // 处理组件
        processComponent(n1, n2, container, anchor, parentComponent, parentSuspense, isSVG,
slotScopeIds, optimized)
      }
      else if (shapeFlag & 64 /* TELEPORT */) {
        // 处理 TELEPORT
      }
      else if (shapeFlag & 128 /* SUSPENSE */) {
        // 处理 SUSPENSE
      }
  }
}

function isSameVNodeType (n1, n2) {
  // 只有 n1 和 n2 节点的 type 和 key 都相同，它们才是相同的节点
  return n1.type === n2.type && n1.key === n2.key
}
```

patch 过程在首次渲染组件的时候执行过，这里添加了一些与更新相关的代码，你目前只需要关注更新和渲染的相关逻辑即可。

函数首先判断新旧节点是否是相同的 vnode 类型，如果不同，则删除旧节点再创建新节点。举个简单的例子，如果想将一个 div 更新成一个 ul，那么最简单的操作就是删除旧的 div 节点，再去挂载新的 ul 节点。

如果是相同的 vnode 类型，就需要进入 diff 更新流程了，接着会根据不同的 vnode 类型执行不同的处理逻辑。这里仍然只分析普通元素类型和组件类型的处理过程。

4.2.1　处理组件

首先是组件的处理过程。为了方便理解，我们通过一个简单的示例来分析：

```
<template>
  <div class="app">
    <p>This is an app.</p>
    <hello :msg="msg"></hello>
    <button @click="toggle">Toggle msg</button>
  </div>
</template>
<script>
  export default {
    data() {
      return {
        msg: 'Vue'
      }
    },
    methods: {
      toggle() {
        this.msg = this.msg === 'Vue'? 'World': 'Vue'
      }
    }
  }
</script>
```

我们在父组件 App 中引入了 Hello 组件，Hello 组件的定义如下：

```
<template>
  <div class="hello">
    <p>Hello, {{msg}}</p>
  </div>
</template>
<script>
  export default {
    props: {
      msg: String
    }
  }
</script>
```

当我们点击 App 组件中的按钮时，会执行 toggle 函数，进而修改 data 中的 msg，并且触发 App 组件的重新渲染。

结合前面对渲染函数的分析，这里 App 组件的根节点是 div 标签，重新渲染的子树 vnode 节点是一个普通元素的 vnode，所以应该先执行 processElement 逻辑。这是因为组件的更新最终还是要转换成内部真实 DOM 的更新，而实际上，普通元素的处理才是真正的 DOM 更新。稍后会详细分析普通元素的处理流程，你可以先跳过这里，继续往下读。

和渲染过程类似，更新过程也是树的深度优先遍历过程。当更新当前节点后，就会遍历更新它的子节点，因此在遍历的过程中会遇到组件 vnode 节点 hello，执行 processComponent 处理逻辑。我们再来看一下它的实现，重点关注组件更新的相关逻辑：

```
// runtime-core/src/renderer.ts
const processComponent = (n1, n2, container, anchor, parentComponent, parentSuspense, isSVG, slotScopeIds,
optimized) => {
  if (n1 == null) {
    // 挂载组件
  }
  else {
    // 更新子组件
    updateComponent(n1, n2, optimized)
  }
}
const updateComponent = (n1, n2, optimized) => {
  const instance = (n2.component = n1.component)
  // 根据新旧子组件 vnode 判断是否需要更新子组件
  if (shouldUpdateComponent(n1, n2, optimized)) {
    // 省略异步组件逻辑，只保留普通更新逻辑
    // 将新的子组件 vnode 赋值给 instance.next
    instance.next = n2
    // 子组件也可能因为数据变化而被添加到更新队列里，移除它们以防对子组件重复更新
    invalidateJob(instance.update)
    // 执行子组件的副作用渲染函数
    instance.update()
  }
  else {
    // 不需要更新，只复制属性
    n2.component = n1.component
    n2.el = n1.el
    // 在子组件实例的 vnode 属性中保存新的组件 vnode n2
    instance.vnode = n2
  }
}
```

可以看到，processComponent 主要通过执行 updateComponent 函数来更新子组件。updateComponent 函数在更新子组件的时候，会先执行 shouldUpdateComponent 函数，根据新旧子组件 vnode 来判断是否需要更新子组件。

在 shouldUpdateComponent 函数的内部，主要通过检测并对比组件 vnode 中的 props、chidren、dirs 和 transiton 等属性，来决定子组件是否需要更新。

这是很好理解的，因为一个组件的子组件是否需要更新，主要取决于子组件 vnode 是否存在一些会影响组件更新的属性变化：如果存在，就更新子组件。

如果 shouldUpdateComponent 返回 true，那么在它的最后，会先执行 invalidateJob(instance.

update)、再执行子组件的副作用渲染函数 instance.update 来主动触发子组件的更新。

为什么需要执行 invalidateJob(instance.update)呢？因为 Vue.js 的更新粒度是组件级别的，子组件也可能会因为自身数据的变化而触发更新。这样做就可以避免组件的重复更新。

在 updateComponent 的最后，执行 instance.update 函数触发子组件的更新渲染。

再回到副作用渲染函数。有了前面的分析，我们再看组件更新的这部分代码，就能很好地理解它的逻辑了：

```
// runtime-core/src/renderer.ts
// 更新组件
let { next, vnode } = instance
// next 表示新的组件 vnode
if (next) {
  // 更新组件 vnode 节点信息
  updateComponentPreRender(instance, next, optimized)
}
else {
  next = vnode
}
const updateComponentPreRender = (instance, nextVNode, optimized) => {
  // 新组件 vnode 的 component 属性指向组件实例
  nextVNode.component = instance
  // 旧组件 vnode 的 props 属性
  const prevProps = instance.vnode.props
  // 组件实例的 vnode 属性指向新的组件 vnode
  instance.vnode = nextVNode
  // 清空 next 属性，为重新渲染做准备
  instance.next = null
  // 更新 props
  updateProps(instance, nextVNode.props, prevProps, optimized)
  // 更新插槽
  updateSlots(instance, nextVNode.children)
  // ...
}
```

结合上面的代码，我们在更新组件的 DOM 之前，需要更新组件 vnode 节点的信息，包括更改组件实例的 vnode 指针、更新 props，以及更新插槽等一系列操作。因为组件在稍后执行 renderComponentRoot 时会重新渲染新的子树 vnode，所以它需要依赖更新后组件实例 instance 中的 props 和 slots 等数据。

我们现在知道了，组件的重新渲染可能有两种场景：一种是组件本身的数据变化，此时 next 是 null；另一种是父组件在更新的过程中遇到子组件节点，先判断子组件是否需要更新，如果需要则主动执行子组件的重新渲染函数，此时 next 就是新的子组件 vnode。

你可能还会有疑问：这个子组件对应的新的组件 vnode 是什么时候创建的呢？答案很简单，它是在父组件重新渲染的过程中，通过 renderComponentRoot 渲染子树 vnode 生成的。因为子树

vnode 是一个树形结构，通过遍历它的子节点就可以访问其对应的组件 vnode。再看看前面的例子，当 App 组件重新渲染的时候，在执行 renderComponentRoot 生成子树 vnode 的过程中，也生成了 Hello 组件对应的新的组件 vnode。

因此，processComponent 处理组件 vnode 在本质上就是判断子组件是否需要更新：如果需要，就递归执行子组件的副作用渲染函数来更新，否则仅更新 vnode 的一些属性，并让子组件实例保存对组件 vnode 的引用，以便在子组件自身数据的变化引起组件重新渲染的时候，在渲染函数内部拿到新的组件 vnode。

前面提到过，组件是抽象的，组件的更新最终还是对普通 DOM 元素的更新。所以接下来详细分析在组件更新过程中对普通元素的处理。

4.2.2 处理普通元素

现在分析普通元素的处理过程。把之前的示例稍加修改，删除其中的 Hello 组件，如下所示：

```
<template>
  <div class="app">
    <p>This is {{msg}}.</p>
    <button @click="toggle">Toggle msg</button>
  </div>
</template>
<script>
  export default {
    data() {
      return {
        msg: 'Vue'
      }
    },
    methods: {
      toggle() {
        this.msg = this.msg === 'Vue'? 'World': 'Vue'
      }
    }
  }
</script>
```

当点击 App 组件中的按钮时，会执行 toggle 函数，进而修改 data 中的 msg，这就触发了 App 组件的重新渲染。

App 组件的根节点是 div 标签，重新渲染的子树 vnode 节点是一个普通元素的 vnode，所以应该先执行 processElement 的逻辑：

```
// runtime-core/src/renderer.ts
const processElement = (n1, n2, container, anchor, parentComponent, parentSuspense, isSVG,
slotScopeIds, optimized) => {
  isSVG = isSVG || n2.type === 'svg'
```

```
  if (n1 == null) {
    // 挂载元素
  }
  else {
    // 更新元素
    patchElement(n1, n2, parentComponent, parentSuspense, isSVG, slotScopeIds, optimized)
  }
}
const patchElement = (n1, n2, parentComponent, parentSuspense, isSVG, slotScopeIds, optimized) => {
  const el = (n2.el = n1.el)
  const oldProps = (n1 && n1.props) || EMPTY_OBJ
  const newProps = n2.props || EMPTY_OBJ
  // 更新 props
  patchProps(el, n2, oldProps, newProps, parentComponent, parentSuspense, isSVG)
  const areChildrenSVG = isSVG && n2.type !== 'foreignObject'
  // 更新子节点
  patchChildren(n1, n2, el, null, parentComponent, parentSuspense, areChildrenSVG, slotScopeIds,
false)
}
```

可以看到，更新元素的过程主要做了两件事情：更新 props ，以及更新子节点。这其实是很好理解的，因为一个 DOM 节点元素就是由它自身的一些属性和子节点构成的。

首先是更新 props。这里的 patchProps 函数会更新 DOM 节点的 class、style、event 以及其他的一些 DOM 属性。

其次是更新子节点。关于子节点的更新，Vue.js 3.*x* 做了大量优化，我们会在第 14 章详细介绍。目前重点分析非优化版本的实现，也就是完整地用 diff 算法处理所有的子节点。来看一下 patchChildren 函数的实现：

```
// runtime-core/src/renderer.ts
const patchChildren = (n1, n2, container, anchor, parentComponent, parentSuspense, isSVG, slotScopeIds,
optimized = false) => {
  const c1 = n1 && n1.children
  const prevShapeFlag = n1 ? n1.shapeFlag : 0
  const c2 = n2.children
  const { shapeFlag } = n2
  // 子节点有三种可能情况：文本、数组、空
  if (shapeFlag & 8 /* TEXT_CHILDREN */) {
    if (prevShapeFlag & 16 /* ARRAY_CHILDREN */) {
      // 数组 -> 文本，则删除之前的子节点
      unmountChildren(c1, parentComponent, parentSuspense)
    }
    if (c2 !== c1) {
      // 经过对比，如果文本不同，则替换为新文本
      hostSetElementText(container, c2)
    }
  }
  else {
    if (prevShapeFlag & 16 /* ARRAY_CHILDREN */) {
      // 之前的子节点是数组
      if (shapeFlag & 16 /* ARRAY_CHILDREN */) {
```

```
        // 新的子节点仍然是数组，则完整地运用 diff 算法
        patchKeyedChildren(c1, c2, container, anchor, parentComponent, parentSuspense, isSVG,
          slotScopeIds, optimized)
      }
      else {
        // 数组 -> 空，则仅仅删除之前的子节点
        unmountChildren(c1, parentComponent, parentSuspense, true)
      }
    }
    else {
      // 之前的子节点是文本节点或者为空
      // 新的子节点是数组或者为空
      if (prevShapeFlag & 8 /* TEXT_CHILDREN */) {
        // 如果之前的子节点是文本，则把它清空
        hostSetElementText(container, '')
      }
      if (shapeFlag & 16 /* ARRAY_CHILDREN */) {
        // 如果新的子节点是数组，则挂载新子节点
        mountChildren(c2, container, anchor, parentComponent, parentSuspense, isSVG, optimized)
      }
    }
  }
}
```

一个元素的子节点 vnode 可能有三种情况：纯文本、vnode 数组和空。那么根据排列组合，对于新旧子节点来说就有 9 种情况，可以通过图 4-1、图 4-2 和图 4-3 来表示。

首先看一下旧子节点是纯文本的情况（见图 4-1）：

- 如果新子节点也是纯文本，那么简单地替换文本即可；
- 如果新子节点为空，那么删除旧子节点即可；
- 如果新子节点是 vnode 数组，那么先把旧子节点的文本清空，再在旧子节点的父容器下添加多个新子节点。

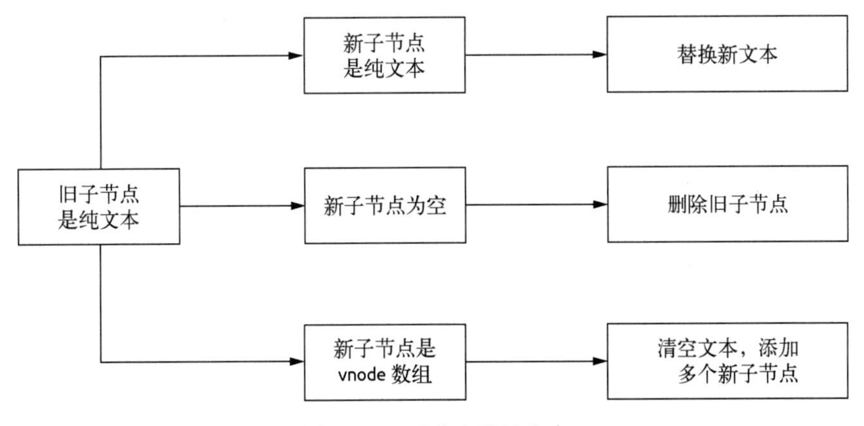

图 4-1　旧子节点是纯文本

接下来看一下旧子节点为空的情况（见图 4-2）：

- 如果新子节点是纯文本，那么在旧子节点的父容器下添加新文本节点即可；
- 如果新子节点也为空，那么什么都不需要做；
- 如果新子节点是 vnode 数组，那么直接在旧子节点的父容器下添加多个新子节点即可。

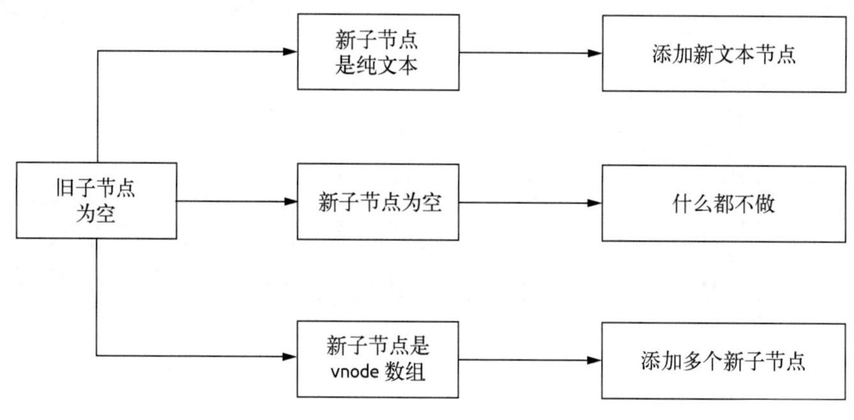

图 4-2　旧子节点为空

最后看一下旧子节点是 vnode 数组的情况（见图 4-3）：

- 如果新子节点是纯文本，那么先删除旧子节点，再在旧子节点的父容器下添加新的文本节点；
- 如果新子节点为空，那么删除旧子节点即可；
- 如果新子节点也是 vnode 数组，那么就需要完整地用 diff 算法处理新旧子节点了，这是最复杂的情况，内部运用了核心 diff 算法。

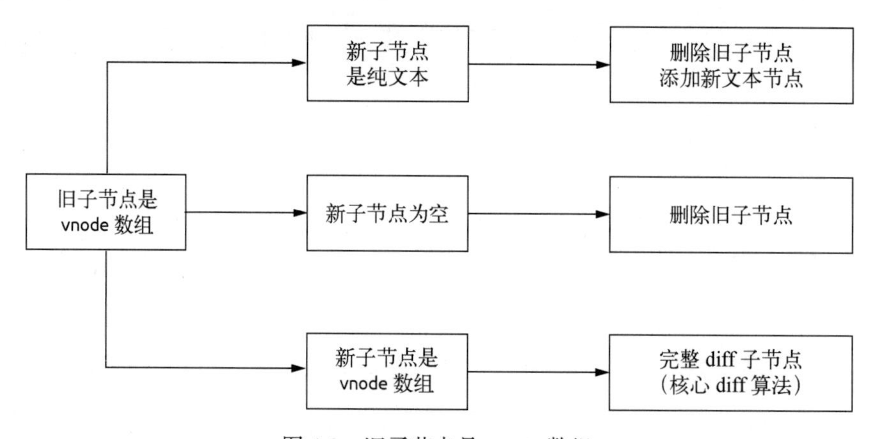

图 4-3　旧子节点是 vnode 数组

下面就来深入分析这个复杂的 diff 算法。

4.3 核心 diff 算法

新子节点数组相对于旧子节点数组的变化，无非是通过更新、删除、添加和移动节点来完成的，而核心 diff 算法，就是在已知旧子节点的 DOM 结构和 vnode 以及新子节点的 vnode 的情况下，以低成本完成子节点的更新为目的，求解生成新子节点 DOM 的一系列操作。

为了方便理解，假设有这样一个列表：

```
<ul>
  <li key="a">a</li>
  <li key="b">b</li>
  <li key="c">c</li>
  <li key="d">d</li>
</ul>
```

然后在中间插入一行，得到一个新列表：

```
<ul>
  <li key="a">a</li>
  <li key="b">b</li>
  <li key="e">e</li>
  <li key="c">c</li>
  <li key="d">d</li>
</ul>
```

在插入操作的前后，它们对应渲染生成的 vnode 可以用图 4-4 表示。

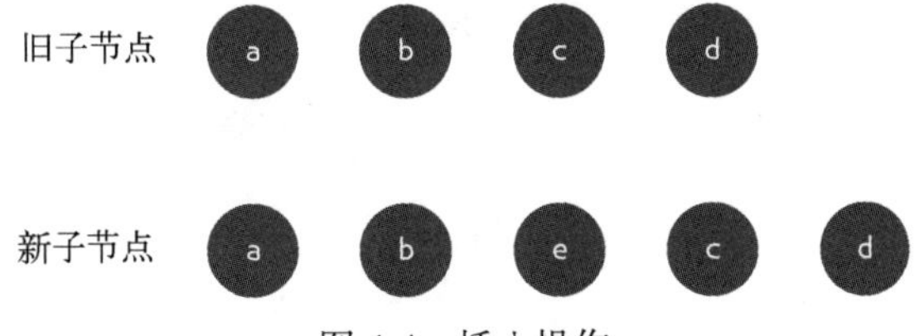

图 4-4 插入操作

我们可以直观地感受到，差异主要在于新子节点的 b 节点后面多了一个 e 节点。

我们再把这个例子稍微修改一下，多添加一个 e 节点：

```
<ul>
  <li key="a">a</li>
  <li key="b">b</li>
  <li key="c">c</li>
  <li key="d">d</li>
  <li key="e">e</li>
</ul>
```

然后删除中间一项，得到一个新列表：

```
<ul>
  <li key="a">a</li>
  <li key="b">b</li>
  <li key="d">d</li>
  <li key="e">e</li>
</ul>
```

在删除操作的前后，它们对应渲染生成的 vnode 可以用图 4-5 表示。

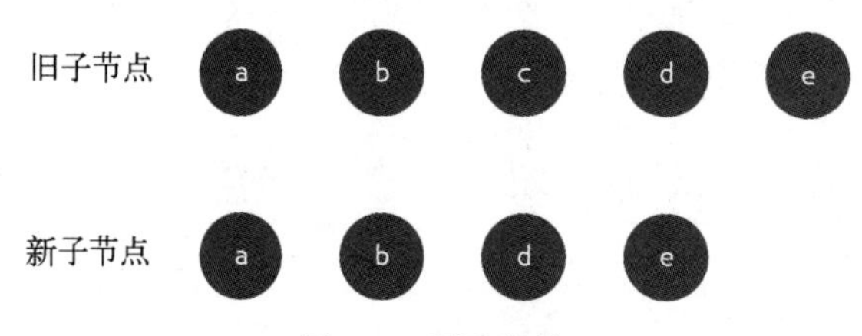

图 4-5　删除操作

可以看到，差异主要在于新子节点中的 b 节点后面少了一个 c 节点。

综合这两个例子，我们很容易发现新旧 children 拥有相同的头尾节点。对于相同的节点，我们只需要做对比更新即可，所以 diff 算法的第一步是从头部开始同步。

4.3.1　同步头部节点

我们先来看一下头部节点同步的实现代码：

```
// runtime-core/src/renderer.ts
const patchKeyedChildren = (c1, c2, container, parentAnchor, parentComponent, parentSuspense, isSVG,
slotScopeIds, optimized) => {
  let i = 0
  const l2 = c2.length
  // 旧子节点的尾部索引
  let e1 = c1.length - 1
  // 新子节点的尾部索引
  let e2 = l2 - 1
  // 1. 从头部开始同步
  // i = 0, e1 = 3, e2 = 4
  // (a b) c d
  // (a b) e c d
  while (i <= e1 && i <= e2) {
    const n1 = c1[i]
    const n2 = c2[i]
    if (isSameVNodeType(n1, n2)) {
      // 相同的节点，递归执行 patch 更新节点
      patch(n1, n2, container, null, parentComponent, parentSuspense, isSVG, slotScopeIds, optimized)
    }
    else {
```

```
      break
    }
    i++
  }
}
```

在整个过程中，我们需要维护几个变量：头部的索引 i、旧子节点的尾部索引 e1 和新子节点的尾部索引 e2。

同步头部节点就是从头部开始，依次对比新节点和旧节点：如果它们相同，则执行 patch 更新节点；如果不同或者索引 i 大于索引 e1 或 e2，则同步过程结束。

拿第一个例子来说，通过图 4-6 看一下同步头部节点后的结果。

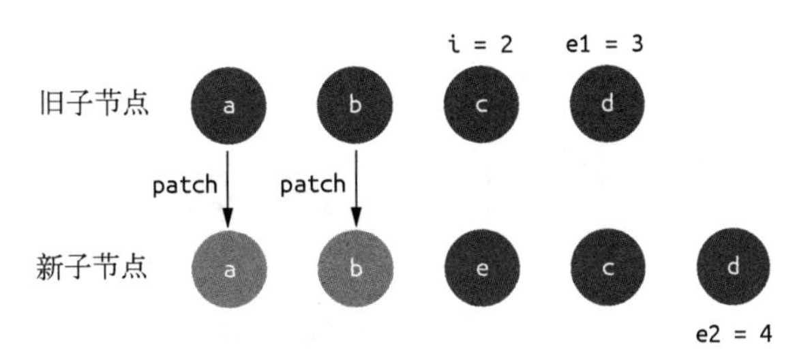

图 4-6 同步头部节点

可以看到，在完成头部节点同步后：i 是 2，e1 是 3，e2 是 4。

4.3.2 同步尾部节点

接着从尾部开始同步尾部节点，实现代码如下：

```
// runtime-core/src/renderer.ts
const patchKeyedChildren = (c1, c2, container, parentAnchor, parentComponent, parentSuspense, isSVG,
slotScopeIds, optimized) => {
  let i = 0
  const l2 = c2.length
  // 旧子节点的尾部索引
  let e1 = c1.length - 1
  // 新子节点的尾部索引
  let e2 = l2 - 1
  // 1. 从头部开始同步
  // i = 0, e1 = 3, e2 = 4
  // (a b) c d
  // (a b) e c d
  // 2. 从尾部开始同步
  // i = 2, e1 = 3, e2 = 4
  // (a b) (c d)
  // (a b) e (c d)
  while (i <= e1 && i <= e2) {
    const n1 = c1[e1]
```

```
    const n2 = c2[e2]
    if (isSameVNodeType(n1, n2)) {
      patch(n1, n2, container, null, parentComponent, parentSuspense, isSVG, slotScopeIds, optimized)
    }
    else {
      break
    }
    e1--
    e2--
  }
}
```

同步尾部节点就是从尾部开始，依次对比新节点和旧节点：如果相同，则执行 patch 更新节点；如果不同或者索引 i 大于索引 e1 或 e2，则同步过程结束。

我们来通过图 4-7 来看一下同步尾部节点后的结果。

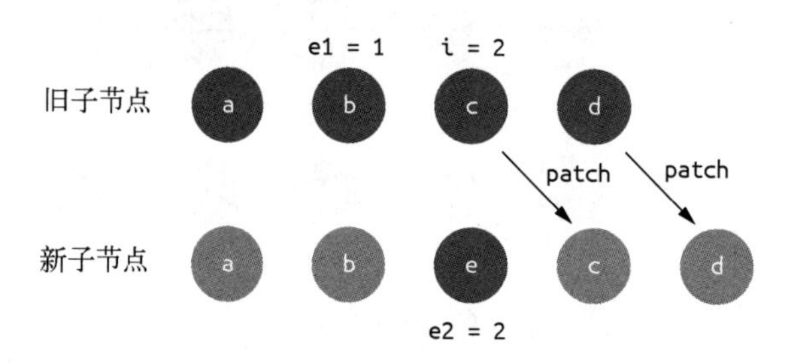

图 4-7　同步尾部节点

可以看到，完成尾部节点同步后 i 是 2，e1 是 1，e2 是 2。

接下来只有三种情况要处理：

- 新子节点有剩余，要添加新节点；
- 旧子节点有剩余，要删除多余节点；
- 未知子序列。

下面针对这三种情况做进一步分析。

4.3.3　添加新的节点

首先判断新子节点是否有剩余。如果有，则添加新子节点，实现代码如下：

```
// runtime-core/src/renderer.ts
const patchKeyedChildren = (c1, c2, container, parentAnchor, parentComponent, parentSuspense, isSVG,
slotScopeIds, optimized) => {
  let i = 0
  const l2 = c2.length
  // 旧子节点的尾部索引
```

```
  let e1 = c1.length - 1
  // 新子节点的尾部索引
  let e2 = l2 - 1
  // 1. 从头部开始同步
  // i = 0, e1 = 3, e2 = 4
  // (a b) c d
  // (a b) e c d
  // ...
  // 2. 从尾部开始同步
  // i = 2, e1 = 3, e2 = 4
  // (a b) (c d)
  // (a b) e (c d)
  // 3. 挂载剩余的新节点
  // i = 2, e1 = 1, e2 = 2
  if (i > e1) {
    if (i <= e2) {
      const nextPos = e2 + 1
      const anchor = nextPos < l2 ? c2[nextPos].el : parentAnchor
      while (i <= e2) {
        // 挂载新节点
        patch(null, c2[i], container, anchor, parentComponent, parentSuspense, isSVG, slotScopeIds,
optimized)
        i++
      }
    }
  }
}
```

如果索引 `i` 大于尾部索引 `e1` 且小于 `e2`，那么直接挂载新子树从索引 `i` 开始到索引 `e2` 部分的节点。

对于我们的例子而言，同步完尾部节点后 `i` 是 `2`，`e1` 是 `1`，`e2` 是 `2`。此时满足需要添加新节点的条件，我们来通过图 4-8 看一下添加后的结果。

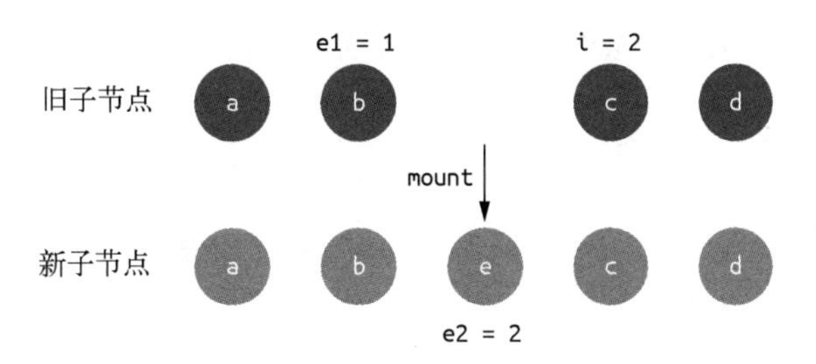

图 4-8 添加新节点

4.3.4 删除多余节点

如果不满足添加新节点的条件，就要接着判断旧子节点是否有剩余。如果有，则删除旧子节点，实现代码如下：

```
// runtime-core/src/renderer.ts
const patchKeyedChildren = (c1, c2, container, parentAnchor, parentComponent, parentSuspense, isSVG,
slotScopeIds, optimized) => {
  let i = 0
  const l2 = c2.length
  // 旧子节点的尾部索引
  let e1 = c1.length - 1
  // 新子节点的尾部索引
  let e2 = l2 - 1
  // 1. 从头部开始同步
  // i = 0, e1 = 4, e2 = 3
  // (a b) c d e
  // (a b) d e
  // ...
  // 2. 从尾部开始同步
  // i = 2, e1 = 4, e2 = 3
  // (a b) c (d e)
  // (a b) (d e)
  // 3. 普通序列挂载剩余的新节点
  // i = 2, e1 = 2, e2 = 1
  // 不满足
  if (i > e1) {
  }
  // 4. 普通序列删除多余的旧节点
  // i = 2, e1 = 2, e2 = 1
  else if (i > e2) {
    while (i <= e1) {
      // 删除节点
      unmount(c1[i], parentComponent, parentSuspense, true)
      i++
    }
  }
}
```

如果索引 i 大于尾部索引 e2，那么直接删除旧子树从索引 i 开始到索引 e1 部分的节点。

第二个例子就是删除节点的情况，我们从同步头部节点开始，用图片来演示这一过程。

首先从头部开始同步节点（见图 4-9）。

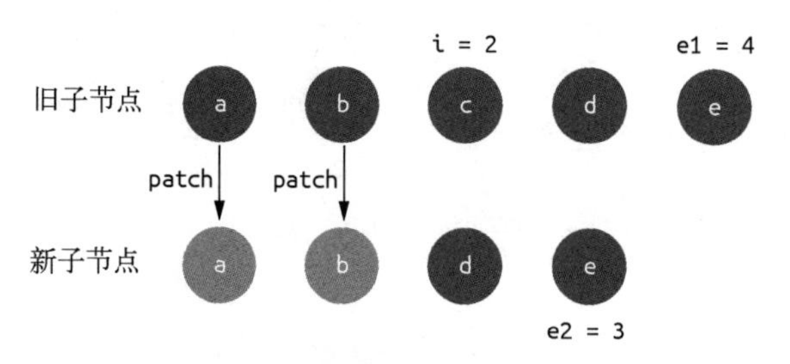

图 4-9　从头部开始同步节点

此时的结果为，i 是 2，e1 是 4，e2 是 3。

接着从尾部开始同步节点（见图 4-10）。

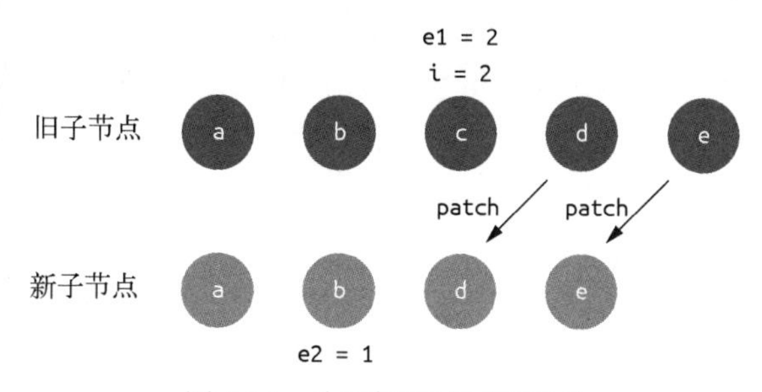

图 4-10 从尾部开始同步节点

此时的结果为，i 是 2，e1 是 2，e2 是 1。因为满足删除条件，所以删除子节点中的多余节点（见图 4-11）。

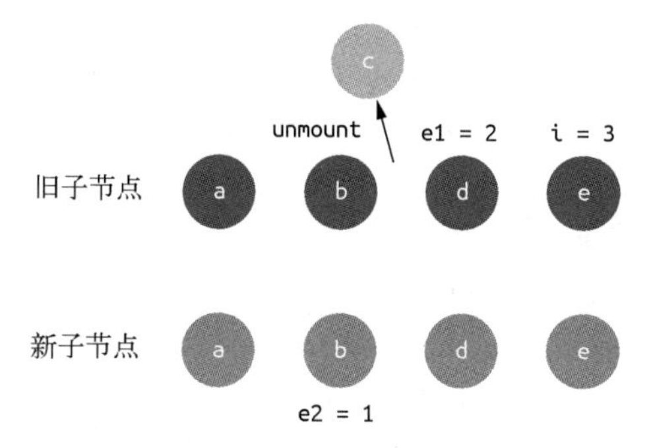

图 4-11 删除多余节点

删除 c 节点后，子节点的 DOM 和新子节点对应的 vnode 一致，从而完成了更新。

4.3.5 处理未知子序列

单纯地添加和删除节点都是比较理想的情况，操作起来也很容易。但是我们有时候并不这么幸运，会遇到比较复杂的未知子序列，这时候 diff 算法会怎么做呢？

我们再通过一个例子来演示存在未知子序列的情况。假设有一个按照字母表顺序排列的列表：

```
<ul>
  <li key="a">a</li>
  <li key="b">b</li>
  <li key="c">c</li>
  <li key="d">d</li>
  <li key="e">e</li>
  <li key="f">f</li>
  <li key="g">g</li>
  <li key="h">h</li>
</ul>
```

然后打乱之前的顺序，得到一个新列表：

```
<ul>
  <li key="a">a</li>
  <li key="b">b</li>
  <li key="e">e</li>
  <li key="d">c</li>
  <li key="c">d</li>
  <li key="i">i</li>
  <li key="g">g</li>
  <li key="h">h</li>
</ul>
```

在操作前，它们对应渲染生成的 vnode 可以用图 4-12 表示。

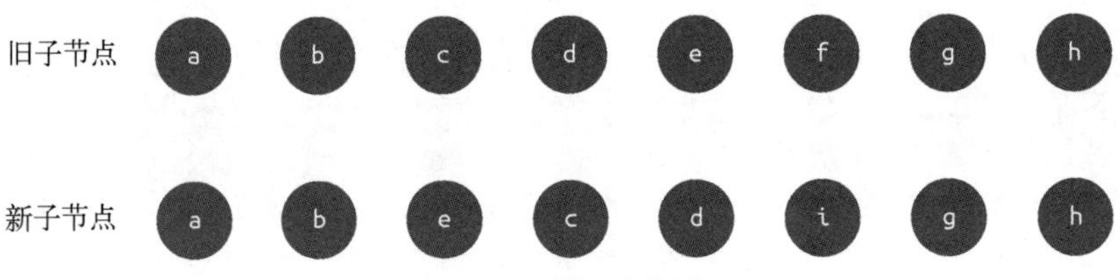

图 4-12　未知子序列

我们还是从同步头部节点开始，用图片来演示这一过程。

首先从头部开始同步节点（见图 4-13）。

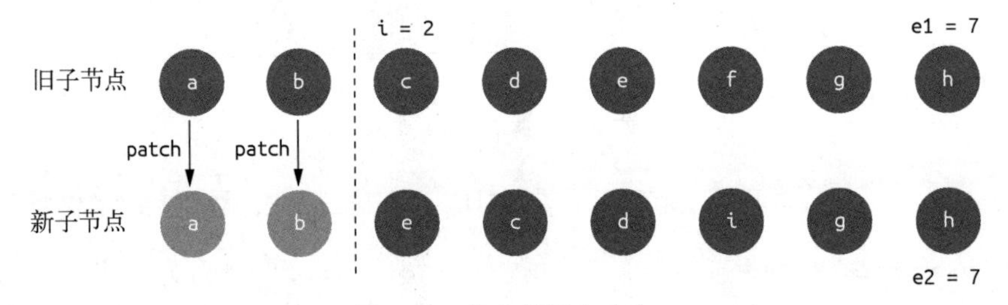

图 4-13　从头部同步节点

同步头部节点后的结果为，i 是 2，e1 是 7，e2 是 7。

接着从尾部开始同步节点（见图 4-14）。

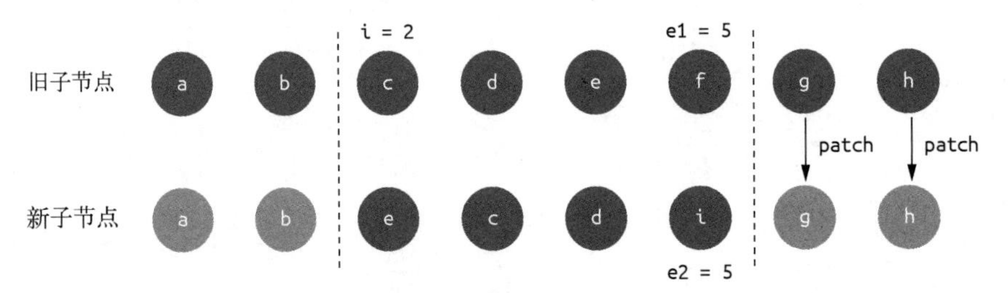

图 4-14　从尾部同步节点

同步尾部节点后的结果为，i 是 2，e1 是 5，e2 是 5。可以看到它既不满足添加新节点的条件，也不满足删除旧节点的条件。那么对于这种情况，我们应该怎么处理呢？

其实，无论多复杂的情况，归根结底无非就是通过更新、删除、添加和移动等动作来操作节点，而我们要做的就是找到相对优的解。

当两个节点类型相同时，执行更新操作；当新子节点中没有旧子节点中的某些节点时，执行删除操作；当新子节点中多了旧子节点中没有的节点时，执行添加操作。这些操作我们在前面已经阐述清楚了，而最麻烦的操作是移动——我们既要判断哪些节点需要移动，也要清楚应该如何移动。

4.3.6 移动子节点

什么时候需要移动呢？就是当子节点的排列顺序发生变化的时候。举个简单的例子：

```
var prev = [1, 2, 3, 4, 5, 6]
var next = [1, 3, 2, 6, 4, 5]
```

可以看到，从 prev 变成 next，数组里一些元素的顺序发生了变化。我们可以把子节点类比为元素，现在问题就简化为了如何用最少的移动次数把元素顺序从 prev 变化为 next。

一种思路是在 next 中找到一个递增子序列，比如[1, 3, 6]、[1, 2, 4, 5]。之后对 next 数组进行倒序遍历，移动所有不在递增序列中的元素即可。

如果选择了[1, 3, 6]作为递增子序列，那么在倒序遍历的过程中，遇到 6、3、1 不动，遇到 5、4、2 移动即可，如图 4-15 所示。

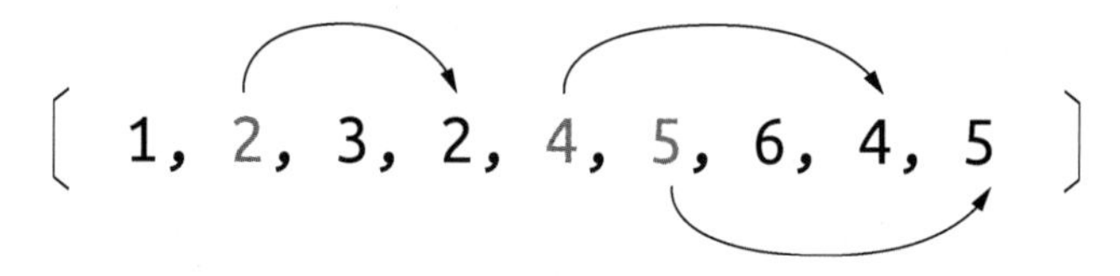

图 4-15 递增子序列思路一

如果选择了[1, 2, 4, 5]作为递增子序列，那么在倒序遍历的过程中，遇到 5、4、2、1 不动，遇到 6、3 移动即可，如图 4-16 所示。

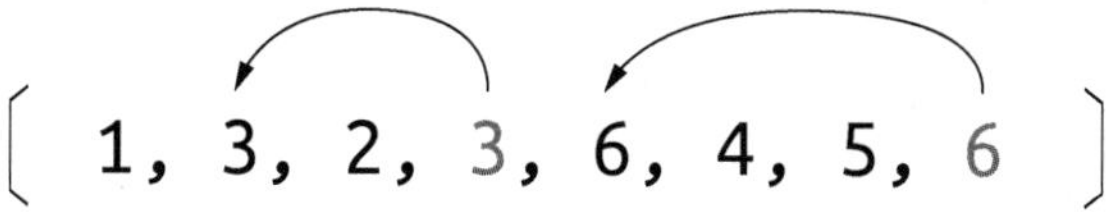

1, 3, 2, 3, 6, 4, 5, 6

图 4-16 递增子序列思路二

可以看到第一种情况移动了三次，而第二种只移动了两次。递增子序列越长，需要移动元素的次数越少，所以如何移动的问题就变成了求解最长递增子序列的问题。我们稍后会详细介绍求解最长递增子序列的算法，先回到这里的问题：对未知子序列进行处理。

我们现在要做的是在新旧子节点序列中找出相同的节点并更新，找出多余的节点并删除，找出新的节点并添加，找出是否有需要移动的节点，以及确定它们该如何移动。

在查找的过程中需要对比新旧子序列，如果要在遍历旧子序列的过程中判断某个节点是否在新子序列中存在，就需要双重循环。双重循环的复杂度是 $O(n^2)$，为了进行优化，我们可以用一种“空间换时间”的思路：建立索引图，把时间复杂度降低到 $O(n)$。

4.3.7　建立索引图

因此，处理未知子序列的第一步，就是建立索引图。

在开发过程中，通常会给 v-for 生成的列表中的每一项分配唯一 key 作为其唯一 id，这个 key 在 diff 过程中会起到很关键的作用。对于新旧子序列中的节点，我们认为如果 key 相同，那么它们就是同一个节点，直接执行 patch 更新即可。

我们根据 key 建立新子序列的索引图，实现如下：

```
// runtime-core/src/renderer.ts
const patchKeyedChildren = (c1, c2, container, parentAnchor, parentComponent, parentSuspense, isSVG,
optimized) => {
  let i = 0
  const l2 = c2.length
  // 旧子节点的尾部索引
  let e1 = c1.length - 1
  // 新子节点的尾部索引
  let e2 = l2 - 1
  // 1. 从头部开始同步
  // i = 0, e1 = 7, e2 = 7
  // (a b) c d e f g h
  // (a b) e c d i g h
  // 2. 从尾部开始同步
  // i = 2, e1 = 7, e2 = 7
  // (a b) c d e f (g h)
  // (a b) e c d i (g h)
  // 3. 普通序列挂载剩余的新节点，不满足
  // 4. 普通序列删除多余的旧节点，不满足
  // i = 2, e1 = 4, e2 = 5
  // 旧子序列开始索引，从 i 开始记录
  const s1 = i
  // 新子序列开始索引，从 i 开始记录
  const s2 = i //
  // 5.1 根据 key 建立新子序列的索引图
  const keyToNewIndexMap = new Map()
```

```
  for (i = s2; i <= e2; i++) {
    const nextChild = c2[i]
    keyToNewIndexMap.set(nextChild.key, i)
  }
}
```

新旧子序列都是从 i 开始的，所以我们先用 s1 和 s2 分别作为新旧子序列的开始索引，接着建立一个名为 keyToNewIndexMap 的 Map<key, index>结构，遍历新子序列，并且把节点的 key 和 index 添加到这个 Map 中。注意，这里假设所有节点都是有 key 标识的。

keyToNewIndexMap 存储的就是新子序列中每个节点在新子序列中的索引。我们来看一下处理后的结果，如图 4-17 所示。

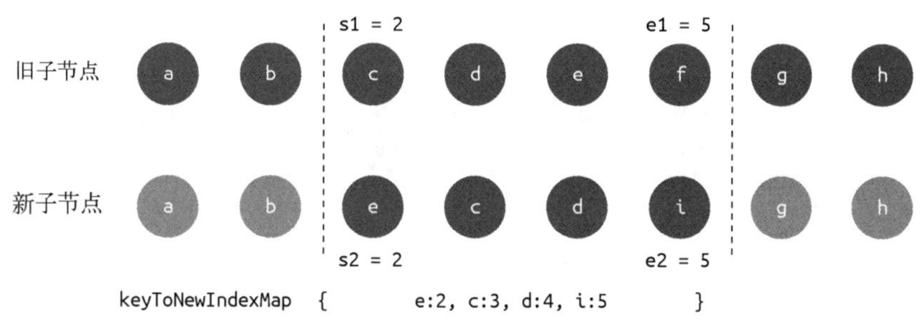

图 4-17　建立索引图

我们得到了一个值为{e:2,c:3,d:4,i:5}的新子序列索引图。

4.3.8　更新和移除旧节点

接下来就需要遍历旧子序列了：通过 patch 更新相同的节点，移除那些不在新子序列中的节点，并且找出是否有需要移动的节点。来看一下这部分逻辑的实现：

```
// runtime-core/src/renderer.ts
const patchKeyedChildren = (c1, c2, container, parentAnchor, parentComponent, parentSuspense, isSVG,
slotScopeIds, optimized) => {
  let i = 0
  const l2 = c2.length
  // 旧子节点的尾部索引
  let e1 = c1.length - 1
  // 新子节点的尾部索引
  let e2 = l2 - 1
  // 1. 从头部开始同步
  // i = 0, e1 = 7, e2 = 7
  // (a b) c d e f g h
  // (a b) e c d i g h
  // 2. 从尾部开始同步
  // i = 2, e1 = 7, e2 = 7
  // (a b) c d e f (g h)
```

```
// (a b) e c d i (g h)
// 3. 普通序列挂载剩余的新节点，不满足
// 4. 普通序列删除多余的旧节点，不满足
// i = 2, e1 = 4, e2 = 5
// 旧子序列开始索引，从 i 开始记录
const s1 = i
// 新子序列开始索引，从 i 开始记录
const s2 = i
// 5.1 根据 key 建立新子序列的索引图
// 5.2 正序遍历旧子序列，更新匹配的节点，删除不在新子序列中的节点，并且判断是否有需要移动的节点
// 新子序列已更新节点的数量
let patched = 0
// 新子序列待更新节点的数量，等于新子序列的长度
const toBePatched = e2 - s2 + 1
// 是否存在要移动的节点
let moved = false
// 用于跟踪判断是否有节点需要移动
let maxNewIndexSoFar = 0
// 这个数组存储新子序列中的元素在旧子序列节点处的索引，用于确定最长递增子序列
const newIndexToOldIndexMap = new Array(toBePatched)
// 初始化数组，每个元素的值都是 0
// 0 是一个特殊的值，如果遍历之后仍有元素的值为 0，则说明这个新节点没有对应的旧节点
for (i = 0; i < toBePatched; i++)
  newIndexToOldIndexMap[i] = 0
// 正序遍历旧子序列
for (i = s1; i <= e1; i++) {
  // 获取每一个旧子序列节点
  const prevChild = c1[i]
  if (patched >= toBePatched) {
    // 所有新的子序列节点都已经更新，删除剩余的节点
    unmount(prevChild, parentComponent, parentSuspense, true)
    continue
  }
  // 查找旧子序列中的节点在新子序列中的索引
  let newIndex = keyToNewIndexMap.get(prevChild.key)
  if (newIndex === undefined) {
    // 找不到则说明旧子序列已经不存在于新子序列中，删除该节点
    unmount(prevChild, parentComponent, parentSuspense, true)
  }
  else {
    // 更新新子序列中的元素在旧子序列中的索引，这里加 1 偏移是为了避免 i 为 0 的特殊情况，
    // 影响对后续最长递增子序列的求解
    newIndexToOldIndexMap[newIndex - s2] = i + 1
    // maxNewIndexSoFar 存储的始终是上次求值的 newIndex，如果不是一直递增，则说明有移动
    if (newIndex >= maxNewIndexSoFar) {
      maxNewIndexSoFar = newIndex
    }
    else {
      moved = true
    }
    // 更新新旧子序列中匹配的节点
    patch(prevChild, c2[newIndex], container, null, parentComponent, parentSuspense, isSVG,
      slotScopeIds, optimized)
```

```
      patched++
    }
  }
}
```

我们建立了一个名为 newIndexToOldIndexMap 的数组，存储新子序列节点的索引和旧子序列节点的索引之间的映射关系，用于确定最长递增子序列。这个数组的长度为新子序列的长度，每个元素的初始值设置为 0。这是一个特殊的值，如果遍历之后仍有元素的值为 0，则说明在遍历旧子序列的过程中没有处理过这个节点，这个节点是新添加的。

下面来看具体的操作过程：正序遍历旧子序列，根据前面建立的 keyToNewIndexMap 查找旧子序列中的节点在新子序列中的索引：如果找不到，就说明新子序列中没有该节点，删除它；如果找到了，则将它在旧子序列中的索引更新到 newIndexToOldIndexMap 中。

注意，这里为索引加了长度为 1 的偏移，是为了应对 i 为 0 的特殊情况。如果不这样处理就会影响后续对最长递增子序列的求解。

在遍历过程中，我们用变量 maxNewIndexSoFar 判断节点是否有移动，maxNewIndexSoFar 存储的始终是上次求值的 newIndex，一旦本次求值的 newIndex 小于 maxNewIndexSoFar，就说明顺序遍历旧子序列的节点在新子序列中的索引并不是一直递增的，也就说明存在移动的情况。

除此之外，我们也会在此过程中更新新旧子序列中匹配的节点。如果所有新的子序列节点都已经更新，而对旧子序列的遍历还未结束，就说明剩余的节点是多余的，删除即可。

至此，我们完成了新旧子序列节点的更新、多余旧节点的删除，建立了 newIndexToOldIndexMap 来存储新子序列节点的索引和旧子序列节点的索引之间的映射关系，并确定了是否有移动。

我们来看一下处理后的结果，如图 4-18 所示。

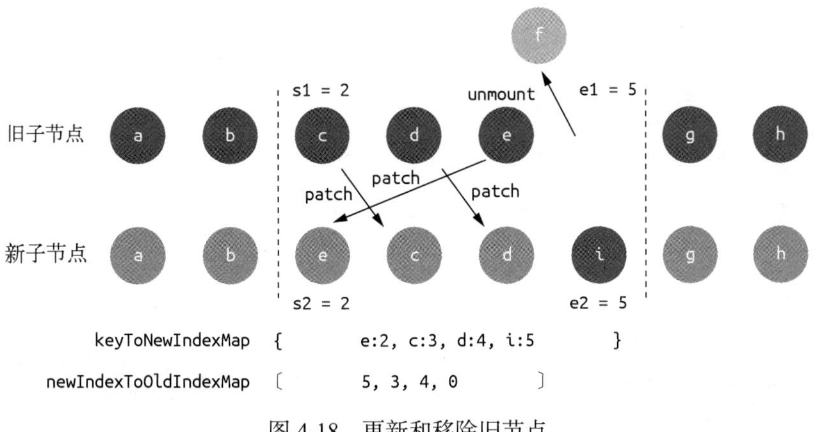

图 4-18　更新和移除旧节点

可以看到，c、d、e 节点被更新了，f 节点被删除了，newIndexToOldIndexMap 的值为[5, 3, 4 ,0]。此时 moved 为 true，也就是存在节点移动的情况。

4.3.9　移动和挂载新节点

接下来，就到了处理未知子序列的最后一个流程：移动和挂载新节点。我们来看一下这部分逻辑的实现：

```
// runtime-core/src/renderer.ts
const patchKeyedChildren = (c1, c2, container, parentAnchor, parentComponent, parentSuspense, isSVG,
slotScopeIds, optimized) => {
  let i = 0
  const l2 = c2.length
  // 旧子节点的尾部索引
  let e1 = c1.length - 1
  // 新子节点的尾部索引
  let e2 = l2 - 1
  // 1. 从头部开始同步
  // i = 0, e1 = 6, e2 = 7
  // (a b) c d e f g
  // (a b) e c d h f g
  // 2. 从尾部开始同步
  // i = 2, e1 = 6, e2 = 7
  // (a b) c (d e)
  // (a b) (d e)
  // 3. 普通序列挂载剩余的新节点，不满足
  // 4. 普通序列删除多余的旧节点，不满足
  // i = 2, e1 = 4, e2 = 5
  // 旧子节点开始索引，从 i 开始记录
  const s1 = i
  // 新子节点开始索引，从 i 开始记录
  const s2 = i //
  // 5.1 根据 key 建立新子序列的索引图
  // 5.2 正序遍历旧子序列，更新匹配的节点，删除不在新子序列中的节点，并且判断是否有需要移动的节点
  // 5.3 移动和挂载新节点
  // 仅当节点移动时生成最长递增子序列
  const increasingNewIndexSequence = moved
    ? getSequence(newIndexToOldIndexMap)
    : EMPTY_ARR
  let j = increasingNewIndexSequence.length - 1
  // 倒序遍历，以便使用最后更新的节点作为锚点
  for (i = toBePatched - 1; i >= 0; i--) {
    const nextIndex = s2 + i
    const nextChild = c2[nextIndex]
    // 锚点指向上一个更新的节点，如果 nextIndex 超过新子节点的长度，则指向 parentAnchor
    const anchor = nextIndex + 1 < l2 ? c2[nextIndex + 1].el : parentAnchor
    if (newIndexToOldIndexMap[i] === 0) {
```

```
      // 挂载新的子节点
      patch(null, nextChild, container, anchor, parentComponent, parentSuspense, isSVG, slotScopeIds,
optimized)
    }
    else if (moved) {
      // 没有最长递增子序列（reverse 的场景）或者当前的节点索引不在最长递增子序列中，需要移动
      if (j < 0 || i !== increasingNewIndexSequence[j]) {
        move(nextChild, container, anchor, 2)
      }
      else {
        // 倒序递增子序列
        j--
      }
    }
  }
}
```

我们前面已经判断了是否移动，如果 moved 为 true 就通过 getSequence(newIndexToOldIndexMap) 计算最长递增子序列，这部分算法会在后面详细介绍。

接着我们采用倒序的方式遍历新子序列，因为倒序遍历可以方便我们使用最后更新的节点作为锚点。在倒序的过程中，锚点指向上一个更新的节点，然后判断 newIndexToOldIndexMap[i]是否为 0，如果是则表示这是新节点，需要挂载它；接着判断是否存在节点移动的情况，如果存在则看节点的索引是不是在最长递增子序列中，如果在则倒序最长递增子序列，否则把它移动到锚点的前面。

为了便于你更直观地理解，我们用前面的例子展示一下这个过程，此时 toBePatched 的值为 4，j 的值为 1，最长递增子序列 increasingNewIndexSequence 的值是[1, 2]。在倒序新子序列的过程中，首先遇到节点 i，发现它在 newIndexToOldIndexMap 中的值是 0，则说明它是新节点，我们需要挂载它；然后继续遍历遇到节点 d，因为 moved 为 true，且 d 的索引存在于最长递增子序列中，则执行 j--倒序最长递增子序列，j 此时为 0；接着继续遍历遇到节点 c，它和 d 一样，索引也存在于最长递增子序列中，则执行 j--，j 此时为-1；接着继续遍历遇到节点 e，此时 j 是-1 并且 e 的索引也不在最长递增子序列中，所以做一次移动操作，把 e 节点移到上一个更新的节点，也就是 c 节点的前面。

新子序列倒序完成，即完成了新节点的插入和旧节点的移动操作，也就完成了整个核心 diff 算法对节点的更新。

我们来看一下处理后的结果，如图 4-19 所示。

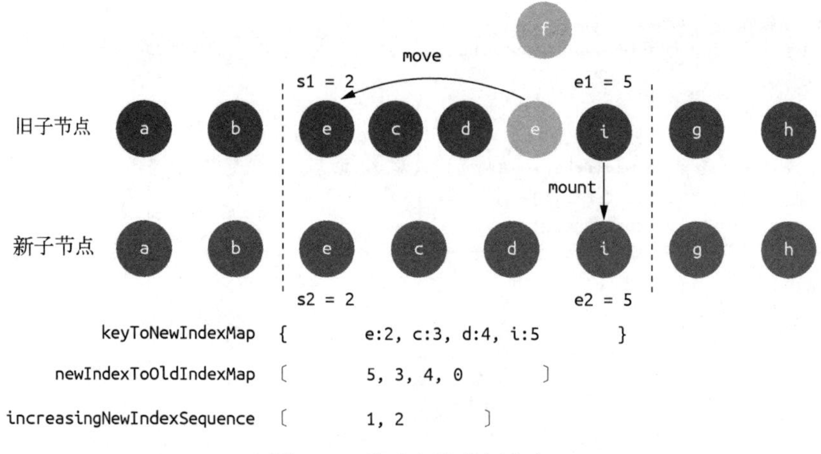

图 4-19　移动和挂载新节点

可以看到新子序列中的新节点 i 被挂载，旧子序列中的节点 e 移动到了 c 节点前面，至此，我们就在已知旧子节点 DOM 结构和 vnode、新子节点 vnode 的情况下，求解出生成新子节点的 DOM 的更新、移动、删除、添加等系列操作，并且以一种成本较低的方式完成了 DOM 更新。

我们知道了子节点更新调用的是 patch 函数，Vue.js 正是通过这种递归的方式完成了整个组件树的更新。

核心 diff 算法中最复杂的就是求解最长递增子序列，下面来详细分析这个算法。

4.3.10　最长递增子序列

求解最长递增子序列是一道经典的算法题，多数解法使用动态规划的思想，算法的时间复杂度是 $O(n^2)$，而 Vue.js 内部使用的是维基百科提供的一套“贪心 + 二分查找”的算法。贪心算法的时间复杂度是 $O(n)$，二分查找的时间复杂度是 $O(\log_2 n)$，所以它的总时间复杂度是 $O(n\log_2 n)$。

单纯地看代码并不好理解，我们通过示例来看一下这个子序列的求解过程。

假设我们有这个样一个数组 arr：[2, 1, 5, 3, 6, 4, 8, 9, 7]，那么求解它最长递增子序列的步骤共 9 步，如图 4-20~图 4-28 所示。

2

图 4-20　第 1 步

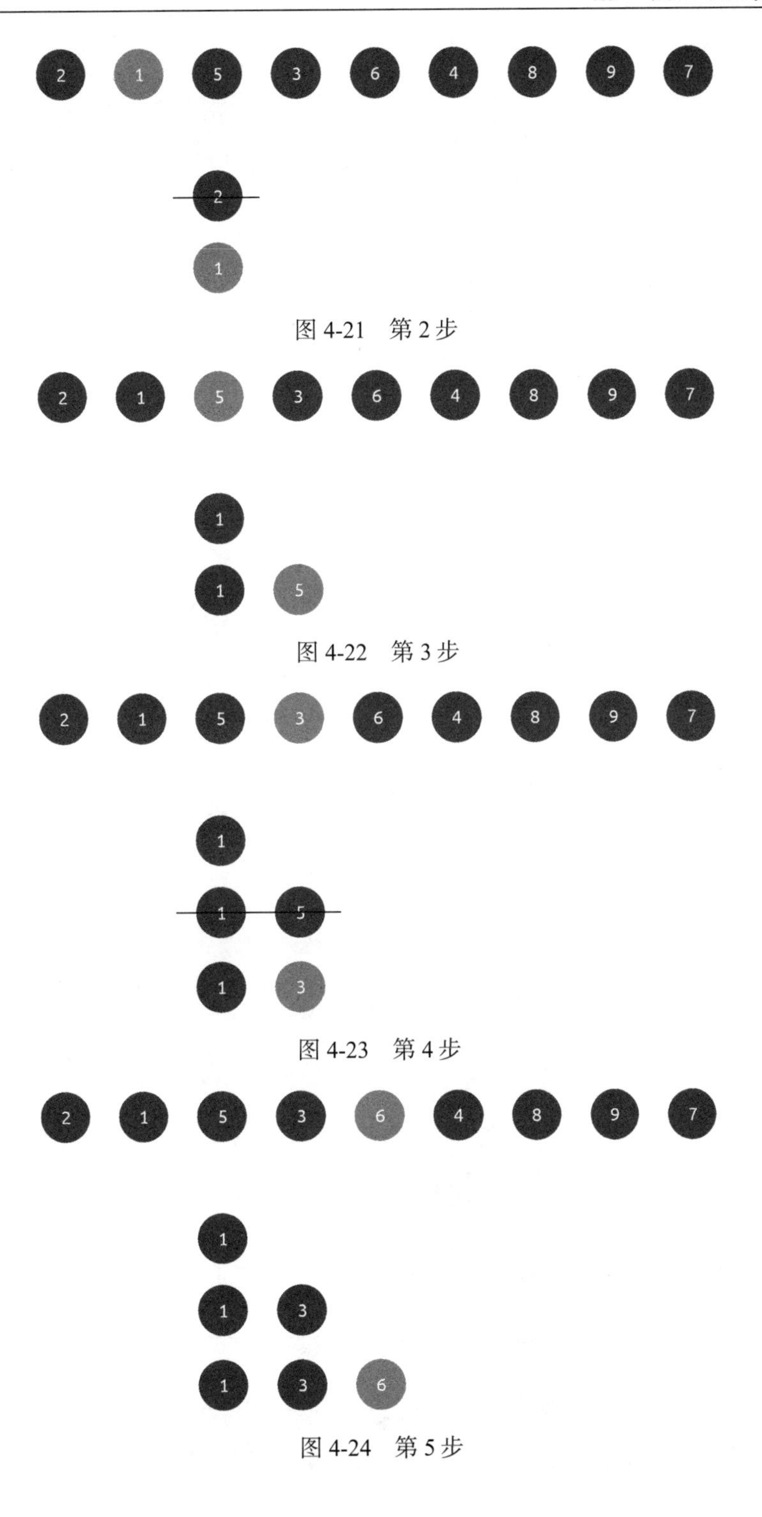

图 4-21 第 2 步

图 4-22 第 3 步

图 4-23 第 4 步

图 4-24 第 5 步

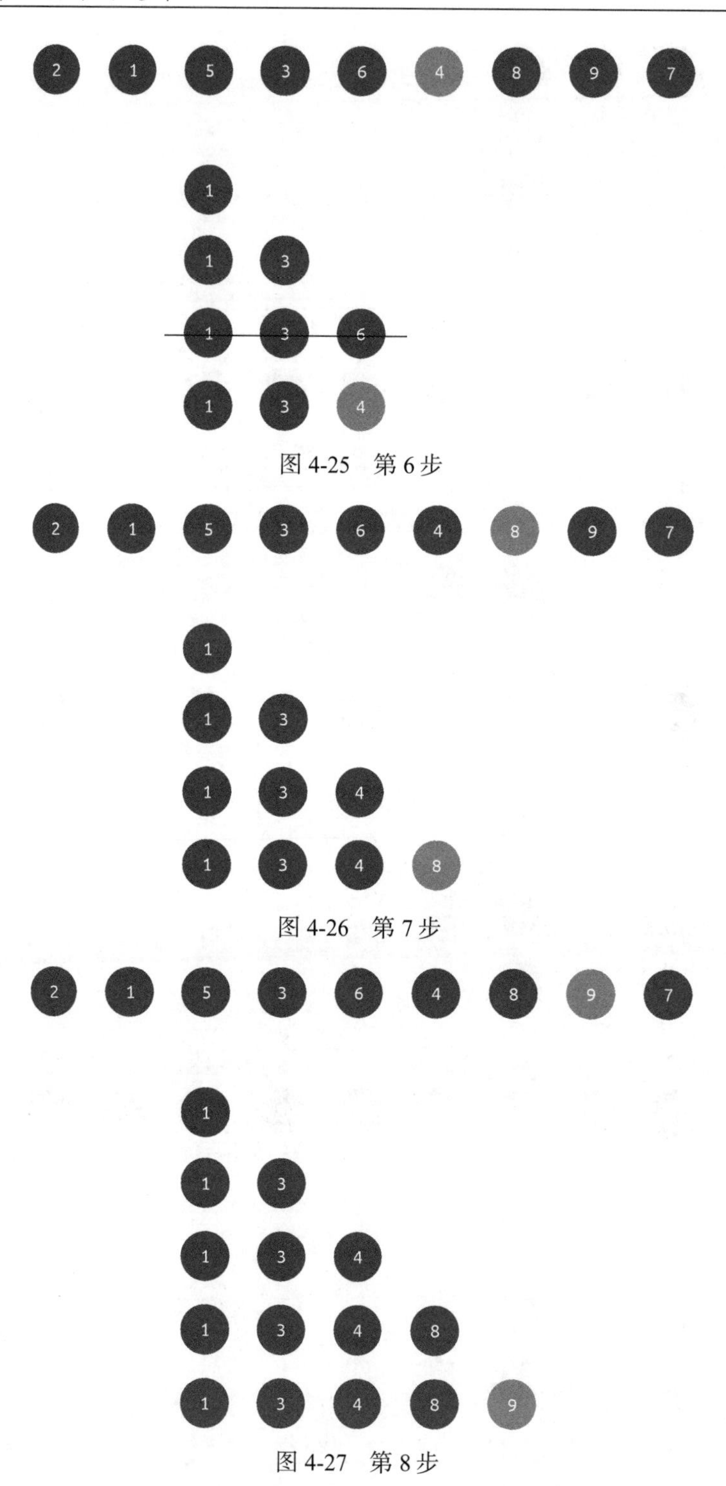

图4-25 第6步

图4-26 第7步

图4-27 第8步

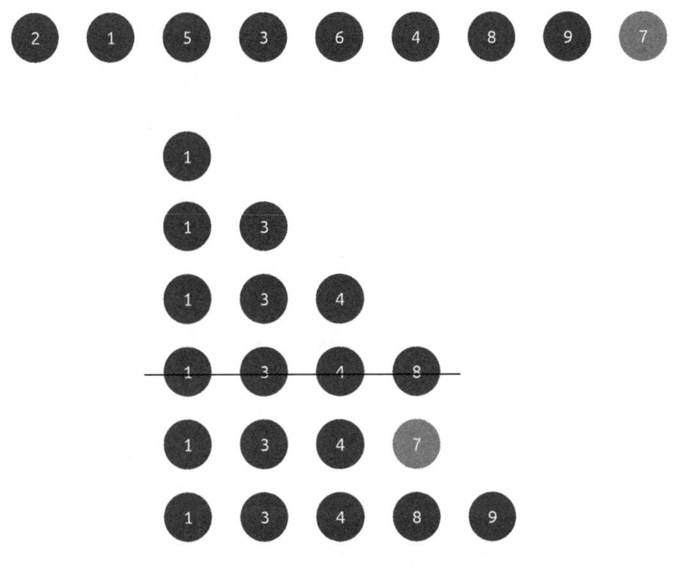

图 4-28 第 9 步

最终求得最长递增子序列的值就是[1, 3, 4, 8, 9]。

算法的主要思路如下：遍历数组，依次求解在长度为 i 时的最长递增子序列，当 i 元素大于 i - 1 元素时，添加 i 元素并更新最长子序列；否则往前查找，直到找到一个比 i 小的元素，然后将其插在该元素后面并更新对应的最长递增子序列。

这种做法的主要目的是让递增序列的差尽可能小，从而获得更长的递增子序列，这是一种贪心算法思想。

了解了算法的大致思想，我们来看一下源码实现：

```
// runtime-core/src/renderer.ts
function getSequence (arr) {
  const p = arr.slice()
  const result = [0]
  let i, j, u, v, c
  const len = arr.length
  for (i = 0; i < len; i++) {
    // arrI 为当前顺序取出的元素
    const arrI = arr[i]
    // 排除 0 的情况
    if (arrI !== 0) {
      // result 存储的是长度为 i 的递增子序列最小末尾值的索引
      j = result[result.length - 1]
      // arr[j]为末尾值，如果满足 arr[j] < arrI，那么直接在当前递增子序列后面添加
      if (arr[j] < arrI) {
        // 存储 result 更新前的最后一个索引的值
        p[i] = j
```

```
        // 存储元素对应的索引值
        result.push(i)
        continue
      }
      // 不满足，则执行二分搜索
      u = 0
      v = result.length - 1
      // 查找第一个比 arrI 小的节点，更新 result 的值
      while (u < v) {
        // c 记录中间的位置
        c = ((u + v) / 2) | 0
        if (arr[result[c]] < arrI) {
          // 若中间的值小于 arrI，则在右边，更新下沿
          u = c + 1
        }
        else {
          // 更新上沿
          v = c
        }
      }
      // 找到第一个比 arrI 小的位置 u，插入它
      if (arrI < arr[result[u]]) {
        if (u > 0) {
          p[i] = result[u - 1]
        }
        // 存储插入的位置 i
        result[u] = i
      }
    }
  }
  u = result.length
  v = result[u - 1]

  // 回溯数组 p，找到最终的索引
  while (u-- > 0) {
    result[u] = v
    v = p[v]
  }
  return result
}
```

其中 `result` 存储的是长度为 `i` 的递增子序列最小末尾值的索引。比如上述例子中的第 9 步，在对数组 `p` 进行回溯之前，`result` 的值是`[1, 3, 5, 8, 7]`。这不是最长递增子序列，只是存储了对应长度递增子序列的最小末尾的索引。

这里要注意，我们求解的是最长子序列索引值，它的每个元素其实对应着数组的下标。对于我们的例子而言，`[2, 1, 5, 3, 6, 4, 8, 9, 7]`的最长子序列是`[1, 3, 4, 8, 9]`，它对应的索引值是`[1, 3, 5, 6, 7]`。这是怎么求得的呢？

在遍历的过程中，实际上并没有维护最长子序列的数组，但是会额外用一个数组 `p` 来存储在

每次更新 result 前最后一个索引的值，并且它的 key 就是这次遍历的索引 i：

```
if (arr[j] < arrI) {
  // 存储在 result 更新前的最后一个索引的值
  p[i] = j
  // 存储元素对应的索引值
  result.push(i)
}

 // 找到第一个比 arrI 小的位置 u，插入它
if (arrI < arr[result[u]]) {
  if (u > 0) {
    p[i] = result[u - 1]
  }
  // 存储插入的位置 i
  result[u] = i
}
```

数组 p 保存的就是原数组中元素的索引在最长递增子序列中所对应的前一个元素的索引。比如对于元素 9，它在数组中的索引是 7，而 p[7]的值是 6，说明最长递增子序列中索引为 7 的元素的前一个元素索引是 6。想知道 6 前面的索引是多少，可以通过 p[6]查找，以此类推。这样就可以通过回溯的方式找到最长递增子序列了。

经过上述遍历，p 的结果如图 4-29 所示。

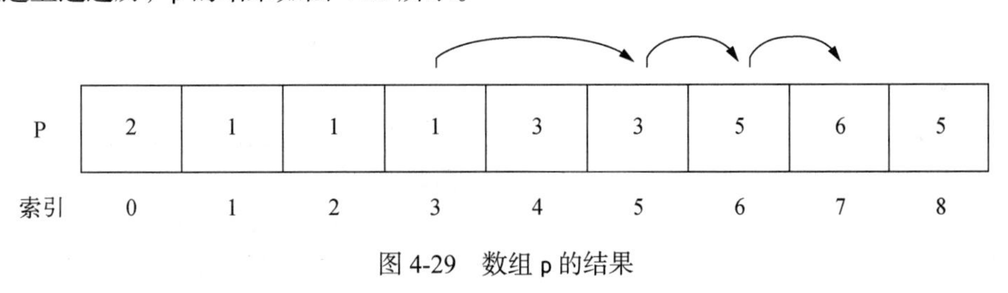

图 4-29 数组 p 的结果

从 result 最后一个元素 9 对应的索引 7 开始回溯，可以看到 p[7] = 6，p[6] = 5，p[5] = 3，p[3] = 1。通过对 p 的回溯，得到最终的 result 值是[1, 3, 5, 6, 7]，也就找到了最长递增子序列的最终索引。

4.4 总结

Vue.js 视图的更新粒度是组件级别的，在 patch 过程递归遍历子节点的时候，如果遇到组件 vnode 会进行一些判断，并且在满足某些条件时触发子组件的更新。

对于普通元素节点，主要是更新一些属性及其子节点。子节点的更新又分为多种情况，其中最复杂的情况为数组到数组的更新，要在内部根据不同的情况分成几个 diff 流程，在需要移动的

情况下还要求解子节点的最长递增子序列。

整个更新过程利用了树的深度遍历，通过递归执行 patch 函数，最终完成了整个组件树的更新。

最后，图 4-30 可以帮你更加直观地了解组件的更新流程。

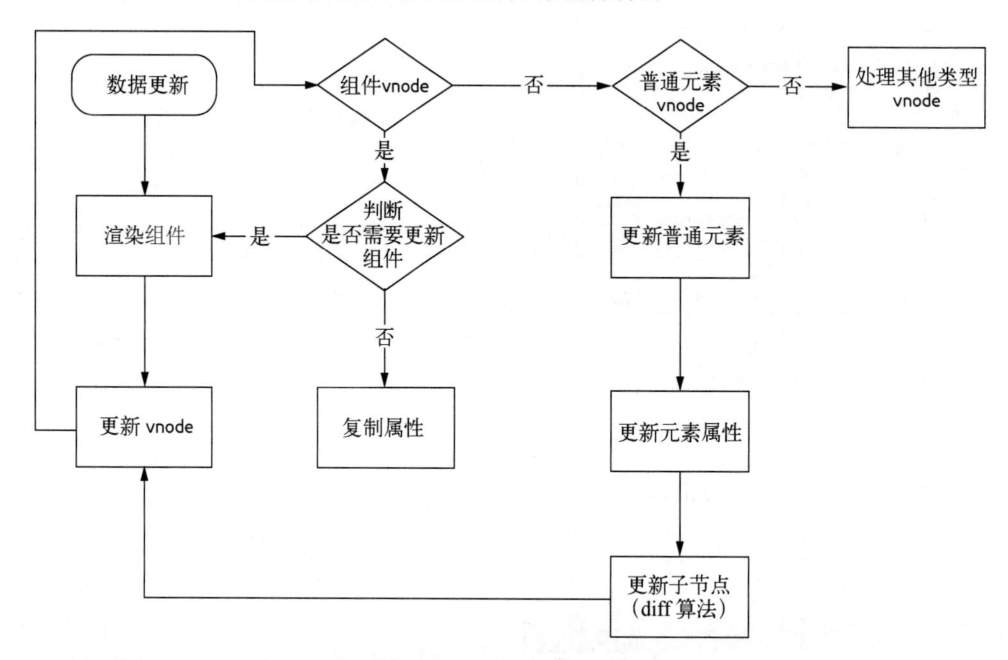

图 4-30　组件的更新流程

第 5 章

组件的实例

前面分析了组件的渲染流程：创建 vnode、渲染 vnode 和生成 DOM，如图 5-1 所示。

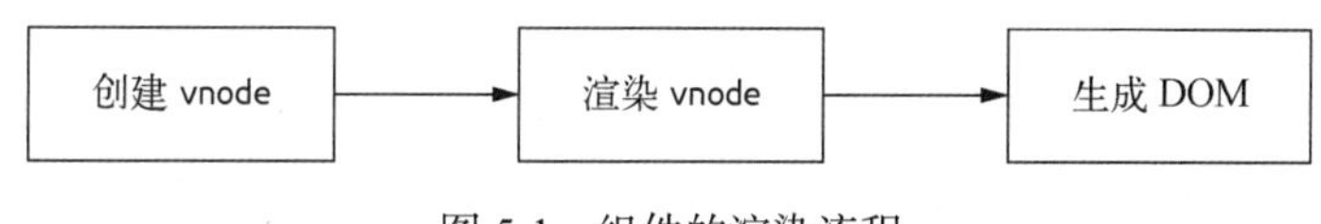

图 5-1　组件的渲染流程

渲染 vnode 和生成 DOM 的流程主要是通过执行 mountComponent 函数来完成的：

```
// runtime-core/src/renderer.ts
const mountComponent = (initialVNode, container, anchor, parentComponent) => {
  // 创建组件实例
  const instance = initialVNode.component = createComponentInstance(initialVNode, parentComponent)
  // 设置组件实例
  setupComponent(instance)
  // 设置并运行带副作用的渲染函数
  setupRenderEffect(instance, initialVNode, container, anchor)
}
```

可以看到，mountComponent 主要做了三件事情：创建组件实例，设置组件实例，以及设置并运行带副作用的渲染函数。

第三件事情在前面已经分析过，本章则重点分析组件实例的创建和设置过程。

5.1　创建组件实例

首先思考这样一个问题：为什么需要组件实例？这是因为在整个渲染过程中，我们要维护组件的上下文数据，比如组件渲染需要的 props 数据、data 数据、组件 vnode 节点、render 函数、一系列生命周期钩子函数，等等。我们把这些数据和函数都挂载到一个对象上，这样就可以通过该对象访问它们了。这个对象就称作组件的**实例**。

接下来，我们来分析创建组件实例的流程，看看 createComponentInstance 方法的实现：

```
// runtime-core/src/component.ts
function createComponentInstance (vnode, parent, suspense) {
  // 继承父组件实例上的 appContext；如果是根组件，则直接从根 vnode 中获取
  const appContext = (parent ? parent.appContext : vnode.appContext) || emptyAppContext;
  const instance = {
    // 组件唯一 id
    uid: uid++,
    // 组件 vnode
    vnode,
    // 父组件实例
    parent,
    // app 上下文
    appContext,
    // vnode 节点类型
    type: vnode.type,
    // 根组件实例
    root: null,
    // 新的组件 vnode
    next: null,
    // 子节点 vnode
    subTree: null,
    // 带副作用更新函数
    update: null,
    // effect 作用域
    scope: new EffectScope(true),
    // 渲染函数
    render: null,
    // 渲染上下文代理
    proxy: null,
    // 通过 expose 方法暴露的属性
    exposed: null,
    // 暴露属性的代理
    exposeProxy: null,
    // 带有 with 区块的渲染上下文代理
    withProxy: null,
    // 响应式相关对象
    effects: null,
    // 依赖注入相关
    provides: parent ? parent.provides : Object.create(appContext.provides),
    // 渲染代理的属性访问缓存
    accessCache: null,
    // 渲染缓存
    renderCache: [],
    // 渲染上下文
    ctx: EMPTY_OBJ,
    // data 数据
    data: EMPTY_OBJ,
    // props 数据
    props: EMPTY_OBJ,
    // 普通属性
    attrs: EMPTY_OBJ,
```

```
// 插槽相关
slots: EMPTY_OBJ,
// 组件或者 DOM 的 ref 引用
refs: EMPTY_OBJ,
// setup 函数返回的响应式结果
setupState: EMPTY_OBJ,
// setup 函数上下文数据
setupContext: null,
// 注册的组件
components: Object.create(appContext.components),
// 注册的指令
directives: Object.create(appContext.directives),
// 标准化属性和 emits 配置
propsOptions: normalizePropsOptions(type, appContext),
emitsOptions: normalizeEmitsOptions(type, appContext),
// 派发事件方法
emit: null,
emitted: null,
// props 默认值
propsDefaults: EMPTY_OBJ,
// 继承属性
inheritAttrs: type.inheritAttrs,
// suspense 相关
suspense,
suspenseId: suspense ? suspense.pendingId : 0,
// suspense 异步依赖
asyncDep: null,
// suspense 异步依赖是否都已处理
asyncResolved: false,
// 是否挂载
isMounted: false,
// 是否卸载
isUnmounted: false,
// 是否激活
isDeactivated: false,
// 生命周期 before create
bc: null,
// 生命周期 created
c: null,
// 生命周期 before mount
bm: null,
// 生命周期 mounted
m: null,
// 生命周期 before update
bu: null,
// 生命周期 updated
u: null,
// 生命周期 unmounted
um: null,
// 生命周期 before unmount
bum: null,
// 生命周期 deactivated
da: null,
// 生命周期 activated
```

```
    a: null,
    // 生命周期 render triggered
    rtg: null,
    // 生命周期 render tracked
    rtc: null,
    // 生命周期 error captured
    ec: null
  }
  // 初始化渲染上下文
  instance.ctx = { _: instance }
  // 初始化根组件指针
  instance.root = parent ? parent.root : instance
  // 初始化派发事件方法
  instance.emit = emit.bind(null, instance)
  // 执行自定义元素特殊的处理器
  if (vnode.ce) {
    vnode.ce(instance)
  }
  return instance
}
```

createComponentInstance 函数拥有三个参数，我们只需要关注前两个：vnode 表示组件 vnode 节点，parent 表示父组件实例。

从上述代码可以看到，组件实例 instance 上定义了很多属性。千万不要被这么多的属性吓到，因为其中一些是为了实现某个场景或者某个功能而定义的，你只需要阅读代码中的注释，大概知道它们是做什么的即可。

Vue.js 2.*x* 使用 new Vue 初始化组件的实例，到了 Vue.js 3.*x*，则直接通过创建对象来创建组件的实例。这两种方式并无本质上的区别：都是引用一个对象，在整个组件的生命周期中维护组件的状态数据和上下文环境。

创建好 instance，接下来就要设置它的一些属性了。目前已完成了组件的渲染上下文 ctx、根组件指针 root 以及派发事件方法 emit 的设置，后面会继续分析 instance 实例属性的更多设置逻辑。

5.2 设置组件实例

下面介绍组件实例的设置流程，对 setup 函数的处理就在这里完成。我们来看一下 setupComponent 方法的实现：

```
// runtime-core/src/component.ts
function setupComponent (instance, isSSR = false) {
  const { props, children, shapeFlag } = instance.vnode
  // 判断是否是一个有状态的组件
```

```
  const isStateful = shapeFlag & 4
  // 初始化 props
  initProps(instance, props, isStateful, isSSR)
  // 初始化插槽
  initSlots(instance, children)
  // 设置有状态的组件实例
  const setupResult = isStateful
    ? setupStatefulComponent(instance, isSSR)
    : undefined
  return setupResult
}
```

setupComponent 函数拥有两个参数，其中 instance 是前面创建的组件实例对象，而 isSSR 表示是否是服务端渲染，在浏览器端渲染时值为 false。

函数首先从组件 vnode 中获取了 props、children 和 shapeFlag 等属性，然后分别对 props 和插槽进行了初始化，这两部分逻辑会分别在第 6 章和第 16 章中详细分析。

接着根据 shapeFlag 的值判断这是不是一个有状态组件。如果是，则要进一步设置有状态组件的实例。

通常，我们写的组件就是一个有状态的组件。所谓有状态，指的就是组件会在渲染过程中把一些状态挂载到组件实例对应的属性上。

我们来分析 setupStatefulComponent 函数：

```
// runtime-core/src/component.ts
function setupStatefulComponent (instance, isSSR) {
  const Component = instance.type
  // 创建渲染代理的属性访问缓存
  instance.accessCache = {}
  // 创建渲染上下文代理
  instance.proxy = markRaw(new Proxy(instance.ctx, PublicInstanceProxyHandlers))
  // 判断处理 setup 函数
  const { setup } = Component
  if (setup) {
    // 如果 setup 函数带参数，则创建一个 setupContext
    const setupContext = (instance.setupContext =
      setup.length > 1 ? createSetupContext(instance) : null)
    // 执行 setup 函数，获取返回值
    const setupResult = callWithErrorHandling(setup, instance, 0 /* SETUP_FUNCTION */, [instance.props,
setupContext])
    // 处理 setup 返回值
    handleSetupResult(instance, setupResult)
  }
  else {
    // 完成组件实例设置
    finishComponentSetup(instance)
  }
}
```

setupStatefulComponent 函数主要做了三件事：创建渲染上下文代理，判断处理 setup 函数，以及完成组件实例设置。接下来我们进一步分析这三个流程。

5.2.1　创建渲染上下文代理

首先是创建渲染上下文代理的流程，它主要对 instance.ctx 做代理。在分析实现之前，我们需要思考一个问题：为什么需要代理呢？

其实在 Vue.js 2.*x* 中，也有类似的数据代理逻辑，比如 props 求值后的数据实际上存储在 this._props 上，而 data 中定义的数据存储在 this._data 上。举个例子：

```
<template>
  <p>{{ msg }}</p>
</template>
<script>
export default {
  data() {
    msg: 'hello'
  }
}
</script>
```

在初始化组件的时候，data 中定义的 msg 在组件内部是存储在 this._data 上的，而在渲染模板的时候访问 this.msg，实际上访问的是 this._data.msg，这是因为 Vue.js 2.*x* 在初始化 data 的时候，做了一层代理（proxy）。

到了 Vue.js 3.*x*，为了方便维护，我们把组件中不同状态的数据存储到不同的属性中，比如存储到 setupState、ctx、data 和 props 中。但是在执行组件渲染函数的时候，为了方便用户使用，render 函数内部会直接访问渲染上下文 instance.ctx 中的属性，所以我们也要加一层代理，对渲染上下文 instance.ctx 的属性进行访问和修改，以代理对 setupState、ctx、data、props 中数据的访问和修改。

明确了代理的需求后，接下来分析 proxy 的几个方法：get、set 和 has。

当我们访问 instance.ctx 渲染上下文中的属性时，就会进入 get 函数，来看一下它的实现：

```
// runtime-core/src/componentPublicInstance.ts
const PublicInstanceProxyHandlers = {
  get ({ _: instance }, key) {
    const { ctx, setupState, data, props, accessCache, type, appContext } = instance
    if (key[0] !== '$') {
      // setupState/data/props/ctx
      const n = accessCache[key]
      if (n !== undefined) {
        // 从缓存中获取
        switch (n) {
```

```
      case 0: /* SETUP */
        return setupState[key]
      case 1 :/* DATA */
        return data[key]
      case 3 :/* CONTEXT */
        return ctx[key]
      case 2: /* PROPS */
        return props[key]
    }
  }
  else if (setupState !== EMPTY_OBJ && hasOwn(setupState, key)) {
    accessCache[key] = 0
    // 从 setupState 中获取数据
    return setupState[key]
  }
  else if (data !== EMPTY_OBJ && hasOwn(data, key)) {
    accessCache[key] = 1
    // 从 data 中获取数据
    return data[key]
  }
  else if (
    type.props &&
    hasOwn(normalizePropsOptions(type.props)[0], key)) {
    accessCache[key] = 2
    // 从 props 中获取数据
    return props[key]
  }
  else if (ctx !== EMPTY_OBJ && hasOwn(ctx, key)) {
    accessCache[key] = 3
    // 从 ctx 中获取数据
    return ctx[key]
  }
  else {
    // 都获取不到
    accessCache[key] = 4
  }
}
const publicGetter = publicPropertiesMap[key]
let cssModule, globalProperties
// 公开的$xxx 属性或方法
if (publicGetter) {
  return publicGetter(instance)
}
else if (
  // CSS 模块，在 vue-loader 编译的时候注入
  (cssModule = type.__cssModules) &&
  (cssModule = cssModule[key])) {
  return cssModule
}
else if (ctx !== EMPTY_OBJ && hasOwn(ctx, key)) {
  // 用户自定义的属性，也以$开头
  accessCache[key] = 3
  return ctx[key]
}
```

```
    else if (
      // 全局定义的属性
      ((globalProperties = appContext.config.globalProperties),
        hasOwn(globalProperties, key))) {
      return globalProperties[key]
    }
    else if ((process.env.NODE_ENV !== 'production') &&
      currentRenderingInstance && key.indexOf('__v') !== 0) {
      if (data !== EMPTY_OBJ && (key[0] === '$' || key[0] === '_') && hasOwn(data, key)) {
        // 如果在data中定义的数据以$或_开头，会发出警告，原因是$和_是保留字符，不会做代理
        warn(`Property ${JSON.stringify(key)} must be accessed via $data because it starts with a
          reserved ` + `character ("$" or "_") and is not proxied on the render context.`)
      }
      else {
        // 如果没有定义模板中使用的变量，则发出警告
        warn(`Property ${JSON.stringify(key)} was accessed during render ` +
          `but is not defined on instance.`)
      }
    }
  }
}
```

get 函数首先处理访问的 key 不以$开头的情况。这部分数据可能是 setupState、data、props 和 ctx 中的一种，其中的 data 和 props 我们已经很熟悉了；setupState 就是 setup 函数返回的数据，稍后详细解释；ctx 包括 Options API 中的 methods、computed 和 inject 定义的数据以及一些用户自定义数据。

如果 key 不以$开头，那么就依次判断 setupState、data、props 和 ctx 中是否包含这个 key，如果包含就返回对应值。这里的判断是基于 accessCache 做出的，那么它具体做了什么呢？

组件在渲染时会经常访问数据进而触发 get 函数，其中开销最大的部分就是调用 hasOwn 判断 key 在不在某个类型的数据中。但是，在普通对象上执行简单的属性访问要快得多。因此在第一次获取 key 对应的数据后，我们利用 accessCache[key]去缓存这个数据的来源：setupState、ctx、data，还是 props。下一次再次根据 key 查找数据，就可以直接通过 accessCache[key]找到它的数据来源，直接拿到它对应的值了，不需要依次调用 hasOwn 去判断。这也是性能优化的一个小技巧。

如果 key 以$开头，那么接下来又会有一系列的判断：首先判断它是不是 Vue.js 内部公开的$xxx 属性或方法（比如$parent）；然后判断它是不是 vue-loader 编译注入的 CSS 模块内部的 key；接着判断它是不是 ctx 中以$开头的 key；最后判断它是不是全局属性。如果都不是，就只剩两种情况了，即在非生产环境下会发出的两种类型的警告：第一种是“在 data 中定义的数据以$或_开头”的警告，因为$和_是保留字符，不会做代理；第二种是“没有定义模板中使用的变量”的警告。

接下来是 set 代理过程，当我们修改 instance.ctx 渲染上下文中的属性的时候，就会进入 set 函数。来看一下 set 函数的实现：

```
// runtime-core/src/componentPublicInstance.ts
const PublicInstanceProxyHandlers = {
  set ({ _: instance }, key, value) {
    const { data, setupState, ctx } = instance
    if (setupState !== EMPTY_OBJ && hasOwn(setupState, key)) {
      // 给 setupState 赋值
      setupState[key] = value
    }
    else if (data !== EMPTY_OBJ && hasOwn(data, key)) {
      // 给 data 赋值
      data[key] = value
    }
    else if (key in instance.props) {
      // 不能直接给 props 赋值
      (process.env.NODE_ENV !== 'production') &&
      warn(`Attempting to mutate prop "${key}". Props are readonly.`, instance)
      return false
    }
    if (key[0] === '$' && key.slice(1) in instance) {
      // 不能给 Vue 内部以$开头的保留属性赋值
      (process.env.NODE_ENV !== 'production') &&
      warn(`Attempting to mutate public property "${key}". ` +
        `Properties starting with $ are reserved and readonly.`, instance)
      return false
    }
    else {
      // 给用户自定义数据赋值
      ctx[key] = value
    }
    return true
  }
}
```

PublicInstanceProxyHandlers 函数做的事情主要是对渲染上下文 instance.ctx 中的属性赋值，它实际上是代理到对应的数据类型中去完成赋值操作的。这里仍然要注意顺序问题：和 get 一样，优先判断 setupState，然后是 data，接着是 props，最后是用户自定义数据 ctx。

注意，如果在非生产环境中直接对 props 中的数据赋值，会收到一条警告。这是因为直接修改 props 不符合数据单向流动的设计思想。如果对 Vue.js 内部以$开头的保留属性赋值，同样会收到一条警告。

如果是用户自定义的数据，比如在 created 生命周期内定义的数据，则它仅用于组件上下文的共享，如下所示：

```
export default {
  created() {
```

```
    this.userMsg = 'msg from user'
  }
}
```

当执行 this.userMsg 赋值的时候，会触发 set 函数，最终 userMsg 会被保存到 ctx 中。

最后是 has 代理过程。当我们判断属性是否存在于 instance.ctx 渲染上下文中时，就会进入 has 函数。它在平时的项目中用得较少，同样来举个例子：

```
export default {
  created () {
    console.log('msg' in this)
  }
}
```

当执行 created 钩子函数中的'msg' in this 时，就会触发 has 函数。下面来看一下 has 函数的实现：

```
// runtime-core/src/componentPublicInstance.ts
const PublicInstanceProxyHandlers = {
  has
    ({ _: { data, setupState, accessCache, ctx, type, appContext } }, key) {
    // 依次判断
    return (accessCache[key] !== undefined ||
      (data !== EMPTY_OBJ && hasOwn(data, key)) ||
      (setupState !== EMPTY_OBJ && hasOwn(setupState, key)) ||
      (type.props && hasOwn(normalizePropsOptions(type.props)[0], key)) ||
      hasOwn(ctx, key) ||
      hasOwn(publicPropertiesMap, key) ||
      hasOwn(appContext.config.globalProperties, key))
  }
}
```

has 函数的实现很简单，依次判断 key 是否存在于 accessCache、data、setupState、props、ctx、公开属性以及全局属性中，然后返回结果。

至此，我们清楚了创建上下文代理的过程，但是这里还有一些值得优化的地方。

5.2.2 上下文代理的优化

前面提到，之所以对渲染上下文 ctx 做代理，是因为虽然数据可能定义在 setupState、props 和 data 中，但是在模板中对这些数据进行访问都是基于 ctx 中的数据访问。举个例子，有如下模板：

```
<template>
  <div id="app">
    {{ msg}}
    {{ propData}}
  </div>
```

```
</template>
<script>
  export default {
    props: {
      propData: String
    },
    data() {
      return {
        msg: 'hello'
      }
    }
  }
</script>
```

借助 Vue.js 官方提供的模板导出工具 Vue Template Explorer，我们可以看到它编译后的结果：

```
import { toDisplayString as _toDisplayString, createElementVNode as _createElementVNode, openBlock as _openBlock, createElementBlock as _createElementBlock } from "vue"

const _hoisted_1 = { id: "app" }

export function render(_ctx, _cache, $props, $setup, $data, $options) {
  return (_openBlock(), _createElementBlock("template", null, [
    _createElementVNode("div", _hoisted_1, _toDisplayString(_ctx.msg) + " " +
_toDisplayString(_ctx.propData), 1 /* TEXT */)
  ]))
}
```

其中 render 函数对应的第一个参数_ctx 就是我们创建的上下文代理 instance.proxy，所以在执行 render 函数的时候，访问_ctx.msg 和_ctx.propData 就能触发 get 函数，然后在它定义的地方获取真实的数据。

虽然我们通过 accessCache 在 get 函数内部做了一定的性能优化，但是仍然慢于直接访问。模板中的数据越多，通过代理访问和直接访问在性能上的差异就会越明显。

其实在 Vue.js 3.*x* 正式发布前，社区就有人反馈过这个问题，作者也对此做了优化：在解析 SFC 的时候额外做一些处理，来分析组件中返回的绑定数据，然后模板编译器就可以捕获这个消息，并自动转换成适当的绑定以直接访问。

我们可以借助 Vue.js 官方提供的 SFC 导出工具 Vue SFC Playground，来看一下前面编译结果中的 JavaScript 部分：

```
/* Analyzed bindings: {
  "propData": "props",
  "msg": "data"
} */

  const __sfc__ = {
    props: {
```

```
      propData: String
    },
    data() {
      return {
        msg: 'hello'
      }
    }
  }

import { toDisplayString as _toDisplayString, openBlock as _openBlock, createElementBlock as
_createElementBlock } from "vue"

const _hoisted_1 = { id: "app" }
function render(_ctx, _cache, $props, $setup, $data, $options) {
  return (_openBlock(), _createElementBlock("div", _hoisted_1, _toDisplayString($data.msg) + " " +
_toDisplayString($props.propData), 1 /* TEXT */))
}
__sfc__.render = render
__sfc__.__file = "App.vue"
export default __sfc__
```

和前面的纯模板编译工具不同，SFC 导出工具的编译过程不仅分析 template 模板部分，还结合了对 script 部分的代码分析，因此可以看到最终生成的 render 函数也是有差异的：直接用 $data.msg 替换了_ctx.msg，用$props.propData 替换了_ctx.propData。通过直接访问数据的方式，运行时的性能自然好过使用 ctx 代理的方式。

除了分别通过$props 和$data 直接访问在 props 和 data 中定义的数据之外，还可以通过$setup 直接访问 setup 函数返回的数据，至于其他一些数据，比如 Options API 中的 methods、computed、inject 和用户自定义数据，则通过_ctx 访问。

我们平时使用.vue 单文件开发组件的方式，在离线阶段通过一些工具（如 vue-loader）就实现了对 SFC 的编译和转换，编译的结果和前面使用 SFC 导出工具的结果一致。这样在运行时阶段，可以直接访问模板中的数据，提升了运行时的性能。

5.2.3　处理 setup 函数

Vue.js 3.*x* 允许我们在编写组件的时候添加一个 setup 启动函数，它是 Composition API 逻辑组织的入口。我们先通过一段代码认识它：

```
<template>
  <button @click="increment">
    Count is: {{ state.count }}, double is: {{ state.double }}
  </button>
</template>
<script>
import { reactive, computed } from 'vue'
export default {
  setup() {
```

```
    const state = reactive({
      count: 0,
      double: computed(() => state.count * 2)
    })
    function increment() {
      state.count++
    }
    return {
      state,
      increment
    }
  }
}
</script>
```

这段代码和 Vue.js 2.*x* 组件的写法相比，多了一个 setup 启动函数，而且组件中没有定义 props、data 和 computed 这些 option。

在 setup 函数内部，定义了一个响应式对象 state，它是通过 reactive API 创建的。state 对象有 count 和 double 两个属性，其中 count 对应一个数字属性的值，而 double 通过 computed API 创建，对应一个计算属性的值。reactive API 和 computed API 的实现原理会在第 9 章和第 10 章详细分析。

这里需要注意的是，模板中引用的变量 state 和 increment 包含在 setup 函数的返回对象中。它们是如何建立联系的呢？

带着这个疑问，让我们回到 setupStatefulComponent 函数。接下来分析第二个流程——判断处理 setup 函数。来看一下整个逻辑涉及的代码：

```
// runtime-core/src/component.ts
function setupStatefulComponent (instance, isSSR) {
  // ...
  // 判断处理 setup 函数
  const { setup } = Component
  if (setup) {
    // 如果 setup 函数带参数，则创建一个 setupContext
    const setupContext = (instance.setupContext =
      setup.length > 1 ? createSetupContext(instance) : null)
    // 执行 setup 函数，获取返回值
    const setupResult = callWithErrorHandling(setup, instance, 0 /* SETUP_FUNCTION */, [instance.props,
setupContext])
    // 处理 setup 返回值
    handleSetupResult(instance, setupResult)
  }
}
```

如果我们在组件中定义了 setup 函数，接下来就要处理它了，主要分为三个步骤：创建 setup 函数上下文，执行 setup 函数并获取结果，以及处理 setup 函数的执行结果。接下来逐一分析。

首先判断 setup 函数的参数长度，如果大于 1，则创建 setupContext 上下文：

```
// runtime-core/src/component.ts
const setupContext = (instance.setupContext =
  setup.length > 1 ? createSetupContext(instance) : null)
```

举个例子，我们有如下 HelloWorld 子组件：

```
<template>
  <p>{{ msg }}</p>
  <button @click="onClick">Toggle</button>
</template>
<script>
  export default {
    props: {
      msg: String
    },
    setup (props, { emit }) {
      function onClick () {
        emit('toggle')
      }
      return {
        onClick
      }
    }
  }
</script>
```

在父组件引用该组件：

```
<template>
  <HelloWorld @toggle="toggle" :msg="msg"></HelloWorld>
</template>
<script>
  import { ref } from 'vue'
  import HelloWorld from "./components/HelloWorld";
  export default {
    components: { HelloWorld },
    setup () {
      const msg = ref('Hello World')
      function toggle () {
        msg.value = msg.value === 'Hello World' ? 'Hello Vue' : 'Hello World'
      }
      return {
        toggle,
        msg
      }
    }
  }
</script>
```

HelloWorld 子组件的 setup 函数接收两个参数：第一个参数 props 对应父组件传入的 props 数据，第二个参数 emit 是一个对象，实际上就是 setupContext。

接下来看 createSetupContext 的实现：

```
// runtime-core/src/component.ts
function createSetupContext (instance) {
  const expose = exposed => {
    if ((process.env.NODE_ENV !== 'production') && instance.exposed) {
      warn(`expose() should be called only once per setup().`)
    }
    instance.exposed = exposed || {}
  }
  let attrs
  return {
    get attrs() {
      return attrs || (attrs = createAttrsProxy(instance));
    },
    slots: instance.slots,
    emit: instance.emit,
    expose
  }
}
```

createSetupContext 函数拥有单个参数 instance，即组件的实例。该函数返回一个对象，包括 attrs、slots 和 emit 三个属性以及 expose 函数。setupContext 的目的就是让我们可以在 setup 函数内部访问组件实例上的属性、插槽、派发事件的方法 emit 以及暴露组件方法的函数 expose。

再看一下 setup 函数具体是如何执行的：

```
// runtime-core/src/component.ts
const setupResult = callWithErrorHandling(setup, instance, 0 /* SETUP_FUNCTION */, [instance.props,
setupContext])

// runtime-core/src/errorHandling.ts
function callWithErrorHandling (fn, instance, type, args) {
  let res
  try {
    res = args ? fn(...args) : fn()
  }
  catch (err) {
    handleError(err, instance, type)
  }
  return res
}
```

setup 函数是通过 callWithErrorHandling 函数执行的，而 callWithErrorHandling 在 Vue.js 源码中是一个经常被执行的函数，它的作用就是执行某个函数，并捕获和处理函数执行期间的错误。

callWithErrorHandling 函数拥有四个参数，其中 fn 表示要执行的函数，instance 表示组件的实例对象，type 表示错误的类型，args 表示执行 fn 时传入的参数，会把 fn 执行的返回值作为当前函数的返回值。

对于 setup 函数的执行，第一个参数是 instance.props，第二个参数是 setupContext。函数在执行过程中如果有 JavaScript 执行错误，就会捕获错误，并执行 handleError 函数来处理。

执行 setup 函数并拿到返回的结果之后，接下来就要用 handleSetupResult 函数来处理结果了：

```
// runtime-core/src/component.ts
handleSetupResult(instance, setupResult)
```

我们来看 handleSetupResult 函数的实现：

```
// runtime-core/src/component.ts
function handleSetupResult(instance, setupResult) {
  if (isFunction(setupResult)) {
    // setup 返回渲染函数
    instance.render = setupResult
  }
  else if (isObject(setupResult)) {
    // 对 setup 返回结果做一层代理
    instance.setupState = proxyRefs(setupResult)
  }
  finishComponentSetup(instance)
}
```

handleSetupResult 函数拥有两个参数，其中 instance 表示组件的实例对象，setupResult 是执行 setup 函数的返回值。

setupResult 不仅支持返回一个对象，还支持返回一个函数作为组件的渲染函数，赋值给 instance.render。我们改写前面的示例：

```
<script>
  import { h } from 'vue'
  export default {
    props: {
      msg: String
    },
    setup (props, { emit }) {
      function onClick () {
        emit('toggle')
      }
      return (ctx) => {
        return [
          h('p', null, ctx.msg),
          h('button', { onClick: onClick }, 'Toggle')
        ]
      }
    }
  }
</script>
```

修改后的组件删除了组件的 template 部分，并把 setup 函数的返回结果改成了函数，作为组件的渲染函数。

如果 setupResult 是一个对象，那么对其返回结果做一层代理，把结果赋值给 instance.setupState。这样在模板渲染的时候，它会被作为 render 函数的第四个参数$setup 传入，从而在 setup 函数与模板渲染之间建立了联系。proxyRefs 的具体实现会在第 9 章详细介绍。

5.2.4 完成组件实例设置

下面来看一下 finishComponentSetup 函数的实现：

```
// runtime-core/src/component.ts
function finishComponentSetup (instance) {
  const Component = instance.type
  // 对模板或者渲染函数的标准化
  if (!instance.render) {
    if (compile && Component.template && !Component.render) {
      // 运行时编译
      Component.render = compile(Component.template, {
        isCustomElement: instance.appContext.config.isCustomElement,
        delimiters: Component.delimiters
      })
    }
    // 把组件对象的 render 函数赋值给 instance.render 属性
    instance.render = (Component.render || NOOP)
     // 对于使用 with 块的运行时编译的渲染函数，使用新的渲染上下文的代理
    if (installWithProxy) {
      installWithProxy(instance)
    }
  }
  // 兼容 Vue.js 2.x Options API
  currentInstance = instance
  pauseTracking()
  applyOptions(instance, Component)
  resetTracking()
  currentInstance = null

  if ((process.env.NODE_ENV !== 'production') && !Component.render && instance.render === NOOP) {
      if (!compile && Component.template) {
        // 只编写了 template 但使用 Runtime-only 的版本
        warn(`Component provided template option but ` +
          `runtime compilation is not supported in this build of Vue.` +
          (` Configure your bundler to alias "vue" to "vue/dist/vue.esm-bundler.js".`
          ) /* 不应该出现 */)
      }
      else {
        // 既没有写 render 函数，也没有写 template 模板
        warn(`Component is missing template or render function.`)
      }
    }
}
```

finishComponentSetup 函数拥有单个参数 instance，表示组件的实例对象。该函数主要做了两件事情：标准化模板或者渲染函数，以及兼容 Options API。

在详细分析之前，我们再次回顾组件的渲染过程：组件最终通过运行 render 函数生成子树 vnode。但是我们很少直接编写 render 函数，通常使用两种方式开发组件。

一种是使用 SFC 的方式来开发组件，即通过编写组件的 template 模板去描述组件的 DOM 结构。我们知道.vue 类型的文件无法在 Web 端直接加载，因此在 webpack 的编译阶段，它会通过 vue-loader 编译生成组件的 JavaScript 和 CSS 代码，以及把 template 部分转换成 render 函数并添加到组件对象的属性中。

另一种是不借助 webpack 编译，直接引入 Vue.js，开箱即用。我们直接在组件对象的 template 属性中编写组件的模板，然后在运行阶段编译生成 render 函数。这种方式通常用于有一定历史包袱的"古老"项目，比如借助某种后端模板语言直接输出页面，然后使用 Vue.js 增强。

因此 Vue.js 在 Web 端有两个版本：Runtime-only 和 Runtime + Compiler。我们更推荐用 Runtime-only 版本的 Vue.js，因为它相对而言体积更小，并且在运行时不用编译，耗时少且性能优秀。在遇到一些不得已的情况（比如上面提到的"古老"项目）时，我们也可以选择 Runtime + Compiler 版本。

Runtime-only 和 Runtime + Compiler 版本的主要区别在于是否注册了 compile。在 Vue.js 3.*x* 中，compile 方法是通过外部注册的：

```
// runtime-core/src/component.ts
let compile
let installWithProxy
function registerRuntimeCompiler(_compile) {
  compile = _compile
  installWithProxy = i => {
    if (i.render._rc) {
      i.withProxy = new Proxy(i.ctx, RuntimeCompiledPublicInstanceProxyHandlers)
    }
  }
}
```

Runtime + Compiler 版本注册了 compile 方法，而 Runtime-only 版本并没有。

回到标准化模板或者渲染函数逻辑。我们先看 instance.render 是否存在，如果不存在则开始标准化流程。这里主要需要处理以下三种情况。

compile 和组件 template 属性存在，render 方法不存在。此时，Runtime + Compiler 版本会在 JavaScript 运行时进行模板编译，生成 render 函数。

compile 和 render 方法不存在，组件 template 属性存在。此时由于没有 compile，且用的是 Runtime-only 版本，没法在运行时编译模板。因此要发出警告，告诉用户想要进行运行时编译，就得使用 Runtime + Compiler 版本的 Vue.js。

组件既没有写 render 函数，也没有写 template 模板。此时要发出警告，告诉用户组件缺少了 render 函数或者 template 模板。

如果是第一种正常的情况，就要把组件的 render 函数赋值给 instance.render。到了组件渲染的时候，就可以运行 instance.render 函数生成组件的子树 vnode 了。

对于使用 with 块运行时编译的渲染函数，渲染上下文的代理是 RuntimeCompiledPublicInstanceProxyHandlers。它在之前渲染上下文代理 PublicInstanceProxyHandlers 的基础上进行了扩展，主要针对的是 has 函数的实现：

```
// runtime-core/src/componentPublicInstance.ts
const RuntimeCompiledPublicInstanceProxyHandlers = {
  ...PublicInstanceProxyHandlers,
  get(target, key) {
    if (key === Symbol.unscopables) {
      return
    }
    return PublicInstanceProxyHandlers.get(target, key, target)
  },
  has(_, key) {
    // 如果 key 以_开头或者 key 在全局变量白名单内，则 has 为 false
    const has = key[0] !== '_' && !isGloballyWhitelisted(key)
    if ((process.env.NODE_ENV !== 'production') && !has && PublicInstanceProxyHandlers.has(_, key)) {
      warn(`Property ${JSON.stringify(key)} should not start with _ which is a reserved prefix for Vue
internals.`)
    }
    return has
  }
}
```

如果 key 以_开头，或者 key 在全局变量的白名单内，则 has 为 false，此时直接命中警告，不用再进行之前的一系列判断了。

了解完标准化模板或者渲染函数流程，我们来看完成组件实例设置的最后一个流程——兼容 Vue.js 2.*x* 的 Options API。

5.2.5 兼容 Options API

Vue.js 2.*x* 通过组件对象的方式描述组件。之前我们也说过，Vue.js 3.*x* 仍然支持 Vue.js 2.*x* 中 Options API 的写法，这主要是通过 applyOptions 方法实现的，我们来看一下：

```
//runtime-core/src/componentOptions.ts
function applyOptions(instance, options, deferredData = [], deferredWatch = [], asMixin = false) {
  const {
    // 组合
    mixins, extends: extendsOptions,
    // 数组状态
    props: propsOptions, data: dataOptions, computed: computedOptions, methods, watch: watchOptions,
      provide: provideOptions, inject: injectOptions,
    // 组件、指令
    components, directives,
    // 生命周期
    beforeMount, mounted, beforeUpdate, updated, activated, deactivated, beforeUnmount, unmounted,
      renderTracked, renderTriggered, errorCaptured,
    // 公共 API
    exposed, inheritAttrs
  } = options;

  // instance.proxy 作为 this
  const publicThis = instance.proxy;
  const ctx = instance.ctx;

  // 处理全局 mixin
  // 处理 extend
  // 处理本地 mixin
  // props 已经在外面处理过了
  // 处理 inject
  // 处理 method
  // 处理 data
  // 处理计算属性
  // 处理 watch
  // 处理 provide
  // 处理生命周期钩子
  // 处理 expose
  // 处理 render
  // 处理 inheritAttrs
  // 处理组件
  // 处理指令

}
```

由于 applyOptions 的代码特别长，这里用注释列出了它主要做的事情。

applyOptions 函数的主要目标就是把通过 Options API 定义的一些属性和数据（如 data、computed、watch、provide/inject 和 methods 等）添加到组件的实例 instance 相关的属性上。data 中的数据会被添加到 instance.data 中，computed、watch、provide/inject 和 methods 中定义的属性则会被添加到 instance.ctx 中。

对于 mixin 和 extends 这些与组合相关的属性，我们递归执行 applyOptions 方法完成其所定义的对象属性和数据的合并。

5.3 总结

组件的初始化流程主要包括创建组件实例和设置组件实例。

组件实例用来维护组件整个生命周期中的一些上下文数据。组件实例设置过程包括创建上下文代理，执行 `setup` 函数并处理返回结果，标准化渲染函数，以及兼容 Options API。

组件的初始化结果丰富了组件的实例和渲染上下文，这样在后续执行组件渲染的时候，就可以从实例和渲染上下文中获取所需的数据了。

最后，图 5-2 可以帮你更加直观地了解组件的初始化流程。

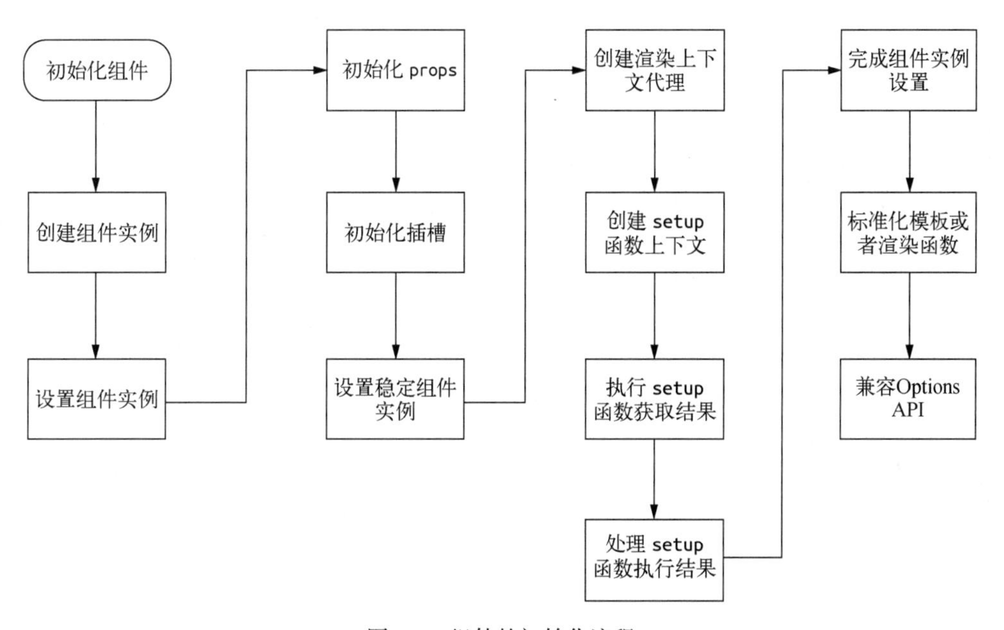

图 5-2 组件的初始化流程

第 6 章

组件的 props

前面提到，Vue.js 的核心思想之一是组件化：页面由一个个组件构建而成。组件是一种抽象的概念，是对页面的部分布局和逻辑的封装。

为了让组件支持各种丰富的功能，Vue.js 设计了 props 特性，它允许组件的使用者在外部传递 props，然后组件内部就可以根据这些 props 实现各种各样的功能了。

为了让你更直观地理解，我们来举个例子。假设有一个 BlogPost 组件，定义如下：

```
<div class="blog-post">
  <h1>{{title}}</h1>
  <p>author: {{author}}</p>
</div>
<script>
  export default {
    props: {
      title: String,
      author: String
    }
  }
</script>
```

我们在父组件中使用这个 BlogPost 组件的时候，可以给它传递一些 props 数据：

```
<blog-post title="Vue3 publish" author="yyx"></blog-post>
```

从最终结果来看，BlogPost 组件会渲染传递过来的 title 和 author 数据。

我们平时在写组件时，经常和 props 打交道，但是 Vue.js 内部是如何初始化和更新 props 的呢？Vue.js 3.*x* 在 props 的 API 设计上和 Vue.js 2.*x* 保持一致，那么底层实现层面有没有不一样的地方呢？带着这些疑问，让我们来一起探索 props 的相关实现原理吧。

6.1　props 配置的标准化

当我们给组件设计 props 的时候，会给组件对象添加一个 props 属性，然后编写相关的配置。

这里需要注意区分 props 的配置和 props 的数据。所谓 props 的配置，就是在定义组件时编写的 props 配置，它用来描述一个组件的 props 是什么样的；而 props 的数据，是父组件在调用子组件的时候，给子组件传递的数据。

Vue.js 允许我们以非常灵活的方式编写 props，最简单的是采用字符串数组的形式：

```
export default {
  props: ['title', 'likes', 'isPublished', 'commentIds', 'author']
}
```

但是，我们通常希望每个 prop 都有指定的值类型。这时，可以用对象的形式列出 prop，这些属性的名称和值分别是 prop 各自的名称和类型：

```
export default {
  props: {
    title: String,
    likes: Number,
    isPublished: Boolean,
    commentIds: Array,
    author: Object,
    callback: Function
  }
}
```

框架通常允许用户以灵活方式的输入。这虽然给用户提供了开发上的便利，但是框架后续想要对输入做统一处理，就需要对灵活输入做标准化。因此在执行 createComponentInstance 创建组件的实例时，首先需要对 props 配置对象做一层标准化：

```
// runtime-core/src/component.ts
const instance = {
  // 其他属性省略
  // ...
  propsOptions: normalizePropsOptions(type, appContext)
}
```

标准化 props 的配置是通过 normalizePropsOptions 函数完成的，我们来看一下它的实现：

```
// runtime-core/src/componentProps.ts
function normalizePropsOptions(comp, appContext, asMixin = false) {
  // comp.__props 用于缓存标准化的结果，有缓存则直接返回
  if (!appContext.deopt && comp.__props) {
    return comp.__props
  }
  const raw = comp.props
```

```
const normalized = {}
const needCastKeys = []
// 处理 mixins 和 extends 这些 props
let hasExtends = false
if (!isFunction(comp)) {
  const extendProps = (raw) => {
    const [props, keys] = normalizePropsOptions(raw)
    extend(normalized, props)
    if (keys)
      needCastKeys.push(...keys)
  }
  // 处理全局的 mixins
  if (!asMixin && appContext.mixins.length) {
    appContext.mixins.forEach(extendProps)
  }
  if (comp.extends) {
    hasExtends = true
    extendProps(comp.extends)
  }
  if (comp.mixins) {
    hasExtends = true
    comp.mixins.forEach(extendProps)
  }
}
if (!raw && !hasExtends) {
  return (comp.__props = EMPTY_ARR)
}
// 数组形式的 props 定义
if (isArray(raw)) {
  for (let i = 0; i < raw.length; i++) {
    if (!isString(raw[i])) {
      warn(`props must be strings when using array syntax.`, raw[i])
    }
    const normalizedKey = camelize(raw[i])
    if (validatePropName(normalizedKey)) {
      normalized[normalizedKey] = EMPTY_OBJ
    }
  }
}
else if (raw) {
  if (!isObject(raw)) {
    warn(`invalid props options`, raw)
  }
  for (const key in raw) {
    const normalizedKey = camelize(key)
    if (validatePropName(normalizedKey)) {
      const opt = raw[key]
      // 标准化 prop 的定义格式
      const prop = (normalized[normalizedKey] =
        isArray(opt) || isFunction(opt) ? { type: opt } : opt)
      if (prop) {
        const booleanIndex = getTypeIndex(Boolean, prop.type)
        const stringIndex = getTypeIndex(String, prop.type)
        prop[0 /* shouldCast */] = booleanIndex > -1
```

```
          prop[1 /* shouldCastTrue */] =
            stringIndex < 0 || booleanIndex < stringIndex
          // 布尔类型和有默认值的 prop 都需要转换
          if (booleanIndex > -1 || hasOwn(prop, 'default')) {
            needCastKeys.push(normalizedKey)
          }
        }
      }
    }
  }
 return (comp.__props = [normalized, needCastKeys])
}
```

normalizePropsOptions 函数拥有三个参数，其中 comp 表示定义组件的对象，appContext 表示全局上下文，asMixin 表示当前是否处于 mixins 的处理环境中。

normalizePropsOptions 首先会处理 mixins 和 extends 这两个特殊的属性，因为它们的作用都是扩展组件的定义，所以需要对其定义中的 props 递归执行 normalizePropsOptions。

接着，函数会处理数组形式的 props 定义，例如：

```
export default {
  props: ['name', 'nick-name']
}
```

如果 props 被定义成数组形式，那么数组的每个元素必须是一个字符串。然后把字符串都变成驼峰形式作为 key，并为标准化后的 key 对应的每一个值创建一个空对象。针对上述示例，最终标准化的 props 的定义如下：

```
export default {
  props: {
    name: {},
    nickName: {}
  }
}
```

如果 props 被定义成对象形式，就要标准化其每个 prop 属性的定义，把数组或者函数形式的 prop 标准化成对象形式。例如：

```
export default {
  title: String,
  author: [String, Boolean]
}
```

注意，上述代码中的 String 和 Boolean 都是内置的构造器函数。经过标准化的 props 定义如下：

```
export default {
  props: {
    title: {
```

```
      type: String
    },
    author: {
      type: [String, Boolean]
    }
  }
}
```

接下来判断一些 prop 属性是否需要转换，其中含有布尔类型的 prop 和有默认值的 prop 需要转换，它们的 key 保存在 needCastKeys 中。注意，这里会给 prop 添加两个特殊的 key，即 prop[0] 和 prop[1]，稍后会介绍它们的作用。

最后，返回标准化结果，包含标准化后的 props 定义 normalized，以及需要转换的 props 名称 needCastKeys。此外，用 comp.__props 缓存这个标准化结果。如果对同一个组件重复执行 normalizePropsOptions，直接返回这个标准化结果即可。

把 props 配置标准化成统一的对象格式后，使用 instance.propsOptions 存储标准化结果，以便后续统一处理。

6.2　props 值的初始化

有了标准化的 props 配置，我们还需要根据配置对父组件传递的 props 数据做一些求值和验证操作，然后把结果赋值到组件的实例上。这个过程就是 props 值的初始化过程。

第 5 章介绍了，在执行 setupComponent 函数的时候，会初始化 props：

```
// runtime-core/src/component.ts
function setupComponent (instance, isSSR = false) {
  const { props, children, shapeFlag } = instance.vnode
  // 判断是否是一个有状态的组件
  const isStateful = shapeFlag & 4
  // 初始化 props
  initProps(instance, props, isStateful, isSSR)
  // 初始化插槽
  initSlots(instance, children)
  // 设置有状态的组件实例
  const setupResult = isStateful
    ? setupStatefulComponent(instance, isSSR)
    : undefined
  return setupResult
}
```

其中 props 的初始化过程就是通过 initProps 函数来完成的，我们来看一下它的实现：

```
// runtime-core/src/componentProps.ts
function initProps(instance, rawProps, isStateful, isSSR = false) {
  const props = {}
  const attrs = {}
  def(attrs, InternalObjectKey, 1)
  // props 的默认值缓存对象
  instance.propsDefaults = Object.create(null)
  // 设置 props 的值
  setFullProps(instance, rawProps, props, attrs)
  // 确保所有在 props 中声明的 key 都存在
  for (const key in instance.propsOptions[0]) {
    if (!(key in props)) {
      props[key] = undefined
    }
  }
  // 验证 props 合法
  if ((process.env.NODE_ENV !== 'production')) {
    validateProps(props, instance.type)
  }
  if (isStateful) {
    // 有状态组件，响应式处理
    instance.props = isSSR ? props : shallowReactive(props)
  }
  else {
    // 函数式组件处理
    if (!instance.type.props) {
      instance.props = attrs
    }
    else {
      instance.props = props
    }
  }
  // 普通属性赋值
  instance.attrs = attrs
}
```

initProps 函数拥有四个参数，其中 instance 表示组件实例，rawProps 表示原始的 props 值，也就是在创建组件 vnode 过程中传入的 props 数据，isStateful 表示组件是否是有状态的，isSSR 表示这是否是服务端渲染。

initProps 主要做了以下几件事情：设置 props 的值，验证 props 是否合法，把 props 变成响应式的，以及将其添加到实例 instance.props 上。

注意，这里只分析有状态组件的 props 初始化过程，所以默认 isStateful 的值是 true。接下来分析设置 props 的流程。

6.2.1　设置 props

先来看 setFullProps 的实现：

```
// runtime-core/src/componentProps.ts
function setFullProps(instance, rawProps, props, attrs) {
  // 获取标准化 props 的配置
  const [options, needCastKeys] = instance.propsOptions
  // 判断普通属性是否改变了的标志位
  let hasAttrsChanged = false
  let rawCastValues
  if (rawProps) {
    for (const key in rawProps) {
      // 一些保留的 prop（比如 ref 和 key）是不会传递的
      if (isReservedProp(key)) {
        continue
      }
      const value = rawProps[key]
      // 把连字符形式的 props 也转成驼峰形式
      let camelKey
      if (options && hasOwn(options, (camelKey = camelize(key)))) {
        if (!needCastKeys || !needCastKeys.includes(camelKey)) {
          props[camelKey] = value
        } else {
          ;(rawCastValues || (rawCastValues = {}))[camelKey] = value
        }
      }
      else if (!isEmitListener(instance.type, key)) {
        // 用 attrs 保存非事件派发相关且不在 props 中定义的普通属性
        if (value !== attrs[key]) {
          attrs[key] = value
          hasAttrsChanged = true
        }
      }
    }
  }
  if (needCastKeys) {
    // 需要转换的 props
    const rawCurrentProps = toRaw(props)
    const castValues = rawCastValues || EMPTY_OBJ
    for (let i = 0; i < needCastKeys.length; i++) {
      const key = needCastKeys[i]
      props[key] = resolvePropValue(options, rawCurrentProps, key, castValues[key], instance,
!hasOwn(castValues, key))
    }
  }
  return hasAttrsChanged
}
```

setFullProps 函数拥有四个参数，其中 instance 和 rawProps 已经介绍过了，props 用于存储解析后的 prop 属性数据，attrs 用于存储解析后的普通属性数据。

setFullProps 的主要的目的就是遍历 props 数据求值，以及对需要转换的 props 求值。

该过程主要就是遍历 rawProps，获取每个 key 对应的值并赋值给 props 或者 attrs。因为我们在标准化 props 配置的过程中已经把 props 定义的 key 转换成了驼峰形式，所以也需要把

rawProps 的 key 转换成驼峰形式，然后对比查看传递的 prop 数据是否已经在配置中定义。

如果 rawProps 中的 prop 已经在配置中定义了，那么把它的值赋值到 props 对象中。如果没有，那么判断这个 key 是否为非事件派发相关：若是，则把它的值赋到 attrs 对象中作为普通属性。另外，在遍历的过程中，如果遇到 key 或 ref 这种保留的 key，则直接跳过后续的处理。

接下来分析对需要转换的 props 进行求值的过程。

在执行 normalizePropsOptions 的时候，我们获取了需要转换的 props 的 key。接下来遍历 needCastKeys，依次执行 resolvePropValue 函数来求值。我们来看一下它的实现：

```
//runtime-core/src/componentProps.ts
function resolvePropValue(options, props, key, value, instance, isAbsent) {
  const opt = options[key]
  if (opt != null) {
    const hasDefault = hasOwn(opt, 'default')
    // 默认值处理
    if (hasDefault && value === undefined) {
       const defaultValue = opt.default
      if (opt.type !== Function && isFunction(defaultValue)) {
        const { propsDefaults } = instance
        if (key in propsDefaults) {
          value = propsDefaults[key]
        }
        else {
          setCurrentInstance(instance)
          value = propsDefaults[key] = defaultValue.call(null, props)
          unsetCurrentInstance()
        }
      }
      else {
        value = defaultValue
      }
    }
    // 布尔类型转换
    if (opt[0 /* shouldCast */]) {
      if (isAbsent && !hasDefault) {
        value = false
      }
      else if (opt[1 /* shouldCastTrue */] &&
        (value === '' || value === hyphenate(key))) {
        value = true
      }
    }
  }
  return value
}
```

resolvePropValue 函数拥有六个参数，其中 options 表示标准化后的 props 配置，props 表示原始传递的 props 数据，key 表示待转换的 prop 属性的名称，value 表示 key 对应的 prop 数据值，

instance 表示组件的实例，isAbsent 表示该 prop 的值是缺省的。

resolvePropValue 主要针对两种情况的转换，分别为默认值和布尔类型的值。

对于默认值的情况，即我们在 prop 配置中定义了默认值，并且父组件没有传递数据，prop 的值要从 default 中获取。

如果 prop 是非函数类型，且 default 是函数类型，要执行 default 函数并把函数返回的值作为默认值；否则直接获取 default 的值。

注意，这里会使用 instance.propsDefaults 缓存 default 函数的执行结果。为什么需要缓存呢？举个例子：

```
export default {
  props: {
    foo: {
      type: Object,
      default: () => {
        return { val: 1 }
      }
    }
  }
}
```

如果 default 函数的返回值是一个对象字面量，那么 default 函数每次执行返回的值都是不同的（因为指向的是不同的引用），相当于造成了 props.foo 值不必要的更新。

为了解决这个问题，我们只需要把 default 函数的返回值缓存下来，下一次直接从缓存中获取默认值即可，不需要再次执行函数。

另外还需要注意一点：Vue.js 是不允许在 default 函数中访问组件实例 this 的，它在执行的时候通过 defaultValue.call(null, props)把 this 指向 null。

除了默认值的转换逻辑，我们还需要针对布尔类型的值做转换。前面在执行 normalizeProps-Options 的时候已经给 prop 属性的定义添加了两个特殊的 key，其中 opt[0]为 true 表示这是一个含有 Boolean 类型的 prop。然后判断是否传入了对应的值，如果没有且无默认值，就直接将其转换成 false。举个例子：

```
export default {
  props: {
    author: Boolean
  }
}
```

如果父组件调用子组件的时候没有给 author 这个 prop 传值，那么它转换后的值就是 false。

接着分析 opt[1]为 true，且传递的 props 值为空字符串或 key 字符串的情况，命中这个逻辑表示这是一个含有 Boolean 和 String 类型的 prop，且 Boolean 在 String 的前面。举个例子：

```
export default {
  props: {
    author: [Boolean, String]
  }
}
```

如果传递的 prop 值是空字符串或 author 字符串，则 prop 的值会被转换成 true。

至此，props 的转换求值结束，setFullProps 函数的逻辑也结束了。回顾整个流程，我们可以发现这里的主要目的就是根据原始传入的 props 数据求值，然后把求得的值赋给 props 对象和 attrs 对象。

6.2.2 验证 props

接下来回到 initProps 函数，分析第二个流程：验证 props 是否合法。

```
// runtime-core/src/componentProps.ts
function initProps(instance, rawProps, isStateful, isSSR = false) {
  const props = {}
  // 设置 props 的值

  // 验证 props 是否合法
  if ((process.env.NODE_ENV !== 'production')) {
    validateProps(props, instance.type)
  }
}
```

验证过程是在非生产环境下执行的，我们来看一下 validateProps 的实现：

```
// runtime-core/src/componentProps.ts
function validateProps(rawProps, comp, instance) {
  const resolvedValues = toRaw(props)
  const options = instance.propsOptions[0]
  for (const key in options) {
    let opt = options[key]
    if (opt == null)
      continue
    validateProp(key, resolvedValues[key], opt, !hasOwn(resolvedValues, key) && !hasOwn(rawProps,
      hyphenate(key)))
  }
}
function validateProp(name, value, prop, isAbsent) {
  const { type, required, validator } = prop
  // 检测 required
  if (required && isAbsent) {
    warn('Missing required prop: "' + name + '"')
    return
```

```
  }
  // 没有值，也没有配置 required，直接返回
  if (value == null && !prop.required) {
    return
  }
  // 类型检测
  if (type != null && type !== true) {
    let isValid = false
    const types = isArray(type) ? type : [type]
    const expectedTypes = []
    // 只要指定的类型之一匹配，值就有效
    for (let i = 0; i < types.length && !isValid; i++) {
      const { valid, expectedType } = assertType(value, types[i])
      expectedTypes.push(expectedType || '')
      isValid = valid
    }
    if (!isValid) {
      warn(getInvalidTypeMessage(name, value, expectedTypes))
      return
    }
  }
  // 自定义校验器
  if (validator && !validator(value)) {
    warn('Invalid prop: custom validator check failed for prop "' + name + '".')
  }
}
```

validateProps 函数拥有三个参数，其中 rawProps 表示前面求得的 props 值，comp 表示组件定义的对象，instance 表示组件的实例。

顾名思义，validateProps 用来检测前面求得的 props 值是否合法。它遍历标准化后的 props 配置对象，获取每一个配置 opt，然后执行 validateProp 进行验证。如果在验证过程中发现某个 prop 值与它的配置描述不匹配，则发出相应的警告，这样开发人员就可以在开发阶段及时发现问题并根据警告修正。

validateProp 函数拥有四个参数，其中 name 表示单个 prop 属性的名称，value 表示该 prop 属性对应的值，prop 表示该 prop 属性对应的配置对象，isAbsent 表示该 prop 属性对象的值是否缺失。

对于单个 prop 属性的配置，我们除了配置它的 type（类型），还可以配置 required 来表明它的必要性，以及 validator 自定义校验器。举个例子：

```
export default {
  props: {
    value: {
      type: Number,
      required: true,
      validator(val) {
```

```
        return val >= 0
      }
    }
  }
}
```

validateProp 首先验证 required 的情况，一旦 prop 配置 required 为 true，就必须给它传值，否则会发出警告。

接着验证 prop 值的类型。由于 prop 定义的 type 可以是多个类型的数组，那么只要 prop 的值匹配其中一种类型，就是合法的，否则会发出警告。

相信你在平时的开发工作中或多或少遇到过这些警告。了解了 prop 的验证原理，今后再遇到这些警告，你就能知其然并知其所以然了。

6.2.3 响应式处理

现在回到 initProps 函数，来看最后一个流程：把 props 变成响应式的，并添加到实例 instance.props 上。

```
// runtime-core/src/componentProps.ts
function initProps(instance, rawProps, isStateful, isSSR = false) {
  // 设置 props 的值
  // 验证 props 是否合法
  if (isStateful) {
    // 有状态组件，进行响应式处理
    instance.props = isSSR ? props : shallowReactive(props)
  }
  else {
    // 函数式组件处理
    if (!instance.type.props) {
      instance.props = attrs
    }
    else {
      instance.props = props
    }
  }
  // 普通属性赋值
  instance.attrs = attrs
}
```

在前两个流程中，我们通过 setFullProps 求值并赋值给 props 变量，还对 props 进行了验证。接下来，就要把 props 变成响应式的，并且赋值到组件的实例上。

至此，props 值的初始化就完成了。相信你还会有一些疑问：为什么要把 instance.props 变成响应式的？为什么要用 shallowReactive API 呢？在接下来的 props 更新流程中，我们就来解答这两个问题。

6.3　props 的更新

所谓 props 的更新，主要是指 props 数据的更新，它最直接的反应是会触发组件的重新渲染。我们可以通过一个简单的示例来分析这个过程。例如有一个子组件 HelloWorld，它的定义如下：

```
// HelloWorld.vue
<template>
  <div>
    <p>{{ msg }}</p>
  </div>
</template>
<script>
  export default {
    props: {
      msg: String
    }
  }
</script>
```

HelloWorld 子组件接收一个名为 msg 的 prop，然后在模板中渲染。

然后在 App 父组件中引入这个子组件，该父组件的定义如下：

```
// App.vue
<template>
  <hello-world :msg="msg"></hello-world>
  <button @click="toggleMsg">Toggle Msg</button>
</template>
<script>
  import HelloWorld from './components/HelloWorld'
  export default {
    components: { HelloWorld },
    data() {
      return {
        msg: 'Hello world'
      }
    },
    methods: {
      toggleMsg() {
        this.msg = this.msg === 'Hello world' ? 'Hello Vue' : 'Hello world'
      }
    }
  }
</script>
```

我们给 HelloWorld 子组件传递的 prop 值来自在 App 组件中定义的 msg 变量，它的初始值是 Hello world，会在子组件的模板中显示。

接着，当点击按钮修改 msg 的值的时候，就会触发 App 组件的重新渲染，因为我们在模板中引用了这个 msg 变量。我们会发现，这时 HelloWorld 子组件显示的字符串变成了 Hello Vue。如何触发子组件重新渲染呢？

6.3.1 触发子组件重新渲染

第 4 章说过，组件的重新渲染会触发 patch 过程。然后遍历子节点，递归 patch，在遇到组件节点时，会执行 updateComponent 函数：

```
// runtime-core/src/renderer.ts
const updateComponent = (n1, n2, parentComponent, optimized) => {
  const instance = (n2.component = n1.component)
  // 根据新旧子组件 vnode 判断是否需要更新子组件
  if (shouldUpdateComponent(n1, n2, parentComponent, optimized)) {
    // 把新的子组件 vnode 赋值给 instance.next
    instance.next = n2
    // 子组件也可能因为数据变化而被添加到更新队列里。移除它们，防止重复更新
    invalidateJob(instance.update)
    // 执行子组件的副作用渲染函数
    instance.update()
  }
  else {
    // 不需要更新，只复制属性
    n2.component = n1.component
    n2.el = n1.el
    // 把新的组件 vnode n2 保存到子组件实例的 vnode 属性中
    instance.vnode = n2
  }
}
```

在这个过程中，会执行 shouldUpdateComponent 函数，判断是否需要更新子组件。该函数内部会对 props 进行对比。因为我们的 prop 数据 msg 由 Hello world 变成了 Hello Vue，值不一样，所以 shouldUpdateComponent 会返回 true。这样就会把新的子组件 vnode 赋值给 instance.next，然后执行 instance.update 触发子组件的重新渲染。

这就是触发子组件重新渲染的原因。但是子组件被重新渲染了，子组件实例的 instance.props 的数据需要更新才行，不然还是会渲染之前的数据。那么，如何更新 instance.props 呢？

6.3.2 更新 instance.props

执行子组件的 instance.update 函数，实际上是在执行 componentUpdateFn 组件副作用渲染函数。我们再来回顾一下它更新部分的逻辑：

```
// runtime-core/src/renderer.ts
const setupRenderEffect = (instance, initialVNode, container, anchor, parentSuspense, isSVG, optimized)
=> {
  // 组件的渲染和更新函数
  const componentUpdateFn = () => {
    if (!instance.isMounted) {
      // 渲染组件
```

```
    }
    else {
      // 更新组件
      let { next, vnode } = instance
      // next 表示新的组件 vnode
      if (next) {
        // 更新组件 vnode 节点信息
        updateComponentPreRender(instance, next, optimized)
      }
      else {
        next = vnode
      }
      // 渲染新的子树 vnode
      const nextTree = renderComponentRoot(instance)
      // 缓存旧的子树 vnode
      const prevTree = instance.subTree
      // 更新子树 vnode
      instance.subTree = nextTree
      // 组件更新核心逻辑，根据新旧子树 vnode 执行 patch
      patch(prevTree, nextTree,
        // 父节点在 Teleport 组件中可能已经改变，所以容器直接查找旧树 DOM 元素的父节点
        hostParentNode(prevTree.el),
        // 参考节点在 Fragment 的情况下可能改变，所以直接查找旧树 DOM 元素的下一个节点
        getNextHostNode(prevTree),
        instance,
        parentSuspense,
        isSVG
       )
      // 缓存更新后的 DOM 节点
      next.el = nextTree.el
    }
  }
  // 创建组件渲染的副作用响应式对象
  const effect = new ReactiveEffect(componentUpdateFn, () => queueJob(instance.update),
instance.scope)
  const update = (instance.update = effect.run.bind(effect))
  update.id = instance.uid
  // 允许递归更新自己
  effect.allowRecurse = update.allowRecurse = true
  update()
}
```

在更新组件的时候，会判断是否有 instance.next，它代表新的组件 vnode。根据前面的逻辑可知 next 不为空，所以会执行 updateComponentPreRender，更新组件 vnode 节点信息。来看它的实现：

```
// runtime-core/src/renderer.ts
const updateComponentPreRender = (instance, nextVNode, optimized) => {
  nextVNode.component = instance
  const prevProps = instance.vnode.props
  instance.vnode = nextVNode
  instance.next = null
```

```
  updateProps(instance, nextVNode.props, prevProps, optimized)
  updateSlots(instance, nextVNode.children)
  // ...
}
```

其中会执行 updateProps，更新 props 数据：

```
// runtime-core/src/componentProps.ts
function updateProps(instance, rawProps, rawPrevProps, optimized) {
  const { props, attrs, vnode: { patchFlag } } = instance
  const rawCurrentProps = toRaw(props)
  const [options] = instance.propsOptions
  let hasAttrsChanged = false
  if ((optimized || patchFlag > 0) && !(patchFlag & 16 /* FULL_PROPS */)) {
    if (patchFlag & 8 /* PROPS */) {
      // 只更新动态 props 节点
      const propsToUpdate = instance.vnode.dynamicProps
      for (let i = 0; i < propsToUpdate.length; i++) {
        const key = propsToUpdate[i]
        const value = rawProps[key]
        if (options) {
          if (hasOwn(attrs, key)) {
            if (value !== attrs[key]) {
              attrs[key] = value
              hasAttrsChanged = true
            }
          }
          else {
            const camelizedKey = camelize(key)
            props[camelizedKey] = resolvePropValue(options, rawCurrentProps, camelizedKey, value,
instance, false)
          }
        }
        else {
          if (value !== attrs[key]) {
            attrs[key] = value
            hasAttrsChanged = true
          }
        }
      }
    }
  }
  else {
    // 全量 props 更新
    if(setFullProps(instance, rawProps, props, attrs)) {
      hasAttrsChanged = true
    }
    // 因为 props 数据可能是动态的，所以把不在新 props 中但存在于旧 props 中的值设置为 undefined
    let kebabKey
    for (const key in rawCurrentProps) {
      if (!rawProps ||
        (!hasOwn(rawProps, key) &&
          ((kebabKey = hyphenate(key)) === key || !hasOwn(rawProps, kebabKey)))) {
        if (options) {
```

```
        if (rawPrevProps &&
          (rawPrevProps[key] !== undefined ||
            rawPrevProps[kebabKey] !== undefined)) {
          props[key] = resolvePropValue(options, rawProps || EMPTY_OBJ, key, undefined, instance, true)
        }
      }
      else {
        delete props[key]
      }
    }
  }

  if (attrs !== rawCurrentProps) {
    for (const key in attrs) {
      if (!rawProps || !hasOwn(rawProps, key)) {
        delete attrs[key]
        hasAttrsChanged = true
      }
    }
  }
}
if (hasAttrsChanged) {
  trigger(instance, "set" /* SET */, '$attrs')
}
if ((process.env.NODE_ENV !== 'production')) {
  validateProps(rawProps || {}, props, instance.type)
}
}
```

updateProps 拥有四个参数，其中 instance 表示组件的实例，rawProps 表示新的 props 原始数据，rawPrevProps 表示更新前 props 的原始数据，optimized 表示是否开启编译优化。第 14 章会详细分析 optimized，目前你只需要大概了解即可。

updateProps 的主要目标就是，把父组件渲染时求得的 props 新值更新到子组件实例的 instance.props 中。

在编译阶段，由于 Vue.js 3.x 对模板编译的优化，我们除了捕获一些动态 vnode，也捕获了动态的 props，所以可以只比对动态的 props 数据更新。

当然，如果没有开启编译优化，也可以通过 setFullProps 全量比对并更新 props。此外，由于 props 数据可能是动态的，会把那些不在新 props 中但存在于旧 props 中的值设置为 undefined。

6.3.3　把 instance.props 变成响应式的

明白了子组件实例的 props 值是如何更新的，现在来思考一下前面的一个问题：为什么需要把 instance.props 变成响应式的呢？这其实是一种需求，因为我们也希望在子组件中侦听 props 值的变化，从而做一些事情。举个例子：

```
import { ref, h, defineComponent, watchEffect } from 'vue'
const count = ref(0)
let dummy
const Parent = {
  render: () => h(Child, { count: count.value })
}
const Child = defineComponent({
  props: { count: Number },
  setup(props) {
    watchEffect(() => {
      dummy = props.count
    })
    return () => h('div', props.count)
  }
})
count.value++
```

这里，我们定义了父组件 Parent 和子组件 Child，并在子组件 Child 中定义了 prop count。除了在渲染模板中引用了 count，我们还在 setup 函数中通过 watchEffect 注册了一个回调函数，在内部依赖 props.count。当修改 count.value 的时候，我们希望这个回调函数也能执行，所以这个 prop 的值需要是响应式的。因为 setup 函数的第一个参数是 props 变量，其实就是组件实例 instance.props，所以要求 instance.props 是响应式的。

前面提到过，在把 instance.props 变成响应式对象的时候使用了 shallowReactive API，那么为什么用 shallowReactive 而不用 reactive 呢？

shallowReactive 和 reactive 的作用都是把对象数据变成响应式的，区别是 shallowReactive 不会递归执行 reactive，只劫持最外一层对象的属性（其具体实现会在第 9 章详细分析）。

显然，shallowReactive 的性能更好。instance.props 之所以使用它，是因为在 props 的整个更新过程中，只会修改最外层属性，所以用 shallowReactive 就足够了。

6.3.4 对象类型 props 数据的更新

在前面介绍的 props 更新示例中，我们定义的 msg 是 String 类型的数据，这是一个基础数据类型。如果定义的 prop 是对象数据类型，它的数据变化会触发子组件的更新吗？如果更新，更新的流程和普通类型是一致的吗？

为了说明这个问题，我们对前面的例子做一些简单的修改。在 HelloWorld 子组件中定义 info prop，它是一个对象：

```
// HelloWorld.vue
<template>
  <div>
    <p>{{ msg }}</p>
```

```
    <p>{{ info.name }}</p>
    <p>{{ info.age }}</p>
  </div>
</template>
<script>
  export default {
    props: {
      msg: String,
      info: Object
    }
  }
</script>
```

然后给组件 App.vue 的 data 中添加 info 变量，并且增加修改 info 数据的按钮。

```
// App.vue
<template>
  <hello-world :msg="msg" :info="info"></hello-world>
  <button @click="addAge">Add age</button>
  <button @click="toggleMsg">Toggle Msg</button>
</template>
<script>
  import HelloWorld from './components/HelloWorld'
  export default {
    components: { HelloWorld },
    data() {
      return {
        info: {
          name: 'Tom',
          age: 18
        },
        msg: 'Hello world'
      }
    },
    methods: {
      addAge() {
        this.info.age++
      },
      toggleMsg() {
        this.msg = this.msg === 'Hello world' ? 'Hello Vue' : 'Hello world'
      }
    }
  }
</script>
```

当我们点击 Addage 按钮去修改 this.info.age 的时候，触发子组件 props 的变化了吗？

需要注意的是，因为这里修改的数据是 this.info.age，而这个变量并没有在父组件模板中引用，在渲染过程中也没有访问它，所以我们对它的修改并不会触发父组件的重新渲染。

为什么修改它会触发子组件的渲染呢？

在子组件模板中访问的 info 变量来自在 props 中定义的 info 变量。前面分析了 props 的初始化过程，其中会设置 props 的值，这其实就是一个求值过程。

在这个过程中，我们会求得子组件 props 中的 info 的值，并最终赋给 instance.info。这个值是在子组件渲染的时候传入的，实际上指向的就是在父组件 data 中定义的 info。它们是对同一个对象的引用，所以在父组件中修改 info.age，也就触发了子组件对应的 prop 的变化。

由于在子组件的渲染过程中访问了 info.age，就相当于子组件的渲染副作用函数 render effect 订阅了这个数据的变化。因此，当在父组件中对 info.age 的值进行修改的时候，就会触发这个 render effect 再次执行，进而执行子组件的重新渲染。

这就是修改对象类型的 prop 数据会导致子组件重新渲染的原因，虽然其更新流程和值类型的 prop 并不太一样，但目的是一致的。

不过正因为对象类型的 prop 和父组件中定义的响应式数据指向的是同一个对象引用，如果在子组件中对 info 对象做一些属性修改，也会影响到父组件定义的 info 数据。我们对前面的示例稍加修改：

```
<template>
  <div>
    <p>{{ msg }}</p>
    <p>{{ info.name }}</p>
    <p>{{ info.age }}</p>
    <button @click="reduce">Reduce Age</button>
  </div>
</template>
<script>
  export default {
    props: {
      msg: String,
      info: Object
    },
    methods: {
      reduce() {
        this.info.age--
      }
    }
  }
</script>
```

当点击 ReduceAge 去修改 this.info.age 的时候，其实就是修改了在父组件 data 中定义的 info.age。

这么做虽然在技术上是可行的，但是并不推荐，因为它不符合数据单向流动的设计思想。为了防止开发者写出这样的代码，Vue.js 官方在 lint 插件里针对这种情况做了检测，如果检测到，会提示 Unexpected mutation of "info" prop。

6.4 总结

props 在组件设计中是一个非常重要的特性，它允许组件的使用者在外部传递 props，这样组件内部就可以根据这些 props 去实现各种各样的功能了。

由于编写 props 的方式非常灵活，因此需要对它进行一层标准化，方便后续的处理。

props 的初始化流程包括 props 的求值、验证以及响应式处理。当组件传入的 props 数据发生变化时，会触发子组件的重新渲染。

第 7 章

组件的生命周期

Vue.js 组件的生命周期包括创建、更新、销毁等阶段。在此过程中会运行叫作生命周期钩子的函数，给用户在不同阶段添加自己代码的机会。

在 Vue.js 2.*x* 中，我们通常会在组件对象中定义一些生命周期钩子函数。Vue.js 3.*x* 依然兼容 Vue.js 2.*x* 生命周期的语法，而且 Composition API 提供了一些生命周期函数的 API，让我们可以主动注册不同的生命周期。

```
// Vue.js 2.x 定义生命周期钩子函数
export default {
  created() {
    // 做一些初始化工作
  },
  mounted() {
    // 可以获取 DOM 节点
  },
  beforeDestroy() {
    // 执行一些清理操作
  }
}
//  使用 Vue.js 3.x 生命周期 API 改写上例
import { onMounted, onBeforeUnmount } from 'vue'
export default {
  setup() {
    // 执行一些初始化工作

    onMounted(() => {
      // 可以获取 DOM 节点
    })
    onBeforeUnmount(()=>{
      // 执行一些清理操作
    })
  }
}
```

可以看到，在 Vue.js 3.*x* 中，setup 函数替代了 Vue.js 2.*x* 中的 beforeCreate 和 created 钩子函数。我们可以在 setup 函数中做一些初始化工作，比如发送一个异步 Ajax 请求来获取数据。

我们用 onMounted API 替代 Vue.js 2.*x* 中的 mounted 钩子函数，用 onBeforeUnmount API 替代 Vue.js 2.*x* 中的 beforeDestroy 钩子函数。

实际上，Vue.js 3.*x* 对 Vue.js 2.*x* 的生命周期钩子函数做了全面替换，映射关系如下：

```
beforeCreate -> setup()
created ->  setup()
beforeMount -> onBeforeMount
mounted -> onMounted
beforeUpdate -> onBeforeUpdate
updated -> onUpdated
beforeDestroy-> onBeforeUnmount
destroyed -> onUnmounted
activated -> onActivated
deactivated -> onDeactivated
errorCaptured -> onErrorCaptured,
renderTracked -> onRenderTracked,
renderTriggered -> onRenderTriggered
```

这些生命周期钩子函数在内部是如何实现的呢？它们又分别在组件生命周期的哪些阶段执行，分别适用于哪些开发场景呢？

带着这些疑问，我们来深入学习生命周期钩子函数背后的实现原理。

7.1 注册钩子函数

首先，我们从使用者的角度来分析，看看这些钩子函数是如何注册的：

```
// runtime-core/src/apiLifecycle.ts
const onBeforeMount = createHook('bm' /* BEFORE_MOUNT */)
const onMounted = createHook('m' /* MOUNTED */)
const onBeforeUpdate = createHook('bu' /* BEFORE_UPDATE */)
const onUpdated = createHook('u' /* UPDATED */)
const onBeforeUnmount = createHook('bum' /* BEFORE_UNMOUNT */)
const onUnmounted = createHook('um' /* UNMOUNTED */)
const onRenderTriggered = createHook('rtg' /* RENDER_TRIGGERED */)
const onRenderTracked = createHook('rtc' /* RENDER_TRACKED */)
const onErrorCaptured = (hook, target = currentInstance) => {
  injectHook('ec' /* ERROR_CAPTURED */, hook, target)
}
```

除了 onErrorCaptured，其他钩子函数都是通过向 createHook 函数传入不同的字符串来创建的。

现在就来分析一下 createHook 钩子函数的实现原理：

```
// runtime-core/src/apiLifecycle.ts
const createHook = function(lifecycle)  {
  return function (hook, target = currentInstance) {
    injectHook(lifecycle, hook, target)
```

```
  }
}
```

createHook 会返回一个函数，它的内部通过 injectHook 注册钩子函数。你可能会问：这里为什么要用 createHook 做一层封装，而不直接使用 injectHook API 呢？比如：

```
const onBeforeMount = function(hook, target = currentInstance) {
  injectHook('bm', hook, target)
}
const onMounted = function(hook, target = currentInstance) {
  injectHook('m', hook, target)
}
```

这样实现当然也是可以的，不过可以发现，这些钩子函数的内部执行逻辑很类似，都是执行 injectHook，唯一的区别是第一个参数字符串不同。因此，这样的代码是可以进一步封装的，即使用 createHook 封装。

在调用 createHook 返回的函数时，就不需要传入 lifecycle 字符串了，因为它在执行 createHook 函数时就已经保存了该参数。这就是典型的函数柯里化技巧。

因此，当我们通过 onMounted(hook)注册一个钩子函数时，内部就使用了 injectHook('m', hook)。接下来进一步分析 injectHook 函数的实现原理：

```
// runtime-core/src/apiLifecycle.ts
function injectHook(type, hook, target = currentInstance, prepend = false) {
  const hooks = target[type] || (target[type] = [])
  // 封装钩子函数并缓存
  const wrappedHook = hook.__weh ||
    (hook.__weh = (...args) => {
      if (target.isUnmounted) {
        return
      }
      // 停止依赖收集
      pauseTracking()
      // 设置 target 为当前运行的组件实例
      setCurrentInstance(target)
      // 执行钩子函数
      const res = callWithAsyncErrorHandling(hook, target, type, args)
      setCurrentInstance(null)
      // 恢复依赖收集
      resetTracking()
      return res
    })
  if (prepend) {
    hooks.unshift(wrappedHook)
  }
  else {
    hooks.push(wrappedHook)
  }
  return wrappedHook
}
```

injectHook 函数拥有四个参数，其中 type 表示钩子函数的类型，hook 表示用户注册的钩子函数，target 表示钩子函数执行时对应的组件实例（默认值是当前运行的组件实例），prepend 表示在当前已有的钩子函数前面插入（默认值是 false）。

injectHook 对用户注册的钩子函数 hook 做了一层封装，然后添加到一个数组中，并把数组保存在当前组件实例的 target 上。不同类型的钩子函数会被保存到组件实例的不同属性上。例如，onMounted 注册的钩子函数对应的 type 是 m，在组件实例上就是通过 instance.m 保存的。

这样的设计其实非常好理解，因为生命周期的钩子函数是在组件生命周期的各个阶段执行的，所以钩子函数必须要保存在当前的组件实例上，这样后面就可以在组件实例上通过不同的字符串 type 找到对应的钩子函数数组并执行。

由于函数把封装的 wrappedHook 钩子函数缓存到 hook.__weh 中，所以对于相同的钩子函数 hook 反复执行 injectHook，它们封装后的 wrappedHook 都指向了同一个引用 hook.__weh。这样后续通过 scheduler 方式执行的钩子函数就会被去重，避免同一个钩子函数多次注册且重复执行。关于 scheduler，我会在第 11 章详细分析。

在后续执行 wrappedHook 函数时，会先停止依赖收集，因为钩子函数内部访问的响应式对象通常已经执行过依赖收集，所以钩子函数执行的时候没有必要再次收集依赖，毕竟这个过程也有一定的性能损耗。关于依赖收集过程，我会在第 9 章详细分析。

接着是设置 target 为当前组件实例。在 Vue.js 的内部，会一直维护当前运行的组件实例 currentInstance。在注册钩子函数的过程中，我们可以拿到当前运行的组件实例 currentInstance，并用 target 保存，然后在钩子函数执行时，为了确保此时的 currentInstance 和注册钩子函数时一致，会通过 setCurrentInstance(target)设置 target 为当前组件实例。

接下来就是通过 callWithAsyncErrorHandling 函数执行用于注册的 hook 钩子函数。函数执行完毕之后，设置当前运行组件实例为 null，并恢复依赖收集。

到这里，我们就了解了生命周期钩子函数是如何注册以及如何执行的。接下来，我们来依次分析各个钩子函数的执行时机和应用场景。

7.2　onBeforeMount 和 onMounted

onBeforeMount 注册的 beforeMount 钩子函数会在组件挂载之前执行，onMounted 注册的 mounted 钩子函数则会在组件挂载之后执行。我们来回顾一下组件副作用渲染函数对于组件挂载部分的实现：

```
// runtime-core/src/renderer.ts
const setupRenderEffect = (instance, initialVNode, container, anchor, parentSuspense, isSVG, optimized) => {
  // 组件的渲染和更新函数
  const componentUpdateFn = () => {
    if (!instance.isMounted) {
      const { bm, m } = instance
      // 执行 beforeMount 钩子函数
      if (bm) {
        invokeArrayFns(bm)
      }
      // 渲染组件生成子树 vnode
      const subTree = (instance.subTree = renderComponentRoot(instance))
      // 把子树 vnode 挂载到 container 中
      patch(null, subTree, container, anchor, instance, parentSuspense, isSVG)
      // 保存渲染生成的子树根 DOM 节点
      initialVNode.el = subTree.el
      instance.isMounted = true
      // 执行 mounted 钩子函数
      if (m) {
        queuePostRenderEffect(m, parentSuspense)
      }
    }
    else {
      // 更新组件
    }
  }
  // 创建组件渲染的副作用响应式对象
  const effect = new ReactiveEffect(componentUpdateFn, () => queueJob(instance.update),
instance.scope)
  const update = (instance.update = effect.run.bind(effect))
  update.id = instance.uid
  // 允许递归更新自己
  effect.allowRecurse = update.allowRecurse = true
  update()
}
```

在执行 patch 挂载组件之前，会检测组件实例上是否有已注册的 beforeMount 钩子函数 bm，如果有，则通过 invokeArrayFns 执行它。因为用户可以通过多次执行 onBeforeMount 函数来注册多个 beforeMount 钩子函数，所以这里的 instance.bm 是一个数组，通过遍历这个数组可以依次执行 beforeMount 钩子函数。

在执行 patch 挂载组件之后，会检查组件实例上是否有已注册的 mounted 钩子函数 m，如果有，则通过 queuePostRenderEffect 来执行它。

queuePostRenderEffect 的具体实现会在第 11 章详细分析。目前你需要了解的是，queuePostRenderEffect 函数会先把 mounted 钩子函数推入一个队列，然后在整个应用渲染完毕后，同步遍历这个队列，调用 mounted 钩子函数。

为什么需要这样设计呢？因为对于嵌套组件，父组件会先执行 patch。在这个过程中，如果遇到子节点是组件的情况，会递归执行子组件的 mount，然后把自身的 DOM 节点插入。组件在执行与挂载相关的生命周期钩子函数时，会依次执行父组件的 beforeMount、子组件的 beforeMount、子组件的 mounted 和父组件的 mounted。

如果不使用 queuePostRenderEffect，那么在子组件在执行 mounted 钩子函数的时候，若父组件的 DOM 还没有被插入，会导致访问不到父组件的 DOM 节点。在整个应用渲染完毕后再依次执行 mounted 钩子函数，就能保证每个组件的 DOM 元素都是可以访问的。

我经常在社区里听到一种疑问：在组件初始化阶段，发送 Ajax 异步请求的逻辑是应该放在 created 钩子函数中，还是应该放在 mounted 钩子函数中呢？

其实都可以，因为 created 和 mounted 钩子函数在执行的时候都能获取组件数据，它们执行的顺序虽然有先后，但都会在同一个事件循环内执行完毕。异步请求是有网络耗时的：首先，它是异步的；其次，其耗时远远多于一个事件循环执行的时间。所以，无论你在 created 还是在 mounted 里发送请求，都要等待请求的响应，然后更新数据，再触发组件的重新渲染。

前面说过，Vue.js 2.*x* 中的 beforeCreate 和 created 钩子函数可以被 setup 函数替代。所以，在组件初始化阶段发送异步请求的逻辑放在 setup 函数、beforeMount 钩子函数或者 mounted 钩子函数中都可以，它们都可以获取与组件相关的数据。当然，我更推荐将其放在 setup 函数中执行，因为从语义的角度来看这样更合适。

不过，如果你想依赖 DOM 去执行一些初始化操作，就只能把相关逻辑放在 mounted 钩子函数中了，因为这样才能获取组件渲染后的 DOM。

7.3　onBeforeUpdate 和 onUpdated

onBeforeUpdate 注册的 beforeUpdate 钩子函数会在组件更新之前执行，onUpdated 注册的 updated 钩子函数则会在组件更新之后执行。我们来回顾一下组件副作用渲染函数对组件更新的实现：

```
// runtime-core/src/renderer.ts
const setupRenderEffect = (instance, initialVNode, container, anchor, parentSuspense, isSVG, optimized) => {
  // 组件的渲染和更新函数
  const componentUpdateFn = () => {
    if (!instance.isMounted) {
      // 渲染组件
    }
    else {
      // 更新组件
      let { next, vnode, bu, u } = instance
      // next 表示新的组件 vnode
      if (next) {
        // 更新组件 vnode 节点信息
```

```
        updateComponentPreRender(instance, next, optimized)
      }
      else {
        next = vnode
      }
      // 执行 beforeUpdate 钩子函数
      if (bu) {
        invokeArrayFns(bu)
      }
      // 渲染新的子树 vnode
      const nextTree = renderComponentRoot(instance)
      // 缓存旧的子树 vnode
      const prevTree = instance.subTree
      // 更新子树 vnode
      instance.subTree = nextTree
      // 组件更新核心逻辑，根据新旧子树 vnode 做 patch
      patch(prevTree, nextTree,
        // 父节点在 Teleport 组件中可能已经改变，所以容器直接查找旧树 DOM 元素的父节点
        hostParentNode(prevTree.el),
        // 参考节点在 Fragment 的情况下可能改变，所以直接查找旧树 DOM 元素的下一个节点
        getNextHostNode(prevTree),
        instance,
        parentSuspense,
        isSVG
      )
      // 缓存更新后的 DOM 节点
      next.el = nextTree.el
      // 执行 updated 钩子函数
      if (u) {
        queuePostRenderEffect(u, parentSuspense)
      }
    }
  }
  // 创建组件渲染的副作用响应式对象
  const effect = new ReactiveEffect(componentUpdateFn, () => queueJob(instance.update),
instance.scope)
  const update = (instance.update = effect.run.bind(effect))
  update.id = instance.uid
  // 允许递归更新自己
  effect.allowRecurse = update.allowRecurse = true
  update()
}
```

在执行 patch 更新组件之前，会检测组件实例上是否有已注册的 beforeUpdate 钩子函数 bu，如果有，则通过 invokeArrayFns 执行它。

在执行 patch 更新组件之后，会检查组件实例上是否有已注册的 updated 钩子函数 u，如果有，则通过 queuePostRenderEffect 来执行它。因为组件的更新本身就是在 nextTick 之后执行的，所以此时再次执行用 queuePostRenderEffect 推入队列的任务，会等待当前任务执行完毕，然后在同一个事件循环内执行所有的 updated 钩子函数。

在 beforeUpdate 钩子函数执行时，组件的 DOM 还未更新。如果你想在组件更新前访问 DOM，比如手动移除已添加的事件侦听器，可以注册这个钩子函数。

在 updated 钩子函数执行时，组件 DOM 已经更新，所以可以执行依赖于 DOM 的操作。如果要侦听数据的改变并执行某些逻辑，最好不要使用 updated 钩子函数，而是使用计算属性或 watcher，因为数据变化触发的任何组件更新都会导致 updated 钩子函数的执行。

注意，不要在 updated 钩子函数中更改数据，否则会再次触发组件更新，导致无限递归更新。

还有，父组件的更新不一定会导致子组件的更新，因为 Vue.js 的更新粒度是组件级别的。

7.4 onBeforeUnmount 和 onUnmounted

onBeforeUnmount 注册的 beforeUnMount 钩子函数会在组件销毁之前执行，onUnmounted 注册的 unmounted 钩子函数则会在组件销毁之后执行。我们来看一下组件销毁相关逻辑的实现：

```
// runtime-core/src/renderer.ts
const unmountComponent = (instance, parentSuspense, doRemove) => {
  const { bum, scope, update, subTree, um } = instance
  // 执行 beforeUnmount 钩子函数
  if (bum) {
    invokeArrayFns(bum)
  }
  // 清理组件引用的 effects 副作用函数
  scope.stop()
  // 如果一个异步组件在加载前就被销毁了，则不会注册副作用渲染函数
  if (update) {
    update.active = false
    // 调用 unmount 销毁子树
    unmount(subTree, instance, parentSuspense, doRemove)
  }
  // 执行 unmounted 钩子函数
  if (um) {
    queuePostRenderEffect(um, parentSuspense)
  }
}
```

组件销毁的整体逻辑其实很简单，主要就是清理组件实例上绑定的 effects 副作用函数和注册的副作用渲染函数 update，并且调用 unmount 销毁子树。

unmount 遍历子树，通过递归的方式来销毁子节点：在遇到组件节点时执行 unmountComponent，在遇到普通节点时则删除 DOM 元素。组件的销毁过程和渲染过程类似，都是递归的。

在销毁组件之前，会检测组件实例上是否有已注册的 beforeUnmount 钩子函数 bum，如果有，则通过 invokeArrayFns 执行。

在销毁组件之后，会检测组件实例上是否有已注册的 unmounted 钩子函数 um，如果有，则通过 queuePostRenderEffect 把它推入数组。因为组件的销毁就是组件更新的一个分支逻辑，所以它也是在 nextTick 之后执行的，因此此时再次执行用 queuePostRenderEffect 推入队列的任务，会等待当前任务执行完毕，然后在同一个事件循环内执行所有的 unmounted 钩子函数。

虽然组件会在销毁阶段清理一些已定义的 effects 函数，删除组件内部的 DOM 元素，但是对于一些需要清理的对象，组件并不能自动完成清理。例如，如果你在组件内部创建了一个定时器，就应该在 beforeUnmount 或者 unmounted 钩子函数中清除它：

```
<template>
  <div>
    <div>
      <p>{{count}}</p>
    </div>
  </div>
</template>
<script>
  import { ref, onBeforeUnmount } from 'vue'
  export default {
    setup () {
      const count = ref(0)
      const timer = setInterval(() => {
        console.log(count.value++)
      }, 1000)
      onBeforeUnmount(() => {
        clearInterval(timer)
      })
      return {
        count
      }
    }
  }
</script>
```

我们在 setup 函数内部定义了一个计时器（timer），count 每秒会加 1 并在控制台中输出。

如果这个组件被销毁，就会触发 onBeforeUnmount 注册的 beforeUnmount 钩子函数，然后清除定时器。如果不清除，就会发现在组件被销毁后，虽然 DOM 被移除了，但是计时器仍然存在，并且会一直计时并在控制台中输出。这就造成了不必要的内存泄漏。

7.5 onErrorCaptured

前面，我们已经多次接触了函数 callWithErrorHandling，它会执行一段代码并通过 handleError 处理错误。那么，handleError 具体做了哪些事情呢？

我们先来看一下它的实现：

```
// runtime-core/src/errorHandling.ts
function handleError(err, instance, type, throwInDev = true) {
  const contextVNode = instance ? instance.vnode : null
  if (instance) {
    let cur = instance.parent
    // 为了兼容 Vue.js 2.x 版本，把组件实例暴露给钩子函数
    const exposedInstance = instance.proxy
    // 获取错误信息
    const errorInfo = (process.env.NODE_ENV !== 'production') ? ErrorTypeStrings[type] : type
    // 尝试向上查找所有父组件，执行 errorCaptured 钩子函数
    while (cur) {
      const errorCapturedHooks = cur.ec
      if (errorCapturedHooks) {
        for (let i = 0; i < errorCapturedHooks.length; i++) {
          // 如果执行 errorCaptured 钩子函数返回 true，则停止向上查找
          if (errorCapturedHooks[i](err, exposedInstance, errorInfo)) {
            return
          }
        }
      }
      cur = cur.parent
    }
    // app 层级的错误处理
    const appErrorHandler = instance.appContext.config.errorHandler
    if (appErrorHandler) {
      callWithErrorHandling(appErrorHandler, null, 10 /* APP_ERROR_HANDLER */, [err, exposedInstance,
        errorInfo])
      return
    }
  }
  // 向控制台输出未处理的错误
  logError(err, type, contextVNode, throwInDev)
}
```

handleError 函数拥有四个参数，其中 err 表示被捕获的错误对象，instance 表示组件的实例，type 表示错误类型，throwInDev 表示在开发环境下直接抛出错误，阻止应用程序继续执行。

handleError 函数会从当前报错的组件的父组件实例开始，尝试查找已注册的 errorCaptured 钩子函数。如果找到了，则遍历执行并且判断 errorCaptured 钩子函数的返回值是否为 true，若是，则说明这个错误已经得到了正确的处理，直接结束遍历。

如果查找不到，会继续遍历。在遍历完当前组件实例的 errorCaptured 钩子函数后，如果这个错误还没得到正确的处理，则向上查找它的父组件实例，以同样的逻辑去查找是否有正确处理该错误的 errorCaptured 钩子函数，直到查找完毕。

如果整条链路上都没有正确处理错误的 errorCaptured 钩子函数，则通过 logError 向控制台输出未处理的错误。在开发环境下，它会直接把错误抛出来，造成应用程序崩溃，从而给开发者足够强的提醒。所以 errorCaptured 在本质上是捕获来自子孙组件的错误，它返回 true 就可以阻

止错误继续向上传播。

虽然 errorCaptured 可能在平时工作中用得不多，但它的确很实用。例如，你可以在根组件中注册一个 errorCaptured 钩子函数，用于捕获所有子孙组件的错误，并且根据错误的类型和信息统计并上报。

7.6 总结

Vue.js 组件的生命周期包括创建、更新、销毁等阶段。在此过程中，我们可以注入一些生命周期钩子函数来执行自己的代码逻辑。

onRenderTracked 和 onRenderTriggered 的实现与数据的依赖收集和更新触发相关，会在第 11 章详细分析。

此外，Vue.js 3.*x* 还有两个生命周期 API，分别是 onActivated 和 onDeactivated。它们和内置组件 KeepAlive 相关，会在第 20 章分析。

最后，图 7-1 可以帮你更加直观地了解组件的生命周期。

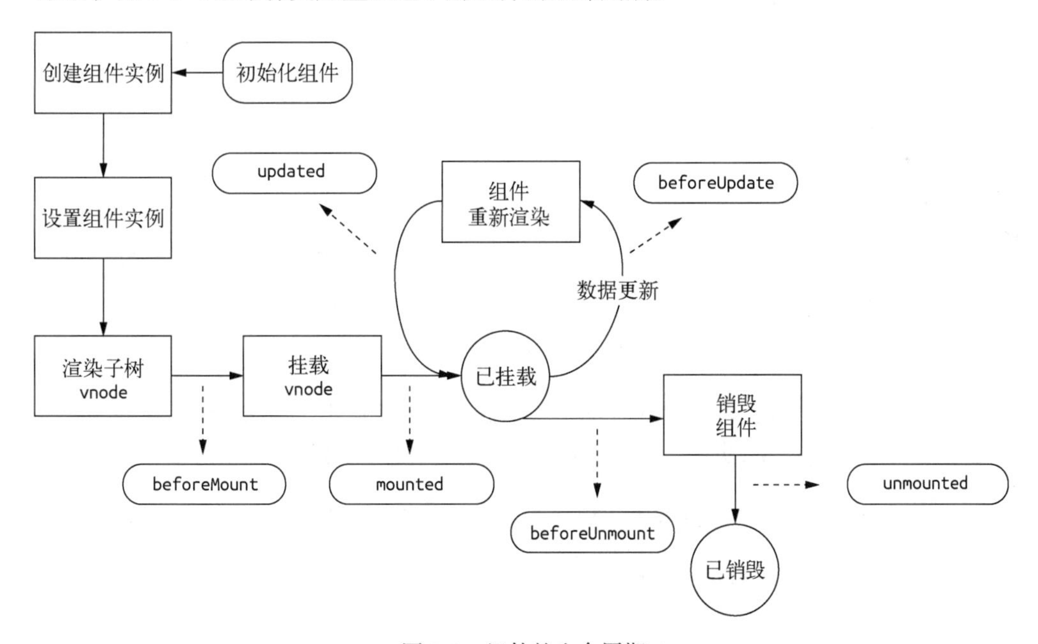

图 7-1 组件的生命周期

第 8 章

异步组件

在大型应用中，我们可能需要将应用分割成小一些的代码块，并且只在需要的时候才从服务器加载某个组件模块。这类组件就称为异步组件。

Vue.js 提供了定义异步组件的 API `defineAsyncComponent`，它允许传入一个工厂函数：

```
import { createApp, defineAsyncComponent } from 'vue'

const app = createApp({})
const AsyncComp = defineAsyncComponent(
  () =>
    new Promise((resolve, reject) => {
      loadFromServer('domain/path/AsyncComponent', (err, comp) => {
        if(!err) {
          resolve(comp)
        } else {
          reject(err)
        }
      })
    })
)

app.component('async-example', AsyncComp)
```

`defineAsyncComponent` 接收返回 Promise 的工厂函数。从服务器成功加载异步组件之后，应执行 `resolve` 回调函数；如果加载失败，则应执行 `reject(err)`回调函数。

此外，把 webpack 2+和 ES2015 语法相结合，还可以这样动态地导入异步组件：

```
import { defineAsyncComponent } from 'vue'

const app = createApp({})
const AsyncComp = defineAsyncComponent(() =>
  import('./components/AsyncComponent.vue')
)

app.component('async-component', AsyncComp)
```

当采用局部注册时，也可以直接提供一个返回 Promise 的函数：

```
import { createApp, defineAsyncComponent } from 'vue'

createApp({
  // ...
  components: {
    AsyncComponent: defineAsyncComponent(() =>
      import('./components/AsyncComponent.vue')
    )
  }
})
```

为什么通过上述语法就能实现组件的异步加载？带着这个疑问，我们来探索异步组件的实现原理。首先分析 defineAsyncComponent 的实现。

8.1 defineAsyncComponent

defineAsyncComponent API 用来定义异步组件，来看一下它的实现：

```
// runtime-core/src/apiAsyncComponent.ts
function defineAsyncComponent(source) {
  // 标准化参数，如果是 source 函数，就转成一个对象
  if (isFunction(source)) {
    source = { loader: source }
  }
  const {
    loader, loadingComponent, errorComponent, delay = 200, timeout, // undefined = never times out
    onError: userOnError
  } = source
  let pendingRequest = null
  let resolvedComp
  let retries = 0
  // 定义重试函数
  const retry = () => {
    retries++
    pendingRequest = null
    return load()
  }
  const load = () => {
    // 加载异步组件的 JavaScript 代码，获取组件模块的定义对象
  }
  return defineComponent({
    __asyncLoader: load,
    name: 'AsyncComponentWrapper',
    setup() {
      const instance = currentInstance
      // 已经加载了
      if (resolvedComp) {
        return () => createInnerComp(resolvedComp, instance)
      }
      // 定义错误回调函数
```

```
      const onError = (err) => {
        pendingRequest = null
        handleError(err, instance, 13 /* ASYNC_COMPONENT_LOADER */, !errorComponent /* 如果开发者已
经定义了错误的组件，在开发环境下就不用抛出错误了 */)
      }
      // 定义响应式变量，当它们改变的时候，会触发组件的重新渲染
      const loaded = ref(false)
      const error = ref()
      const delayed = ref(!!delay)
      // 处理延时
      if (delay) {
        setTimeout(() => {
          delayed.value = false
        }, delay)
      }
      if (timeout != null) {
        setTimeout(() => {
          // 加载超时，执行错误回调函数
          if (!loaded.value && !error.value) {
            const err = new Error(`Async component timed out after ${timeout}ms.`)
            onError(err)
            error.value = err
          }
        }, timeout)
      }
      // 加载组件
      load()
        .then(() => {
          loaded.value = true
          // ...
        })
        .catch(err => {
          onError(err)
          error.value = err
        })
      return () => {
        // 已加载，则渲染真实的组件
        if (loaded.value && resolvedComp) {
          return createInnerComp(resolvedComp, instance)
        }
        // 加载失败且配置了 error 组件，则渲染 error 组件
        else if (error.value && errorComponent) {
          return createVNode(errorComponent, {
            error: error.value
          })
        }
        // 配置了 loading 组件且没有设置延时，则直接渲染 loading 组件
        else if (loadingComponent && !delayed.value) {
          return createVNode(loadingComponent)
        }
      }
    }
  })
}
```

defineAsyncComponent 函数只有单个参数 source，它可以是一个工厂函数，也可以是一个对象。如果传入的是函数，defineAsyncComponent 会将其标准化成一个对象，并且把 loader 属性指向这个函数。

defineAsyncComponent 主要做了三件事情：渲染占位节点，加载异步 JavaScript 模块以获取组件对象，以及重新渲染组件。

接下来，我们就来详细介绍。为了便于理解，我会首先分析普通异步组件的实现。

8.1.1 渲染占位节点

defineAsyncComponent 函数返回的是 defineComponent 函数执行的结果。defineComponent 函数本身很简单：

```
// implementation, close to no-op
function defineComponent(options) {
  return isFunction(options) ? { setup: options, name: options.name } : options
}
```

defineComponent 函数做的也是标准化工作：如果传递的 options 是函数，那么返回一个对象，并让 options 函数指向其 setup 属性。

因此 defineAsyncComponent 函数的返回值就是一个带 setup 属性的对象，它其实就是一个组件对象。

接下来，我们看这个组件会被渲染成什么。由于 setup 函数返回的是一个函数，这个函数就是该组件的渲染函数。

先不考虑异步组件的高级用法，因此对应的 loaded.value、error.value 和 loadingComponent 都为假值。渲染函数命中不了任何条件，直接返回 undefined。

根据前面的学习，我们知道组件的 render 函数返回的是组件的渲染子树 vnode，而 undefined 类型的 vnode 会被标准化成一个注释节点：

```
// runtime-core/src/vnode.ts
function normalizeVNode(child) {
  if (child == null || typeof child === 'boolean') {
    // 空的注释节点
    return createVNode(Comment)
  }
  // ...
}
```

因此，普通的异步组件初次会被渲染成一个注释节点。

8.1.2　加载异步 JavaScript 模块

当然，除了把异步组件渲染成注释节点，setup 函数内部还调用了 load 函数来加载异步 JavaScript 模块，其实现如下：

```
// runtime-core/src/apiAsyncComponent.ts
const load = () => {
  let thisRequest
  // 多个异步组件同时加载，多次调用 load，只请求一次
  return (pendingRequest ||
    (thisRequest = pendingRequest = loader()
      .catch(err => {
        // 加载失败逻辑处理
      })
      .then((comp) => {
        if (thisRequest !== pendingRequest && pendingRequest) {
          return pendingRequest
        }
        if ((process.env.NODE_ENV !== 'production') && !comp) {
          warn(`Async component loader resolved to undefined. ` +
            `If you are using retry(), make sure to return its return value.`)
        }
        // export default 导出组件的方式
        if (comp &&
          (comp.__esModule || comp[Symbol.toStringTag] === 'Module')) {
          comp = comp.default
        }
        if ((process.env.NODE_ENV !== 'production') && comp && !isObject(comp) && !isFunction(comp)) {
          throw new Error(`Invalid async component load result: ${comp}`)
        }
        resolvedComp = comp
        return comp
      })))
}
```

load 函数内部主要是通过执行用户定义的工厂函数 loader 来发送请求的。例如：

```
// loader
() =>
  import('./components/AsyncComponent.vue')
)
```

该工厂函数会返回一个 Promise 对象。我们暂时忽略加载失败的情况，先分析加载成功的情况。

加载成功之后，会在 then 函数中获得组件的模块 comp。如果组件最终是通过 export default 的方式导出的，那么可以通过 comp.default 获取它真实的组件对象，然后赋值给 resolvedComp 变量。

注意，如果组件对象 comp 既不是函数类型也不是对象类型，则抛出错误。

获取真实的组件对象模块后，怎么把它重新渲染到页面上呢？

8.1.3 重新渲染组件

在调用 load 之后，会修改响应式对象 loaded 来触发异步组件的重新渲染：

```
// runtime-core/src/apiAsyncComponent.ts
load()
  .then(() => {
    loaded.value = true
  })
  .catch(err => {
    // 错误处理
  })
```

当异步组件重新渲染后，就会再次执行组件的 render 函数：

```
// runtime-core/src/apiAsyncComponent.ts
return () => {
  // 已加载，则渲染真实的组件
  if (loaded.value && resolvedComp) {
    return createInnerComp(resolvedComp, instance)
  }
  // ...
}
```

这个时候，loaded 的值已为 true 且 resolvedComp 的值是组件的对象，所以调用 createInnerComp 函数创建一个组件 vnode 对象。这样就能渲染生成真实的组件节点了。

8.2 高级用法

前面提到的是普通异步组件的渲染逻辑。

异步组件还支持高级用法，下面进行介绍。defineAsyncComponent 可以接收一个对象：

```
import { defineAsyncComponent } from 'vue'

const AsyncComp = defineAsyncComponent({
  // 工厂函数
  loader: () => import('./Foo.vue'),
  // 加载异步组件时要使用的组件
  loadingComponent: LoadingComponent,
  // 加载失败时要使用的组件
  errorComponent: ErrorComponent,
  // 在显示 loadingComponent 之前的延迟 | 默认值：200（单位：ms）
  delay: 200,
  // 如果提供了 timeout，并且加载组件的时间超过了设定值，将显示 Error 组件
  timeout: 3000,
  /**
```

```
  *
  * @param {*} error 错误信息对象
  * @param {*} retry 一个函数，用于指示当 Promise 加载器拒绝（reject）时，加载器是否应该重试
  * @param {*} fail  一个函数，指示加载程序结束退出
  * @param {*} attempts 允许的最大重试次数
  */
  onError(error, retry, fail, attempts) {
    if (error.message.match(/fetch/) && attempts <= 3) {
      // 请求发生错误时重试，最多可尝试三次
      retry()
    } else {
      // 注意，retry/fail 就像 Promise 的 resolve/reject 一样：
      // 必须调用其中一个才能继续错误处理
      fail()
    }
  }
})
```

和普通异步组件相比，高级异步组件允许配置 `loadingComponent`（加载中的组件）、`errorComponent`（加载失败的组件）、`onError`（加载失败后的错误处理函数），以及 `delay`（延时渲染 `loadingComponent`）和 `timeout`（超时渲染 `errorComponent`）等属性。

对于如此丰富的配置，异步组件又是如何实现的呢？我们来依次分析。

8.2.1　Loading 组件

先来回顾一下异步组件的渲染函数：

```
// runtime-core/src/apiAsyncComponent.ts
return () => {
  // 已加载，则渲染真实的组件
  if (loaded.value && resolvedComp) {
    return createInnerComp(resolvedComp, instance)
  }
  // 加载失败且配置了 Error 组件，则渲染 Error 组件
  else if (error.value && errorComponent) {
    return createVNode(errorComponent, {
      error: error.value
    })
  }
  // 配置了 Loading 组件且没有设置延时，则直接渲染 Loading 组件
  else if (loadingComponent && !delayed.value) {
    return createVNode(loadingComponent)
  }
}
```

当我们配置了 `loadingComponent`，并且 `delayed.value` 为假值的时候，则直接渲染 Loading 组件，来替代之前渲染的注释节点。

因为注释节点对用户而言是不可见的，Loading 组件通常会提供一个更好的交互反馈，让用

户知道此时需要等待。

前面提到，delay 属性用于延时渲染 loadingComponent。它的相关代码逻辑如下：

```
// runtime-core/src/apiAsyncComponent.ts
const delayed = ref(!!delay)
// 处理延时
if (delay) {
  setTimeout(() => {
    delayed.value = false
  }, delay)
}
```

一旦配置了 delay 属性，delayed 的初始值就为 true。异步组件的初次渲染结果仍然是注释节点。在经过 delay 配置的时长之后，定时器会执行，把 delayed.value 设置为 false，从而再次触发异步组件的重新渲染。

当然，由于这是一个异步过程，如果异步组件的模块已经加载了，那么组件的重新渲染就会渲染真实的组件，否则会渲染 Loading 组件。

也就是说，如果不想立即渲染 Loading 组件，那么可以配置 delay 属性，等其时间到了，再根据异步组件模块的加载情况，决定渲染真实的组件还是 Loading 组件。

8.2.2 Error 组件

当然，加载异步组件模块的过程并非每次都能成功。举个例子，如果在加载的过程中出现网络抖动，就可能会引起加载的失败。

我们再来回顾一下 load 函数，这次重点关注加载失败的处理逻辑：

```
// runtime-core/src/apiAsyncComponent.ts
let retries = 0
// 定义重试函数
const retry = () => {
  retries++
  pendingRequest = null
  return load()
}
const load = () => {
  let thisRequest
  return (pendingRequest ||
    (thisRequest = pendingRequest = loader()
      .catch(err => {
        err = err instanceof Error ? err : new Error(String(err))
        if (userOnError) {
          return new Promise((resolve, reject) => {
            const userRetry = () => resolve(retry())
            const userFail = () => reject(err)
```

```
          userOnError(err, userRetry, userFail, retries + 1);
        })
      } else {
        throw err
      }
    })
    .then((comp) => {
      // 加载成功的逻辑处理
    })))
}
```

当异步组件模块加载失败后，会进入 catch 函数内部：如果没有配置错误处理函数，则直接把错误抛至外层；如果配置了错误处理函数 userOnError（高级异步组件 onError 属性对应的函数），则返回一个 Promise，在其内部会执行用户配置的 onError 函数，并把 userRetry、userFail 等内部定义的函数作为参数传入。

配合前面的示例来理解：

```
onError(error, retry, fail, attempts) {
  if (error.message.match(/fetch/) && attempts <= 3) {
    // 请求发生错误时重试，最多可尝试三次
    retry()
  } else {
    // 注意，retry/fail 就像 Promise 的 resolve/reject 一样：
    // 必须调用其中一个才能继续错误处理
    fail()
  }
}
```

在错误处理函数内部，如果重试次数不超过三次，则执行 retry 函数。它就是前面定义的 userRetry 函数，会调用内部定义的 retry 函数，继续执行 load 函数来尝试加载异步组件模块，同时更新尝试次数 retries。

如果重试次数大于三次，则执行 fail 函数。它就是前面定义的 userFail 函数。这样就可以执行后续的错误处理逻辑了：

```
// runtime-core/src/apiAsyncComponent.ts
const error = ref()
const onError = (err) => {
  pendingRequest = null
  handleError(err, instance, 13 /* ASYNC_COMPONENT_LOADER */, !errorComponent /* 如果开发者已经定义了错误的组件，在开发环境下就不用抛出错误了 */)
}
load()
  .then(() => {
    loaded.value = true
  })
  .catch(err => {
    onError(err)
```

```
    error.value = err
  })
```

在 catch 函数内部，首先执行了内部定义的 onError 函数。它会在用户没有定义 errorComponent 的情况下在控制台抛出错误，然后更新 error.value。

注意，如果用户没有定义错误处理函数，在执行 load 函数失败的时候会直接抛出错误，也会进入 catch 函数内部。

一旦 error.value 被修改，就会触发异步组件的重新渲染。再来回顾一下异步组件的渲染函数：

```
// runtime-core/src/apiAsyncComponent.ts
return () => {
  // 已加载，则渲染真实的组件
  if (loaded.value && resolvedComp) {
    return createInnerComp(resolvedComp, instance)
  }
  // 加载失败且配置了 Error 组件，则渲染 Error 组件
  else if (error.value && errorComponent) {
    return createVNode(errorComponent, {
      error: error.value
    })
  }
  // 配置了 Loading 组件且没有设置延时，则直接渲染 Loading 组件
  else if (loadingComponent && !delayed.value) {
    return createVNode(loadingComponent)
  }
}
```

这一次，因为 error.value 有值且定义了 errorComponent，所以直接渲染生成 Error 组件。

除了加载失败之外，在有些场景下，我们也希望在加载异步模块超过一定时长后能渲染 Error 组件。该需求可以通过配置 timeout 属性实现。timeout 的相关代码逻辑如下：

```
// runtime-core/src/apiAsyncComponent.ts
if (timeout != null) {
  setTimeout(() => {
    // 加载超时，执行错误回调函数
    if (!loaded.value && !error.value) {
      const err = new Error(`Async component timed out after ${timeout}ms.`)
      onError(err)
      error.value = err
    }
  }, timeout)
}
```

也就是当超过配置的 timeout 时长后，如果组件没有正常加载，也没有触发加载失败的回调，那么直接报错表明已经超时，同时修改 error.value 触发异步组件的重新渲染。此时会渲染 Error 组件。

8.3　只加载一次

通过前面的分析，我们了解到异步组件模块的加载是一个异步过程。如果同一个异步组件被多个组件同时加载，它会被加载多次吗？

举个例子，假设我们在 A 组件中局部注册了某个异步组件：

```
// A.vue
<template>
  <div>This is A component</div>
  <async></async>
</template>

<script>
  export default {
    components: {
      Async: defineAsyncComponent(() =>
        import('./components/async.vue')
      )
    }
  }
</script>
```

如果在 A.vue 中同时创建了多个 A 组件：

```
<template>
  <div class="app">
    <A></A>
    <A></A>
  </div>
</template>
```

由于组件可以是多实例的，A.vue 中的 A 组件会创建两个实例，在每个实例内部都会创建一个 Async 异步组件。

那么 async.vue 这个异步模块会被加载多次吗？显然，加载异步模块是为了拿到异步组件的定义对象，在理想情况下只加载一次就够了。

如何保证只加载一次异步模块呢？这要从 defineAsyncComponent 的实现说起了。根据前面的分析，defineAsyncComponent 最终返回的是异步组件定义的组件对象，但是它在内部构造了一个函数的闭包，在内部定义了变量 pendingRequest。因此，即使异步组件被初始化多次，pendingRequest 变量还是被共享的：

```
// runtime-core/src/apiAsyncComponent.ts
let pendingRequest = null
const load = () => {
  let thisRequest
  return (pendingRequest ||
```

```
    (thisRequest = pendingRequest = loader()
      .catch(err => {
        // 加载失败的逻辑处理
      })
      .then((comp) => {
        // 加载成功的逻辑处理
      })))
}

return defineComponent({
  setup() {
    // ...
    load()
  }
})
```

当第一次执行 `load` 函数的时候，`pendingRequest` 的值是 `null`，接着会执行 `loader` 函数加载异步组件，并把返回值赋给 `pendingRequest`。接下来，如果该异步组件又被初始化了，则在执行 `load` 函数的时候会发现 `pendingRequest` 不为空。此时，直接返回 `pendingRequest`，不会再次调用 `loader` 函数。这样就避免了同一个异步模块被多次加载的情况。

此外，如果该异步组件模块已经加载成功，那么在外部再次初始化它，会直接返回这个异步组件模块，因为它也被保存在闭包中了：

```
// runtime-core/src/apiAsyncComponent.ts
let resolvedComp
const load = () => {
  let thisRequest
  return (pendingRequest ||
    (thisRequest = pendingRequest = loader()
      .catch(err => {
        // 加载失败的逻辑处理
      })
      .then((comp) => {
        // 加载成功的逻辑处理
        resolvedComp = comp
      })))
}
return defineComponent({
  setup() {
    const instance = currentInstance
    // 已经加载过了
    if (resolvedComp) {
      return () => createInnerComp(resolvedComp, instance)
    }
  }
})
```

`resolvedComp` 在异步组件模块加载成功后被赋值，后续再次初始化该异步组件，会直接获取它的定义对象 `resolvedComp` 并渲染，和渲染同步组件一样。

8.4 总结

异步组件在本质上就是一个普通的组件，只不过在内部通过定义的 loader 加载器在首次渲染的时候发起了一个加载异步组件模块的请求，同时被渲染成注释节点或者 Loading 组件。

当异步组件模块加载成功后，会通过修改响应式数据的值来触发组件的重新渲染，渲染真正的组件。当异步组件模块加载失败后，可以执行用户定义的失败处理函数来决定是重试还是直接失败。如果多次重试失败或者直接失败，则会在用户配置了 errorComponent 的条件下渲染 Error 组件。当然，如果定义了超时属性，并且在对应时间范围内仍然没有成功加载异步模块，也会渲染 Error 组件。

此外，异步组件还通过闭包的技巧确保了，即使多个异步组件同步加载，也只会发送一个异步请求；如果已经被加载的异步组件被再次初始化，则直接获取对应的组件对象并渲染。

第三部分

响应式原理

除了组件化，Vue.js 的另一个核心思想是数据驱动，而数据驱动的实现在本质上就是在数据变化后自动修改视图，让用户只需要关注数据的操作。

想要实现数据驱动，就需要对数据进行劫持。那么，在 Vue.js 3.*x* 中是如何实现数据劫持的呢？它和 Vue.js 2.*x* 相比又做了哪些优化？什么是依赖收集、派发通知，它们又各自做了哪些事情呢？

带着这些疑问，让我们一起深入了解数据的响应式原理。此外，你还会学到常见的响应式对象 API、计算属性以及侦听器的实现原理。

第 9 章

响应式的内部实现原理

除了组件化，Vue.js 的另一个核心设计思想是数据驱动，在本质上就是在数据变化后自动执行某个函数。如果映射到组件的实现，就是当数据变化后，自动触发组件的重新渲染。我们可以把这类数据称作响应式数据。响应式是 Vue.js 实现组件化更新渲染的一个核心机制。

在介绍 Vue.js 3.*x* 的响应式实现之前，我们先来回顾一下 Vue.js 2.*x* 的响应式实现：它在内部通过 `Object.defineProperty` API 劫持数据的变化，在数据被访问的时候收集依赖，然后在数据被修改的时候通知依赖更新。我们可以通过图 9-1 直观地看清这个流程。

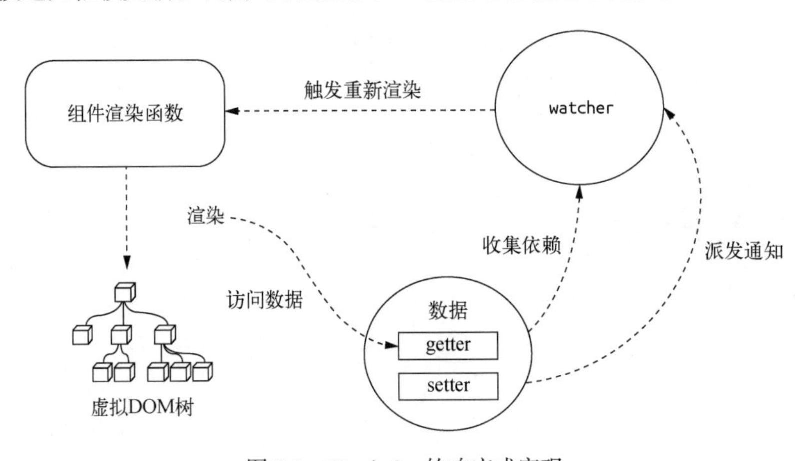

图 9-1　Vue.js 2.*x* 的响应式实现

在 Vue.js 2.*x* 中，`watcher` 就是依赖，有专门针对组件渲染的 `render watcher`。注意，这里有两个流程：首先是依赖收集流程，组件在渲染的时候会访问模板中的数据，触发 getter 把 `render watcher` 作为依赖收集起来，并和数据建立联系；然后是派发通知流程，当这些数据被修改的时候，会触发 setter，通知 `render watcher` 更新，进而触发组件的重新渲染。

不过，使用 `Object.defineProperty` API 把数据实现为响应式的有一定的缺陷：不能侦听对象属性的添加和删除。另外，在 Vue.js 2.*x* 的数据初始化阶段中，对于嵌套较深的对象递归执行 `Object.defineProperty` 会带来一定的性能负担。

Vue.js 3.*x* 为了弥补 `Object.defineProperty` 的这些缺陷，使用 `Proxy` API 重写了响应式部分，并独立维护和发布了整个 reactivity 库。下面我们就来深入分析 Vue.js 3.*x* 响应式部分的实现原理。

9.1 响应式对象的实现差异

在 Vue.js 2.*x* 中构建组件时，只要我们在 `data`、`props`、`computed` 中定义数据，那么它就是响应式的。举个例子：

```
<template>
  <div>
    <p>{{ msg }}</p>
    <button @click="random">Random msg</button>
  </div>
</template>
<script>
  export default {
    data() {
      return {
        msg: 'msg reactive'
      }
    },
    methods: {
      random() {
        this.msg = Math.random()
      }
    }
  }
</script>
```

上述组件在初次渲染时会显示“msg reactive”。当我们点击按钮的时候，会执行 `random` 函数，`random` 函数会修改 `this.msg`，进而触发组件的重新渲染。

我们对这个例子做一些改动：

```
export default {
  created() {
    this.msg = 'msg not reactive'
  },
  methods: {
    random() {
      this.msg = Math.random()
    }
  }
}
```

模板部分不变，但是把 msg 数据的定义放到了 created 钩子中。组件初次渲染显示“msg not reactive”，但是当我们再次点击按钮的时候，发现组件并没有重新渲染。

相信你可能遇到过这个问题，其根本原因是，我们在 created 中定义的 this.msg 并不是响应式对象，所以 Vue.js 内部不会对它做额外的处理。Vue.js 内部在组件初始化的过程中会把 data 中定义的数据变成响应式的。这是一个相对“黑盒”的过程，用户通常感知不到。

你可能会好奇：为什么在 created 钩子函数中定义数据，而不在 data 中定义呢？其实，在 data 中定义的数据最终也会被挂载到组件实例 vm 上，这和直接在 created 钩子函数中通过 this.xxx 定义数据的唯一区别是，在 data 中定义的数据是响应式的。

在一些场景下，如果我们仅仅想在组件上下文中共享某个变量，而不必监测它的数据变化，就特别适合在 created 钩子函数中定义这个变量，因为创建响应式对象的过程是有性能代价的。

到了 Vue.js 3.*x*，在构建组件时可以不依赖 Options API，而是使用 Composition API 编写。对于刚才的例子，也可以用 Composition API 改写：

```
<template>
  <div>
    <p>{{ state.msg }}</p>
    <button @click="random">Random msg</button>
  </div>
</template>
<script>
  import { reactive } from 'vue'
  export default {
    setup() {
      const state = reactive({
        msg: 'msg reactive'
      })

      const random = function() {
        state.msg = Math.random()
      }

      return {
        random,
        state
      }
    }
  }
</script>
```

我们通过 setup 函数实现了和之前示例同样的功能。请注意，这里引入了 reactive API，它可以把对象数据变成响应式的。可以看出，Composition API 更推荐用户主动定义响应式对象，而非进行内部的黑盒处理。这样用户可以更加明确哪些数据是响应式的。如果不想让数据变成响应式的，就将其定义成它的原始数据类型即可。

也就是说，在 Vue.js 3.*x* 中，我们用 `reactive` 这个有魔力的函数把数据变成了响应式的。那么它在内部到底是怎么实现的呢？下面我们就来一探究竟。

9.2　`reactive` API

我们先来看一下 `reactive` 函数的具体实现过程：

```
// reactivity/src/reactive.ts
function reactive(target) {
  // 如果尝试把一个 readonly proxy 变成响应式的，就直接返回这个 readonly proxy
  if (target && target["__v_isReadonly" /* IS_READONLY */]) {
    return target
  }
  return createReactiveObject(target, false, mutableHandlers, mutableCollectionHandlers, reactiveMap)
}

function createReactiveObject(target, isReadonly, baseHandlers, collectionHandlers, proxyMap) {
  if (!isObject(target)) {
    // 目标必须是对象或数组类型
    if ((process.env.NODE_ENV !== 'production')) {
      console.warn(`value cannot be made reactive: ${String(target)}`)
    }
    return target
  }
  if (target.__v_raw && !(isReadonly && target.__v_isReactive)) {
    // target 已经是 Proxy 类型的对象，直接返回
    // 有个例外：如果是 readonly 作用于一个响应式对象，则继续
    return target
  }
  // 如果 target 已经有对应的 Proxy，返回对应的 Proxy
  const existingProxy = proxyMap.get(target)
  if (existingProxy) {
    return existingProxy
  }
  // 只有白名单里的类型数据才可以变成响应式的
  const targetType = getTargetType(target);
  if (targetType === 0 /* INVALID */) {
    return target
  }
  // 利用 Proxy 创建响应式对象
  const proxy = new Proxy(targetType === 2 /* COLLECTION */ ? collectionHandlers : baseHandlers)

  // 缓存已经代理的对象
  proxyMap.set(target, proxy)
  return proxy
}
```

`reactive` 函数拥有单个参数 `target`，它必须是对象或数组类型的。`reactive` 函数内部通过

执行 createReactiveObject 函数把 target 变成了一个响应式对象。

createReactiveObject 函数拥有五个参数，其中 target 表示待变成响应式对象的目标对象，isReadonly 表示是否创建只读的响应式对象，baseHandlers 表示普通对象和数组类型数据的响应式处理器，collectionHandlers 表示集合类型数据的响应式处理器，proxyMap 表示原始对象和响应式对象的缓存映射图。

createReactiveObject 函数主要做了如下几件事情。

(1) 函数首先判断 target 是不是数组或者对象类型的，如果不是，则直接返回。所以原始数据 target 必须是对象或者数组类型的。

(2) 如果对一个已经是响应式的对象再次执行 reactive，还应该返回这个响应式对象。举个例子：

```
import { reactive } from 'vue'
const original = { foo: 1 }
const observed = reactive(original)
const observed2 = reactive(observed)
observed === observed2 // true
```

原始数据 original 在进行 reactive 处理后会返回响应式对象 observed。如果再次对 observed 执行 reactive，那么返回的 observed2 和 observed 还是同一个引用对象。

createReactiveObject 函数内部会通过是否存在 target.__v_raw 属性来判断 target 是否已经是一个响应式对象（因为响应式对象的__v_raw 属性会指向它的原始对象，后面会提到），如果是，则直接返回响应式对象。

(3) 如果对同一个原始数据多次执行 reactive，会返回相同的响应式对象。举个例子：

```
import { reactive } from 'vue'
const original = { foo: 1 }
const observed = reactive(original)
const observed2 = reactive(original)
observed === observed2 // true
```

虽然对原始数据 original 反复执行了 reactive，但是其各自的响应式结果 observed 和 observed2 还是同一个引用对象。

在每次创建响应对象之前，会判断 proxyMap 中是否已经存在 target 对应的响应式对象了，如果存在，则直接返回（proxyMap 的更新过程在第(6)步）。

(4) 对原始对象的类型做进一步的限制。虽然 reactive 函数已经限制了 target 是对象或者数组类型的，但并非所有的对象类型都可以变成响应式的。

在 createReactiveObject 内部，会通过执行 getTargetType 函数来判断对象的数据类型：

```
// reactivity/src/reactive.ts
function getTargetType(value) {
  return value['__v_skip' /* SKIP */] || !Object.isExtensible(value)
  ? 0 /* INVALID */
  : targetTypeMap(toRawType(value))
}

function targetTypeMap(rawType) {
  switch (rawType) {
    case 'Object':
    case 'Array':
      return 1 /* COMMON */
    case 'Map':
    case 'Set':
    case 'WeakMap':
    case 'WeakSet':
      return 2 /* COLLECTION */
    default:
      return 0 /* INVALID */
  }
}
```

getTargetType 函数会首先检测对象是否有__v_skip 属性，以及对象是否不可扩展：满足其中之一则返回 0，表示该对象不合法；都不满足则进一步通过 targetTypeMap 函数来判断——对于普通的对象或者数组返回 1，对于集合类型的对象返回 2，其他则返回 0。

那么，哪些对象类型的数据会返回 0 呢？举例而言，Date 类型、RegExp 类型和 Promise 类型的数据都会返回 0。

一旦 getTargetType(target)返回 0，则表示 target 对象的类型不在白名单内，是不合法的，所以不会把它变成响应式对象。

(5) 通过 Proxy API 劫持 target 对象，把它变成响应式的。我们把 new Proxy 创建的 proxy 实例称作响应式对象，这里 Proxy 对应的处理器对象会根据 getTargetType 获取到的目标数据类型的不同而不同：如果是集合类型的数据，使用 collectionHandlers；如果是普通对象和数组类型的数据，则使用 baseHandlers。

我们稍后会重点分析普通对象和数组类型数据的 Proxy 处理器对象，其中 reactive 函数传入的 baseHandlers 值是 mutableHandlers。

(6) 把原始对象 target 作为 key、响应式对象 proxy 作为 value 存储到 Map 类型的对象 proxyMap 中，这就是对同一个原始对象多次执行 reactive 函数却返回同一个响应式对象的原因。

仔细想想看，响应式的实现方式无非就是劫持数据。Vue.js 3.x 的 reactive API 通过 Proxy

劫持数据，而且由于 Proxy 劫持的是整个对象，所以我们可以检测到对对象的任何修改，这弥补了 Object.defineProperty API 的不足。

接下来，我们继续分析 Proxy 处理器对象 mutableHandlers 的实现：

```
// reactivity/src/baseHandlers.ts
const mutableHandlers = {
  get,
  set,
  deleteProperty,
  has,
  ownKeys
}
```

它其实劫持了我们对 proxy 对象的一些操作，比如：

- 访问对象属性会触发 get 函数；
- 设置对象属性会触发 set 函数；
- 删除对象属性会触发 deleteProperty 函数；
- in 操作符会触发 has 函数；
- 通过 Object.getOwnPropertyNames 访问对象属性名会触发 ownKeys 函数。

不过无论命中哪个处理器函数，它都会做依赖收集和派发通知这两件事的其中之一，而依赖收集和派发通知就是响应式的精髓。接下来通过分析常用的 get 和 set 函数的实现，来看看依赖收集和派发通知到底都做了哪些事情。

注意，Vue.js 3.2 版本对依赖收集部分做了性能优化，其中涉及不少代码的改动，可能会增加阅读源码的难度。为了理解这个过程，我们优先分析 Vue.js 3.2 之前版本的实现。

9.3　依赖收集

依赖收集发生在数据访问阶段。因为我们用 Proxy API 劫持了数据对象，所以当这个响应式对象属性被访问的时候，就会执行 get 函数。我们来看一下 get 函数的实现，它是执行 createGetter 函数的返回值，其中 isReadonly 默认为 false：

```
// reactivity/src/baseHandlers.ts
function createGetter(isReadonly = false) {
  return function get(target, key, receiver) {
    if (key === '__v_isReactive' /* isReactive */) {
      // 代理 proxy.__v_isReactive
      return !isReadonly
    }
    else if (key === '__v_isReadonly' /* isReadonly */) {
```

```
      // 代理 proxy.__v_isReadonly
      return isReadonly
    }
    else if (key === '__v_raw' /* raw */) {
      // 代理 proxy.__v_raw
      return target
    }
    const targetIsArray = isArray(target)
    // arrayInstrumentations 包含对数组一些函数修改的函数
    if (!isReadonly && targetIsArray && hasOwn(arrayInstrumentations, key)) {
      return Reflect.get(arrayInstrumentations, key, receiver)
    }
    // 求值
    const res = Reflect.get(target, key, receiver)
    // 内置 Symbol key，不需要依赖收集
    if (isSymbol(key) && builtInSymbols.has(key) || key === '__proto__') {
      return res
    }
    // 依赖收集
    if (!isReadonly) {
      track(target, 'get' /* GET */, key)
    }
    return isObject(res)
      ? isReadonly
        ?
        readonly(res)
        // 如果 res 是对象或者数组类型的，则递归执行 reactive 函数，把 res 变成响应式的
        : reactive(res)
      : res
  }
}
```

get 函数主要做了四件事情。首先，对特殊的 key 做了代理，比如遇到 key 是__v_raw，则直接返回原始对象 target。这就是我们在 createReactiveObject 函数中判断响应式对象是否存在__v_raw 属性，并在其存在时返回该对象对应的原始对象的原因。

接着，如果 target 是数组且 key 命中了 arrayInstrumentations，则执行其内部对应的函数。来看一下 arrayInstrumentations 的实现：

```
// reactivity/src/baseHandlers.ts
const arrayInstrumentations = {}
['includes', 'indexOf', 'lastIndexOf'].forEach(key => {
  const method = Array.prototype[key]

  arrayInstrumentations[key] = function (...args) {
    // toRaw 可以把响应式对象转成原始数据
    const arr = toRaw(this)
    for (let i = 0, l = this.length; i < l; i++) {
      // 依赖收集
      track(arr, 'get' /* GET */, i + '')
    }
    // 先尝试使用参数本身，它可能是响应式数据
```

```
    const res = method.apply(arr, args)
    if (res === -1 || res === false) {
      // 如果失败，再尝试把参数转换成原始数据
      return method.apply(arr, args.map(toRaw))
    }
    else {
      return res
    }
  }
})
```

arrayInstrumentations 函数重写了数组中的 includes、indexOf 和 lastIndexOf 函数。

也就是说，当 target 是一个数组的时候，我们执行函数 target.includes、target.indexOf 或者 target.lastIndexOf，就会被代理到这些重写的函数中。除了调用数组本身的函数求值，还会对数组的每个元素做依赖收集。因为数组的元素一旦被修改，这几个 API 的返回结果都可能发生变化，所以我们需要跟踪数组每个元素的变化。

然后回到 get 函数，通过 Reflect.get 函数求值，并执行 track 函数收集依赖。我们稍后会重点分析这个过程。

函数最后会对计算出的值 res 进行判断。如果它也是数组或对象，则递归执行 reactive 把 res 变成响应式对象。这么做是因为 Proxy 劫持的是对象本身，并不能劫持子对象的变化。这一点与 Object.defineProperty API 一致。

在 Vue.js 2.*x* 的实现中，在把数据变成响应式的时，如果遇到子属性仍然是对象的情况，会递归执行 Object.defineProperty 定义子对象是响应式的；而在 Vue.js 3.*x* 的实现中，只有在对象属性被访问的时候才会判断子属性的类型，来决定要不要递归执行 reactive。这其实是一种延时定义响应式子对象的实现，在性能上会有一定的提升。

整个 get 函数最核心的部分其实是执行 track 函数收集依赖，下面重点分析这个过程。

我们先来看一下 track 函数的实现：

```
// reactivity/src/effect.ts
// 是否应该收集依赖
let shouldTrack = true
// 当前激活的 effect
let activeEffect
// 原始数据对象 map
const targetMap = new WeakMap()
function track(target, type, key) {
  if (!shouldTrack || activeEffect === undefined) {
    return
  }
  let depsMap = targetMap.get(target)
```

```
  if (!depsMap) {
    // 每个 target 对应一个 depsMap
    targetMap.set(target, (depsMap = new Map()))
  }
  let dep = depsMap.get(key)
  if (!dep) {
    // 每个 key 对应一个 dep 集合
    depsMap.set(key, (dep = new Set()))
  }
  if (!dep.has(activeEffect)) {
    // 收集当前激活的 effect 作为依赖
    dep.add(activeEffect)
   // 当前激活的 effect 收集 dep 集合作为依赖
    activeEffect.deps.push(dep)
  }
}
```

在分析这个函数的实现之前，想一下要收集的依赖是什么。我们的目的是实现响应式对象，也就是当数据变化的时候自动做一些事情，比如执行某些函数。因此，我们收集的依赖就是数据变化后执行的副作用函数。

track 函数拥有三个参数，其中 target 表示原始数据，type 表示这次依赖收集的类型，key 表示访问的属性。

track 函数外部创建了全局的 targetMap 作为原始数据对象的 Map，它的键是 target，值是 depsMap，用来作为依赖的 Map。这个 depsMap 的键是 target 的 key，值是 dep 集合，而 dep 集合中存储的是依赖的副作用函数。为了方便理解，我们用图 9-2 表示它们之间的关系。

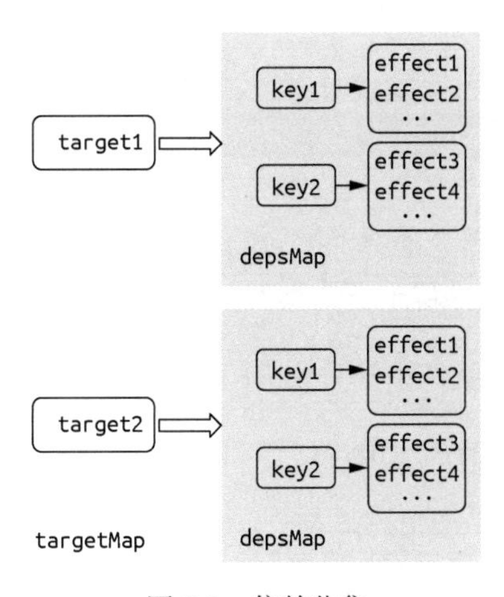

图 9-2　依赖收集

因此每次执行 track 函数，就会把当前激活的副作用函数 activeEffect 作为依赖，然后将其收集到与 target 相关的 depsMap 所对应 key 下的依赖集合 dep 中。

9.4 派发通知

派发通知发生在数据更新阶段。因为用 Proxy API 劫持了数据对象，所以当这个响应式对象的属性值更新的时候，就会执行 set 函数。我们来看一下 set 函数的实现，它是执行 createSetter 函数的返回值：

```
// reactivity/src/baseHandlers.ts
function createSetter(shallow = false) {
  return function set(target, key, value, receiver) {
    let oldValue = toRaw(target[key])
    if (!shallow) {
      value = toRaw(value)
      oldValue = toRaw(oldValue)
      if (!isArray(target) && isRef(oldValue) && !isRef(value)) {
        oldValue.value = value
        return true
      }
    }
    const hadKey = isArray(target) && isIntegerKey(key) ? Number(key) < target.length : hasOwn(target,
key)
    const result = Reflect.set(target, key, value, receiver)
    // 如果目标是原型链的某个属性，通过 Reflect.set 修改它会再次触发 setter，
    // 在这种情况下就没必要触发两次 trigger 了
    if (target === toRaw(receiver)) {
      if (!hadKey) {
        trigger(target, 'add' /* ADD */, key, value)
      }
      else if (hasChanged(value, oldValue)) {
        trigger(target, 'set' /* SET */, key, value, oldValue)
      }
    }
    return result
  }
}
```

set 函数主要做两件事情：首先通过 Reflect.set 求值；然后通过 trigger 函数派发通知，并依据 key 是否存在于 target 上来确定通知类型，即新增还是修改。

整个 set 函数最核心的部分就是执行 trigger 函数派发通知，下面将重点分析这个过程。

我们先来看一下 trigger 函数的实现：

```
// reactivity/src/effect.ts
// 原始数据对象 map
const targetMap = new WeakMap()
function trigger(target, type, key) {
  // 通过 targetMap 获取 target 对应的依赖集合
  const depsMap = targetMap.get(target)
  if (!depsMap) {
```

```
    // 没有依赖，直接返回
    return
  }
  // 创建运行的 effects 集合
  const effects = new Set()
  // 添加 effects 的函数
  const add = (effectsToAdd) => {
    if (effectsToAdd) {
      effectsToAdd.forEach(effect => {
        effects.add(effect)
      })
    }
  }
  // SET、ADD 和 DELETE 操作之一，添加对应的 effects
  if (key !== void 0) {
    add(depsMap.get(key))
  }
  const run = (effect) => {
    // 调度执行
    if (effect.options.scheduler) {
      effect.options.scheduler(effect)
    }
    else {
      // 直接运行
      effect()
    }
  }
  // 遍历执行 effects
  effects.forEach(run)
}
```

trigger 函数拥有三个参数，其中 target 表示目标原始对象，type 表示更新的类型，key 表示要修改的属性。

trigger 函数主要做了四件事情：

- 从 targetMap 中获取 target 对应的依赖集合 depsMap；
- 创建运行的 effects 集合；
- 根据 key 从 depsMap 中找到对应的 effects 并添加到 effects 集合中；
- 遍历 effects，执行相关的副作用函数。

因此，每次执行 trigger 函数，就是根据 target 和 key 从 targetMap 中找到所有相关的副作用函数并遍历执行一遍。

在描述依赖收集和派发通知的过程中，我们都提到了一个名词：副作用函数。依赖收集过程中，我们把 activeEffect（当前的激活副作用函数）作为依赖收集。activeEffect 又是什么呢？接下来，我们来看一下副作用函数的“庐山真面目”。

9.4.1 副作用函数

在介绍副作用函数之前，回顾一下响应式的原始需求：修改数据就能自动执行某个函数。举个简单的例子：

```
import { reactive } from 'vue'
const counter = reactive({
  num: 0
})
function logCount() {
  console.log(counter.num)
}
function count() {
  counter.num++
}
logCount()
count()
```

我们定义了响应式对象 counter，然后在 logCount 中访问 counter.num，希望在执行 count 函数修改 counter.num 值的时候，能自动执行 logCount 函数。

按照之前对依赖收集过程的分析，如果 logCount 是 activeEffect，就可以实现该需求。但这显然是不可能的，因为代码在执行到 console.log(counter.num)这一行的时候，对自己在 logCount 函数中的运行是一无所知的。

那么该怎么办呢？其实，只要在运行 logCount 函数之前，把 logCount 赋值给 activeEffect 就好了：

```
activeEffect = logCount
logCount()
```

顺着这个思路，我们可以利用高阶函数的思想，对 logCount 做一层包装：

```
function wrapper(fn) {
  const wrapped = function(...args) {
    activeEffect = fn
    fn(...args)
  }
  return wrapped
}
const wrappedLog = wrapper(logCount)
wrappedLog()
```

wrapper 本身也是一个函数，它接收 fn 作为参数，返回一个新的函数 wrapped，然后维护一个全局变量 activeEffect。当需要执行 wrapped 的时候，把 activeEffect 设置为 fn，然后执行 fn 即可。

这样，如果在执行 wrappedLog 之后修改 counter.num，就会自动执行 logCount 函数了。

实际上，Vue.js 3.*x* 就采用了类似的做法，其内部有一个 effect 副作用函数。我们来看一下它的实现：

```
// reactivity/src/effect.ts
// 全局 effect 栈
const effectStack = []
// 当前激活的 effect
let activeEffect
function effect(fn, options = EMPTY_OBJ) {
  if (isEffect(fn)) {
    // 如果 fn 已经是一个 effect 函数了，则指向原始函数
    fn = fn.raw
  }
  // 创建一个 wrapper，它是一个响应式的副作用函数
  const effect = createReactiveEffect(fn, options)
  if (!options.lazy) {
    // lazy 配置，计算属性会用到；非 lazy 则直接执行一次
    effect()
  }
  return effect
}
function createReactiveEffect(fn, options) {
  const effect = function reactiveEffect() {
    if (!effect.active) {
      // 如果处于非激活状态，则判断是否为调度执行；若不是，直接执行原始函数
      return options.scheduler ? undefined : fn()
    }
    if (!effectStack.includes(effect)) {
      // 清空 effect 引用的依赖
      cleanup(effect)
      try {
        // 开启全局 shouldTrack，允许依赖收集
        enableTracking()
        // 入栈
        effectStack.push(effect)
        activeEffect = effect
        // 执行原始函数
        return fn()
      }
      finally {
        // 出栈
        effectStack.pop()
        // 恢复 shouldTrack 开启之前的状态
        resetTracking()
        // 指向栈的最后一个 effect
        activeEffect = effectStack[effectStack.length - 1]
      }
    }
  }
  effect.id = uid++
  // 标识是一个 effect 函数
  effect._isEffect = true
  // effect 自身的状态
```

```
  effect.active = true
  // 包装的原始函数
  effect.raw = fn
  // effect 对应的依赖，这是一个双向指针：依赖包含对 effect 的引用，effect 也包含对依赖的引用
  effect.deps = []
  // effect 的相关配置
  effect.options = options
  return effect
}
```

effect 内部通过执行 createReactiveEffect 函数来创建一个新的 effect 函数。为了和外部的 effect 函数区分，我们把它称作 reactiveEffect 函数，并且给它添加了一些额外的属性（已在注释中标明）。另外，effect 函数还支持传入一个配置参数以支持更多的功能。

reactiveEffect 函数就是响应式的副作用函数。当执行 trigger 过程派发通知的时候，执行的 effect 就是它。

按我们之前的分析，reactiveEffect 函数只需要做两件事情：让全局的 activeEffect 指向它，然后执行被包装的原始函数 fn。

实际上，它的实现更复杂一些：首先判断 effect 的状态是否为 active，这其实是一种控制手段，允许在非 active 状态且非调度执行的情况下，直接执行原始函数 fn 并返回（关于调度执行，会在第 11 章详细说明）；接着判断 effectStack 中是否包含 effect，如果没有，就把 effect 压入栈内。之前提到，只需要设置 activeEffect = effect 即可，这里为什么要设计一个栈的结构呢？

9.4.2　嵌套 effect 的场景

下面对 9.4.1 节结尾的疑问进行解释。考虑这样一个嵌套 effect 的场景：

```
import { reactive} from 'vue'
import { effect } from '@vue/reactivity'
const counter = reactive({
  num: 0,
  num2: 0
})
function logCount() {
  effect(logCount2)
  console.log('num:', counter.num)
}
function count() {
  counter.num++
}
function logCount2() {
  console.log('num2:', counter.num2)
}
effect(logCount)
count()
```

如果在每次执行 effect 函数时，仅仅把 reactiveEffect 函数赋值给 activeEffect，那么针对这种嵌套场景，在执行 effect(logCount2)之后，activeEffect 还是 effect(logCount2)返回的 reactiveEffect 函数。这样，在后续访问 counter.num 的时候，依赖收集对应的 activeEffect 就不对了。此时，在外部执行 count 函数修改 counter.num 之后执行的就不是 logCount 函数，而是 logCount2 函数了。最终输出的结果如下：

```
num2: 0
num: 0
num2: 0
```

而我们期望的结果应该如下：

```
num2: 0
num: 0
num2: 0
num: 1
```

针对嵌套 effect 的场景，我们不能简单地赋值 activeEffect，而是应该考虑函数的执行本身就是一种入栈/出栈操作。因此，也可以设计一个 effectStack，在每次进入 reactiveEffect 函数时先让它入栈，然后让 activeEffect 指向这个 reactiveEffect 函数，并在 fn 执行完毕后让它出栈，再让 activeEffect 指向 effectStack 的最后一个元素，也就是外层 effect 函数对应的 reactiveEffect。

9.4.3 cleanup 的设计

我们还注意到一个细节，在入栈前会执行 cleanup 函数清空 reactiveEffect 函数对应的依赖。在执行 track 函数的时候，除了收集当前激活的 effect 作为依赖，还通过 activeEffect.deps.push(dep)把 dep 作为 activeEffect 的依赖。这样在执行 cleanup 的时候就可以找到 effect 对应的 dep 了，然后把 effect 从这些 dep 中删除。cleanup 函数的代码如下：

```
// reactivity/src/effect.ts
function cleanup(effect) {
  const { deps } = effect
  if (deps.length) {
    for (let i = 0; i < deps.length; i++) {
      deps[i].delete(effect)
    }
    deps.length = 0
  }
}
```

为什么需要 cleanup 呢？如果遇到这种场景：

```
<template>
  <div v-if="state.showMsg">
    {{ state.msg }}
```

```
  </div>
  <div v-else>
    {{ Math.random()}}
  </div>
  <button @click="toggle">Toggle Msg</button>
  <button @click="switchView">Switch View</button>
</template>
<script>
  import { reactive } from 'vue'

  export default {
    setup() {
      const state = reactive({
        msg: 'Hello World',
        showMsg: true
      })

      function toggle() {
        state.msg = state.msg === 'Hello World' ? 'Hello Vue' : 'Hello World'
      }

      function switchView() {
        state.showMsg = !state.showMsg
      }

      return {
        toggle,
        switchView,
        state
      }
    }
  }
</script>
```

该组件的视图会根据 showMsg 变量的控制显示 msg 或者一个随机数。当我们点击 Switch View 的按钮时，就会修改这个变量值。

假设没有 cleanup，在第一次渲染模板的时候，activeEffect 就是组件的副作用渲染函数。因为在模板渲染的时候访问了 state.msg，所以会执行依赖收集，把副作用渲染函数作为 state.msg 的依赖，我们把它称作 render effect。然后点击 Switch View 按钮，会把视图切换为显示随机数。此时再点击 Toggle Msg 按钮，因为修改了 state.msg 就会派发通知，找到 render effect 并执行，所以又触发了组件的重新渲染。

但这个行为实际上并不符合预期，因为当我们点击 Switch View 按钮，把视图切换为显示随机数的时候，也会触发组件的重新渲染。但此时视图并没有渲染 state.msg，所以对它的改动并不应该影响组件的重新渲染。

因此在组件的 render effect 执行之前，如果通过 cleanup 清理依赖，我们就可以删除 state.msg

之前收集的 render effect 依赖。这样当我们修改 state.msg 时，因为已经没有了依赖，所以不会触发组件的重新渲染，符合预期。

9.5 响应式实现的优化

前面分析了响应式的实现原理，看上去一切都不错，那么其中还有哪些值得优化的地方呢？下面就来分析 Vue.js 3.2 版本对响应式的实现做了哪些优化。

9.5.1 依赖收集的优化

目前，每次执行副作用函数，都需要先执行 cleanup 清除依赖，然后在副作用函数执行的过程中重新收集依赖。这个过程涉及大量对集合（Set）的添加和删除操作。在许多场景下，依赖关系是很少改变的，因此存在一定的优化空间。

为了减少集合的添加和删除操作，我们需要标识每个依赖集合的状态，比如它是新收集的，还是已经被收集过的。

所以这里需要给集合 dep 添加两个属性：

```
export const createDep = (effects) => {
  const dep = new Set(effects)
  dep.w = 0
  dep.n = 0
  return dep
}
```

其中 w 用于记录已经被收集的依赖，n 用于记录新的依赖。由于可能存在递归嵌套执行 effect 函数的场景，需要通过按位标记记录各个层级的依赖状态。

然后设计几个全局变量：effectTrackDepth、trackOpBit 和 maxMarkerBits。effectTrackDepth 表示递归嵌套执行 effect 函数的深度，trackOpBit 用于标识依赖收集的状态，maxMarkerBits 表示最大标记的位数。

接下来看看它们的应用：

```
function effect(fn, options) {
  if (fn.effect) {
    fn = fn.effect.fn
  }
  // 创建_effect 实例
  const _effect = new ReactiveEffect(fn)
  if (options) {
    // 把 options 中的属性复制到_effect 中
    extend(_effect, options)
```

```
    if (options.scope)
      // 与 effectScope 相关的处理逻辑
      recordEffectScope(_effect, options.scope)
  }
  if (!options || !options.lazy) {
    // 立即执行
    _effect.run()
  }
  // 绑定 run 函数，作为 effect runner
  const runner = _effect.run.bind(_effect)
  // 在 runner 中保留对_effect 的引用
  runner.effect = _effect
  return runner
}

class ReactiveEffect {
  constructor(fn, scheduler = null, scope) {
    this.fn = fn
    this.scheduler = scheduler
    this.active = true
    // effect 存储相关的 deps 依赖
    this.deps = []
    // effectScope 的相关处理逻辑
    recordEffectScope(this, scope)
  }
  run() {
    if (!this.active) {
      return this.fn()
    }
    if (!effectStack.includes(this)) {
      try {
        // 入栈
        effectStack.push((activeEffect = this))
        enableTracking()
        // 根据递归的深度记录位数
        trackOpBit = 1 << ++effectTrackDepth
        // 如果超过 maxMarkerBits，则 trackOpBit 的计算会超过最大整型的位数，将其降级为 cleanupEffect
        if (effectTrackDepth <= maxMarkerBits) {
          // 给依赖打上标记
          initDepMarkers(this)
        }
        else {
          cleanupEffect(this)
        }
        return this.fn()
      }
      finally {
        if (effectTrackDepth <= maxMarkerBits) {
          // 完成依赖标记
          finalizeDepMarkers(this)
        }
        // 恢复到上一级
        trackOpBit = 1 << --effectTrackDepth
        resetTracking()
```

```
        // 出栈
        effectStack.pop()
        const n = effectStack.length
        // 指向栈最后一个 effect
        activeEffect = n > 0 ? effectStack[n - 1] : undefined
      }
    }
  }
  stop() {
    if (this.active) {
      cleanupEffect(this)
      if (this.onStop) {
        this.onStop()
      }
      this.active = false
    }
  }
}
```

可以看到，我们对 effect 函数的实现做了一定的修改和调整：在内部使用 ReactiveEffect 类创建了一个_effect 实例，并且函数返回的 runner 指向 ReactiveEffect 类的 run 函数。也就是说，在执行副作用函数 effect 时，实际上执行的就是这个 run 函数。

注意，我们收集的依赖也从之前的 effect 函数变成了现在的_effect 对象。

当 run 函数执行的时候，我们注意到 cleanup 函数不再默认执行，在包装好的函数 fn 执行前，首先执行 trackOpBit = 1 << ++effectTrackDepth 记录 trackOpBit，然后看递归深度是否超过了 maxMarkerBits：如果超过（通常情况下不会），仍然执行老的 cleanup 逻辑；如果没超过，则执行 initDepMarkers 给依赖打标记。来看它的实现：

```
const initDepMarkers = ({ deps }) => {
  if (deps.length) {
    for (let i = 0; i < deps.length; i++) {
      deps[i].w |= trackOpBit // 标记当前层的依赖已经被收集
    }
  }
}
```

initDepMarkers 函数的实现很简单：遍历_effect 实例中的 deps 属性，通过或运算为每个 dep 的 w 属性标记 trackOpBit，表示当前层的依赖已经被收集。

接下来执行 fn 函数，它就是副作用对象包装的执行函数。比如，对于组件渲染，fn 就是组件渲染函数。

当 fn 函数执行时候，会访问响应式数据，触发它们的 getter，进而执行 track 函数进行依赖收集。与之相应，依赖收集的过程也做了一些调整：

```
function track(target, type, key) {
  if (!isTracking()) {
    return
  }
  let depsMap = targetMap.get(target)
  if (!depsMap) {
    // 每个 target 对应一个 depsMap
    targetMap.set(target, (depsMap = new Map()))
  }
  let dep = depsMap.get(key)
  if (!dep) {
    // 每个 key 对应一个 dep 集合
    depsMap.set(key, (dep = createDep()))
  }
  const eventInfo = (process.env.NODE_ENV !== 'production')
    ? { effect: activeEffect, target, type, key }
    : undefined
  trackEffects(dep, eventInfo)
}

function trackEffects(dep, debuggerEventExtraInfo) {
  let shouldTrack = false
  if (effectTrackDepth <= maxMarkerBits) {
    if (!newTracked(dep)) {
      // 标记新依赖
      dep.n |= trackOpBit
      // 如果依赖已经被收集，就不需要再次收集
      shouldTrack = !wasTracked(dep)
    }
  }
  else {
    // cleanup 模式
    shouldTrack = !dep.has(activeEffect)
  }
  if (shouldTrack) {
    // 收集当前激活的 effect 作为依赖
    dep.add(activeEffect)
    // 当前激活的 effect 收集 dep 集合作为依赖
    activeEffect.deps.push(dep)
    if ((process.env.NODE_ENV !== 'production') && activeEffect.onTrack) {
      activeEffect.onTrack(Object.assign({
        effect: activeEffect
      }, debuggerEventExtraInfo))
    }
  }
}
```

我们发现，dep 是通过执行 createDep 函数完成的。此外，在 dep 把当前激活的 effect 作为依赖收集之前，会判断 dep 是否已经收集了该 effect，如果是，则不需要再次收集。此外，这里还会判断当前激活的 effect 有没有被标记为新的依赖，如果没有，则将其标记为新的。

接下来，看看 fn 执行之后的逻辑：

```
finally {
  if (effectTrackDepth <= maxMarkerBits) {
    // 完成依赖标记
    finalizeDepMarkers(this)
  }
  // 恢复到上一级
  trackOpBit = 1 << --effectTrackDepth
  resetTracking()
  // 出栈
  effectStack.pop()
  const n = effectStack.length
  // 指向栈最后一个 effect
  activeEffect = n > 0 ? effectStack[n - 1] : undefined
}
```

在满足依赖标记的条件下，需要执行 `finalizeDepMarkers` 完成依赖标记。来看看它的实现：

```
const finalizeDepMarkers = (effect) => {
  const { deps } = effect
  if (deps.length) {
    let ptr = 0
    for (let i = 0; i < deps.length; i++) {
      const dep = deps[i]
      // 曾经被收集但不是新的依赖，需要删除
      if (wasTracked(dep) && !newTracked(dep)) {
        dep.delete(effect)
      }
      else {
        deps[ptr++] = dep
      }
      // 清空状态
      dep.w &= ~trackOpBit
      dep.n &= ~trackOpBit
    }
    deps.length = ptr
  }
}
```

`finalizeDepMarkers` 做的事情主要就是清空 `dep` 在当前层级的依赖状态，同时找到那些曾经被收集但是在新一轮（依赖收集）中没有被收集的依赖，并将其从 `deps` 中移除。这其实就解决了前面提到的需要 `cleanup` 的问题：对于在新的组件渲染过程中没有被访问的响应式对象，其变化不应该触发组件的重新渲染。

这样就实现了依赖收集部分的优化。可以看到，相比于之前每次执行 `effect` 函数都需要先清空依赖、再添加依赖的过程，现在的实现会在每次执行 `effect` 包裹的函数之前标记依赖的状态。在此过程中，不会重复收集已经收集的依赖，在执行 `effect` 函数之后还会移除已被收集但在新的一轮中没有被收集的依赖。

优化减少了对于 `dep` 依赖集合的操作，也就自然地优化了性能。

9.5.2 trackOpBit 的设计

细心的你可能会发现，标记依赖的 trackOpBit 在每次计算时采用了左移运算符 trackOpBit = 1 << ++effectTrackDepth，并且在赋值时使用了或运算：

```
deps[i].w |= trackOpBit
dep.n |= trackOpBit
```

为什么这样设计呢？因为 effect 的执行可能会有递归的情况，所以可以通过这种方式记录每个层级的依赖标记情况。

在判断 dep 是否已经收集了当前层依赖的时候，使用了 wasTracked 函数：

```
const wasTracked = (dep) => (dep.w & trackOpBit) > 0
```

wasTracked 内部通过与运算的结果是否大于 0 来判断当前层级的依赖是否已被收集。举个嵌套执行 effect 函数的例子：

```
import { reactive, effect } from 'vue'

const input = reactive({ a: 1, b: 2 })

let innerEffect
effect(() => {
  console.log(input.a)
  if(!innerEffect) {
    innerEffect = effect(() => {
      console.log(input.a + input.b)
    })
  }
})

input.a++
```

该示例创建了响应式对象 input，并且创建了嵌套的 effect 函数。

在执行外层 effect 函数的时候，会访问 input.a，并且会在依赖收集阶段为 a 属性创建一个 dep 对象。

接着执行内层的 effect 函数，再次访问 input.a。它所对应的 dep 对象与前面相同，但是由于层级不同、trackOpBit 和 dep.w 的值不同，wasTracked 会返回 false，因此也会把内层 effect 作为依赖收集。

这样，当执行 input.a++修改数据时，内外层的 effect 函数都会执行，这显然是符合预期的。得益于 trackOpBit 位运算的设计，可以很容易地判断和处理不同嵌套层级的依赖标记。

至此，我们从 reactive API 入手，了解了响应式对象的实现原理。除了 reactive API，Vue.js 3.*x* 还提供了其他好用的响应式 API，接下来我们一起来了解一些常用的。

9.6 ref API

通过前面的分析，我们知道 reactive API 对传入的 target 类型有限制（必须是对象或者数组类型），并不支持一些基础类型（比如 String、Number 和 Boolean）。

在某些时候，虽然我们可能只希望把一个字符串变成响应式的，却不得不将其封装成一个对象。这样在使用上多少有些不便，于是 Vue.js 3.*x* 设计并实现了 ref API：

```
const msg = ref('Hello World')
msg.value = 'Hello Vue'
```

同样，Vue.js 3.2 版本对 ref API 也做了性能优化。为了便于理解，我们先来看一下 Vue.js 3.2 之前的版本对 ref 的实现：

```
// reactivity/src/ref.ts
function ref(value) {
  return createRef(value)
}

const convert = (val) => isObject(val) ? reactive(val) : val

function createRef(rawValue, shallow = false) {
  if (isRef(rawValue)) {
    // 如果传入的就是一个 ref，那么返回其自身即可，处理嵌套 ref 的情况
    return rawValue
  }
  return new RefImpl(rawValue, shallow)
}

class RefImpl {
  constructor(_rawValue, _shallow = false) {
    this._rawValue = _rawValue
    this._shallow = _shallow
    this.__v_isRef = true
    // 非 shallow 时，执行原始值的转换
    this._value = _shallow ? _rawValue : convert(_rawValue)
  }
  get value() {
    // 给 value 属性添加 getter，并做依赖收集
    track(toRaw(this), 'get' /* GET */, 'value')
    return this._value
  }
  set value(newVal) {
    // 给 value 属性添加 setter
    if (hasChanged(toRaw(newVal), this._rawValue)) {
      this._rawValue = newVal
      this._value = this._shallow ? newVal : convert(newVal)
      // 派发通知
      trigger(toRaw(this), 'set' /* SET */, 'value', newVal)
    }
  }
}
```

ref 函数返回了执行 createRef 函数的返回值。在 createRef 内部，首先处理了嵌套 ref 的情况（如果传入的 rawValue 也是个 ref，那么直接返回 rawValue），接着返回了 RefImpl 对象的实例。

RefImpl 内部的实现主要是劫持其实例 value 属性的 getter 和 setter。

当访问一个 ref 对象的 value 属性时，会触发 getter，执行 track 函数做依赖收集然后返回它的值；当修改一个 ref 对象的 value 值时，则会触发 setter，设置新值并且执行 trigger 函数派发通知：如果新值 newVal 是对象或者数组类型，那么把它转换成一个 reactive 对象。

9.6.1　ref API 的优化

接下来，我们再来看 Vue.js 3.2 对 ref API 做了哪些优化：

```
class RefImpl {
  constructor(value, _shallow = false) {
    this._shallow = _shallow
    this.dep = undefined
    this.__v_isRef = true
    this._rawValue = _shallow ? value : toRaw(value)
    this._value = _shallow ? value : convert(value)
  }
  get value() {
    trackRefValue(this)
    return this._value
  }
  set value(newVal) {
    newVal = this._shallow ? newVal : toRaw(newVal)
    if (hasChanged(newVal, this._rawValue)) {
      this._rawValue = newVal
      this._value = this._shallow ? newVal : convert(newVal)
      triggerRefValue(this, newVal)
    }
  }
}
```

主要改动就是对 ref 对象的 value 属性执行依赖收集和派发通知的逻辑。

在 Vue.js 3.2 版本的 ref 实现中，依赖收集部分由原先的 track 函数变成了 trackRefValue。来看看它的实现：

```
function trackRefValue(ref) {
  if (isTracking()) {
    ref = toRaw(ref)
    if (!ref.dep) {
      ref.dep = createDep()
    }
    if ((process.env.NODE_ENV !== 'production')) {
```

```
      trackEffects(ref.dep, {
        target: ref,
        type: "get" /* GET */,
        key: 'value'
      })
    }
    else {
      trackEffects(ref.dep)
    }
  }
}
```

可以看到，这里直接把 `ref` 的相关依赖保存到了 `dep` 属性中，而在 `track` 函数的实现中，会把依赖保留到全局的 `targetMap` 中：

```
let depsMap = targetMap.get(target)
if (!depsMap) {
  // 每个 target 对应一个 depsMap
  targetMap.set(target, (depsMap = new Map()))
}
let dep = depsMap.get(key)
if (!dep) {
  // 每个 key 对应一个 dep 集合
  depsMap.set(key, (dep = createDep()))
}
```

显然，`track` 函数内部可能需要做多次判断和设置逻辑，而把依赖保存到 `ref` 对象的 `dep` 属性中则省去了这一系列判断和设置，从而优化了性能。

与之相应，`ref` 实现的派发通知部分由原先的 `trigger` 函数变成了 `triggerRefValue`。来看看它的实现：

```
function triggerRefValue(ref, newVal) {
  ref = toRaw(ref)
  if (ref.dep) {
    if ((process.env.NODE_ENV !== 'production')) {
      triggerEffects(ref.dep, {
        target: ref,
        type: "set" /* SET */,
        key: 'value',
        newValue: newVal
      })
    }
    else {
      triggerEffects(ref.dep)
    }
  }
}

function triggerEffects(dep, debuggerEventExtraInfo) {
  for (const effect of isArray(dep) ? dep : [...dep]) {
```

```
    if (effect !== activeEffect || effect.allowRecurse) {
      if ((process.env.NODE_ENV !== 'production') && effect.onTrigger) {
        effect.onTrigger(extend({ effect }, debuggerEventExtraInfo))
      }
      if (effect.scheduler) {
        effect.scheduler()
      }
      else {
        effect.run()
      }
    }
  }
}
```

由于能直接从 ref 属性中获取其所有的依赖且遍历执行，不需要执行 trigger 函数的一些额外逻辑，因此性能得到了提升。

9.6.2　unref

根据对 ref API 实现的分析我们知道，想要访问一个 ref 对象的值，就必须访问 ref.value。但是为什么不用.value 在模板中访问 ref 对象呢？举个例子：

```
<template>
  <div>
    Count is: {{ count }}
  </div>
</template>

<script>
  import { ref } from 'vue'

  export default {
    setup() {
      const count = ref(0)

      return {
        count
      }
    }
  }
</script>
```

可以看到，模板中使用插值访问 count 变量，并不需要写 count.value。

你可能会问：是不是模板编译的结果自动加上了.value 呢？我们可以借助模板导出工具看一下模板的编译结果：

```
import { toDisplayString as _toDisplayString, createVNode as _createVNode, openBlock as _openBlock,
createBlock as _createBlock } from "vue"

export function render(_ctx, _cache, $props, $setup, $data, $options) {
```

```
  return (_openBlock(), _createBlock("template", null, [
    _createVNode("div", null, " Count is: " + _toDisplayString(_ctx.count), 1 /* TEXT */)
  ]))
}
```

我们发现，编译后的 render 函数访问的是_ctx.count，并没有访问数据的.value 属性，其中_ctx 代表组件的实例对象。

在第 5 章，我们了解到 setup 函数的返回结果 setupResult 会做一层响应式处理：

```
// runtime-core/src/component.ts
instance.setupState = proxyRefs(setupResult)
```

setupResult 经过响应式处理的结果会被赋值给组件实例中的 setupState 属性，因为初始化过程中会创建渲染上下文代理，所以我们在 render 函数中访问_ctx.xxx 就相当于访问 instance.setupState.xxx。接下来我们就来看看 setupResult 的响应式处理是怎样的：

```
// reactivity/src/ref.ts
function proxyRefs(objectWithRefs) {
  return isReactive(objectWithRefs)
    ? objectWithRefs
    : new Proxy(objectWithRefs, shallowUnwrapHandlers)
}

const shallowUnwrapHandlers = {
  get: (target, key, receiver) => unref(Reflect.get(target, key, receiver)),
  set: (target, key, value, receiver) => {
    const oldValue = target[key]
    if (isRef(oldValue) && !isRef(value)) {
      oldValue.value = value
      return true
    }
    else {
      return Reflect.set(target, key, value, receiver)
    }
  }
}
```

因为 setup 函数返回的 setupResult 一开始并不是一个响应式对象，所以通过 new Proxy 做了一层劫持。我们重点来看 get 函数部分。get 函数对返回的对象数据做了一层 unref 处理，其实现如下：

```
// reactivity/src/ref.ts
function unref(ref) {
  return isRef(ref) ? ref.value : ref
}

function isRef(r) {
  return Boolean(r && r.__v_isRef === true)
}
```

非常简单，如果发现数据拥有__v_isRef属性，则返回它的.value属性。

显然，对于一个ref对象来说，它的内部有__v_isRef属性，因此经过一层unref处理，在模板中就可以直接访问它的值而不用写.value了。

但是如果在JavaScript中访问或者修改一个ref对象的值，仍然需要访问它的value属性。

9.7 shallowReactive API

顾名思义，相对于reactive API，shallowReactive API会对对象做一层浅的响应式处理。

我们先来看shallowReactive的实现：

```
// reactivity/src/reactive.ts
function shallowReactive(target) {
    return createReactiveObject(target, false, shallowReactiveHandlers, shallowCollectionHandlers,
shallowReactiveMap);
}
```

reactive和shallowReactive函数的主要区别相当于baseHandlers和collectionHandlers的区别。对于普通对象和数组类型数据的Proxy处理器对象，shallowReactive函数传入的baseHandlers的值是shallowReactiveHandlers。

接下来，我们看一下shallowReactiveHandlers的实现：

```
// reactivity/src/baseHandlers.ts
const shallowReactiveHandlers = extend({}, mutableHandlers, {
  get: shallowGet,
  set: shallowSet
})
```

可以看到，shallowReactiveHandlers就是在mutableHandlers的基础上进行扩展，修改了get和set函数的实现。

我们重点关注shallowGet的实现。它其实也是通过createGetter函数创建的getter，只不过第二个参数shallow设置为true：

```
// reactivity/src/baseHandlers.ts
const shallowGet = createGetter(false, true)

function createGetter(isReadonly = false, shallow = false) {
  return function get(target, key, receiver) {
    // ...

    // 如果 shallow 为 true，直接返回
    if (shallow) {
```

```
      return res
    }
    return isObject(res)
      ? isReadonly
        ?
        readonly(res)
        // 如果res是对象或者数组类型的，则递归执行reactive函数把res变成响应式的
        : reactive(res)
      : res
  }
}
```

可以看到，一旦把 shallow 设置为 true，即使 res 值是对象类型的，也不会通过递归把它变成响应式的。

在初始化 props 的过程中，即在对 instance.props 求值后，应用 shallowReactive 把它变成响应式的：

```
instance.props = isSSR ? props : shallowReactive(props)
```

9.8 readonly API

如果用 const 声明一个对象变量，虽然不能直接对这个变量赋值，但是可以修改它的属性。因此我们希望创建只读对象，既不能修改它的属性，也不能为其添加或删除属性。让它变成一个真正意义上的只读对象：

```
const original = {
  foo: 1
}
const wrapped = readonly(original)
// 警告：对键foo的设置操作失败—目标为只读的
wrapped.foo = 2
```

显然，想实现上述需求就需要劫持对象，于是 Vue.js 3.*x* 在 reactive API 的基础上设计并实现了 readonly API。

我们先来看一下 readonly 的实现：

```
// reactivity/src/reactive.ts
function readonly(target) {
  return createReactiveObject(target, true, readonlyHandlers, readonlyCollectionHandlers, readonlyMap)
}
```

readonly 和 reactive 函数的主要区别：首先是执行 createReactiveObject 函数时的参数 isReadonly 不同；其次在于 baseHandlers 和 collectionHandlers 的区别，对于普通对象和数组类型数据的 Proxy 处理器对象，readonly 函数传入的 baseHandlers 的值是 readonlyHandlers。

另外，在执行 createReactiveObject 的时候，如果 isReadonly 为 true，且传递的参数 target 已经是响应式对象，那么仍然可以把这个响应式对象变成一个只读对象：

```
// reactivity/src/reactive.ts
if (target.__v_raw && !(isReadonly && target.__v_isReactive)) {
    // target 已经是 Proxy 类型的对象，直接返回
    // 有个例外：如果 readonly 作用于一个响应式对象，则继续
    return target
  }
```

接下来，我们来看一下 readonlyHandlers 的实现：

```
// reactivity/src/baseHandlers.ts
const readonlyHandlers = {
  get: readonlyGet,
  set(target, key) {
    if ((process.env.NODE_ENV !== 'production')) {
      console.warn(`Set operation on key "${String(key)}" failed: target is readonly.`, target)
    }
    return true
  },
  deleteProperty(target, key) {
    if ((process.env.NODE_ENV !== 'production')) {
      console.warn(`Delete operation on key "${String(key)}" failed: target is readonly.`, target)
    }
    return true
  }
}
```

readonlyHandlers 和 mutableHandlers 的区别主要在于 get、set 和 deleteProperty 这三个函数。显然，只读的响应式对象是不允许修改或删除属性的，所以在非生产环境下，set 和 deleteProperty 函数的实现都会发出警告，提示用户对象是只读的。

接下来看看 readonlyGet 函数的实现，它其实就是 createGetter(true)的返回值：

```
// reactivity/src/baseHandlers.ts
function createGetter(isReadonly = false) {
  return function get(target, key, receiver) {
    // ...
    // isReadonly 为 true 则不需要依赖收集
     if (!isReadonly) {
       track(target, 'get' /* GET */, key)
    }
    return isObject(res)
      ? isReadonly
        ?
        // 如果 res 是对象或者数组类型的，则递归执行 readonly 函数把 res 变成只读的
        readonly(res)
        : reactive(res)
      : res
  }
}
```

可以看到，`readonly` API 和 `reactive` API 最大的区别就是前者不做依赖收集。这一点非常好理解，因为对象属性不会被修改，所以就不用跟踪它的变化了。

9.9 总结

Vue.js 3.*x* 利用 `Proxy` API 实现了对数据访问和修改的劫持，弥补了 `Object.defineProperty` API 的一些不足。

响应式的核心实现就是通过数据劫持，在访问数据的时候执行依赖收集，在修改数据的时候派发通知。收集的依赖是副作用函数，数据改变后就会触发副作用函数的自动执行。

把数据变成响应式的，是为了在数据变化后自动执行一些逻辑。在组件的渲染中，就是让组件访问的数据一旦被修改，就自动触发组件的重新渲染，实现数据驱动。最后，我们通过图 9-3 来看一下响应式 API 的实现和组件更新之间的整体关系。

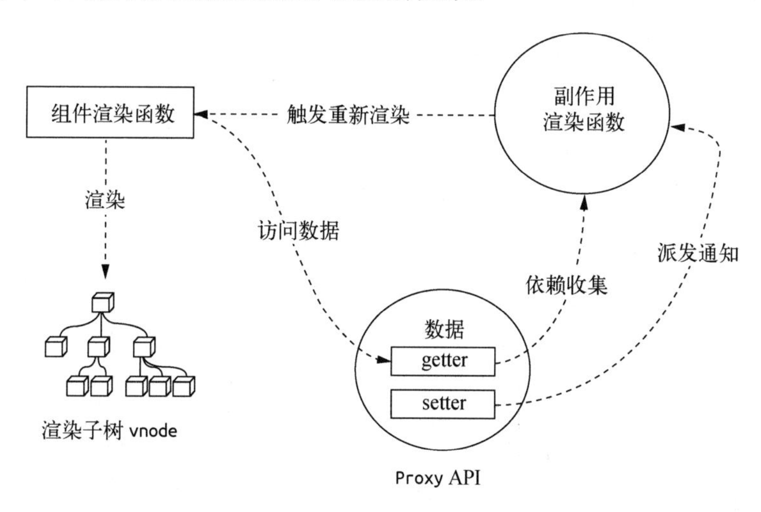

图 9-3 响应式 API 的实现和组件更新之间的整体关系

是不是很眼熟？没错，它和前面 Vue.js 2.*x* 的响应式原理图很接近。其实 Vue.js 3.*x* 在响应式的实现思路上和 Vue.js 2.*x* 很相似，主要差别是改用 `Proxy` API 实现数据劫持，以及收集的依赖由 `watcher` 实例变成了副作用渲染函数。

第 10 章

计算属性

计算属性是 Vue.js 开发中一个非常实用的 API，它允许用户定义一个计算方法，然后根据一些依赖的响应式数据计算出新值并返回。当依赖发生变化时，计算属性会自动重新计算并获取新值，使用起来非常方便。

相信你已经对 Vue.js 2.*x* 中计算属性的应用如数家珍了，我们可以在组件对象中定义 `computed` 属性。到了 Vue.js 3.*x*，我们既可以在组件中沿用 Vue.js 2.*x* 的使用方式，也可以单独使用计算属性 API。

计算属性本质上还是对依赖的计算，那为什么我们不直接用函数呢？在 Vue.js 3.*x* 中，计算属性的 API 又是如何实现的呢？接下来，就请带着这些疑问，随我一起深入学习计算属性的实现原理吧。

10.1 computed API

Vue.js 3.*x* 提供了一个名为 `computed` 的函数作为计算属性 API，我们先通过一个简单的示例来看一下它是如何使用的：

```
const count = ref(1)
const plusOne = computed(() => count.value + 1)
console.log(plusOne.value) // 2
plusOne.value++ // error
count.value++
console.log(plusOne.value)
```

我们先使用 `ref` API 创建了一个响应式对象 `count`，然后使用 `computed` API 创建了另一个响应式对象 `plusOne`，它的值是 `count.value + 1`，当我们修改 `count.value` 时，`plusOne.value` 就会自动发生变化。

注意，这里我们直接修改 `plusOne.value` 会报错，这是因为如果传递给 `computed` 的是一个函数，那么这就是一个 getter 函数，我们只能获取它的值，不能直接修改它。

在 getter 函数中，我们会根据响应式对象重新计算出新的值，这个新的值就是计算属性，而这个响应式对象就是计算属性的依赖。

当然，有时候我们也希望能够直接修改 computed 的返回值，那么可以给 computed 传入一个对象：

```
const count = ref(1)
const plusOne = computed({
  get: () => count.value + 1,
  set: val => {
    count.value = val - 1
  }
})
plusOne.value = 1
console.log(count.value) // 0
```

在这个例子中，我们给 computed 函数传入了一个拥有 getter 函数和 setter 函数的对象，getter 函数和之前一样，还是返回 count.value + 1；而当我们修改 plusOne.value 的值的时候，就会触发 setter 函数，其实 setter 函数内部会根据传入的参数修改计算属性的依赖值 count.value，因为一旦依赖的值被修改了，我们再去获取计算属性就会重新执行一遍 getter，所以这样获取的值也就发生了变化。

目前我们已经知道了 computed API 的两种使用方式了，接下来就来分析它是怎样实现的：

```
function computed(getterOrOptions) {
  // getter 函数
  let getter
  // setter 函数
  let setter
  // 标准化参数
  if (isFunction(getterOrOptions)) {
    // 表面传入的是 getter 函数，不能修改计算属性的值
    getter = getterOrOptions
    setter = (process.env.NODE_ENV !== 'production')
      ? () => {
        console.warn('Write operation failed: computed value is readonly')
      }
      : NOOP
  }
  else {
    getter = getterOrOptions.get
    setter = getterOrOptions.set
  }
  return new ComputedRefImpl(getter, setter, isFunction(getterOrOptions) || !getterOrOptions.set)
}
```

```
class ComputedRefImpl {
  constructor(getter, _setter, isReadonly) {
    this._setter = _setter
    this.dep = undefined
    // 标记数据是脏的
    this._dirty = true
    this.__v_isRef = true
    // 创建副作用实例
    this.effect = new ReactiveEffect(getter, () => {
      if (!this._dirty) {
        this._dirty = true
        triggerRefValue(this)
      }
    })
    this['__v_isReadonly' /* IS_READONLY */] = isReadonly
  }
  get value() {
    // 对 value 属性设置 getter
    const self = toRaw(this)
    // 依赖收集
    trackRefValue(self)
    if (self._dirty) {
      // 只有数据为“脏”的时候才会重新计算
      self._dirty = false
      self._value = self.effect.run()
    }
    return self._value
  }
  set value(newValue) {
    // 对 value 属性设置 setter
    this._setter(newValue)
  }
}
```

computed 函数拥有单个参数 getterOrOptions，它既可以是一个 getter 函数，也可以是一个对象，因此 computed 首先做的事情就是标准化参数，拿到计算属性对应的 getter 函数和 setter 函数。

可以看到，如果传递的参数仅仅是 getter 函数，那么在开发环境下，一旦你修改了计算属性的值，就会执行对应的 setter 函数，提醒你该计算属性的值是只读的。

接着 computed 函数返回了 ComputedRefImpl 的实例，在它的构造器内部，通过 new Reactive-Effect 的方式创建了副作用实例 effect，我们再来回顾一下它的实现：

```
class ReactiveEffect {
  constructor(fn, scheduler = null, scope) {
    this.fn = fn
    this.scheduler = scheduler
    this.active = true
    // effect 存储相关的 deps 依赖
```

```
    this.deps = []
    // effectScope 相关处理逻辑
    recordEffectScope(this, scope)
  }
  run() {
    if (!this.active) {
      return this.fn()
    }
    if (!effectStack.includes(this)) {
      try {
        // 压栈
        effectStack.push((activeEffect = this))
        enableTracking()
        // 根据递归的深度记录位数
        trackOpBit = 1 << ++effectTrackDepth
        // 超过 maxMarkerBits，则 trackOpBit 的计算会超过最大整型的位数，降级为 cleanupEffect
        if (effectTrackDepth <= maxMarkerBits) {
          // 给依赖打标记
          initDepMarkers(this)
        }
        else {
          cleanupEffect(this)
        }
        return this.fn()
      }
      finally {
        if (effectTrackDepth <= maxMarkerBits) {
          // 完成依赖标记
          finalizeDepMarkers(this)
        }
        // 恢复到上一级
        trackOpBit = 1 << --effectTrackDepth
        resetTracking()
        // 出栈
        effectStack.pop()
        const n = effectStack.length
        // 指向栈中最后一个 effect
        activeEffect = n > 0 ? effectStack[n - 1] : undefined
      }
    }
  }
  stop() {
    if (this.active) {
      cleanupEffect(this)
      if (this.onStop) {
        this.onStop()
      }
      this.active = false
    }
  }
}
```

ReactiveEffect 构造函数对应的第一个参数是一个 fn 函数，在后续执行 effect.run 的时候，会执行这个 fn 函数；第二个参数是一个 scheduler 函数，在后续执行派发通知的时候，会通知这个 effect 依赖对象执行对应的 scheduler 函数。

在 ComputedRefImpl 的内部，还对实例的 value 属性创建了 getter 和 setter，当 computed 对象的 value 属性被访问的时候会触发 getter，对计算属性本身进行依赖收集，然后会判断是否_dirty，如果是就执行 effect.run 函数，并重置_dirty 的值；当我们直接设置 computed 对象的 value 属性时会触发 setter，即执行 computed 函数内部定义的 setter 函数。

10.2　计算属性的运行机制

计算属性的实现逻辑会有一点绕，不过不要紧，我们可以结合一个应用 computed 计算属性的例子，来理解整个计算属性的运行机制。分析之前，我们需要记住 computed 内部两个重要的变量，第一个是_dirty，它表示一个计算属性的值是否是“脏的”，用来判断需不需要重新计算；第二个是_value，它表示计算属性每次计算后的结果。

下面我们来看这个示例：

```
<template>
  <div>
    {{ plusOne }}
  </div>
  <button @click="plus">plus</button>
</template>
<script>
  import { ref, computed } from 'vue'
  export default {
    setup() {
      const count = ref(0)
      const plusOne = computed(() => {
        return count.value + 1
      })

      function plus() {
        count.value++
      }
      return {
        plusOne,
        plus
      }
    }
  }
</script>
```

在这个例子中，我们利用 computed API 创建了计算属性对象 plusOne，它传入的是一个 getter 函数，为了和后面计算属性对象的 getter 函数区分，我们把它称作 computed getter。另外，组件模板中引用了 plusOne 变量和 plus 函数。

注意，在模板中我们直接访问 plusOne 即可，不用访问 plusOne.value，这和我们前面分析的 ref 对象在模板中不需要访问.value 属性的原理是一样的，因为计算属性对象也拥有__v_isRef 属性。

在组件渲染阶段，会访问 plusOne，也就触发了 plusOne 对象的 getter 函数：

```
get value() {
  // 对 value 属性设置 getter
  const self = toRaw(this)
  // 依赖收集
  trackRefValue(self)
  if (self._dirty) {
    // 只有数据为“脏”的时候才会重新计算
    self._dirty = false
    self._value = self.effect.run()
  }
  return self._value
}
```

首先会执行 trackRefValue，对计算属性本身做依赖收集，这个时候 activeEffect 是组件副作用渲染函数对应的 effect 对象。

然后会判断 dirty 属性，由于_dirty 默认是 true，所以这个时候会把_dirty 设置为 false，接着执行计算属性内部 effect 对象的 run 函数，并进一步执行 computed getter，也就是 count.value + 1。因为访问了 count 的值，且 count 也是一个响应式对象，所以也会触发 count 对象的依赖收集过程。

请注意，由于是在 effect.run 函数执行的时候访问 count，所以这个时候的 activeEffect 指向计算属性内部的 effect 对象。因此要特别注意，这是两个依赖收集过程：对于 plusOne 来说，它收集的依赖是组件副作用渲染函数对应的 effect 对象；对于 count 来说，它收集的依赖是计算属性 plusOne 内部的 effect 对象。

当我们点击按钮的时候，会执行 plus 函数。函数内部通过 count.value++修改 count 的值，并派发通知。由于 count 收集的依赖是 plusOne 内部的 effect 对象，所以会通知 effect 对象。但是请注意，这里并不会直接调用 effect.run 函数，而是会执行 effect.scheduler 函数。我们来回顾一下 triggerEffects 函数的实现：

```
function triggerEffects(dep, debuggerEventExtraInfo) {
  for (const effect of isArray(dep) ? dep : [...dep]) {
    if (effect !== activeEffect || effect.allowRecurse) {
      if ((process.env.NODE_ENV !== 'production') && effect.onTrigger) {
        effect.onTrigger(extend({ effect }, debuggerEventExtraInfo))
      }
      if (effect.scheduler) {
```

```
        effect.scheduler()
      }
      else {
        effect.run()
      }
    }
  }
}
```

ComputedRefImpl 内部创建副作用 effect 对象时，已经配置了 scheduler 函数：

```
this.effect = new ReactiveEffect(getter, () => {
  if (!this._dirty) {
    this._dirty = true
    triggerRefValue(this)
  }
})
```

它并没有对计算属性求新值，而仅仅是在_dirty 为 false 的时候把_dirty 设置为 true，再执行 triggerRefValue，去通知执行 plusOne 依赖的组件副作用渲染函数对应的 effect 对象，即触发组件的重新渲染。

在组件重新渲染的时候，会再次访问 plusOne，我们发现这个时候_dirty 为 true，然后会再次执行 computed getter，此时才会执行 count.value + 1 求得新值。这就是组件没有直接访问 count，却在我们修改 count 的值时，仍然重新渲染的原因。

为了更加直观地展示上述过程，我画了一张图（见图 10-1）。

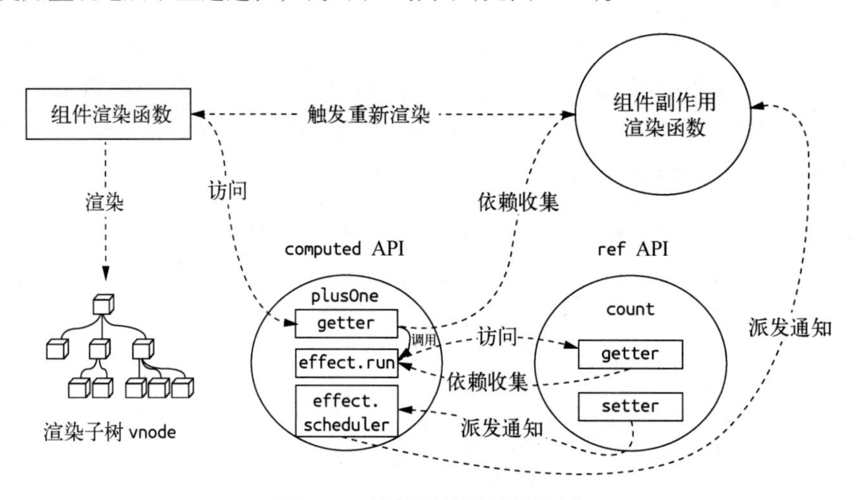

图 10-1 计算属性的运行机制

通过以上分析，我们可以看出 computed 计算属性有两个特点。

延时计算。只有当我们访问计算属性的时候，它才会真正执行 computed getter 函数进行计算。

缓存。它的内部会缓存上次的计算结果_value，而且只有_dirty 为 true 时才会重新计算。如果访问计算属性时_dirty 为 false，那么直接返回这个_value。

现在，我们就可以回答本章开头提的问题了。和单纯使用普通函数相比，计算属性的优势是：只要它依赖的响应式数据不变化，就可以使用缓存的_value，而不用每次渲染组件时都执行函数进行计算，这是典型的空间换时间的优化思想。

10.3 嵌套计算属性

计算属性也支持嵌套，我们可以对上述例子做个小修改，即不在渲染函数中访问 plusOne，而在另一个计算属性中访问：

```
const count = ref(0)
const plusOne = computed(() => {
  return count.value + 1
})
const plusTwo = computed(() => {
  return plusOne.value + 1
})
console.log(plusTwo.value)
```

当我们访问 plusTwo 的时候，过程和前面差不多，同样也是两个依赖收集的过程。对于 plusOne 来说，它收集的依赖是 plusTwo 内部的 effect 对象；对于 count 来说，它收集的依赖是 plusOne 内部的 effect 对象。

当我们修改 count 的值时，它会派发通知，先运行 plusOne 内部的 scheduler 函数，把 plusOne 内部的_dirty 变为 true，然后执行 trigger 函数再次派发通知，接着运行 plusTwo 内部的 scheduler 函数，把 plusTwo 内部的_dirty 设置为 true。

当我们再次访问 plusTwo 的值时，发现_dirty 为 true，就会执行 plusTwo 的 computed getter 函数，即 plusOne.value + 1，进而执行 plusOne 的 computed getter 函数，即 count.value + 1 + 1，求得最终新值 2。

得益于 computed 这种巧妙的设计，无论嵌套多少层计算属性都可以正常工作。

10.4 总结

计算属性本质上也是一种响应式对象，它的值通常会依赖单个或者多个响应式对象的值。

计算属性也支持嵌套，它可以由其他计算属性的值计算而来。

计算属性的核心就是延时计算和缓存，当它的依赖发生变化时，仅仅会标记计算属性内部的 _dirtry 值，计算属性并不会重新计算。当计算属性值被访问时，就会判断内部的_dirty 值，如果为 false，则直接返回上一次的计算结果；如果为 true，则运行内部的 effect.run 函数，重新计算计算属性的值。

第 11 章

侦听器

上一章我们分析了计算属性的实现原理，计算属性是根据一些依赖的响应式数据计算出来的数据，它本质上还是一种响应式数据。

而在某些场景下，我们需要观测某个数据的变化，从而自动去执行某段逻辑，这个时候用计算属性就不太合适了，应该使用侦听器去完成上述需求。

在 Vue.js 2.*x* 中，可以通过 `watch` 选项初始化一个侦听器——`watcher`：

```
export default {
  watch: {
    a(newVal, oldVal) {
      console.log('new: %s,00 old: %s', newVal, oldVal)
    }
  }
}
```

当然也可以通过`$watch` API 去创建一个侦听器：

```
const unwatch = vm.$watch('a', function(newVal, oldVal) {
  console.log('new: %s, old: %s', newVal, oldVal)
})
```

通过`$watch` API 创建的侦听器 `watcher` 会返回一个 `unwatch` 函数，我们可以随时执行它来停止 `watcher` 对数据的侦听；而对于 `watch` 选项创建的侦听器来说，它会随着组件的销毁而停止对数据的侦听。

在 Vue.js 3.*x* 中，虽然仍可以使用 `watch` 选项，但针对 `Composition API`，Vue.js 3.*x* 提供了 `watch` API 来实现侦听器的效果。

接下来我们就分析一下 `watch` API 的实现原理。

11.1　watch API 的用法

我们先来看 Vue.js 3.*x* 中 watch API 有哪些用法。

(1) watch API 可以侦听一个 getter 函数，但是它必须返回一个响应式对象，当该响应式对象更新后，会执行对应的回调函数：

```
import { reactive, watch } from 'vue'
const state = reactive({ count: 0 })
watch(() => state.count, (count, prevCount) => {
  // 当 state.count 更新时，会触发此回调函数
})
```

(2) watch API 也可以直接侦听一个响应式对象，当响应式对象更新后，会执行对应的回调函数：

```
import { ref, watch } from 'vue'
const count = ref(0)
watch(count, (count, prevCount) => {
  // 当 count.value 更新，会触发此回调函数
})
```

(3) watch API 还可以直接侦听多个响应式对象，任意一个响应式对象更新后，都会执行对应的回调函数：

```
import { ref, watch } from 'vue'
const count = ref(0)
const count2 = ref(1)
watch([count, count2], ([count, count2], [prevCount, prevCount2]) => {
  // 当 count.value 或者 count2.value 更新，会触发此回调函数
})
```

11.2　watch API 的实现原理

当侦听的对象或者函数发生变化时，侦听器自动执行某个回调函数，这和我们前面说过的副作用 effect 很像，那它的内部实现是不是依赖了 effect 呢？让我们带着这个疑问，一起来探究 watch API 的具体实现：

```
// runtime-core/src/apiWatch.ts
function watch(source, cb, options) {
  if ((process.env.NODE_ENV !== 'production') && !isFunction(cb)) {
    warn(`\`watch(fn, options?)\` signature has been moved to a separate API. ` +
      `Use \`watchEffect(fn, options?)\` instead. \`watch\` now only ` +
      `supports \`watch(source, cb, options?) signature.`)
  }
  return doWatch(source, cb, options)
}
```

```
function doWatch(source, cb, { immediate, deep, flush, onTrack, onTrigger } = EMPTY_OBJ) {
  // 标准化 source
  // 创建 job
  // 创建 scheduler
  // 创建 effect
  // 返回销毁函数
}
```

watch 函数拥有三个参数，其中 source 表示要观察的数据源，cb 表示数据变化后执行的回调函数，options 表示一些配置选项。

watch 函数内部调用了 doWatch 函数，在调用前会在非生产环境下判断第二个参数 cb 是不是一个函数，如果不是则会发出警告，告诉用户应该使用 watchEffect(fn, options) API，watchEffect API 也是侦听器相关的 API，稍后会详细介绍。

这个 doWatch 函数很长，所以我只贴出了需要理解的部分，我用注释将这个函数的实现逻辑拆解成了几个步骤。可以看到，内部确实创建了 effect 副作用对象。接下来就让我们抽丝剥茧，看看每个步骤做了哪些事情。

11.2.1 标准化 source

通过前文我们知道，source 可以是 getter 函数，也可以是响应式对象甚至是响应式对象数组，所以我们需要标准化 source，流程如下：

```
// runtime-core/src/apiWatch.ts
// source 不合法的时候会发出警告
const warnInvalidSource = (s) => {
  warn(`Invalid watch source: `, s, `A watch source can only be a getter/effect function, a ref, ` +
    `a reactive object, or an array of these types.`)
}
let forceTrigger = false
let isMultiSource = false
let getter

if (isRef(source)) {
  getter = () => source.value
  forceTrigger = !!source._shallow
}
else if (isReactive(source)) {
  getter = () => source
  deep = true
}
else if (isArray(source)) {
  isMultiSource = true
  forceTrigger = source.some(isReactive)
  getter = () => source.map(s => {
    if (isRef(s)) {
      return s.value
```

```
    }
    else if (isReactive(s)) {
      return traverse(s)
    }
    else if (isFunction(s)) {
      return callWithErrorHandling(s, instance, 2 /* WATCH_GETTER */)
    }
    else {
      (process.env.NODE_ENV !== 'production') && warnInvalidSource(s)
    }
  })
}
else if (isFunction(source)) {
  if (cb) {
    // watch API 带有 cb
    getter = () => callWithErrorHandling(source, instance, 2 /* WATCH_GETTER */)
  }
  else {
    // watchEffect 的逻辑
  }
}
else {
  getter = NOOP
  (process.env.NODE_ENV !== 'production') && warnInvalidSource(source)
}
if (cb && deep) {
  const baseGetter = getter
  getter = () => traverse(baseGetter())
}
```

source 标准化主要是根据 source 的类型，生成标准化后的 getter 函数。

如果 source 是 ref 对象，则创建一个访问 source.value 的 getter 函数。

如果 source 是 reactive 对象，则创建一个访问 source 的 getter 函数，并设置 deep 为 true（deep 的作用我稍后会说）。

如果 source 是一个函数，则会进一步判断第二个参数 cb 是否存在，对于 watch API 来说，cb 一定存在且是一个回调函数，在这种情况下，getter 就是一个简单的对 source 函数封装的函数。

如果 source 是一个数组，生成的 getter 函数内部就会通过 source.map 函数映射出一个新的数组，它会判断每个数组元素的类型，映射规则与前面 source 的规则类似。

如果 source 不满足上述条件，则在非生产环境下发出警告，提示 source 类型不合法。

最后我们来关注一下 deep 为 true 的情况。此时，我们会发现生成的 getter 函数会被 traverse 函数包装一层。traverse 函数的实现很简单，即通过递归的方式访问 value 的每一个子属性。那么，为什么要递归访问每一个子属性呢？

其实 deep 属于 watcher 的一个配置选项，Vue.js 2.*x* 也支持这一配置，表面含义是深度侦听，实际上是通过遍历对象的每一个子属性来实现。举个例子：

```
import { reactive, watch } from 'vue'
const state = reactive({
  count: {
    a: {
      b: 1
    }
  }
})
watch(state.count, (count, prevCount) => {
  console.log(count)
})
state.count.a.b = 2
```

我们利用 reactive API 创建了一个嵌套层级较深的响应式对象 state，然后再调用 watch API 侦听 state.count 的变化。接下来我们修改内部属性 state.count.a.b 的值，你会发现 watcher 的回调函数执行了，为什么会执行呢？

通过学习第 9 章，我们知道只有对象属性先被访问触发了依赖收集，再去修改这个属性，才可以通知对应的依赖更新。而从上述业务代码来看，我们修改 state.count.a.b 的值时并没有访问它，但还是触发了 watcher 的回调函数。

根本原因是，当我们执行 watch 函数的时候，如果侦听的是一个 reactive 对象，那么内部会设置 deep 为 true，然后执行 traverse 去递归访问对象深层子属性，这个时候就会访问 state.count.a.b 触发依赖收集，这里收集的依赖是 watcher 内部创建的 effect 对象。因此，当我们再去修改 state.count.a.b 的时候，就会通知这个 effect 对象，最终会执行 watcher 的回调函数。

当我们侦听一个通过 reactive API 创建的响应式对象时，内部会执行 traverse 函数，如果这个对象非常复杂，比如嵌套层级很深，那么递归 traverse 就会有一定的性能耗时。因此如果我们需要侦听这个复杂响应式对象内部的某个具体属性，就可以想办法减少 traverse 带来的性能损耗。

比如刚才的例子，我们就可以直接侦听 state.count.a 的变化：

```
watch(state.count.a, (newVal, oldVal) => {
  console.log(newVal)
})
state.count.a.b = 2
```

这样就可以减少内部执行 traverse 的次数。你可能会问，直接侦听 state.count.a.b 可以吗？答案是不行，因为 state.count.a.b 已经是一个基础数字类型了，不符合 source 要求的参数类型，所以会在非生产环境下发出警告。

那么有没有什么优化手段，使得 traverse 不执行呢？答案是有的。我们可以侦听一个 getter 函数：

```
watch(() => state.count.a.b, (newVal, oldVal) => {
  console.log(newVal)
})
state.count.a.b = 2
```

这样函数内部会访问并返回 state.count.a.b，traverse 一次都不执行，并且依然可以侦听到数据的变化，从而执行 watcher 的回调函数。

11.2.2 创建 job

处理完 watch API 第一个参数 source 后，接下来处理第二个参数 cb。

cb 是一个回调函数，它拥有三个参数：其中 newValue 代表新值，oldValue 代表旧值，onInvalidate 表示注册的无效回调函数。

其实这样的 API 设计非常好理解，即侦听一个值的变化，如果值变了就执行回调函数，回调函数里可以访问新值和旧值。

那么，如何判断值是否变化，新值和旧值如何计算和存储呢？

我们可以在内部创建一个 job，它是对 cb 回调函数做的一层封装，维护新值旧值的计算和存储，以及是否要执行回调函数，当侦听的值发生变化时就会执行 job。

顺着这个思路，我们来看一下创建 job 的处理逻辑：

```
// runtime-core/src/apiWatch.ts
let cleanup
// 注册无效回调函数
let onInvalidate = (fn) => {
  cleanup = effect.onStop = () => {
    callWithErrorHandling(fn, instance, 4 /* WATCH_CLEANUP */)
  }
}
// 旧值初始值
let oldValue = isMultiSource ? [] : INITIAL_WATCHER_VALUE /*{}*/
// 异步任务
const job = () => {
  // effect 非激活，直接返回
  if (!effect.active) {
    return
  }
  if (cb) {
```

```
    // watch(getter, cb)
    // 求得新值
    const newValue = effect.run()
    // 满足执行回调函数的条件
    if (deep ||
      forceTrigger ||
      (isMultiSource
        ? newValue.some((v, i) => hasChanged(v, oldValue[i]))
        : hasChanged(newValue, oldValue))) {
      // 执行清理函数
      if (cleanup) {
        cleanup()
      }
      // 执行回调函数 cb
      callWithAsyncErrorHandling(cb, instance, 3 /* WATCH_CALLBACK */, [
        newValue,
        // 第一次更改时，传递的旧值为 undefined
        oldValue === INITIAL_WATCHER_VALUE ? undefined : oldValue,
        onInvalidate
      ])
      // 更新旧值
      oldValue = newValue
    }
  }
  else {
    // watchEffect
    effect.run()
  }
}
// 允许触发自身
job.allowRecurse = !!cb
```

onInvalidate 函数用来注册无效回调函数，我们暂时不需要关注它（后续会分析它的作用），先重点关注 job 函数的实现。

如果 cb 存在，会先执行 effect.run 函数求得新值，这里实际上就是执行前面创建的 getter 函数求新值。

然后进行判断，如果是 deep 深度观测或者是 forceTrigger 强制更新，又或者是新旧值发生了变化，则执行回调函数 cb，传入参数 newValue 和 oldValue。注意，第一次执行的时候如果旧值没有改变过，那么旧值的初始值是 undefined。执行完回调函数 cb 后，把旧值 oldValue 再更新为 newValue，这是为了下一次的比对。

注意在代码的最后，job 函数添加了 allowRecurse 属性，它的作用我稍后会分析。

11.2.3 创建 scheduler

接下来我们来分析创建 scheduler 过程。

scheduler 的作用是根据某种调度的方式去执行某种函数。在 watch API 中，主要影响到的是回调函数的执行方式。我们来看一下它的实现逻辑：

```
// runtime-core/src/apiWatch.ts
let scheduler
if (flush === 'sync') {
  // 同步
  scheduler = job
}
else if (flush === 'post') {
  // 进入异步队列，组件更新后执行
  scheduler = () => queuePostRenderEffect(job, instance && instance.suspense)
}
else {
  scheduler = () => {
    if (!instance || instance.isMounted) {
      // 如果组件已挂载，则进入队列，组件更新前执行
      queuePreFlushCb(job)
    }
    else {
      // 使用 pre 选项，第一次调用必须在安装组件之前进行，以便同步调用
      job()
    }
  }
}
```

除了 source 和 cb，watch API 还支持第三个参数 options，不同的配置决定了 watcher 的不同行为。前面我们也分析了 deep 为 true 的情况，除了 source 为 reactive 对象时会默认把 deep 设置为 true，你也可以主动传入第三个参数，把 deep 设置为 true。

这里，scheduler 的创建逻辑受到了第三个参数 options 中的 flush 属性值的影响，flush 有三种状态，它决定了 watcher 回调函数的执行时机。

- 当 flush 为 sync 时，表示它是一个同步 watcher，即数据变化时同步执行回调函数。
- 当 flush 为 post 时，回调函数通过 queuePostRenderEffect 的方式在组件更新之后执行。
- 当 flush 为 pre 时，回调函数通过 queuePreFlushCb 的方式在组件更新之前执行，如果组件还没挂载，则在组件挂载之前同步执行回调函数。

queuePostRenderEffect 和 queuePreFlushCb 的具体实现我会放到后面介绍。目前只需要记住，它们表示 watcher 的回调函数是通过一定的调度方式执行的。

11.2.4　创建 effect

前面的分析提到了 watcher 内部会创建 effect 对象，接下来我们来分析它实现：

```
// runtime-core/src/apiWatch.ts
const effect = new ReactiveEffect(getter, scheduler)
if ((process.env.NODE_ENV !== 'production')) {
  effect.onTrack = onTrack
  effect.onTrigger = onTrigger
}
// 初次执行
if (cb) {
  if (immediate) {
    job()
  }
  else {
    // 求旧值
    oldValue = effect.run()
  }
}
else if (flush === 'post') {
  queuePostRenderEffect(effect.run.bind(effect), instance && instance.suspense);
}
else {
  // 没有 cb 且 flush 不为 post 的情况
  effect.run()
}
```

这段代码逻辑是整个 watcher 实现的核心部分，即创建了 effect 对象，并把标准化的 getter 函数和 scheduler 调度函数作为参数传入。

- **effect.run 的执行**

当回调函数 cb 存在且 immediate 为 false 时，会首次执行 effect.run 函数求旧值，函数内部会执行 getter 函数，访问响应式数据并做依赖收集。注意，此时 activeEffect 就是 watcher 内部创建的 effect 对象，这样在后面更新响应式数据时，就可以触发 effect 对象的 scheduler 函数，以一种调度方式来执行 job 函数。

- **配置了 immediate 的情况**

当我们配置了 immediate，创建完 watcher 会立刻执行 job 函数，此时 oldValue 还是初始值，在 job 执行时也会执行 effect.run，进而执行前面的 getter 函数做依赖收集，并求得新值。

11.2.5 返回销毁函数

最后，会返回销毁函数，也就是 watch API 执行后返回的函数。我们可以通过调用它来停止 watcher 对数据的侦听。示例代码如下：

```
// runtime-core/src/apiWatch.ts
return () => {
  effect.stop()
  if (instance && instance.scope) {
```

```
    // 移除组件 effects 对这个 effect 的引用
    remove(instance.scope.effects, effect)
  }
}
```

销毁函数内部会执行 effect.stop 函数让 effect 失活，并清理 effect 的相关依赖，这样就可以停止对数据的侦听。同时，如果是在组件中注册的 watcher，也会移除组件 effects 对这个 effect 的引用。

到这里我们对 watch API 的分析就可以告一段落了。侦听器内部的设计很巧妙，我们可以侦听响应式数据的变化，内部创建 effect 对象，首次执行 effect.run 做依赖收集，然后在数据发生变化后，以某种调度方式执行回调函数。

我们多次提到，回调函数是以一种调度方式执行的，特别是当 flush 不是 sync 时，它会把回调函数执行的任务推到一个异步队列中执行。接下来，我们就来分析异步执行队列的设计。分析之前，我们先来思考一下：为什么会需要异步队列？

11.3　异步任务队列的设计

我们把之前的例子简单修改一下：

```
import { reactive, watch } from 'vue'
const state = reactive({ count: 0 })
watch(() => state.count, (count, prevCount) => {
  console.log(count)
})
state.count++
state.count++
state.count++
```

可以看到共修改了三次 state.count，那么 watcher 的回调函数会执行三次吗？

答案是不会，实际上只输出了一次 count 的值，也就是最终计算的值 3。这在大多数场景下都是符合预期的：在一个 Tick（宏任务执行的生命周期）内，即使多次修改侦听的值，它的回调函数也只执行一次。

这个设计对组件的更新渲染也非常重要，当我们修改模板中引用的响应式对象的值时，会触发组件的重新渲染，在一个 Tick 内，即使多次修改多个响应式对象的值，组件的重新渲染也只执行一次。想象一下，如果每次更新数据都触发组件重新渲染，那么重新渲染的次数和代价都太高了。

可能你会疑惑：这是怎么做到的呢？我们先从异步任务队列的创建说起。

11.3.1 异步任务队列的创建

在 Vue.js 内部，存在某些异步设计，比如从数据改变到组件重新渲染的过程。

在创建组件渲染的副作用响应式对象时，传入的第二个 option 参数如下：

```
// runtime-core/src/renderer.ts
const setupRenderEffect = (instance, initialVNode, container, anchor, parentSuspense, isSVG, optimized) => {
  // 组件的渲染和更新函数
  const componentUpdateFn = () => {
    if (!instance.isMounted) {
      // 渲染组件
    }
    else {
      // 更新组件
    }
  }
  // 创建组件渲染的副作用响应式对象
  const effect = new ReactiveEffect(componentUpdateFn, () => queueJob(instance.update),
instance.scope)
  const update = (instance.update = effect.run.bind(effect))
  update.id = instance.uid
  // 允许递归更新自己
  effect.allowRecurse = update.allowRecurse = true
  update()
}
```

可以看到，组件的副作用渲染函数 instance.update 在它依赖的响应数据更新后，会通过 queueJob 的方式再次运行，下面我们来分析一下它的实现：

```
// runtime-core/src/scheduler.ts
const queue = []
let flushIndex = 0

function queueJob(job) {
  // 使用 Array.includes() 并且传入 startIndex 来检测是否有相同的 job
  // 在默认情况下，flushIndex 是当前正在执行 job 的索引，所以从 flushIndex 开始检索，
  // 不会存在递归触发自己的问题
  // 如果 job 配置了 allowRecurse 属性，搜索会从 flushIndex + 1 开始，它允许递归触发自己
  if ((!queue.length ||
    !queue.includes(job, isFlushing && job.allowRecurse ? flushIndex + 1 : flushIndex)) &&
    job !== currentPreFlushParentJob) {
    if (job.id == null) {
      queue.push(job)
    }
    else {
      queue.splice(findInsertionIndex(job.id), 0, job)
    }
    // 排队等待任务执行
    queueFlush()
  }
}
```

Vue.js 内部维护了一个异步任务队列 queue，其中的一些异步任务，比如副作用渲染函数，就是通过 queueJob 的方式添加到队列 queue 中的。当然，并不是只要执行了 queueJob(job)，这个任务 job 就一定能添加到队列中，它会通过 Array.include 的方式检测新增加的 job 是否已经存在于队列中。

注意，这里 Array.include 函数有第二个参数，表示它会从 flushIndex 或者 flushIndex + 1 的位置检索。

当 isFlushing 为 false，即未开始执行 job 的时候，flushIndex 始终为 0，这个时候执行 queueJob(job)只要保证新来的任务不在 queue 队列中即可；然而，当 isFlushing 为 true 的时候，也就是开始执行任务的时候，flushIndex 会递增，在执行任务的时候又有新的任务进来，那么只需要和 queue 中未执行的任务对比即可。

有些时候，在运行某个 job 的过程中，因为某种原因，又触发了这个 job，同步执行了 queueJob，如果此时通过 queue.includes(flushIndex)去检索，会发现这个 job 已经存在，不会添加到 queue 中。

但是在某些场景下，可能需要这种递归触发更新，比如父组件更新了某个响应式数据，这个响应式数据作为 prop 传递给子组件，从而触发了子组件的更新渲染。而子组件内部创建了一个 pre 类型的 watcher，观测这个 prop 变化，并在回调函数中修改某个父组件依赖的响应式数据，想要触发父组件的重新渲染。

上述整个过程其实都处于父组件的副作用渲染函数对应的 job 中，当再次修改父组件依赖的响应式数据时，还会通过 queueJob(job)的方式添加新的 job，但很明显二者是同一个 job，按之前的逻辑，是不能添加到当前队列中的，那么就不能再次触发父组件的重新渲染，导致结果不符合预期。

因此为了满足上述这种特殊需求，Vue.js 给 job 设计了一个 allowRecurse 属性，允许它递归触发自己，并认为这是一个用户刻意的行为，用户要为其负责，并确保不会无限递归更新。一旦 job 配置了 allowRecurse 属性，就会从 flushIndex + 1 的位置检索是否有重复的 job，相当于允许了这种递归触发行为。

除了副作用渲染函数这类异步任务，我们前面分析的 watcher 内部创建的 job，当 flush 不为 sync 的时候也是异步任务。在创建一个 watcher 时，如果配置 flush 为 post 或者 pre，那么 watcher 内部的 job 就会异步执行，分别是通过 queuePostRenderEffect 和 queuePreFlushCb 把 job 推入异步队列中的。

在不涉及 suspense 的情况下，queuePostRenderEffect 相当于 queuePostFlushCb，我们来分

析它们的实现：

```
// runtime-core/src/scheduler.ts
let activePreFlushCbs = null
let preFlushIndex = 0
const pendingPreFlushCbs = []

let activePostFlushCbs = null
let postFlushIndex = 0
const pendingPostFlushCbs = []

function queuePreFlushCb(cb) {
  queueCb(cb, activePreFlushCbs, pendingPreFlushCbs, preFlushIndex)
}
function queuePostFlushCb(cb) {
  queueCb(cb, activePostFlushCbs, pendingPostFlushCbs, postFlushIndex)
}

function queueCb(cb, activeQueue, pendingQueue, index) {
  if (!isArray(cb)) {
    if (!activeQueue || !activeQueue.includes(cb, cb.allowRecurse ? index + 1 : index)) {
      pendingQueue.push(cb);
    }
  }
  else {
    // 如果 cb 是一个数组，那么它通常是组件的生命周期钩子函数，在 flush 的过程中会被去重，
    // 因此这里跳过检查可以提升一些性能
    pendingQueue.push(...cb)
  }
  queueFlush()
}
```

可以看到，这里定义了四个异步任务队列，分别是 activePreFlushCbs、pendingPreFlushCbs、activePostFlushCbs 和 pendingPostFlushCbs。activePreFlushCbs 是正在运行的预处理任务队列；pendingPreFlushCbs 是待运行的预处理任务队列；activePostFlushCbs 是正在运行的后处理任务队列；pendingPostFlushCbs 是待运行的后处理任务队列。

所谓预处理和后处理，本质上就是运行的时机不同，预处理的任务队列会在运行异步任务队列 queue 运行之前执行，后处理的任务队列会在 queue 运行之后执行。

在执行 queueCb 往 pendingQueue 上添加任务的时候，会判断该任务是否已添加，当然，如果这些任务配置了 allowRecurse 属性，也是允许递归触发自己的。

在前面分析 watchAPI 的时候，内部创建的 job 就会有 allowRecurse 属性，因为对于用户创建的 watcher 而言，是允许它递归触发自己的，但是用户需要保证在合适的条件下退出递归，避免出现无限循环更新。

无论是 queueJob 还是 queueCb，最终都会执行 queueFlush 函数，下面来分析它的实现：

```
// runtime-core/src/scheduler.ts
function queueFlush() {
  if (!isFlushing && !isFlushPending) {
    isFlushPending = true
    currentFlushPromise = resolvedPromise.then(flushJobs)
  }
}
```

Vue.js 内部还维护了 `isFlushing` 和 `isFlushPending` 变量，用来控制异步任务的刷新逻辑。

在 `queueFlush` 首次执行时，`isFlushing` 和 `isFlushPending` 都是 `false`，此时会把 `isFlushPending` 设置为 `true`，并且通过 `Promise.then` 的方式，在下一个 `Tick` 去执行 `flushJobs`，进而去执行队列里的任务。

`isFlushPending` 的控制使得即使多次执行 `queueFlush`，也不会多次去执行 `flushJobs`。因为 JavaScript 是单线程执行的，这样的异步设计可以保证在一个 `Tick` 内，即使多次执行 `queueJob` 或者 `queueCb` 去添加任务，也只是在宏任务执行完毕后的微任务阶段执行一次 `flushJobs`。

这就能很好地解释前面的示例，即使你多次修改 `state.count`，只是把 `job` 添加到对应的异步任务队列中，而真正执行任务的 `flushJobs` 函数只执行一次，因此 `watcher` 对应的回调函数也只执行一次。

11.3.2 异步任务队列的执行

创建完任务队列后，接下来要异步执行这个队列中的任务，我们来看一下 `flushJobs` 的实现：

```
// runtime-core/src/scheduler.ts
function flushJobs(seen) {
  isFlushPending = false
  isFlushing = true
  if ((process.env.NODE_ENV !== 'production')) {
    seen = seen || new Map()
  }
  flushPreFlushCbs(seen)
  // 组件的更新顺序是先父后子
  // 如果一个组件在父组件更新过程中被卸载，那么它自身的更新应该被跳过
  queue.sort((a, b) => getId(a) - getId(b))
  try {
    for (flushIndex = 0; flushIndex < queue.length; flushIndex++) {
      const job = queue[flushIndex]
      if (job && job.active !== false) {
        if ((process.env.NODE_ENV !== 'production') && checkRecursiveUpdates(seen, job)) {
          continue
        }
        callWithErrorHandling(job, null, 14 /* SCHEDULER */)
      }
    }
  }
```

```
  finally {
    flushIndex = 0
    queue.length = 0
    flushPostFlushCbs(seen)
    isFlushing = false
    currentFlushPromise = null
    // 在 postFlushCb 的执行过程中，会再次添加异步任务，递归 flushJobs 会把它们都执行完毕
    if (queue.length ||
      pendingPreFlushCbs.length ||
      pendingPostFlushCbs.length) {
      flushJobs(seen)
    }
  }
}
```

在 flushJobs 函数开始执行的时候，会把 isFlushPending 重置为 false，把 isFlushing 设置为 true，表示正在执行异步任务队列。

在执行异步任务队列 queue 之前，会先执行 flushPreFlushCbs 来处理所有的预处理任务队列，下面我们来分析它的实现：

```
// runtime-core/src/scheduler.ts
function flushPreFlushCbs(seen, parentJob = null) {
  if (pendingPreFlushCbs.length) {
    currentPreFlushParentJob = parentJob
    // 任务去重
    activePreFlushCbs = [...new Set(pendingPreFlushCbs)]
    pendingPreFlushCbs.length = 0
    if ((process.env.NODE_ENV !== 'production')) {
      seen = seen || new Map()
    }
    for (preFlushIndex = 0; preFlushIndex < activePreFlushCbs.length; preFlushIndex++) {
      if ((process.env.NODE_ENV !== 'production') &&
        // 检测循环更新
        checkRecursiveUpdates(seen, activePreFlushCbs[preFlushIndex])) {
        continue
      }
      activePreFlushCbs[preFlushIndex]()
    }
    activePreFlushCbs = null
    preFlushIndex = 0
    currentPreFlushParentJob = null
    // flushPreFlushCbs 的执行过程中可能会再次添加新的任务至 pendingPreFlushCbs，递归
flushPreFlushCbs 直至 pendingPreFlushCbs 为空
    flushPreFlushCbs(seen, parentJob)
  }
}
```

flushPreFlushCbs 函数首先对 pendingPreFlushCbs 做了去重，赋值给 activePreFlushCbs，然后清空自己。接着遍历 activePreFlushCbs，依次执行这些任务。在遍历的过程中，还会检测

循环更新。当 activePreFlushCbs 执行完毕后，会清空 activePreFlushCbs，将 preFlushIndex 重置为 0。

由于可能在 flushPreFlushCbs 的执行过程中再次添加 pendingPreFlushCbs，所以需要递归执行 flushPreFlushCbs 直到 pendingPreFlushCbs 为空。

回到 flushJobs 函数，接下来就要遍历执行异步任务队列 queue 了，不过在遍历之前会先对它们做一次从小到大的排序，这是因为下面两个原因。

- 我们创建组件的顺序是由父到子，所以创建组件副作用渲染函数的顺序也是先父后子。父组件的副作用渲染函数的 effect id 是小于子组件的，每次更新组件也是通过 queueJob 把 effect 推入异步任务队列 queue 中的，因此为了保证先更新父组件再更新子组件，要对 queue 进行从小到大的排序。
- 如果一个组件在父组件更新过程中被卸载，那么它自身的更新应该被跳过。所以也应该要保证先更新父组件再更新子组件，因此要对 queue 进行从小到大的排序。

在遍历执行 queue 中的任务时，也同样会检测循环更新。遍历完 queue 后，把 queue 清空并将 flushIndex 重置为 0，接着会执行 flushPostFlushCbs，我们来分析它的实现：

```
// runtime-core/src/scheduler.ts
function flushPostFlushCbs(seen) {
  if (pendingPostFlushCbs.length) {
    const deduped = [...new Set(pendingPostFlushCbs)]
    pendingPostFlushCbs.length = 0

    // 支持 flushPostFlushCbs 的嵌套执行
    if (activePostFlushCbs) {
      activePostFlushCbs.push(...deduped)
      return
    }
    activePostFlushCbs = deduped
    if ((process.env.NODE_ENV !== 'production')) {
      seen = seen || new Map()
    }
    // 对 activePostFlushCbs 按 id 大小排序
    activePostFlushCbs.sort((a, b) => getId(a) - getId(b))
    for (postFlushIndex = 0; postFlushIndex < activePostFlushCbs.length; postFlushIndex++) {
      if ((process.env.NODE_ENV !== 'production') &&
        checkRecursiveUpdates(seen, activePostFlushCbs[postFlushIndex])) {
        continue
      }
      activePostFlushCbs[postFlushIndex]()
    }
    activePostFlushCbs = null
    postFlushIndex = 0
  }
}
```

flushPostFlushCbs 函数的逻辑和 flushPreFlushCbs 的逻辑类似，它的主要目的就是执行一些后处理的任务。当然除了处理的任务队列不同，它还有三处不同的地方。

- 支持 flushPostFlushCbs 的嵌套执行，这种情况会导致在执行 flushPostFlushCbs 的时候，activePostFlushCbs 可能不为空，不过这种极端场景比较少见。
- activePostFlushCbs 中的任务在执行前需要按照 id 大小排序，这样可以保证组件的$refs 数据的更新优先于用户定义的 postwatchers 回调函数的执行，用户就可以在这些 watcher 的回调函数中访问更新后的$refs 中的数据了。
- queue 或者 activePostFlushCbs 中的 job 在执行过程中，可能会再次向 pendingPreFlushCbs、pendingPostFlushCbs 或者 queue 中添加一些新的 job。因此为了保证新添加的 pending-PostFlushCbs 后执行，不能在 flushPostFlushCbs 结束后递归执行 flushPostFlushCbs 函数。

回到 flushJobs 函数，接下来先把 isFlushing 重置为 false，然后判断 pendingPreFlushCbs、pendingPostFlushCbs 或 queue 中是否有新的任务，如果有则递归执行 flushJobs 函数，这样一来就可以保证新添加的这些任务也按照先执行 pendingPreFlushCbs，再执行 queue，最后执行 pendingPostFlushCbs 的顺序进行。

11.3.3 检测循环更新

前面我们多次提到，在遍历执行异步任务的过程中，会在非生产环境下执行 checkRecursive-Updates 检测循环更新，那么它是用来解决什么问题的呢？

我们把之前的例子改写一下：

```
import { reactive, watch } from 'vue'
const state = reactive({ count: 0 })
watch(() => state.count, (count, prevCount) => {
  state.count++
  console.log(count)
})
state.count++
```

如果运行这个示例，控制台会输出 101 次值，然后报错：Maximum recursive updates exceeded。这是因为我们在 watcher 的回调函数中更新了数据，于是再一次进入了回调函数，这时如果我们不进行任何控制，回调函数就会一直执行，直到把内存耗尽，造成浏览器假死。

为了避免这种情况，Vue.js 实现了 checkRecursiveUpdates 函数：

```
// runtime-core/src/scheduler.ts
const RECURSION_LIMIT = 100
function checkRecursiveUpdates(seen, fn) {
  if (!seen.has(fn)) {
    seen.set(fn, 1)
```

```
  }
  else {
    const count = seen.get(fn)
    if (count > RECURSION_LIMIT) {
      const instance = fn.ownerInstance
      const componentName = instance && getComponentName(instance.type)
      warn(`Maximum recursive updates exceeded${componentName ? ` in component <${componentName}>` :
``}. ` + `This means you have a reactive effect that is mutating its own ` + `dependencies and thus
recursively triggering itself. Possible sources ` + `include component template, render function,
updated hook or ` +  `watcher source function.`)
      return true
    }
    else {
      seen.set(fn, count + 1)
    }
  }
}
```

通过上面的代码，我们知道 flushJobs 一开始便创建了 seen，它是一个 Map 对象，然后在 checkRecursiveUpdates 的时候，会把任务添加到 seen 中并记录引用计数 count，count 的初始值为 1。如果再次添加相同的任务，引用计数 count 会加 1，如果 count 大于我们定义的限制 100，说明一直在添加这个相同的任务并超过了 100 次。这时 Vue.js 会出现一条警告，告诉用户可能出现了无限循环更新的情况。

也就是说，虽然用户自定义的 watcher 内部任务理论上是可以触发自我更新的，但是用户得保证它的更新在适当的条件下能够退出，以免出现无限循环更新的情况。

分析完 watch API 和异步任务队列的设计后，我们再来分析一下侦听器提供的另一个 API——watchEffect。

11.4　watchEffect API

watchEffect API 的作用是注册一个副作用函数，副作用函数内部可以访问响应式对象，当内部响应式对象变化，立即执行这个函数。先来看一个示例：

```
import { ref, watchEffect } from 'vue'
const count = ref(0)
watchEffect(() => console.log(count.value))
count.value++
```

它的结果是依次输出 0 和 1。那么 watchEffect 和前面的 watch API 有哪些不同呢？主要有以下三点。

(1) 侦听的源不同。watch API 可以侦听一个或多个响应式对象，也可以侦听一个 getter 函数，而 watchEffect API 侦听的是一个普通函数，只要内部访问了响应式对象即可，这个函数并不需要返回响应式对象。

(2) 没有回调函数。watchEffect API 没有回调函数，在副作用函数的内部，响应式对象发生变化后，会再次执行这个副作用函数。

(3) 立即执行。watchEffect API 在创建好 watcher 后，会立刻执行它的副作用函数，而 watch API 需要配置 immediate 为 true，才会立即执行回调函数。

watchEffect API 内部也是通过 doWatch 函数实现的，下面我们来看 watchEffect 场景下 doWatch 函数的实现：

```
// runtime-core/src/apiWatch.ts
function watchEffect(effect, options) {
  return doWatch(effect, null, options)
}
function doWatch(source, cb, { immediate, deep, flush, onTrack, onTrigger } = EMPTY_OBJ) {
  instance = currentInstance
  let getter
  if (isFunction(source)) {
    getter = () => {
      // 组件已经卸载，直接返回
      if (instance && instance.isUnmounted) {
        return
      }
       // 执行清理函数
      if (cleanup) {
        cleanup()
      }
      // 执行 source 函数，传入 onInvalidate 作为参数
      return callWithErrorHandling(source, instance, 3 /* WATCH_CALLBACK */, [onInvalidate])
    }
  }
  let cleanup
  const onInvalidate = (fn) => {
    cleanup = effect.onStop = () => {
      callWithErrorHandling(fn, instance, 4 /* WATCH_CLEANUP */)
    }
  }
  // 旧值的初始值
  let oldValue = isMultiSource ? [] : INITIAL_WATCHER_VALUE /*{}*/
  // 异步任务
  const job = () => {
    // effect 非激活，直接返回
    if (!effect.active) {
      return
    }
    // watchEffect
    effect.run()
  }
  // 允许触发自身
```

```
  job.allowRecurse = !!cb
  let scheduler
  if (flush === 'sync') {
    // 同步
    scheduler = job
  }
  else if (flush === 'post') {
    // 进入异步队列，组件更新后执行
    scheduler = () => queuePostRenderEffect(job, instance && instance.suspense)
  }
  else {
    scheduler = () => {
      if (!instance || instance.isMounted) {
        // 组件已挂载，进入队列，组件更新前执行
        queuePreFlushCb(job)
      }
      else {
        // 使用 pre 选项，第一次调用必须在安装组件之前进行，以便同步调用
        job()
      }
    }
  }
  // 创建 effect 对象
  const effect = new ReactiveEffect(getter, scheduler)
  if ((process.env.NODE_ENV !== 'production')) {
    effect.onTrack = onTrack
    effect.onTrigger = onTrigger
  }
  if (cb) {
    if (immediate) {
      job()
    } else {
      oldValue = effect.run()
    }
  }
  else if (flush === 'post') {
    queuePostRenderEffect(runner, instance && instance.suspense);
  }
  else {
    // 没有 cb，且 flush 不为 post，立即执行
    effect.run()
  }

  // 返回销毁函数
  return () => {
    effect.stop()
    if (instance && instance.scope) {
      // 移除组件 effects 对这个 effect 的引用
      remove(instance.scope.effects, effect)
    }
  }
}
```

可以看到，getter 函数就是对 source 函数的简单封装，它会先判断组件实例是否已经销毁，然后在每次执行 source 函数前执行 cleanup 清理函数。

watchEffect 内部创建的 job 就是对 effect.run 的封装，因此当 watchEffect 观测的 getter 函数内部的响应式数据发生变化时，会执行任务函数 job。而在 watchEffect 的场景下，job 函数会执行 effect.run 函数，相当于执行了基于 source 封装的 getter 函数，进而执行了副作用函数 source。

前面多次提到，在执行 source 函数的时候，会传入一个 onInvalidate 函数作为参数，接下来我们就分析它的作用。

11.5　注册无效回调函数

有些时候，我们想使用 watchEffect 注册一个副作用函数，在函数内部可以做一些异步操作，当这个 watcher 被销毁后，如果我们想去对这个异步操作做一些额外的事情（比如取消这个异步操作），我们可以通过 onInvalidate 参数注册一个无效回调函数：

```
import {ref, watchEffect } from 'vue'
const id = ref(0)
watchEffect(onInvalidate => {
  // 执行异步操作
  const token = performAsyncOperation(id.value)
  onInvalidate(() => {
    // 如果 id 发生变化或者 watcher 停止了，则执行逻辑取消前面的异步操作
    token.cancel()
  })
})
```

我们利用 watchEffect 注册了一个副作用函数，它有一个 onInvalidate 参数。在这个函数内部通过 performAsyncOperation 执行某些异步操作，并且访问了 id 这个响应式对象，然后通过 onInvalidate 注册了一个回调函数。

我们来回顾一下 onInvalidate 在 doWatch 中的实现：

```
// runtime-core/src/apiWatch.ts
let cleanup
let onInvalidate = (fn) => {
  cleanup = effect.onStop = () => {
    callWithErrorHandling(fn, instance, 4 /* WATCH_CLEANUP */)
  }
}
```

实际上，当执行 onInvalidate 的时候，注册了一个 cleanup 和 effect.onStop 函数，这个函数内部会执行 fn，也就是用户注册的无效回调函数。

也就是说观测的响应式数据发生变化时，会触发 getter 函数，执行 cleanup 函数，当 watcher 被销毁，会执行 onStop 函数，这两者都会执行注册的无效回调函数 fn。

通过这种方式，Vue.js 就很好地满足了 watcher 注册无效回调函数的需求。

11.6　侦听器调试

在开发模式下，有些时候我们想调试侦听器，可以在创建侦听器的时候配置 onTrack 和 onTrigger 回调函数：

```
watchEffect(
  () => {
    // 副作用函数
  },
  {
    onTrack(e) {
      debugger
    },
    onTrigger(e) {
      debugger
    }
  }
)
```

当观测的响应式对象被访问时，会触发 onTrack 回调函数，当响应式对象被修改时，会触发 onTrigger 回调函数。这两个回调函数都将接收到一个包含有关依赖项信息的调试器事件，因此建议在回调函数中编写 debugger 语句来检查依赖关系。

那么，它们是如何实现的呢，在侦听器创建的过程中，内部会创建副作用函数 runner：

```
// runtime-core/src/apiWatch.ts
const effect = new ReactiveEffect(getter, scheduler)
if ((process.env.NODE_ENV !== 'production')) {
  effect.onTrack = onTrack
  effect.onTrigger = onTrigger
}
```

在创建 effect 副作用对象后，会在非生产环境下把 onTrack 和 onTrigger 函数保留到 effect 对象对应的属性中。 然后当我们去访问一个响应式对象时，会进行依赖收集，最终会执行 trackEffects 函数：

```
// reactivity/src/effect.ts
function trackEffects(dep, debuggerEventExtraInfo) {
  let shouldTrack = false
  if (effectTrackDepth <= maxMarkerBits) {
    if (!newTracked(dep)) {
```

```
        // 标记新依赖
        dep.n |= trackOpBit
        // 如果依赖已经被收集，则不需要再次收集
        shouldTrack = !wasTracked(dep)
      }
    }
    else {
      // cleanup 模式
      shouldTrack = !dep.has(activeEffect)
    }
    if (shouldTrack) {
      // 收集当前激活的 effect 作为依赖
      dep.add(activeEffect)
      // 当前激活的 effect 收集 dep 集合作为依赖
      activeEffect.deps.push(dep)
      if ((process.env.NODE_ENV !== 'production') && activeEffect.onTrack) {
        activeEffect.onTrack(Object.assign({
          effect: activeEffect
        }, debuggerEventExtraInfo))
      }
    }
  }
```

可以看到，trackEffects 函数执行完依赖收集后，在非生产环境下检测了当前 activeEffect 的配置是否定义了 onTrack 函数，如果有，则执行该函数，并且把依赖项的相关数据作为参数传入。

因此侦听器观测的响应式对象一旦被访问，就会执行配置中的 onTrack 函数，并且能得到相关的依赖项信息。

当我们去修改一个响应式对象时，会进行派发通知，最终会执行 triggerEffects 函数：

```
// reactivity/src/effect.ts
function triggerEffects(dep, debuggerEventExtraInfo) {
  for (const effect of isArray(dep) ? dep : [...dep]) {
    if (effect !== activeEffect || effect.allowRecurse) {
      if ((process.env.NODE_ENV !== 'production') && effect.onTrigger) {
        effect.onTrigger(extend({ effect }, debuggerEventExtraInfo))
      }
      if (effect.scheduler) {
        effect.scheduler()
      }
      else {
        effect.run()
      }
    }
  }
}
```

triggerEffects 在派发通知之前，会在非生产环境下检测待执行的 effect 配置中有没有定义 onTrigger 函数，如果有，则执行该函数，并且把依赖项的相关项数据作为参数传入。

因此，侦听器观测的响应式对象一旦被修改，就会执行配置中的 onTrigger 函数，并且能得到相关的依赖项信息。

除了 watcher 内部创建的 effect 可以被追踪，类似的应用还包括组件渲染的 effect 对象。

第 7 章在分析生命周期的时候，我们提到了 onRenderTracked 和 onRenderTriggered 生命周期钩子函数：

```
<template>
  <div>
    <div>
      <p>{{count}}</p>
      <button @click="increase">Increase</button>
    </div>
  </div>
</template>
<script>
  import { ref, onRenderTracked, onRenderTriggered } from 'vue'
  export default {
    setup () {
      const count = ref(0)
      function increase () {
        count.value++
      }
      onRenderTracked((e) => {
        console.log(e)
        debugger
      })
      onRenderTriggered((e) => {
        console.log(e)
        debugger
      })
      return {
        count,
        increase
      }
    }
  }
</script>
```

我们在 setup 函数内部通过 onRenderTracked 和 onRenderTriggered 注册了两个生命周期钩子函数，用于追踪组件渲染的依赖来源，以及触发组件重新渲染的数据更新来源。这两个生命周期钩子函数什么时候会被执行呢？

在第 3 章，我们分析了组件副作用渲染函数的创建过程：

```
// runtime-core/src/renderer.ts
const setupRenderEffect = (instance, initialVNode, container, anchor, parentSuspense, isSVG, optimized) => {
  // 组件的渲染和更新函数
  const componentUpdateFn = () => {
```

```
    if (!instance.isMounted) {
      // 渲染组件
    }
    else {
      // 更新组件
    }
  }
  // 创建组件渲染的副作用响应式对象
  const effect = new ReactiveEffect(componentUpdateFn, () => queueJob(instance.update), instance.scope)
  const update = (instance.update = effect.run.bind(effect))
  update.id = instance.uid
  // 允许递归更新自己
  effect.allowRecurse = update.allowRecurse = true
  if ((process.env.NODE_ENV !== 'production')) {
    effect.onTrack = instance.rtc
      ? e => invokeArrayFns(instance.rtc, e)
      : void 0
    effect.onTrigger = instance.rtg
      ? e => invokeArrayFns(instance.rtg, e)
      : void 0
    update.ownerInstance = instance
  }
  update()
}
```

我们注意到，在非生产环境下，effect 对象添加了 onTrack 和 onTrigger 属性，它们对应的就是 onRenderTracked 和 onRenderTriggered 注册的生命周期钩子函数。

当模板中的响应式数据被访问时，会触发依赖收集过程，此时 activeEffect 对应的就是组件渲染 effect 对象，在收集完依赖后，会执行 onTrack 函数，也就是遍历执行用户注册的 renderTracked 函数。

接下来我们点击按钮，修改响应式数据，会触发派发通知过程，此时组件渲染 effect 对象就会被添加到要运行的 effects 集合中，在遍历执行 effects 的时候会执行 onTrigger 函数，也就是遍历执行我们注册的 renderTriggered 函数。

11.7 总结

侦听器用于观测响应式数据的变化，然后自动执行某些逻辑，并且它的执行时机也有多种，可以同步执行、在渲染前执行，也可以在渲染后执行。即使侦听器观测的响应式数据在同一个 Tick 内多次被修改，在非同步的情况下，它的回调函数也只会执行一次。

当侦听器的执行方式是 post 时，它内部的 effect runner 会被推入 Vue.js 内部实现的异步队列，在下一个 Tick 内执行。

另外，侦听器可以被随时销毁，也可以在开发环境下调试，了解了它们的实现原理，你就能够在实际工作中运用自如了。

侦听器内部通过 `new ReactiveEffect` 创建的 `effect` 对象来实现对响应式数据变化的订阅。因此侦听器更适合用于在数据变化后执行某段逻辑的场景，而计算属性则用于一个数据依赖另外一些数据计算而来的场景。

第四部分

编译和优化

在第 3 章，我们分析了组件的渲染流程，其实在编写组件时，我们并不会直接动手写组件 vnode，vnode 的创建过程实际上是由 Vue.js 内部帮我们完成的。

我们知道，在组件的渲染过程中，会通过 renderComponentRoot 函数渲染子树 vnode，然后将子树 vnode patch 生成 DOM。renderComponentRoot 内部主要通过执行组件实例的 render 函数生成子树 vnode。

我们最常见的开发组件的方式就是编写 template 模板去描述组件的 DOM 结构，很少直接去编写组件的 render 函数，因此 Vue.js 需要在内部把 template 编译生成 render 函数，这就是 Vue.js 的编译过程。

组件 template 的编译过程可以离线完成，也可以在运行时完成。Vue.js 3.*x* 为了运行时的性能优化，在编译阶段也下了不少功夫，所以我们学习该模块的目标主要是了解编译过程以及背后的优化思想。

由于编译过程在平时开发中很难接触到，所以你不需要对每一个细节都了解，只要对整体有一个大概的了解即可。

在学习这部分内容的过程中，你可以使用官方的模板导出工具在线调试模板的实时编译结果，辅助学习。如果你想在本地调试编译的过程，可以在 vue-next 源码 packages/template-explorer/dist/template-explorer.global.js 中的关键流程上打 debugger 断点，然后在根目录下运行 yarn dev-compiler 命令。当编译完成后，重新开启一个终端窗口在根目录下运行 yarn open 即可。

第 12 章

模板解析

Vue.js 3.*x* 的编译场景分为 SSR 编译和 web 编译，我们只分析 web 编译。

在 web 端，主要是通过 `compile` 函数实现模板编译的，下面我们来分析它的实现：

```
// compiler-dom/src/index.ts
function compile(template, options = {}) {
  return baseCompile(template, extend({}, parserOptions, options, {
    nodeTransforms: [
      // 忽略 <script> 和 <tag> 这类可能产生副作用标签的编译
      ignoreSideEffectTags,
      ...DOMNodeTransforms,
      ...(options.nodeTransforms || [])],
    directiveTransforms: extend({}, DOMDirectiveTransforms, options.directiveTransforms || {}),
    transformHoist:  null
  }))
}
```

`compile` 函数拥有两个参数，其中 `template` 是待编译的模板字符串，`options` 是一些配置信息。

`compile` 内部通过执行 `baseCompile` 函数完成编译工作，可以看到 `baseCompile` 在参数 `options` 的基础上又扩展了一些配置。对于这些编译相关的配置，后面我会在具体的场景具体分析。

接下来，我们来看一下 `baseCompile` 的实现：

```
// compiler-core/src/compile.ts
function baseCompile(template,  options = {}) {
  const prefixIdentifiers = false
  // 解析 template 生成 AST
  const ast = isString(template) ? baseParse(template, options) : template
  const [nodeTransforms, directiveTransforms] = getBaseTransformPreset()
  // AST 转换
  transform(ast, extend({}, options, {
    prefixIdentifiers,
    nodeTransforms: [
      ...nodeTransforms,
      ...(options.nodeTransforms || [])
```

```
  ],
  directiveTransforms: extend({}, directiveTransforms, options.directiveTransforms || {}
  )
 }))
 // 生成代码
 return generate(ast, extend({}, options, {
  prefixIdentifiers
 }))
}
```

可以看到，baseCompile 函数主要做三件事情：解析 template 生成 AST（Abstract Syntax Tree，抽象语法树，简称语法树），AST 转换和生成代码。

这一章我们的目标就是分析 template 生成 AST 背后的实现原理。

12.1 生成 AST

在计算机科学中，AST 是源代码语法结构的一种抽象表示。它以树状的形式表现编程语言的语法结构，树上的每个节点都表示源代码中的一种结构。

对应到 template，也可以用 AST 去描述它，比如我们有如下 template：

```
<div class="app">
  <!-- 这是一段注释 -->
  <hello>
    <p>{{ msg }}</p>
  </hello>
  <p>This is an app</p>
</div>
```

它经过第一步解析后，生成相应的 AST 对象如下：

```
{
  "type": 0,
  "children": [
    {
      "type": 1,
      "ns": 0,
      "tag": "div",
      "tagType": 0,
      "props": [
        {
          "type": 6,
          "name": "class",
          "value": {
            "type": 2,
            "content": "app",
            "loc": {
              // 代码位置信息
```

```
        }
      },
      "loc": {
        // 代码位置信息
      }
    }
  ],
  "isSelfClosing": false,
  "children": [
    {
      "type": 3,
      "content": " 这是一段注释 ",
      "loc": {
        // 代码位置信息
      }
    },
    {
      "type": 1,
      "ns": 0,
      "tag": "hello",
      "tagType": 1,
      "props": [],
      "isSelfClosing": false,
      "children": [
        {
          "type": 1,
          "ns": 0,
          "tag": "p",
          "tagType": 0,
          "props": [],
          "isSelfClosing": false,
          "children": [
            {
              "type": 5,
              "content": {
                "type": 4,
                "isStatic": false,
                "constType": 0,
                "content": "msg",
                "loc": {
                  // 代码位置信息
                }
              },
              "loc": {
                // 代码位置信息
              }
            }
          ],
          "loc": {
            // 代码位置信息
          }
        }
      ],
      "loc": {
```

```
          // 代码位置信息
        }
      },
      {
        "type": 1,
        "ns": 0,
        "tag": "p",
        "tagType": 0,
        "props": [],
        "isSelfClosing": false,
        "children": [
          {
            "type": 2,
            "content": "This is an app",
            "loc": {
              // 代码位置信息
            }
          }
        ],
        "loc": {
          // 代码位置信息
        }
      }
    ],
    "loc": {
      // 代码位置信息
    }
  }
],
"helpers": [],
"components": [],
"directives": [],
"hoists": [],
"imports": [],
"cached": 0,
"temps": 0,
"loc": {
  // 代码位置信息
}
}
```

可以看到，AST 是树状结构，对于树中的每个节点，会有 type 字段描述节点的类型，tag 字段描述节点的标签，props 字段描述节点的属性，loc 字段描述节点代码位置相关信息，children 字段指向它的子节点对象数组。

当然 AST 中的节点还包含一些其他的属性，我在这里就不一一介绍了，我们现在要理解的是，AST 中的节点是可以完整地描述它在模板中所映射的节点信息的。

注意，AST 对象的根节点其实是一个虚拟节点，它并不会映射到一个具体节点，而且它还包含了一些其他的属性，这些属性在后续 AST 转换的过程中会赋值，并在生成代码阶段用到。

那么，为什么要设计一个虚拟节点呢？

因为 Vue.js 3.*x* 和 Vue.js 2.*x* 有一个很大的不同——前者支持了 Fragment 的语法，即组件可以有多个根节点，比如：

```
<img src="./logo.jpg">
<hello :msg="msg"></hello>
```

这种写法在 Vue.js 2.*x* 中会报错，提示模板只能有一个根节点，而 Vue.js 3.*x* 允许这样写。但是对于一棵树而言，必须有一个根节点，所以虚拟节点在这种场景下就非常有用了，它可以作为 AST 的根节点，然后其 children 包含了 img 和 hello 的节点。

相信到这里你已经对 AST 有了大致的了解，接下来我们分析一下如何根据模板字符串来构建这个 AST 对象，它是通过执行 baseParse 函数完成的：

```
// compiler-core/src/parse.ts
function baseParse(content, options = {}) {
    // 创建解析上下文
    const context = createParserContext(content, options)
    const start = getCursor(context)
    // 解析子节点并创建 AST
    return createRoot(parseChildren(context, 0 /* DATA */, []), getSelection(context, start))
}
```

baseParse 函数拥有两个参数，其中 content 表示要编译的模板字符串，options 表示编译的相关配置。

baseParse 函数主要做三件事情：创建解析上下文，解析子节点，创建 AST 根节点。

12.2　创建解析上下文

首先，我们来分析创建解析上下文的过程，它是通过 createParserContext 完成的，来看它的实现：

```
// compiler-core/src/parse.ts
// 默认解析配置
const defaultParserOptions = {
  delimiters: [`{{`, `}}`],
  getNamespace: () => 0 /* HTML */,
  getTextMode: () => 0 /* DATA */,
  isVoidTag: NO,
  isPreTag: NO,
  isCustomElement: NO,
  decodeEntities: (rawText) => rawText.replace(decodeRE, (_, p1) => decodeMap[p1]),
  onError: defaultOnError,
  onWarn: defaultOnWarn,
```

```
  comments: false
}
function createParserContext(content, rawOptions) {
  const options = extend({}, defaultParserOptions)
  // 合并配置
  for (const key in rawOptions) {
    options[key] = rawOptions[key] || defaultParserOptions[key]
  }
  return {
    options,
    column: 1,
    line: 1,
    offset: 0,
    originalSource: content,
    source: content,
    inPre: false,
    inVPre: false,
    onWarn: options.onWarn
  }
}
```

解析上下文实际上是一个 JavaScript 对象，它维护着解析过程中的上下文，其中 `options` 表示解析相关配置，它会根据外面传入的配置和默认配置做一层合并；`column` 表示当前代码的列号；`line` 表示当前代码的行号；`originalSource` 表示最初的原始代码；`source` 表示当前代码；`offset` 表示当前代码相对于原始代码的偏移量；`inPre` 表示当前代码是否在 `pre` 标签内；`inVPre` 表示当前代码是否在 `v-pre` 指令的环境下；`onWarn` 表示发出警告的回调函数。

在后续解析的过程中，会始终维护和更新这个解析上下文，它能够表示当前解析的状态。

创建完解析上下文，接下来就开始解析子节点了。

12.3 解析子节点

解析子节点主要是通过 `parseChildren` 函数完成的，来看它的实现：

```
// compiler-core/src/parse.ts
function parseChildren(context, mode, ancestors) {
  const parent = last(ancestors)
  const ns = parent ? parent.ns : 0 /* HTML */
  const nodes = []

  // 自顶向下分析代码，生成 nodes

  let removedWhitespace = false
  // 空白字符处理

  return removedWhitespace ? nodes.filter(Boolean) : nodes
}
```

parseChildren 的目的就是解析模板并创建 AST 节点数组。它有两个主要流程，第一个是自顶向下分析代码，生成 AST 节点数组 nodes；第二个是空白字符处理，用于提高编译的效率。

12.3.1　生成 AST 节点数组

首先，我们来分析生成 AST 节点数组的流程：

```
// compiler-core/src/parse.ts
function parseChildren(context, mode, ancestors) {
  // 父节点
  const parent = last(ancestors)
  const ns = parent ? parent.ns : 0 /* HTML */
  const nodes = []
  // 判断是否遍历结束
  while (!isEnd(context, mode, ancestors)) {
    const s = context.source
    let node = undefined
    if (mode === 0 /* DATA */ || mode === 1 /* RCDATA */) {
      if (!context.inVPre && startsWith(s, context.options.delimiters[0])) {
        // 处理 {{ 插值代码
        node = parseInterpolation(context, mode)
      }
      else if (mode === 0 /* DATA */ && s[0] === '<') {
        // 处理以“<”开头的代码
        if (s.length === 1) {
          // s 长度为 1，说明代码结尾是“<”，报错
          emitError(context, 5 /* EOF_BEFORE_TAG_NAME */, 1)
        }
        else if (s[1] === '!') {
          // 处理以“<!”开头的代码
          if (startsWith(s, '<!--')) {
            // 处理注释节点
            node = parseComment(context)
          }
          else if (startsWith(s, '<!DOCTYPE')) {
            // 处理 <!DOCTYPE 节点
            node = parseBogusComment(context)
          }
          else if (startsWith(s, '<![CDATA[')) {
            // 处理 <![CDATA[ 节点
            if (ns !== 0 /* HTML */) {
              node = parseCDATA(context, ancestors)
            }
            else {
              emitError(context, 1 /* CDATA_IN_HTML_CONTENT */)
              node = parseBogusComment(context)
            }
          }
          else {
            emitError(context, 11 /* INCORRECTLY_OPENED_COMMENT */)
            node = parseBogusComment(context)
          }
```

```
      }
      else if (s[1] === '/') {
        // 处理以“</”结束的标签
        if (s.length === 2) {
          // s 长度为 2，说明代码结尾是“</”，报错
          emitError(context, 5 /* EOF_BEFORE_TAG_NAME */, 2)
        }
        else if (s[2] === '>') {
          // </> 缺少结束标签，报错
          emitError(context, 14 /* MISSING_END_TAG_NAME */, 2)
          advanceBy(context, 3)
          continue
        }
        else if (/[a-z]/i.test(s[2])) {
          // 处理多余的结束标签
          emitError(context, 23 /* X_INVALID_END_TAG */)
          parseTag(context, 1 /* End */, parent)
          continue
        }
        else {
          emitError(context, 12 /* INVALID_FIRST_CHARACTER_OF_TAG_NAME */, 2)
          node = parseBogusComment(context)
        }
      }
      else if (/[a-z]/i.test(s[1])) {
        // 解析标签元素节点
        node = parseElement(context, ancestors)
      }
      else if (s[1] === '?') {
        emitError(context, 21 /* UNEXPECTED_QUESTION_MARK_INSTEAD_OF_TAG_NAME */, 1)
        node = parseBogusComment(context)
      }
      else {
        emitError(context, 12 /* INVALID_FIRST_CHARACTER_OF_TAG_NAME */, 1)
      }
    }
  }
  if (!node) {
    // 解析普通文本节点
    node = parseText(context, mode)
  }
  if (isArray(node)) {
    // 如果 node 是数组，则遍历添加
    for (let i = 0; i < node.length; i++) {
      pushNode(nodes, node[i])
    }
  }
  else {
    // 添加单个 node
    pushNode(nodes, node)
  }
 }
}
```

这些代码的思路很清晰，就是自顶向下地去遍历，然后根据不同的情况尝试解析代码，把生成的 node 添加到 AST nodes 数组中。在解析的过程中，解析上下文 context 的状态也是在不断发生变化的，我们可以通过 context.source 拿到当前解析剩余的代码 s，然后根据 s 的不同情况，运行不同的分支处理逻辑。在解析的过程中，可能会遇到各种错误，都会通过 emitError 函数报错。

我们没有必要去了解所有代码的分支细节，只需要知道大致的解析思路即可，因此我们这里只分析四种情况：注释节点的解析、插值的解析、普通文本的解析，以及元素节点的解析。

12.3.2　注释节点的解析

首先，我们来看注释节点的解析过程，它会解析模板中的注释节点，比如<!-- 这是一段注释 -->，即当前代码 s 是以<!--开头的字符串，则会进入注释节点的解析处理逻辑。

注释节点是通过 parseComment 函数来解析的，下面我们看一下它的实现：

```
// compiler-core/src/parse.ts
function parseComment(context) {
  const start = getCursor(context)
  let content
  // 常规注释的结束符
  const match = /--(\!)?>/.exec(context.source)
  if (!match) {
    // 没有匹配的注释结束符
    content = context.source.slice(4)
    advanceBy(context, context.source.length)
    emitError(context, 7 /* EOF_IN_COMMENT */)
  }
  else {
    if (match.index <= 3) {
      // 非法的注释符号
      emitError(context, 0 /* ABRUPT_CLOSING_OF_EMPTY_COMMENT */)
    }
    if (match[1]) {
      // 注释结束符不正确
      emitError(context, 10 /* INCORRECTLY_CLOSED_COMMENT */)
    }
    // 获取注释的内容
    content = context.source.slice(4, match.index)
    // 截取到注释结尾位置的代码，用于后续判断嵌套注释
    const s = context.source.slice(0, match.index)
    let prevIndex = 1, nestedIndex = 0
    // 判断嵌套注释符的情况，存在即报错
    while ((nestedIndex = s.indexOf('<!--', prevIndex)) !== -1) {
      advanceBy(context, nestedIndex - prevIndex + 1)
      if (nestedIndex + 4 < s.length) {
        emitError(context, 16 /* NESTED_COMMENT */)
      }
```

```
      prevIndex = nestedIndex + 1
    }
    // 将代码前进到注释结束符后
    advanceBy(context, match.index + match[0].length - prevIndex + 1)
  }
  return {
    type: 3 /* COMMENT */,
    content,
    loc: getSelection(context, start)
  }
}
```

parseComment 函数首先会利用注释结束符的正则表达式去匹配代码，找出注释结束符。如果没有匹配到或者注释结束符不合法，都会报错。 如果找到合法的注释结束符，则获取它中间的注释内容 content，然后截取注释开头到结尾的代码，并判断是否有嵌套注释，如果有嵌套注释也会报错。

接着就是通过调用 advanceBy 函数，运行到注释结束符的后面。advanceBy 函数在整个模板解析过程中经常被调用，它的目的是用来前进代码，更新 context 解析上下文，我们来看一下它的实现：

```
// compiler-core/src/parse.ts
function advanceBy(context, numberOfCharacters) {
  const { source } = context
  // 更新 context 的 offset、line、column
  advancePositionWithMutation(context, source, numberOfCharacters)
  // 更新 context 的 source
  context.source = source.slice(numberOfCharacters)
}
function advancePositionWithMutation(pos, source, numberOfCharacters = source.length) {
  let linesCount = 0
  let lastNewLinePos = -1
  for (let i = 0; i < numberOfCharacters; i++) {
    if (source.charCodeAt(i) === 10 /* newline char code */) {
      linesCount++
      lastNewLinePos = i
    }
  }
  pos.offset += numberOfCharacters
  pos.line += linesCount
  pos.column =
    lastNewLinePos === -1
      ? pos.column + numberOfCharacters
      : numberOfCharacters - lastNewLinePos
  return pos
}
```

advanceBy 函数主要作用就是更新解析上下文 context 中的 source 来前进代码，同时更新 offset、line、column 等和代码位置相关的属性。

为了更直观地说明 advanceBy 的作用，前面的示例可以通过图 12-1 表示。

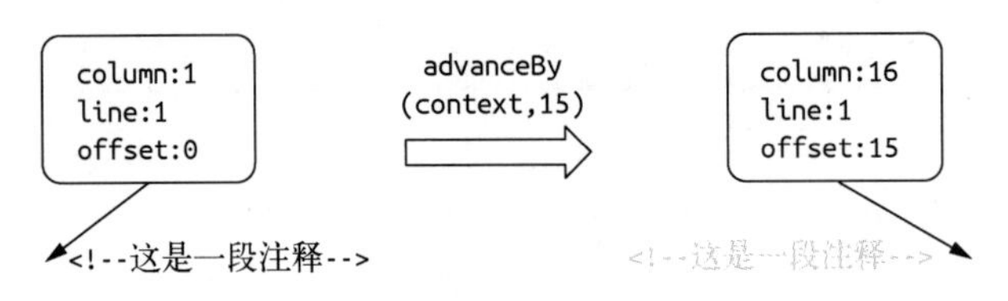

图 12-1 advanceBy 的作用

经过 advanceBy 的处理，把代码前进到注释结束符的后面，表示注释部分代码处理完毕，可以继续解析后续代码了。

parseComment 最终的返回值就是一个描述注释节点的对象，其中 type 为 3 表示它是一个注释节点；content 表示注释的内容；loc 表示注释代码的开头和结束的位置信息。

12.3.3 插值的解析

接下来，我们分析插值的解析过程。例如{{ msg }}，如果当前代码 s 是以{{开头的字符串，且不在 v-pre 指令的环境下（v-pre 会跳过插值的解析），则会进入插值的解析处理逻辑。

插值是通过 parseInterpolation 函数解析的，我们来看它的实现：

```
// compiler-core/src/parse.ts
function parseInterpolation(context, mode) {
  // 从配置中获取插值开始和结束分隔符，默认是 {{ 和 }}
  const [open, close] = context.options.delimiters
  const closeIndex = context.source.indexOf(close, open.length)
  if (closeIndex === -1) {
    emitError(context, 25 /* X_MISSING_INTERPOLATION_END */)
    return undefined
  }
  const start = getCursor(context)
  // 将代码前进到插值开始分隔符后
  advanceBy(context, open.length)
  // 内部插值开始位置
  const innerStart = getCursor(context)
  // 内部插值结束位置
  const innerEnd = getCursor(context)
  // 插值原始内容的长度
  const rawContentLength = closeIndex - open.length
  // 插值原始内容
  const rawContent = context.source.slice(0, rawContentLength)
  // 获取插值的内容，并将代码前进到插值的内容后
  const preTrimContent = parseTextData(context, rawContentLength, mode)
  const content = preTrimContent.trim()
  // 内容相对于插值开始分隔符的头偏移
  const startOffset = preTrimContent.indexOf(content)
  if (startOffset > 0) {
```

```
    // 更新内部插值开始位置
    advancePositionWithMutation(innerStart, rawContent, startOffset)
  }
  // 内容相对于插值结束分隔符的尾偏移
  const endOffset = rawContentLength - (preTrimContent.length - content.length - startOffset)
  // 更新内部插值结束位置
  advancePositionWithMutation(innerEnd, rawContent, endOffset);
  // 将代码前进到插值结束分隔符后
  advanceBy(context, close.length)
  return {
    type: 5 /* INTERPOLATION */,
    content: {
      type: 4 /* SIMPLE_EXPRESSION */,
      isStatic: false,
      constType: 0 /* NOT_CONSTANT */,
      content,
      loc: getSelection(context, innerStart, innerEnd)
    },
    loc: getSelection(context, start)
  }
}
```

parseInterpolation 函数首先会尝试找插值的结束分隔符，如果找不到则报错。如果找到，先将代码前进到插值开始分隔符后，然后通过 parseTextData 获取插值中间的内容并将代码前进到插值内容后，除了普通字符串，parseTextData 内部会处理一些 HTML 实体符号比如 。由于插值内容可能前后有空白字符，所以最终返回的 content 需要执行一下 trim 函数。

为了准确地反馈插值内容的代码位置信息，函数内部使用了 innerStart 和 innerEnd 去记录插值内容（不包含空白字符）的代码开头和结束位置。

接着将代码前进到插值结束分隔符后，表示插值部分代码处理完毕，可以继续解析后续代码了。

parseInterpolation 最终的返回值就是一个描述插值节点的对象，其中 type 为 5 表示它是一个插值节点；loc 表示插值的代码开头和结束的位置信息。由于插值的内容可以是一个表达式，因此 content 又是一个描述表达式节点的对象，其中 type 为 4 表示它是一个表达式节点；loc 表示内容的代码开头和结束的位置信息；content 表示插值表达式的内容。

12.3.4　普通文本的解析

下面我们来看普通文本的解析过程，例如 This is an app，如果当前代码 s 既不是以{{插值分隔符开头的字符串，也不是以<开头的字符串，则进入普通文本的解析处理逻辑。

普通文本是通过 parseText 函数解析的，我们来看它的实现：

```
// compiler-core/src/parse.ts
function parseText(context, mode) {
  // 文本结束符
  const endTokens = mode === 3 /* CDATA */ ? [']]>'] : ['<', context.options.delimiters[0]]

  let endIndex = context.source.length
  // 遍历文本结束符，找到结束的位置
  for (let i = 0; i < endTokens.length; i++) {
    const index = context.source.indexOf(endTokens[i], 1)
    if (index !== -1 && endIndex > index) {
      endIndex = index
    }
  }
  const start = getCursor(context)
  // 获取文本的内容，并将代码前进到文本的内容后
  const content = parseTextData(context, endIndex, mode)
  return {
    type: 2 /* TEXT */,
    content,
    loc: getSelection(context, start)
  }
}
```

parseText 会尝试从代码中截取相应的文本内容。对于一段文本来说，都是在遇到<或者插值分隔符{{时结束的，所以会遍历这些结束符，找到文本结束的位置，然后执行 parseTextData 获取文本的内容，并将代码前进到文本的内容后。

parseText 最终返回的值就是一个描述文本节点的对象，其中 type 为 2 表示它是一个文本节点，content 表示文本的内容，loc 表示文本的代码开头和结束的位置信息。

12.3.5　元素节点的解析

最后，我们来看元素节点的解析过程，它会解析模板中的标签节点，举个例子：

```
<div class="app">
  <hello :msg="msg"></hello>
</div>
```

相对于前面三种类型的解析过程，元素节点的解析过程应该是最复杂的了，因为元素节点会存在嵌套其他节点的情况。

当前代码 s 是以<开头，并且后面跟着字母，说明它是一个标签的开头，因此进入元素节点的解析处理逻辑。

元素节点是通过 parseElement 函数解析的，我们来看它的实现：

```
// compiler-core/src/parse.ts
function parseElement(context, ancestors) {
  // 是否在 pre 标签内
```

```
  const wasInPre = context.inPre
  // 是否在 v-pre 指令内
  const wasInVPre = context.inVPre
  // 获取当前元素的父标签节点
  const parent = last(ancestors)
  // 解析开始标签，生成一个元素节点，并将代码前进到开始标签后
  const element = parseTag(context, 0 /* Start */, parent)
  // 是否在 pre 标签的边界
  const isPreBoundary = context.inPre && !wasInPre
  // 是否在 v-pre 指令的边界
  const isVPreBoundary = context.inVPre && !wasInVPre
  if (element.isSelfClosing || context.options.isVoidTag(element.tag)) {
    if (isPreBoundary) {
      context.inPre = false
    }
    if (isVPreBoundary) {
      context.inVPre = false
    }
    // 如果是自闭合标签，直接返回标签节点
    return element
  }
  // 下面是处理子节点的逻辑
  // 先把标签节点添加到 ancestors，入栈
  ancestors.push(element)
  const mode = context.options.getTextMode(element, parent)
  // 递归解析子节点，传入 ancestors
  const children = parseChildren(context, mode, ancestors)
  // ancestors 出栈
  ancestors.pop()
  // 添加到 children 属性中
  element.children = children
  // 结束标签
  if (startsWithEndTagOpen(context.source, element.tag)) {
    // 解析结束标签，并将代码前进到结束标签后
    parseTag(context, 1 /* End */, parent)
  }
  else {
    emitError(context, 24 /* X_MISSING_END_TAG */, 0, element.loc.start);
    if (context.source.length === 0 && element.tag.toLowerCase() === 'script') {
      const first = children[0];
      if (first && startsWith(first.loc.source, '<!--')) {
        emitError(context, 8 /* EOF_IN_SCRIPT_HTML_COMMENT_LIKE_TEXT */)
      }
    }
  }
  // 更新标签节点的代码位置
  element.loc = getSelection(context, element.loc.start)
  if (isPreBoundary) {
    context.inPre = false
  }
  if (isVPreBoundary) {
    context.inVPre = false
  }
  return element
}
```

parseElement 主要做了三件事情：解析开始标签，解析子节点，解析闭合标签。

首先，我们来看解析开始标签的过程。主要通过 parseTag 函数来解析并创建一个标签节点，下面我们分析一下它的实现原理：

```
// compiler-core/src/parse.ts
function parseTag(context, type, parent) {
  // 打开标签
  const start = getCursor(context)
  // 匹配标签文本结束的位置
  const match = /^<\/?([a-z][^\t\r\n\f />]*)/i.exec(context.source);
  const tag = match[1];
  const ns = context.options.getNamespace(tag, parent);
  // 将代码前进到标签文本结束位置
  advanceBy(context, match[0].length);
  // 将代码前进到标签文本后面的空白字符后
  advanceSpaces(context);
  // 保存当前状态，避免用 v-pre 重新解析属性
  const cursor = getCursor(context);
  const currentSource = context.source;
  // 检查是不是一个 pre 标签
  if (context.options.isPreTag(tag)) {
    context.inPre = true;
  }
  // 解析标签中的属性，并将代码前进到属性后
  let props = parseAttributes(context, type);
  // 检查属性中有没有 v-pre 指令
  if (type === 0 && !context.inVPre &&
    props.some(p => p.type === 7 /* DIRECTIVE */ && p.name === 'pre')) {
    context.inVPre = true;
    // 重置 context
    extend(context, cursor);
    context.source = currentSource;
    // 重新解析属性，并把 v-pre 过滤了
    props = parseAttributes(context, type).filter(p => p.name !== 'v-pre');
  }
  // 标签闭合
  let isSelfClosing = false;
  if (context.source.length === 0) {
    emitError(context, 9 /* EOF_IN_TAG */);
  }
  else {
    // 判断是否自闭合标签
    isSelfClosing = startsWith(context.source, '/>');
    if (type === 1 /* End */ && isSelfClosing) {
      // 结束标签不应该是自闭合标签
      emitError(context, 4 /* END_TAG_WITH_TRAILING_SOLIDUS */);
    }
    // 将代码前进到闭合标签后
    advanceBy(context, isSelfClosing ? 2 : 1);
  }
  if (type === 1 /* End */) {
    return
```

```
  }
  let tagType = 0 /* ELEMENT */
  // 接下来判断标签类型，是插槽、模板还是自定义组件
  if (!context.inVPre) {
    if (tag === 'slot') {
      tagType = 2 /* SLOT */
    }
    else if (tag === 'template' &&
      props.some(p => {
        return (p.type === 7 /* DIRECTIVE */ && isSpecialTemplateDirective(p.name));
      })) {
      tagType = 3 /* TEMPLATE */;
    }
    else if (isComponent(tag, props, context)) {
      tagType = 1 /* COMPONENT */
    }
  }
  return {
    type: 1 /* ELEMENT */,
    ns,
    tag,
    tagType,
    props,
    isSelfClosing,
    children: [],
    loc: getSelection(context, start),
    codegenNode: undefined
  };
}
```

parseTag 首先匹配标签文本结束的位置，并将代码前进到标签文本后面的空白字符后，然后执行 parseAttributes 解析标签中的属性（比如 class、style 和指令等），最终会解析生成一个 props 的数组，并将代码前进到属性后。

接着去检查是不是一个 pre 标签，如果是则设置 context.inPre 为 true；再去检查属性中有没有 v-pre 指令，如果有则设置 context.inVPre 为 true，并重置上下文 context 和重新解析属性。

接下来再去判断是不是一个自闭合标签；然后将代码前进到闭合标签后；最后判断标签类型，是插槽、模板还是自定义组件。

parseTag 最终返回的值就是一个描述元素节点的对象，其中 type 为 1 表示它是一个元素节点；tag 表示标签名；tagType 表示标签的类型，props 表示标签上的属性；isSelfClosing 表示是否是一个闭合标签；loc 表示文本的代码开头和结束的位置信息；children 是标签的子节点数组，会先初始化为空。

解析完开始标签后，再回到 parseElement，接下来第二步就是解析子节点，它把解析好的 element 节点添加到 ancestors 数组中，然后递归执行 parseChildren 去解析子节点，并传入 ancestors。

在解析子节点过程中，如果遇到元素节点，就会递归执行 parseElement。可以看到，在 parseChildren 和 parseElement 的开头，我们能获取 ancestors 数组的最后一个值，拿到父元素的标签节点，也就是我们在执行 parseChildren 前添加到数组尾部的内容。

解析完子节点后，我们再把 element 从 ancestors 中弹出，然后把 children 数组添加到 element.children 中，同时也把代码前进到子节点的末尾。

最后，就是解析结束标签，并将代码前进到结束标签后，然后更新标签节点的代码位置。parseElement 最终返回的值就是这样一个元素节点 element。

其实 HTML 的嵌套结构的解析过程，就是一个递归解析元素节点的过程，为了维护父子关系，当需要解析子节点时，我们就把当前节点入栈，子节点解析完毕后，我们就把当前节点出栈，因此，ancestors 的设计就是一个栈的数据结构，一个不断入栈和出栈的过程。

通过不断地递归解析，我们就可以完整地解析整个模板，并且标签类型的 AST 节点会保持对子节点数组的引用，这样就构成了一个树形的数据结构，所以整个解析过程构造出的 AST 节点数组就能很好地映射整个模板的 DOM 结构。

12.3.6　空白字符处理

在前面的解析过程中，有些时候我们会遇到空白字符的情况，比如前面的例子：

```
<div class="app">
  <hello :msg="msg"></hello>
</div>
```

div 标签到下一行会有一个换行符，hello 标签前面也有空白字符，这些空白字符在解析的过程中会被当作文本节点解析处理。但这些空白节点显然是没有什么意义的，所以我们需要将它们移除，减少后续对这些节点的处理，提高编译效率。

我们先来看一下空白字符处理相关逻辑代码：

```
// compiler-core/src/parse.ts
function parseChildren(context, mode, ancestors) {
  const parent = last(ancestors)
  const ns = parent ? parent.ns : 0 /* HTML */
  const nodes = []

  // 自顶向下分析代码，生成 nodes

  let removedWhitespace = false
  if (mode !== 2 /* RAWTEXT */ && mode !== 1 /* RCDATA */) {
    const preserve = context.options.whitespace === 'preserve'
    for (let i = 0; i < nodes.length; i++) {
      const node = nodes[i]
```

```
    if (!context.inPre && node.type === 2 /* TEXT */) {
      if (!/[^\t\r\n\f ]/.test(node.content)) {
        // 匹配空白字符
        const prev = nodes[i - 1]
        const next = nodes[i + 1]
        // 如果空白字符是开头节点或者结尾节点
        // 或者空白字符与注释节点相连
        // 或者空白字符在两个元素之间并包含换行符
        // 那么这些空白字符节点都应该被移除
        if (
            !prev ||
            !next ||
            (!preserve &&
              (prev.type === 3 /* COMMENT */ ||
               next.type === 3 /* COMMENT */ ||
                 (prev.type === 1 /* ELEMENT */ &&
                  next.type === 1 /* ELEMENT */ &&
                  /[\r\n]/.test(node.content))))
        ) {
          removedWhitespace = true
          // 清除标记
          nodes[i] = null
        }
        else {
          // 否则压缩这些空白字符到一个空格
          node.content = ' '
        }
      }
      else if(!preserve) {
        // 替换内容中的空白空间到一个空格
        node.content = node.content.replace(/[\t\r\n\f ]+/g, ' ')
      }
    }
    else if (!(process.env.NODE_ENV !== 'production') && node.type === 3 /* COMMENT */
      && !context.options.comments) {
      // 移除生产环境的注释节点
      removedWhitespace = true
      // 清除标记
      nodes[i] = null
    }
  }
  if (context.inPre && parent && context.options.isPreTag(parent.tag)) {
    // 根据 HTML 规范删除前导换行符
    const first = nodes[0]
    if (first && first.type === 2 /* TEXT */) {
      first.content = first.content.replace(/^\r?\n/, '')
    }
  }
}

// 过滤标记清除的节点
return removedWhitespace ? nodes.filter(Boolean) : nodes
}
```

这段代码的主要逻辑是遍历 nodes，拿到每个 AST 节点，判断是否为文本节点，如果是则判断它是不是空白字符，如果是则进一步判断空白字符是开头节点还是结尾节点，或者空白字符与注释节点相连，或者空白字符在两个元素之间并包含换行符。如果满足上述这些情况，这些空白字符节点都应该被移除。如果不满足这几种情况，那么多个空白字符会被压缩成一个空格。

此外，非空文本中间的空白字符也会被压缩成一个空格，在生产环境下注释节点也会被移除。

在 parseChildren 函数的最后，会过滤掉这些被标记清除的节点并返回过滤后的 AST 节点数组。

12.4　创建 AST 根节点

子节点解析完毕，baseParse 过程就剩最后一步创建 AST 根节点了，我们来看一下 createRoot 的实现：

```
// compiler-core/src/ast.ts
function createRoot(children, loc = locStub) {
  return {
    type: 0 /* ROOT */,
    children,
    helpers: [],
    components: [],
    directives: [],
    hoists: [],
    imports: [],
    cached: 0,
    temps: 0,
    codegenNode: undefined,
    loc
  }
}
```

createRoot 会返回一个 JavaScript 对象作为 AST 的根节点。其中 type 为 0 表示它是一个根节点类型；children 是我们前面解析的子节点 nodes 数组。除此之外，这个根节点还添加了其他的属性，不过当前我们并不需要搞清楚每一个属性的含义，在后续分析处理流程的时候会介绍。

12.5　总结

模板解析是 Vue.js 编译过程的第一步，即把 template 解析生成 AST 对象。

整个解析过程是一个自顶向下的分析过程，也就是从代码开始，根据当前的解析上下文，通过分析词法来分析当前的代码，并找到对应的解析处理逻辑，创建 AST 节点。

在这个过程中，可能会遇到元素节点的解析存在递归解析子节点的情况，这其实就是一种树的深度遍历和解析的过程。在解析的过程中也在不断前进代码，更新解析上下文，根据生成的 AST 节点数组创建 AST 根节点。

最后，还会处理空白字符，删除、合并一些空白字符，以及在生产环境下删除注释节点，以提升后续的编译效率。

第 13 章

AST 转换

上一章我们分析了 template 的解析过程，最终拿到了一个 AST 节点对象。这个对象是对模板的完整描述，但是不能直接拿来生成代码，因为它的语义化还不够，且没有包含编译优化的相关属性，所以还需要进一步转换。

AST 转换过程非常复杂，有非常多的分支逻辑，为了方便理解它的核心流程，我精心准备了一个示例，只分析示例场景在 AST 转换过程中的相关代码逻辑。希望你在学习之后，可以举一反三，对示例进行一些修改，分析更多场景的代码逻辑。示例代码如下：

```
<div class="app">
  <hello v-if="flag"></hello>
  <div v-else>
    <p>>hello {{ msg + test }}</p>
    <p>static</p>
    <p>static</p>
  </div>
</div>
```

示例包含普通的 DOM 节点、组件节点、v-bind 指令，v-if 指令、文本节点以及表达式节点。

对于该模板的编译，先通过 baseParse 生成一个 AST 对象，然后针对这个 AST 对象做一定的转换。接下来我们就来详细分析 AST 对象的转换过程。

首先，会执行 getBaseTransformPreset 函数获取节点和指令转换的函数，然后调用 transform 函数做 AST 转换，并把这些节点和指令的转换函数作为配置的属性参数传入：

```
// compiler-core/src/compile.ts
// 获取节点和指令转换的函数
const [nodeTransforms, directiveTransforms] = getBaseTransformPreset()
// AST 转换
transform(ast, extend({}, options, {
  prefixIdentifiers,
  nodeTransforms: [
```

```
    ...nodeTransforms,
    // 用户自定义节点 transforms
    ...(options.nodeTransforms || [])
  ],
  directiveTransforms: extend({}, directiveTransforms,
   // 用户自定义指令 transforms
   options.directiveTransforms || {}
  )
}))
```

我们先来看一下 getBaseTransformPreset 返回了哪些节点和指令的转换函数：

```
// compiler-core/src/compile.ts
function getBaseTransformPreset(prefixIdentifiers) {
  return [
    [
      transformOnce,
      transformIf,
      transformFor,
      ...((process.env.NODE_ENV !== 'production')
       ? [transformExpression]
       : []),
      transformSlotOutlet,
      transformElement,
      trackSlotScopes,
      transformText
    ],
    {
      on: transformOn,
      bind: transformBind,
      model: transformModel
    }
  ]
}
```

这里并不需要进一步去看每个转换函数的实现，只要大致了解有哪些转换函数即可，这些转换函数会在后续执行 transform 的时候调用。

注意这里我们只分析 Web 环境下的编译过程，Node.js 环境的编译结果可能会有一些差别。

接下来，我们来分析 transform 函数的实现：

```
// compiler-core/src/transform.ts
function transform(root, options) {
  const context = createTransformContext(root, options)
  traverseNode(root, context)
  if (options.hoistStatic) {
    hoistStatic(root, context)
  }
  if (!options.ssr) {
    createRootCodegen(root, context)
  }
```

```
  root.helpers = [...context.helpers]
  root.components = [...context.components]
  root.directives = [...context.directives]
  root.imports = [...context.imports]
  root.hoists = context.hoists
  root.temps = context.temps
  root.cached = context.cached
}
```

`transform` 的核心流程主要有四步：创建 `transform` 上下文、遍历 AST 节点、静态提升以及创建根代码生成节点。接下来，我们就详细分析一下每一步主要做了什么。

13.1　创建 transform 上下文

首先，我们来看创建 `transform` 上下文的过程，其实和 `parse` 过程一样，在 `transform` 阶段会创建一个上下文对象，它的实现如下：

```
// compiler-core/src/transform.ts
function createTransformContext(root, { prefixIdentifiers = false, hoistStatic = false, cacheHandlers =
false, nodeTransforms = [], directiveTransforms = {}, transformHoist = null, isBuiltInComponent = NOOP,
expressionPlugins = [], scopeId = null, slotted = true, ssr = false, ssrCssVars = '', bindingMetadata =
EMPTY_OBJ, inline = false, isTS = false, onError = defaultOnError ,onWarn = defaultOnWarn }) {
  const nameMatch = filename.replace(/\?.*$/, '').match(/([^/\\]+)\.\w+$/)
  const context = {
    // 配置
    selfName: nameMatch && capitalize(camelize(nameMatch[1])),
    prefixIdentifiers,
    hoistStatic,
    cacheHandlers,
    nodeTransforms,
    directiveTransforms,
    transformHoist,
    isBuiltInComponent,
    isCustomElement,
    expressionPlugins,
    scopeId,
    slotted,
    ssr,
    inSSR,
    ssrCssVars,
    bindingMetadata,
    inline,
    isTS,
    onError,
    onWarn,
    // 状态数据
    root,
    helpers: new Set(),
    components: new Set(),
    directives: new Set(),
```

```
    hoists: [],
    imports: [],
    temps: 0,
    cached: 0,
    identifiers: Object.create(null),
    scopes: {
      vFor: 0,
      vSlot: 0,
      vPre: 0,
      vOnce: 0
    },
    parent: null,
    currentNode: root,
    childIndex: 0,
    inVOnce: false,
    // 辅助函数
    helper(name) {
      // 添加辅助函数
    },
    removeHelper() {
      // 移除辅助函数
    },
    helperString(name) {
      // 获取辅助函数名
    },
    replaceNode(node) {
      // 替换节点
    },
    removeNode(node) {
      // 移除节点
    },
    onNodeRemoved: () => {
      // 节点移除回调函数
    },
    addIdentifiers(exp) {
      // 添加标识
    },
    removeIdentifiers(exp) {
      // 移除标识
    },
    hoist(exp) {
      // 静态提升
    },
    cache(exp, isVNode = false) {
      // 创建缓存表达式
    }
  }
  return context
}
```

transform 上下文对象 context 维护了 transform 过程的一些配置，比如前面提到的节点和指令的转换函数等；还维护了 transform 过程的一些状态数据，比如当前处理的 AST 节点，当前

AST 节点在子节点中的索引，以及当前 AST 节点的父节点，等等。此外，context 还包含了在转换过程中可能会调用的一些辅助函数和一些修改 context 对象的函数。

你现在也没必要去了解它的每一个属性和函数的含义，只需要大致有一个印象，未来分析某个具体场景时再回过头了解它们的实现即可。

创建完上下文对象后，接下来就需要遍历 AST 节点。

13.2　遍历 AST 节点

遍历 AST 节点的过程很关键，因为核心的转换过程就是在遍历中实现的，它通过执行 traverseNode 函数来完成，我们来看它的实现：

```
// compiler-core/src/transform.ts
function traverseNode(node, context) {
  context.currentNode = node
  // 节点转换函数
  const { nodeTransforms } = context
  const exitFns = []
  for (let i = 0; i < nodeTransforms.length; i++) {
    // 有些转换函数会设计一个退出函数，在处理完子节点后执行
    const onExit = nodeTransforms[i](node, context)
    if (onExit) {
      if (isArray(onExit)) {
        exitFns.push(...onExit)
      }
      else {
        exitFns.push(onExit)
      }
    }
    if (!context.currentNode) {
      // 节点被移除
      return
    }
    else {
      // 因为在转换的过程中节点可能被替换，恢复到之前的节点
      node = context.currentNode
    }
  }
  switch (node.type) {
    case 3 /* COMMENT */:
      if (!context.ssr) {
        // 需要导入 createComment 辅助函数
        context.helper(CREATE_COMMENT)
      }
      break
    case 5 /* INTERPOLATION */:
      // 需要导入 toString 辅助函数
```

```
    if (!context.ssr) {
      context.helper(TO_DISPLAY_STRING)
    }
    break
  case 9 /* IF */:
    // 递归遍历每个分支节点
    for (let i = 0; i < node.branches.length; i++) {
      traverseNode(node.branches[i], context)
    }
    break
  case 10 /* IF_BRANCH */:
  case 11 /* FOR */:
  case 1 /* ELEMENT */:
  case 0 /* ROOT */:
    // 遍历子节点
    traverseChildren(node, context)
    break
  }
  context.currentNode = node
  // 执行转换函数返回的退出函数
  let i = exitFns.length
  while (i--) {
    exitFns[i]()
  }
}
```

traverseNode 函数的基本思路就是递归遍历 AST 节点，针对每个节点执行一系列的转换函数，有些转换函数还会设计退出函数，当执行完转换函数后，它会返回一个或多个退出函数，然后在处理完子节点后再执行这些退出函数，这是因为有些逻辑的处理需要依赖子节点的处理结果才能继续执行。

Vue.js 内部内置了多种转换函数，分别用于处理指令、表达式、元素节点、文本节点等不同的特性。接下来我会结合示例，分析其中四种转换函数。

13.2.1 Element 节点转换函数

首先，我们来分析 Element 节点转换函数的实现：

```
// compiler-core/src/transforms/transformElement.ts
const transformElement = (node, context) => {
  // 返回退出函数，在所有子表达式处理并合并后执行
  return function postTransformElement() {
    // 转换的目标是创建一个实现 VNodeCall 接口的代码生成节点
    node = context.currentNode
    if (!(node.type === 1 /* ELEMENT */ &&
        (node.tagType === 0 /* ELEMENT */ ||
          node.tagType === 1 /* COMPONENT */))) {
      return
    }
    const { tag, props } = node
```

```
const isComponent = node.tagType === 1 /* COMPONENT */
const vnodeTag = isComponent
  ? resolveComponentType(node, context)
  : `"${tag}"`
const isDynamicComponent = isObject(vnodeTag) && vnodeTag.callee === RESOLVE_DYNAMIC_COMPONENT
// 属性
let vnodeProps
// 子节点
let vnodeChildren
// 标记更新的类型标识，用于运行时优化
let vnodePatchFlag
let patchFlag = 0
// 动态绑定的属性
let vnodeDynamicProps
let dynamicPropNames
let vnodeDirectives
// 动态组件、TELEPORT 组件、SUSPENSE 组件、svg、foreignObject 标签以及动态绑定 key prop 的节点
// 都被视作一个 Block
let shouldUseBlock =
  isDynamicComponent ||
  vnodeTag === TELEPORT ||
  vnodeTag === SUSPENSE ||
  (!isComponent &&
    (tag === 'svg' ||
      tag === 'foreignObject' ||
      findProp(node, 'key', true)))
// 处理 props
if (props.length > 0) {
  const propsBuildResult = buildProps(node, context)
  vnodeProps = propsBuildResult.props
  patchFlag = propsBuildResult.patchFlag
  dynamicPropNames = propsBuildResult.dynamicPropNames
  const directives = propsBuildResult.directives
  vnodeDirectives =
    directives && directives.length
      ? createArrayExpression(directives.map(dir => buildDirectiveArgs(dir, context)))
      : undefined
}
// 处理 children
if (node.children.length > 0) {
  if (vnodeTag === KEEP_ALIVE) {
    // 把 KeepAlive 看作一个 Block，这样可以避免它的子节点的动态节点被父 Block 收集
    shouldUseBlock = true
    // 确保始终更新
    patchFlag |= 1024 /* DYNAMIC_SLOTS */
    if ((process.env.NODE_ENV !== 'production') && node.children.length > 1) {
      context.onError(createCompilerError(42 /* X_KEEP_ALIVE_INVALID_CHILDREN */, {
        start: node.children[0].loc.start,
        end: node.children[node.children.length - 1].loc.end,
        source: ''
      }))
    }
  }
  const shouldBuildAsSlots = isComponent &&
```

```
      // Teleport 不是一个真正的组件，它有专门的运行时处理功能
      vnodeTag !== TELEPORT &&
      vnodeTag !== KEEP_ALIVE
    if (shouldBuildAsSlots) {
      // 如果组件有 children，则处理插槽
      const { slots, hasDynamicSlots } = buildSlots(node, context)
      vnodeChildren = slots
      if (hasDynamicSlots) {
        patchFlag |= 1024 /* DYNAMIC_SLOTS */
      }
    }
    else if (node.children.length === 1 && vnodeTag !== TELEPORT) {
      const child = node.children[0]
      const type = child.type
      const hasDynamicTextChild = type === 5 /* INTERPOLATION */ ||
        type === 8 /* COMPOUND_EXPRESSION */
      if (hasDynamicTextChild && !getConstantType(child)) {
        patchFlag |= 1 /* TEXT */
      }
      // 如果只是一个普通文本节点、插值或者表达式，那么直接把节点赋值给 vnodeChildren
      if (hasDynamicTextChild || type === 2 /* TEXT */) {
        vnodeChildren = child
      }
      else {
        vnodeChildren = node.children
      }
    }
    else {
      vnodeChildren = node.children
    }
  }
  // 处理 patchFlag 和 dynamicPropNames
  if (patchFlag !== 0) {
    if ((process.env.NODE_ENV !== 'production')) {
      if (patchFlag < 0) {
        vnodePatchFlag = patchFlag + ` /* ${PatchFlagNames[patchFlag]} */`
      }
      else {
        // 获取 flag 对应的名字，生成注释，方便理解生成代码对应节点的 pathFlag
        const flagNames = Object.keys(PatchFlagNames)
          .map(Number)
          .filter(n => n > 0 && patchFlag & n)
          .map(n => PatchFlagNames[n])
          .join(`, `)
        vnodePatchFlag = patchFlag + ` /* ${flagNames} */`
      }
    }
    else {
      vnodePatchFlag = String(patchFlag)
    }
    if (dynamicPropNames && dynamicPropNames.length) {
      vnodeDynamicProps = stringifyDynamicPropNames(dynamicPropNames)
    }
  }
```

```
    node.codegenNode = createVNodeCall(context, vnodeTag, vnodeProps, vnodeChildren, vnodePatchFlag,
      vnodeDynamicProps, vnodeDirectives, !!shouldUseBlock, false /* disableTracking */, isComponent,
      node.loc)
  }
}
```

可以看到，transformElement 函数会返回一个退出函数，它会在该元素节点的子节点逻辑处理完毕后执行。

分析这个退出函数前，我们需要知道节点函数的转换目标，即创建一个实现 VNodeCall 接口的代码生成节点，后续的代码生成阶段可以根据这个节点对象生成目标代码。

知道了这个目标，我们再去理解 transformElement 函数的实现就不难了。

首先，判断这个节点是不是一个 Block 节点。

为了运行时的更新优化，Vue.js 3.*x* 设计了一个 Block tree 的概念。Block tree 是一个将模板基于动态节点指令进行切割的嵌套区块，每个区块只需要以一个 Array 来追踪自身包含的动态节点。借助 Block tree，Vue.js 将 vnode 更新性能由与模板整体大小相关提升为与动态内容的数量相关，极大优化了 diff 的效率。模板的动静比越大，这个优化就会越明显。因此在编译阶段，我们需要找出可以构成一个 Block 的节点，其中动态组件、TELEPORT 组件、SUSPENSE 组件、svg、foreignObject 标签，以及动态绑定的 prop 的节点都被视作一个 Block。

其次，处理节点的 props。

这个过程主要是从 AST 节点的 props 对象中进一步解析出指令 vnodeDirectives、动态属性 dynamicPropNames，以及更新标识 patchFlag。patchFlag 主要用于标识节点更新的类型，在组件的更新优化中会用到。

然后，处理节点的 children。

对于一个组件节点而言，如果它有子节点，说明是组件的插槽，会有一些内置组件（比如 KeepAlive、Teleport）的处理逻辑。对于一个普通元素节点来说，通常直接把节点的 children 属性拿给 vnodeChildren 即可。但有一种特殊情况，当节点只有一个子节点，并且是一个普通文本节点、插值或者表达式时，直接把节点赋值给 vnodeChildren。

接着，对前面解析 props 求得的 patchFlag 和 dynamicPropNames 做进一步处理。

在这个过程中，会根据 patchFlag 的值从 PatchFlagNames 中获取 flag 对应的名字，从而生成注释。因为 patchFlag 本身就是一个数字，所以通过名字注释的方式，我们一眼就可以从最终生成的代码中了解 patchFlag 的含义。

另外，还会将数组 dynamicPropNames 转化为 vnodeDynamicProps 字符串，便于后续对节点生成代码逻辑的处理。

最后，通过 createVNodeCall 创建了实现 VNodeCall 接口的代码生成节点，我们来看它的实现：

```
// compiler-core/src/ast.ts
function createVNodeCall(context, tag, props, children, patchFlag, dynamicProps, directives, isBlock
= false, disableTracking = false, isComponent = false, loc = locStub) {
  if (context) {
    if (isBlock) {
      context.helper(OPEN_BLOCK)
      context.helper(CREATE_BLOCK)
    }
    else {
      context.helper(CREATE_VNODE)
    }
    if (directives) {
      context.helper(WITH_DIRECTIVES)
    }
  }
  return {
    type: 13 /* VNODE_CALL */,
    tag,
    props,
    children,
    patchFlag,
    dynamicProps,
    directives,
    isBlock,
    disableTracking,
    isComponent,
    loc
  }
}
```

createVNodeCall 函数返回了一个对象，包含了传入的参数数据。这里要注意 context.helper 函数的调用，它会把一些 Symbol 对象添加到 context.helpers 数组中，目的是在后续代码生成阶段，生成一些辅助代码。

对于我们示例中的根节点：

```
<div class="app">
  // ...
</div>
```

它转换后生成的 node.codegenNode 如下：

```
{
  "children": [
    // 子节点
```

```
  ],
  "directives": undefined,
  "dynamicProps": undefined,
  "isBlock": false,
  "isForBlock": false,
  "patchFlag": undefined,
  "props": {
    // 属性
  },
  "tag": "div",
  "type": 13
}
```

这个 codegenNode 相比之前的 AST 节点对象多了很多与编译优化相关的属性，它们会在代码生成阶段起到非常重要作用。

13.2.2　表达式节点转换函数

接下来，我们来分析表达式节点转换函数的实现：

```
// compiler-core/src/transforms/transformExpression.ts
const transformExpression = (node, context) => {
  if (node.type === 5 /* INTERPOLATION */) {
    // 处理插值中的动态表达式
    node.content = processExpression(node.content, context)
  }
  else if (node.type === 1 /* ELEMENT */) {
    // 处理元素指令中的动态表达式
    for (let i = 0; i < node.props.length; i++) {
      const dir = node.props[i]
      // v-on 和 v-for 不处理，因为它们有各自的处理逻辑
      if (dir.type === 7 /* DIRECTIVE */ && dir.name !== 'for') {
        const exp = dir.exp
        const arg = dir.arg
        if (exp &&
          exp.type === 4 /* SIMPLE_EXPRESSION */ &&
          !(dir.name === 'on' && arg)) {
          dir.exp = processExpression(exp, context, dir.name === 'slot')
        }
        if (arg && arg.type === 4 /* SIMPLE_EXPRESSION */ && !arg.isStatic) {
          dir.arg = processExpression(arg, context)
        }
      }
    }
  }
}
```

transformExpression 主要做的事情就是转换插值和元素指令中的动态表达式，把简单的表达式对象转换成复合表达式对象，由于表达式本身不会再有子节点，所以它也不需要退出函数，直接在进入函数时做转换处理即可。

transformExpression 内部主要是通过 processExpression 函数完成。举个例子，比如模板：{{msg + test }}，它执行 parse 后生成的表达式节点 node.content 是一个简单的表达式对象：

```
{
  "type": 4,
  "isStatic": false,
  "isConstant": false,
  "content": "msg + test"
}
```

经过 processExpression 处理后，node.content 的值变成了一个复合表达式对象：

```
{
  "type": 8,
  "children": [
    {
      "type": 4,
      "isConstant": false,
      "content": "_ctx.msg",
      "isStatic": false
    },
    " + ",
    {
      "type": 4,
      "isConstant": false,
      "content": "_ctx.test",
      "isStatic": false
    }
  ],
  "identifiers": []
}
```

我们重点关注对象中的 children 属性，它是一个长度为 3 的数组，其实就是把表达式 msg + test 拆成了三部分，其中变量 msg 和 test 对应都加上了前缀_ctx。

那么为什么需要加这个前缀呢？因为模板中引用的 msg 对象和 test 对象最终都是在组件实例中访问的，所以为了书写方便，Vue.js 并没有让我们在模板中手动增加组件实例的前缀（例如 {{ this.msg + this.test }}，这样写起来不太方便），但如果用 JSX 写，通常要手动写 this。

你可能会有疑问：为什么 Vue.js 2.*x* 编译的结果没有_ctx 前缀呢？这是因为 Vue.js 2.*x* 的编译结果使用了“黑魔法” with，比如上述模板在 Vue.js 2.*x* 下的最终编译结果为 with(this){return _s(msg + test)}。它利用了 with 的特性，动态去组件实例中查找 msg 和 test 属性，所以不需要手动加前缀。但是由于 with 的动态查找特性，它在运行时性能表现并不好，因此 Vue.js 3.*x* 在 Node.js 端的编译结果舍弃了 with，它会在 processExpression 过程中对表达式进行动态分析，在该加前缀的地方加前缀。

不过 processExpression 的过程会有一定成本，因为它内部依赖了@babel/parser 库去解析表达式生成 AST 节点，并依赖了 estree-walker 库遍历这个 AST 节点，然后分析判断是否需要为节点加前缀，接着修改 AST 节点，最终转换生成新的表达式对象。

@babel/parser 这个库通常是在 Node.js 端用的，而且库本身的体积非常大，如果打包进 Vue.js，会让包体积膨胀四倍，因此我们并不会在生产环境的 Web 端引入这个库，Web 端生产环境的运行时编译最终仍然会用 with 方式，完全不需要对表达式进行转换。

因此，我们平时在用 webpack 构建项目时，会利用 vue-loader 对模板做离线编译，在编译过程中就会执行 transformExpression，模板编译生成的 render 函数就不会带有 with(this)，这也会对运行时的性能起到一定优化效果。由于编译过程是离线的，所以也就无所谓编译成本的增加了。

13.2.3　Text 节点转换函数

接下来，我们来分析 Text 节点转换函数的实现：

```
// compiler-core/src/transforms/transformText.ts
const transformText = (node, context) => {
  if (node.type === 0 /* ROOT */ ||
    node.type === 1 /* ELEMENT */ ||
    node.type === 11 /* FOR */ ||
    node.type === 10 /* IF_BRANCH */) {
    // 在节点退出时执行转换，保证所有表达式都已经被处理
    return () => {
      const children = node.children
      let currentContainer = undefined
      let hasText = false
      // 将相邻文本节点合并
      for (let i = 0; i < children.length; i++) {
        const child = children[i]
        if (isText(child)) {
          hasText = true
          for (let j = i + 1; j < children.length; j++) {
            const next = children[j]
            if (isText(next)) {
              if (!currentContainer) {
                // 创建复合表达式节点
                currentContainer = children[i] = {
                  type: 8 /* COMPOUND_EXPRESSION */,
                  loc: child.loc,
                  children: [child]
                }
              }
              currentContainer.children.push(` + `, next)
              children.splice(j, 1)
              j--
            }
            else {
```

```
          currentContainer = undefined
          break
        }
      }
    }
  }
  if (!hasText ||
    // 如果是一个带有单个文本子元素的纯元素节点，且不存在自定义指令，那么不需要转换，
    // 因为在运行时可以通过设置元素的 textContent 来直接更新文本
    (children.length === 1 &&
      (node.type === 0 /* ROOT */ ||
        (node.type === 1 /* ELEMENT */ &&
          node.tagType === 0 /* ELEMENT */ &&
          !node.props.find(p => p.type === 7 /* DIRECTIVE */
            && !context.directiveTransforms[p.name]) &&
          !(node.tag === 'template'))))) {
    return
  }
  // 为子文本节点创建一个调用函数表达式的代码生成节点
  for (let i = 0; i < children.length; i++) {
    const child = children[i]
    if (isText(child) || child.type === 8 /* COMPOUND_EXPRESSION */) {
      const callArgs = []
      // 为 createTextVNode 添加执行参数
      if (child.type !== 2 /* TEXT */ || child.content !== ' ') {
        callArgs.push(child)
      }
      // 标记动态文本
      if (!context.ssr && getConstantType(child, context) === 0) {
        callArgs.push(`${1 /* TEXT */} /* ${PatchFlagNames[1 /* TEXT */]} */`)
      }
      children[i] = {
        type: 12 /* TEXT_CALL */,
        content: child,
        loc: child.loc,
        codegenNode: createCallExpression(context.helper(CREATE_TEXT), callArgs)
      }
    }
  }
 }
}
}
```

transformText 函数只处理根节点、元素节点、v-for 以及 v-if 分支相关的节点，它也会返回一个退出函数，因为 transformText 要保证所有表达式节点都已经被处理才执行转换逻辑。

transformText 主要的目的就是合并一些相邻的文本节点，然后为内部每一个文本节点创建一个代码生成节点。在内部，静态文本节点和动态插值节点都被看作是一个文本节点，所以函数首先遍历节点的子节点，然后把子节点中的相邻文本节点合并成一个。比如示例中的文本节点：`<p>hello {{ msg + test }}</p>`。

在转换之前，p 节点对应的 children 数组有两个元素，第一个是纯文本节点，第二个是一个插值节点，这个数组也是前面提到的表达式节点转换后的结果：

```
[
  {
    "type": 2,
    "content": "hello ",
  },
  {
    "type": 5,
    "content": {
      "type": 8,
      "children": [
        {
          "type": 4,
          "isConstant": false,
          "content": "_ctx.msg",
          "isStatic": false
        },
        " + ",
        {
          "type": 4,
          "isConstant": false,
          "content": "_ctx.test",
          "isStatic": false
        }
      ],
      "identifiers": []
    }
  }
]
```

转换后，这两个文本节点被合并成一个复合表达式节点，结果如下：

```
[
  {
    "type": 8,
    "children": [
      {
        "type": 2,
        "content": "hello ",
      },
      " + ",
      {
        "type": 5,
        "content": {
          "type": 8,
          "children": [
            {
              "type": 4,
              "isConstant": false,
              "content": "_ctx.msg",
```

```
          "isStatic": false
        },
        " + ",
        {
          "type": 4,
          "isConstant": false,
          "content": "_ctx.test",
          "isStatic": false
        }
      ],
      "identifiers": []
    }
  }
  ]
 }
]
```

合并完子文本节点后，接下来判断如果是一个只带有单个文本子元素的纯元素节点，且元素上不存在自定义指令，那么不需要转换，因为在运行时可以通过设置元素的 textContent 来直接更新文本。

最后就是处理节点包含文本子节点且多个子节点的情况，举个例子：

```
<p>
  hello {{ msg + test }}
  <a href="foo"/>
  hi
</p>
```

p 标签的子节点经过前面的文本合并流程后，还有三个子节点。针对这种情况，我们可以遍历子节点，找到所有的文本节点或者复合表达式节点，然后通过 createCallExpression 为这些子节点创建一个调用函数表达式的代码生成节点。

我们来看 createCallExpression 的实现：

```
function createCallExpression(callee, args = [], loc = locStub) {
  return {
    type: 14 /* JS_CALL_EXPRESSION */,
    loc,
    callee,
    arguments: args
  }
}
```

createCallExpression 返回一个类型为 JS_CALL_EXPRESSION 的对象，它包含了执行的函数名和参数。

针对我们创建的函数表达式所生成的节点，它对应的函数名是 createTextVNode，参数 callArgs 是子节点本身 child，如果是动态插值节点，那么参数还会多一个 TEXT 的 patchFlag。

13.2.4　条件节点转换函数

最后，我们来分析条件节点转换函数的实现：

```
// compiler-core/src/transforms/vIf.ts
const transformIf = createStructuralDirectiveTransform(/^(if|else|else-if)$/, (node, dir, context) => {
  return processIf(node, dir, context, (ifNode, branch, isRoot) => {
    // 处理同级多个 v-if 的情况，动态增加 key
    const siblings = context.parent.children
    let i = siblings.indexOf(ifNode)
    let key = 0
    while (i-- >= 0) {
      const sibling = siblings[i]
      if (sibling && sibling.type === 9 /* IF */) {
        key += sibling.branches.length
      }
    }
    return () => {
      // 退出回调函数，当所有子节点转换完成执行
    }
  })
})
```

条件节点转换函数比前面几种转换函数的实现稍微复杂一些，在分析函数的具体实现之前，我们先来思考一下条件节点转换的目的，为了方便理解，我们仍通过示例来说明：

```
<hello v-if="flag"></hello>
<div v-else>
  <p>hello {{ msg + test }}</p>
  <p>static</p>
  <p>static</p>
</div>
```

在 parse 阶段，该模板解析生成的 AST 节点如下：

```
[
  {
    "children": [],
    "codegenNode": undefined,
    "isSelfClosing": false,
    "ns": 0,
    "props": [{
      "type": 7,
      "name": "if",
      "exp": {
        "type": 4,
        "content": "flag",
        "isConstant": false,
        "isStatic": false
      },
      "arg": undefined,
      "modifiers": []
```

```
    }],
    "tag": "hello",
    "tagType": 1,
    "type": 1
  },
  {
    "children": [
      // 子节点
    ],
    "codegenNode": undefined,
    "isSelfClosing": false,
    "ns": 0,
    "props": [{
      "type": 7,
      "name": "else",
      "exp": undefined,
      "arg": undefined,
      "modifiers": []
    }],
    "tag": "div",
    "tagType": 0,
    "type": 1
  }
]
```

`v-if`、`v-else` 指令用于条件性地渲染一块内容，而上述 AST 节点就是单纯描述两个节点的相关数据，显然对于最终去生成条件的代码而言，是不够语义化的，于是需要对它们进行一层转换，使其成为语义化更强的代码生成节点。

我们回过头看 `transformIf` 的实现，它是通过 `createStructuralDirectiveTransform` 函数创建的一个结构化指令的转换函数，在 Vue.js 中，`v-if`、`v-else-if`、`v-else` 和 `v-for` 这些都属于结构化指令，因为它们能影响代码的组织结构。

我们来看一下 `createStructuralDirectiveTransform` 的实现：

```
// compiler-core/src/transform.ts
function createStructuralDirectiveTransform(name, fn) {
  const matches = isString(name)
    ? (n) => n === name
    : (n) => name.test(n)
  return (node, context) => {
    // 只处理元素节点
    if (node.type === 1 /* ELEMENT */) {
      const { props } = node
      // 结构化指令的转换与插槽无关，插槽相关处理逻辑在 vSlot.ts 中
      if (node.tagType === 3 /* TEMPLATE */ && props.some(isVSlot)) {
        return
      }
      const exitFns = []
      for (let i = 0; i < props.length; i++) {
```

```
      const prop = props[i]
      if (prop.type === 7 /* DIRECTIVE */ && matches(prop.name)) {
        // 删除结构指令以避免无限递归
        props.splice(i, 1)
        i--
        const onExit = fn(node, prop, context)
        if (onExit)
          exitFns.push(onExit)
      }
    }
    return exitFns
  }
 }
}
```

createStructuralDirectiveTransform 函数拥有两个参数，其中 name 是指令的名称，fn 是构造转换退出函数的函数。createStructuralDirectiveTransform 最后会返回一个函数，在当前场景下，这个函数就是 transformIf 转换函数。

我们进一步分析这个函数的实现，它只处理元素节点，这个很好理解，因为只有元素节点才有 v-if 指令。接着会解析这个节点的 props 属性，如果发现 props 包含 if 属性，也就是节点拥有 v-if 指令，那么先从 props 删除这个结构化指令防止无限递归，然后执行 fn 获取对应的退出函数，并将其添加到 exitFns，最后将这个退出函数的数组 exitFns 返回。

现在需要记住一点，条件节点的转换函数也是需要处理完子节点内容后，执行相关的退出函数，且这个退出函数是一个数组。

接着我们来看 fn 的实现，在当前场景下 fn 对应的是前面传入的匿名函数：

```
// compiler-core/src/transforms/vIf.ts
(node, dir, context) => {
  return processIf(node, dir, context, (ifNode, branch, isRoot) => {
    // 处理同级多个 v-if 的情况，动态增加 key
    return () => {
      // 退出回调函数，当所有子节点转换完成执行
    }
  })
}
```

可以看到，当执行 fn 函数时，内部就会执行 processIf 函数，我们再来看它的实现：

```
// compiler-core/src/transforms/vIf.ts
function processIf(node, dir, context, processCodegen) {
  // ...
  if (dir.name === 'if') {
    // 创建分支节点
    const branch = createIfBranch(node, dir)
    // 创建 if 节点，替换当前节点
    const ifNode = {
```

```
      type: 9 /* IF */,
      loc: node.loc,
      branches: [branch]
    }
    context.replaceNode(ifNode)
    if (processCodegen) {
      return processCodegen(ifNode, branch, true)
    }
  }
  else {
    // 处理 v-if 相邻节点，比如 v-else-if 和 v-else
  }
}
```

processIf 函数主要就是用来处理 v-if 节点以及 v-if 的相邻节点，比如 v-else-if 和 v-else，并且它们会走不同的处理逻辑。

我们先来分析 v-if 的处理逻辑。首先，它会执行 createIfBranch 创建一个分支节点：

```
// compiler-core/src/transforms/vIf.ts
function createIfBranch(node, dir) {
  return {
    type: 10 /* IF_BRANCH */,
    loc: node.loc,
    condition: dir.name === 'else' ? undefined : dir.exp,
    children: node.tagType === 3 /* TEMPLATE */ && !findDir(node, 'for')
      ? node.children
      : [node],
    userKey: findProp(node, `key`)
  }
}
```

这个分支节点很好理解，因为 v-if 节点内部的子节点可以属于一个分支，v-else-if 和 v-else 节点内部的子节点也都可以属于一个分支，而最终页面渲染执行哪个分支，取决于哪个分支节点的 condition 为 true。

对于 v-if 和 v-else-if 节点，它们的 condition 就是指令对应的表达式 dir.exp，而对于 v-else 节点，condition 是 undefined。

最后分支节点返回的对象包含了 condition 条件以及它的子节点 children。

注意，如果 v-if 指令作用在 template 节点，并且该节点不包含 v-for 指令，那么 children 指向的就是它的子节点 node.children：

```
<template v-if="flag">
  <hello></hello>
</template>
```

当然，v-if 指令也可以直接作用在元素节点上：

```
<hello v-if="flag"></hello>
```

此时，children 指向的就是该元素节点构成的数组 node。

回到 processIf 函数，在执行 createIfBranch 创建完分支节点后，接下来它会创建 if 节点替换当前节点，if 节点拥有 branches 属性，包含我们前面创建的分支节点。显然，相对于原节点，if 节点的语义化更强，更利于后续生成条件表达式代码。

最后它会执行 processCodegen 创建退出函数。我们不着急分析退出函数的创建过程，先把 v-if 相邻节点的处理逻辑分析完（只分析关键逻辑）：

```
// compiler-core/src/transforms/vIf.ts
function processIf(node, dir, context, processCodegen) {
  if (dir.name === 'if') {
    // 处理 v-if 节点
  }
  else {
    // 处理 v-if 相邻节点，比如 v-else-if 和 v-else
    const siblings = context.parent.children
    let i = siblings.indexOf(node)
    while (i-- >= -1) {
      const sibling = siblings[i]
      // ...
      if (sibling && sibling.type === 9 /* IF */) {
        // 把节点移动到 if 节点的 branches 中
        context.removeNode()
        const branch = createIfBranch(node, dir)
        sibling.branches.push(branch)
        const onExit = processCodegen && processCodegen(sibling, branch, false)
        // 因为分支已被删除，所以它的子节点需要在这里遍历
        traverseNode(branch, context)
        // 执行退出函数
        if (onExit)
          onExit()
        // 恢复 currentNode 为 null，因为它已经被移除
        context.currentNode = null
      }
      else {
        context.onError(createCompilerError(28 /* X_V_ELSE_NO_ADJACENT_IF */, node.loc))
      }
      break
    }
  }
}
```

这段处理逻辑就是从当前节点往前面的兄弟节点遍历，找到 v-if 节点后，把当前节点删除，然后根据当前节点创建一个分支节点，把这个分支节点添加到前面创建的 if 节点的 branches 中。

注意，由于这个节点已经从上下文中删除，所以需要在这里把它的子节点通过 traverseNode 遍历一遍，在遍历完子节点后立即执行通过 processCodegen 创建的退出函数。

这么处理下来，就相当于完善了 if 节点的信息，if 节点的 branches 就包含了所有的分支节点。

那么至此，进入 v-if、v-else-if、v-else 这些节点的转换逻辑我们就分析完毕了，最终创建了一个 if 节点，它包含了所有的分支节点。

不过，光有分支节点的信息还不够，我们还需要创建条件节点的代码生成节点，它是在退出函数的执行过程中完成的。因此接下来，我们就来分析条件节点转换函数的退出函数。

前面我们提到，在执行 processIf 函数的时候，会传入一个 processCodegen 函数来创建退出函数，在处理 v-if 指令节点时，会执行这个函数，并把它的返回值作为退出函数。我们来看 processCodegen 在 transformIf 函数中的实现：

```
// compiler-core/src/transforms/vIf.ts
(node, dir, context) => {
  return processIf(node, dir, context, (ifNode, branch, isRoot) => {
    // 退出回调函数，当所有子节点转换完成执行
    return () => {
      if (isRoot) {
        // v-if 节点的退出函数
        // 创建 v-if 节点的 codegenNode
        ifNode.codegenNode = createCodegenNodeForBranch(branch, key, context)
      }
      else {
        // v-else-if、v-else 节点的退出函数
      }
    }
  })
}
```

对于 v-if 节点而言，在处理完子节点后，会执行退出函数，通过 createCodegenNodeForBranch 来创建 v-if 节点的代码生成节点，我们来看一下它的实现：

```
// compiler-core/src/transforms/vIf.ts
function createCodegenNodeForBranch(branch, keyIndex, context) {
  if (branch.condition) {
    return createConditionalExpression(branch.condition, createChildrenCodegenNode(branch, keyIndex,
      context),
      createCallExpression(context.helper(CREATE_COMMENT), [
        (process.env.NODE_ENV !== 'production') ? '"v-if"' : '""',
        'true'
      ]))
  }
  else {
    return createChildrenCodegenNode(branch, keyIndex, context)
  }
}
```

当分支节点存在 condition 的时候，比如 v-if 和 v-else-if，它会通过 createConditionalExpression 来创建一个条件表达式节点：

```
// compiler-core/src/ast.ts
function createConditionalExpression(test, consequent, alternate, newline = true) {
  return {
    type: 19 /* JS_CONDITIONAL_EXPRESSION */,
    test,
    consequent,
    alternate,
    newline,
    loc: locStub
  }
}
```

其中 consequent 是主 branch 的子节点对应的代码生成节点，alternate 是候补 branch 子节点对应的代码生成节点。下面我们进一步分析这两个代码生成节点。

首先，consequent 是通过 createChildrenCodegenNode 创建的，它的实现如下：

```
// compiler-core/src/transforms/vIf.ts
function createChildrenCodegenNode(branch, keyIndex, context) {
  const { helper } = context
  // 根据 index 创建 key 属性
  const keyProperty = createObjectProperty(`key`, createSimpleExpression(`${keyIndex}` + '', locStub, 2))
  const { children } = branch
  const firstChild = children[0]
  const needFragmentWrapper = children.length !== 1 || firstChild.type !== 1 /* ELEMENT */
  if (needFragmentWrapper) {
    // Fragment 处理逻辑
  }
  else {
    const ret = firstChild
      .codegenNode

    // memo 处理
    const vnodeCall = getMemoedVNodeCall(ret)
    // 把 createVNode 改变为 createBlock
    if (vnodeCall.type === 13 /* VNODE_CALL */) {
      makeBlock(vnodeCall, context)
    }
    // 给 branch 注入 key 属性
    injectProp(vnodeCall, keyProperty, context)
    return ret
  }
}
```

createChildrenCodegenNode 主要就是判断每个分支子节点是不是一个 vnodeCall，如果是则把它转变成一个 BlockCall，即让 v-if 的每一个分支都可以创建一个 Block。

这个行为是很好理解的，因为 v-if 是条件渲染的，我们知道在某些条件下某些分支是不会渲染的，那么它内部的动态节点就不能添加到外部的 Block 中，所以需要单独创建一个 Block 来维护分支内部的动态节点，这样也就构成了 Block tree。

接下来我们来分析 alternate，注意这里仅仅是通过 createCallExpression 创建了一个调用函数表达式的代码生成节点，但这只是一个临时的代码生成节点，还需要做进一步的转换。

前面我们提到过，在 processIf 函数执行的过程中，对于 v-else-if 和 v-else 节点，它们的退出函数会在处理完子节点后执行，我们再来看这两个节点对应的退出函数的实现：

```
// compiler-core/src/transforms/vIf.ts
(node, dir, context) => {
  return processIf(node, dir, context, (ifNode, branch, isRoot) => {
    // 退出回调函数，当所有子节点转换完成后执行
    return () => {
      if (isRoot) {
        // v-if 节点的退出函数
      }
      else {
        // v-else-if、v-else 节点的退出函数
        // 将此分支的 codegenNode 附加到上一个条件节点的 codegenNode 的 alternate 中
        const parentCondition = getParentCondition(ifNode.codegenNode)
        parentCondition.alternate = createCodegenNodeForBranch(branch, key + ifNode.branches.length
- 1, context)
      }
    }
  })
}
```

在对 v-if 节点做了转换后，接下来就会转换 v-else-if 节点和 v-else 节点。在转换 v-if 节点的过程中，创建了 v-if 节点的代码生成节点，其中 alternate 是一个函数表达式的代码生成节点，它只是一个临时节点；而在 v-else-if 和 v-else 的退出函数中，会通过执行 createCodegenNodeForBranch 再次更新候选节点，使其变成相应的分支代码生成节点。

这里的设计非常巧妙，由于 v-else-if 节点和 v-else 节点是依次处理的，所以在处理完 v-else-if 节点后，它的下一个条件 alternate 也会被创建成一个临时的代码生成节点，在下一次执行 v-else 的退出函数时，更新这个候选节点。

最后，为了让大家直观感受条件节点最终转换的结果，我们来看前面示例转换后的结果，最终转换生成的条件节点对象如下（只列出一些重要属性）：

```
{
  "type": 9,
  "branches": [{
     "type": 10,
     "children": [{
        "type": 1,
```

```
        "tagType": 1,
        "tag": "hello"
      }],
      "condition": {
        "type": 4,
        "content": "_ctx.flag"
      }
  },{
      "type": 10,
      "children": [{
        "type": 1,
        "tagType": 0,
        "tag": "div",
        "children": [
          // 子节点
        ],
      }],
      "condition": undefined
  }],
  "codegenNode": {
    "type": 19,
    "consequent": {
      "type": 13,
      "tag": "_component_hello",
      "children": undefined,
      "directives": undefined,
      "dynamicProps": undefined,
      "isBlock": true,
      "patchFlag": undefined
    },
    "alternate": {
      "type": 13,
      "tag": "div",
      "children": [
        // 子节点
      ],
      "directives": undefined,
      "dynamicProps": undefined,
      "isBlock": true,
      "patchFlag": undefined
    }
  }
}
```

可以看到，相比原节点，转换后的条件节点无论是在语义化方面还是在信息化方面，都更加丰富，我们可以更容易地依据它在代码生成阶段生成所需的代码。

13.3　静态提升

节点转换完毕后，会判断编译配置中是否配置了 `hoistStatic`，如果是就会执行 `hoistStatic` 做静态提升：

```
// compiler-core/src/transform.ts
if (options.hoistStatic) {
  hoistStatic(root, context)
}
```

静态提升是 Vue.js 3.*x* 在编译阶段设计的一个优化策略，为了便于理解，我先举个简单的例子：

```
<p>hello {{ msg + test }}</p>
<p>static</p>
<p>static</p>
```

我们给编译过程配置了 hoistStatic，模板经过编译后生成的代码如下：

```
import { toDisplayString as _toDisplayString, createElementVNode as _createElementVNode, Fragment as
_Fragment, openBlock as _openBlock, createElementBlock as _createElementBlock } from "vue"

const _hoisted_1 = /*#__PURE__*/_createElementVNode("p", null, "static", -1 /* HOISTED */)
const _hoisted_2 = /*#__PURE__*/_createElementVNode("p", null, "static", -1 /* HOISTED */)

export function render(_ctx, _cache, $props, $setup, $data, $options) {
  return (_openBlock(), _createElementBlock(_Fragment, null, [
    _createElementVNode("p", null, "hello " + _toDisplayString(_ctx.msg + _ctx.test), 1 /* TEXT */),
    _hoisted_1,
    _hoisted_2
  ], 64 /* STABLE_FRAGMENT */))
}
```

我们重点关注_hoisted_1 和_hoisted_2 这两个变量，它们分别对应模板中两个静态 p 标签生成的 vnode，可以发现，它的创建是在 render 函数外部执行的。这样做的好处就是不用每次在 render 阶段都执行一次 createVNode 创建 vnode 对象，直接用之前在内存中创建好的 vnode 即可。

那么为什么叫静态提升呢？因为这些静态节点不依赖动态数据，一旦创建了就不会改变，所以只有静态节点才能被提升到外部创建。

了解以上背景知识后，我们一起来看静态提升的实现：

```
// compiler-core/src/transforms/hoistStatic.ts
function hoistStatic(root, context) {
  walk(root, context,
    // 根节点不会做静态提升
    isSingleElementRoot(root, root.children[0]));
}
function walk(node, context, doNotHoistNode = false) {
  let canStringify = true
  const { children } = node
  const originalCount = children.length
  let hoistedCount = 0
  for (let i = 0; i < children.length; i++) {
    const child = children[i]
```

```
// 普通元素节点
if (child.type === 1 /* ELEMENT */ &&
  child.tagType === 0 /* ELEMENT */) {
  // 获取常量类型
  const constantType = doNotHoistNode
    ? 0 /* NOT_CONSTANT */
    : getConstantType(child, context)
  if (constantType > 0 /* NOT_CONSTANT */) {
    if (constantType < 3 /* CAN_STRINGIFY */) {
      canStringify = false
    }
    if (constantType >= 2 /* CAN_HOIST */) {
      child.codegenNode.patchFlag =
        -1 /* HOISTED */ + ((process.env.NODE_ENV !== 'production') ? ` /* HOISTED */` : ``)
      // 更新节点的 codegenNode
      child.codegenNode = context.hoist(child.codegenNode)
      hoistedCount++
      continue
    }
  }
  else {
    // 虽然节点可能会包含一些动态子节点，但它的静态属性还是可以被静态提升
    const codegenNode = child.codegenNode
    if (codegenNode.type === 13 /* VNODE_CALL */) {
      const flag = getPatchFlag(codegenNode)
      if ((!flag ||
        flag === 512 /* NEED_PATCH */ ||
        flag === 1 /* TEXT */) &&
        getGeneratedPropsConstantType(child, context) >=
        2 /* CAN_HOIST */) {
        const props = getNodeProps(child)
        if (props) {
          codegenNode.props = context.hoist(props)
        }
      }
      if (codegenNode.dynamicProps) {
        codegenNode.dynamicProps = context.hoist(codegenNode.dynamicProps)
      }
    }
  }
}
else if (child.type === 12 /* TEXT_CALL */) {
  // 文本节点
  const contentType = getConstantType(child.content, context)
  if (contentType > 0) {
    if (contentType < 3 /* CAN_STRINGIFY */) {
      canStringify = false
    }
    if (contentType >= 2 /* CAN_HOIST */) {
      child.codegenNode = context.hoist(child.codegenNode)
      hoistedCount++
    }
  }
}
```

```
    if (child.type === 1 /* ELEMENT */) {
      const isComponent = child.tagType === 1 /* COMPONENT */
      if (isComponent) {
        context.scopes.vSlot++
      }
      // 递归遍历子节点
      walk(child, context)
      if (isComponent) {
        context.scopes.vSlot--
      }
    }
    else if (child.type === 11 /* FOR */) {
      // 当 v-for 只有一个元素，就没必要静态提升了，它会被当作一个 block
      walk(child, context, child.children.length === 1)
    }
    else if (child.type === 9 /* IF */) {
      for (let i = 0; i < child.branches.length; i++) {
        // 同理，当 v-if 只有一个元素，就没必要静态提升了，它会被当作一个 block
        walk(child.branches[i], context, child.branches[i].children.length === 1)
      }
    }
  }
  if (canStringify && hoistedCount && context.transformHoist) {
    context.transformHoist(children, context, node)
  }
  // 所有的子节点均可以静态提升
  if (
    hoistedCount &&
    hoistedCount === originalCount &&
    node.type === 1 /* ELEMENT */ &&
    node.tagType === 0 /* ELEMENT */ &&
    node.codegenNode &&
    node.codegenNode.type === 13 /* VNODE_CALL */ &&
    isArray(node.codegenNode.children)
  ) {
    node.codegenNode.children = context.hoist(
      createArrayExpression(node.codegenNode.children)
    )
  }
}
```

可以看到，`hoistStatic` 操作主要就是从根节点开始，通过深度优先的方式递归遍历节点，并做判断。

首先，如果节点是一个元素节点，那么会通过 `getConstantType` 获取节点的常量类型。常量类型共有四个级别，其中 `0 /NOT_CONSTANT/` 表示非常量；`1 /CAN_SKIP_PATCH/` 表示可以在 patch 阶段跳过；`2 /CAN_HOIST/`表示节点可以被静态提升；`3 /CAN_STRINGIFY/`表示节点可以被字符串化。此外，常量类型的高级别是包含低级别的能力的，举个例子，如果一个节点的常量类型是 3，那么它也是可以被静态提升的。

getConstantType 会根据节点类型的不同返回不同的值，比如对于文本和注释节点，它会返回 3 /CAN_STRINGIFY/。对于元素节点，getConstantType 会判断节点自身以及它的子元素类型、属性类型，进而决定它的常量类型。如果发现没有任何动态数据，那么该元素节点就是可以被动态提升的。

此外，虽然有的节点可能会包含一些动态子节点，但它本身的静态属性还是可以被静态提升的。

如果节点满足可以被静态提升的条件，节点对应的 codegenNode 会通过执行 context.hoist，将其修改为一个简单的表达式节点：

```
// compiler-core/src/transform.ts
function hoist(exp) {
  if (isString(exp)) exp = createSimpleExpression(exp)
  context.hoists.push(exp)
  const identifier = createSimpleExpression(`_hoisted_${context.hoists.length}`, false, exp.loc, 2 /*
CAN_HOIST */)
  identifier.hoisted = exp
  return identifier
}
child.codegenNode = context.hoist(child.codegenNode)
```

可以看到，静态提升过程的最终结果是修改了可以被静态提升的节点的 codegenNode，它在会生成代码阶段帮助我们生成静态提升的相关代码。

但是你要注意，静态提升也并非毫无成本，静态提升创建的节点放在了 render 函数外部，render 函数内部会始终保留对静态节点的引用，导致的后果就是即使组件被销毁，静态提升的节点所占用的内存也不会被释放。

因此，静态提升是一种空间换时间的优化手段，相比于占用的内存成本，它在性能方面的提升会给用户体验带来更多的收益。

13.4　创建根节点的代码生成节点

完成静态提升后，我们来到了 AST 转换的最后一步，即创建根节点的代码生成节点。我们先来看一下 createRootCodegen 的实现：

```
// compiler-core/src/transform.ts
function createRootCodegen(root, context) {
  const { helper, removeHelper } = context
  const { children } = root
  if (children.length === 1) {
    const child = children[0]
```

```
    // 如果子节点是单个元素节点，则将其转换成一个 block
    if (isSingleElementRoot(root, child) && child.codegenNode) {
      const codegenNode = child.codegenNode
      if (codegenNode.type === 13 /* VNODE_CALL */) {
        makeBlock(codegenNode, context)
      }
      root.codegenNode = codegenNode
    }
    else {
      root.codegenNode = child
    }
  }
  else if (children.length > 1) {
    // 如果子节点是多个节点，则返回一个 fragement 的代码生成节点
    let patchFlag = 64 /* STABLE_FRAGMENT */
    let patchFlagText = PatchFlagNames[64 /* STABLE_FRAGMENT */]
    if ((process.env.NODE_ENV !== 'production') && children.filter(c => c.type !== 3 /* COMMENT
*/).length === 1) {
      patchFlag |= 2048 /* DEV_ROOT_FRAGMENT */
      patchFlagText += `, ${PatchFlagNames[2048 /* DEV_ROOT_FRAGMENT */]}`
    }
    root.codegenNode = createVNodeCall(context, helper(FRAGMENT), undefined, root.children, patchFlag
+ ((process.env.NODE_ENV !== 'production') ? ` /* ${patchFlagText} */` : ``), undefined, undefined,
true, undefined, false)
  }
}
```

createRootCodegen 的目的就是为 root 这个虚拟的 AST 根节点创建一个代码生成节点，如果 root 的子节点 children 是单个元素节点，那么将其转换成一个 Block，把这个 child 的 codegenNode 赋值给 root 的 codegenNode；如果 root 的子节点 children 是多个节点，那么返回一个 fragement 的代码生成节点，并赋值给 root 的 codegenNode。

root 节点创建的 codegenNode 也是为了在后续生成代码使用。

createRootCodegen 完成之后，接着把在转换 AST 节点过程中创建的一些上下文数据赋值给 root 节点对应的属性：

```
// compiler-core/src/transform.ts
root.helpers = [...context.helpers.keys()]
root.components = [...context.components]
root.directives = [...context.directives]
root.imports = context.imports
root.hoists = context.hoists
root.temps = context.temps
root.cached = context.cached
```

这样，在代码生成节点时，就可以通过 root 根节点访问这些变量并使用了。

13.5 总结

如果说 parse 阶段是一个词法分析过程，构造基础的 AST 节点对象，那么 transform 节点就是语法分析阶段，把 AST 节点做一层转换，构造出语义化更强、信息更加丰富的 codegenNode，它在后续的代码生成阶段起着非常重要的作用。

在转换过程中，首先创建了 transform 上下文，负责维护整个转换过程中的一些状态数据，以及提供一些修改上下文数据的辅助函数。然后通过深度优先的方式遍历所有 AST 节点，并为节点执行相应的转换函数，构造了对应的辅助生成代码生成节点 codegenNode。接着在配置了 hoistStatic 的情况下，再次遍历节点，找到所有可以被静态提升的节点和属性，并修改它们对应的 codegenNode。最后，为根节点创建 codegenNode，并保留转换 AST 节点过程中创建的一些上下文数据。

第 14 章

生成代码

上一章分析了 AST 节点转换的过程，AST 节点转换的作用是通过语法分析，创建语义和信息更加丰富的代码生成节点 codegenNode，便于后续生成代码。那么这一章就来分析整个编译的过程的最后一步——代码生成的实现原理。

同样地，由于代码生成阶段要处理的场景很多，所以代码非常复杂。为了方便理解它的核心流程，我们还是通过示例的方式来演示整个代码生成的过程：

```
<div class="app">
  <hello v-if="flag"></hello>
  <div v-else>
    <p>hello {{ msg + test }}</p>
    <p>static</p>
    <p>static</p>
  </div>
</div>
```

代码生成的结果和编译配置相关，你可以打开官方提供的模板导出工具，点击右上角的 Options 修改编译配置。为了让你理解核心的流程，这里我只分析一种配置方案，当理解整个编译核心流程后，你也可以修改这些配置分析其他的分支逻辑。

我们分析的编译配置是：mode 为 module，whitespace 为 condense，prefixIdentifiers 开启，hoistStatic 开启，其他配置均不开启。

为了让你有个大致印象，我们先来看一下上述例子生成代码的结果：

```
import { resolveComponent as _resolveComponent, openBlock as _openBlock, createBlock as _createBlock,
createCommentVNode as _createCommentVNode, toDisplayString as _toDisplayString, createElementVNode as
_createElementVNode, createElementBlock as _createElementBlock } from "vue"

const _hoisted_1 = { class: "app" }
const _hoisted_2 = { key: 1 }
const _hoisted_3 = /*#__PURE__*/_createElementVNode("p", null, "static", -1 /* HOISTED */)
```

```
const _hoisted_4 = /*#__PURE__*/_createElementVNode("p", null, "static", -1 /* HOISTED */)

export function render(_ctx, _cache, $props, $setup, $data, $options) {
  const _component_hello = _resolveComponent("hello")

  return (_openBlock(), _createElementBlock("div", _hoisted_1, [
    (_ctx.flag)
      ? (_openBlock(), _createBlock(_component_hello, { key: 0 }))
      : (_openBlock(), _createElementBlock("div", _hoisted_2, [
          _createElementVNode("p", null, "hello " + _toDisplayString(_ctx.msg + _ctx.test), 1 /* TEXT */),
          _hoisted_3,
          _hoisted_4
        ]))
  ]))
}
```

那么接下来，我们就来一步步分析示例的模板是如何转换生成这样的代码的。

在 AST 转换后，会执行 generate 函数生成代码：

```
// compiler-core/src/compile.ts
return generate(ast, extend({}, options, {
  prefixIdentifiers
}))
```

generate 函数的输入就是转换后的 AST 根节点，我们看一下它的实现：

```
// compiler-core/src/codegen.ts
function generate(ast, options = {}) {
  // 创建代码生成上下文
  const context = createCodegenContext(ast, options)

  if (options.onContextCreated)
    options.onContextCreated(context)
  const { mode, push, prefixIdentifiers, indent, deindent, newline, scopeId, ssr } = context
  const hasHelpers = ast.helpers.length > 0
  const useWithBlock = !prefixIdentifiers && mode !== 'module'
  const genScopeId = scopeId != null && mode === 'module'
  const isSetupInlined = !!options.inline
  const preambleContext = isSetupInlined
  ? createCodegenContext(ast, options)
  : context
  // 生成预设代码
  if ( mode === 'module') {
    genModulePreamble(ast, preambleContext, genScopeId, isSetupInlined)
  }
  else {
    genFunctionPreamble(ast, context)
  }
  // 生成渲染函数的名称和参数
  const functionName = ssr ? `ssrRender` : `render`
  const args = ssr ? ['_ctx', '_push', '_parent', '_attrs'] : ['_ctx', '_cache']
  if (options.bindingMetadata && !options.inline) {
```

```
  args.push('$props', '$setup', '$data', '$options')
}
const signature = options.isTS
? args.map(arg => `${arg}: any`).join(',')
: args.join(', ')

if (isSetupInlined) {
  push(`(${signature}) => {`)
}
else {
  push(`function ${functionName}(${signature}) {`)
}
indent()
if (useWithBlock) {
  // 处理带 with 的情况，Web 端运行时编译
  push(`with (_ctx) {`)
  indent()
  if (hasHelpers) {
    push(`const { ${ast.helpers
      .map(s => `${helperNameMap[s]}: _${helperNameMap[s]}`)
      .join(', ')} } = _Vue`);
    push(`\n`)
    newline()
  }
}
// 生成自定义组件声明代码
if (ast.components.length) {
  genAssets(ast.components, 'component', context)
  if (ast.directives.length || ast.temps > 0) {
    newline()
  }
}
// 生成自定义指令声明代码
if (ast.directives.length) {
  genAssets(ast.directives, 'directive', context);
  if (ast.temps > 0) {
    newline()
  }
}
// 生成临时变量代码
if (ast.temps > 0) {
  push(`let `)
  for (let i = 0; i < ast.temps; i++) {
    push(`${i > 0 ? `, ` : ``}_temp${i}`)
  }
}
if (ast.components.length || ast.directives.length || ast.temps) {
  push(`\n`)
  newline()
}
if (!ssr) {
  push(`return `)
}
// 生成创建 vnode 树的表达式
```

```
  if (ast.codegenNode) {
    genNode(ast.codegenNode, context);
  }
  else {
    push(`null`)
  }
  if (useWithBlock) {
    deindent()
    push(`}`)
  }
  deindent()
  push(`}`)
  return {
    ast,
    code: context.code,
    map: context.map ? context.map.toJSON() : undefined,
    preamble : isSetupInlined ? preambleContext.code : '',
  }
}
```

generate 函数主要做了五件事情：创建代码生成上下文，生成预设代码，生成渲染函数的名称和参数，生成资源声明代码，以及生成创建 vnode 树的表达式。接下来，我们就依次详细分析这几个流程。

14.1 创建代码生成上下文

首先，通过执行 createCodegenContext 创建代码生成上下文，我们来看它的实现：

```
// compiler-core/src/codegen.ts
function createCodegenContext(ast, { mode = 'function', prefixIdentifiers = mode === 'module', sourceMap
= false, filename = `template.vue.html`, scopeId = null, optimizeImports = false, runtimeGlobalName
= `Vue`, runtimeModuleName = `vue`, ssr = false, isTS = false, inSSR = false }) {
  const context = {
    mode,
    prefixIdentifiers,
    sourceMap,
    filename,
    scopeId,
    optimizeImports,
    runtimeGlobalName,
    runtimeModuleName,
    ssr,
    isTS,
    inSSR,
    source: ast.loc.source,
    code: ``,
    column: 1,
    line: 1,
    offset: 0,
    indentLevel: 0,
```

```
    pure: false,
    map: undefined,
    helper(key) {
      return `_${helperNameMap[key]}`
    },
    push(code) {
      context.code += code
      // ...
    },
    indent() {
      newline(++context.indentLevel)
    },
    deindent(withoutNewLine = false) {
      if (withoutNewLine) {
        --context.indentLevel
      }
      else {
        newline(--context.indentLevel)
      }
    },
    newline() {
      newline(context.indentLevel)
    }
  }
  function newline(n) {
    context.push('\n' + `  `.repeat(n))
  }
  return context
}
```

该上下文对象 context 维护了 generate 过程的一些配置，比如 mode、prefixIdentifiers；也维护了 generate 过程的一些状态数据，比如当前生成的代码 code，当前生成代码的缩进 indentLevel 等。此外，context 还包含了在 generate 过程中可能会调用的一些辅助函数，用于修改上下文的状态数据。

接下来介绍几个常用的函数，它们会在整个代码生成节点过程中经常被用到。

- push(code)：在当前的代码 context.code 后追加 code 来更新它的值。
- newline()：添加一个换行符，并保持代码的缩进。
- indent()：增加代码的缩进，它会让上下文维护的代码缩进 context.indentLevel 加 1，内部会执行 newline 函数，添加一个换行符，以及多一级 indentLevel 来增加缩进的长度。
- deindent()：和 indent 相反，它会减少代码的缩进，让上下文维护的代码缩进 context.indentLevel 减 1，在内部会执行 newline 函数去添加一个换行符，以及少一级 indentLevel 来减少缩进的长度。

上下文创建完毕后，接下来就到了真正的代码生成阶段。

14.2 生成预设代码

由于 mode 的值是 module，所以会执行 genModulePreamble 生成预设代码，我们来看它的实现：

```
// compiler-core/src/codegen.ts
function genModulePreamble(ast, context, genScopeId, inline) {
  const { push, newline, optimizeImports, runtimeModuleName, scopeId, helper } = context

  // 处理 scopeId
  // ...

  if (ast.helpers.length) {
    // 生成 import 声明代码
    if (optimizeImports) {
      push(`import { ${ast.helpers
        .map(s => helperNameMap[s])
        .join(', ')} } from ${JSON.stringify(runtimeModuleName)}\n`)
      push(`\n// Binding optimization for webpack code-split\nconst ${ast.helpers
        .map(s => `_${helperNameMap[s]} = ${helperNameMap[s]}`)
        .join(', ')}\n`)
    }
    else {
      push(`import { ${ast.helpers
        .map(s => `${helperNameMap[s]} as _${helperNameMap[s]}`)
        .join(', ')} } from ${JSON.stringify(runtimeModuleName)}\n`)
    }
  }
  // 处理 ssrHelpers
  // ...

  // 处理 imports
  // ...

  genHoists(ast.hoists, context)
  newline()
  if (!inline) {
    push(`export `)
  }
}
```

下面我们结合前面的示例来分析这个过程，此时 genScopeId 为 false，所以我们可以不看相关逻辑。ast.helpers 是在 transform 阶段通过 context.helper 函数添加的，它的值如下：

```
[
  Symbol(resolveComponent),
  Symbol(openBlock),
  Symbol(createBlock),
  Symbol(createCommentVNode),
  Symbol(toDisplayString),
  Symbol(createVNode)
]
```

ast.helpers 存储了 Symbol 对象的数组，我们可以从 helperNameMap 中找到每个 Symbol 值对应的字符串，helperNameMap 的定义如下：

```
// compiler-core/src/runtimeHelpers.ts
const helperNameMap = {
  [FRAGMENT]: `Fragment`,
  [TELEPORT]: `Teleport`,
  [SUSPENSE]: `Suspense`,
  [KEEP_ALIVE]: `KeepAlive`,
  [BASE_TRANSITION]: `BaseTransition`,
  [OPEN_BLOCK]: `openBlock`,
  [CREATE_BLOCK]: `createBlock`,
  [CREATE_VNODE]: `createVNode`,
  [CREATE_COMMENT]: `createCommentVNode`,
  [CREATE_TEXT]: `createTextVNode`,
  [CREATE_STATIC]: `createStaticVNode`,
  [RESOLVE_COMPONENT]: `resolveComponent`,
  [RESOLVE_DYNAMIC_COMPONENT]: `resolveDynamicComponent`,
  [RESOLVE_DIRECTIVE]: `resolveDirective`,
  [WITH_DIRECTIVES]: `withDirectives`,
  [RENDER_LIST]: `renderList`,
  [RENDER_SLOT]: `renderSlot`,
  [CREATE_SLOTS]: `createSlots`,
  [TO_DISPLAY_STRING]: `toDisplayString`,
  [MERGE_PROPS]: `mergeProps`,
  [TO_HANDLERS]: `toHandlers`,
  [CAMELIZE]: `camelize`,
  [SET_BLOCK_TRACKING]: `setBlockTracking`,
  [PUSH_SCOPE_ID]: `pushScopeId`,
  [POP_SCOPE_ID]: `popScopeId`,
  [WITH_SCOPE_ID]: `withScopeId`,
  [WITH_CTX]: `withCtx`
}
```

helperNameMap 每个属性对应的值是一个字符串，也就是需要引用的模块或者函数的名称。由于 optimizeImports 的值是 false，所以会执行如下代码：

```
push(`import { ${ast.helpers
  .map(s => `${helperNameMap[s]} as _${helperNameMap[s]}`)
  .join(', ')} } from ${JSON.stringify(runtimeModuleName)}\n`)
}
```

最终会生成如下这些代码，并更新到 context.code 中：

```
import { resolveComponent as _resolveComponent, openBlock as _openBlock, createBlock as _createBlock,
createCommentVNode as _createCommentVNode, toDisplayString as _toDisplayString, createElementVNode as
_createElementVNode, createElementBlock as _createElementBlock } from "vue"
```

通过生成的代码，我们可以直观地感受到，这里就是从 Vue 中引入了一些辅助函数为什么需要引入这些辅助函数呢？这就和 Vue.js 3.*x* 的设计有关了。

在 Vue.js 2.*x* 中，创建 vnode 的函数比如$createElement、_c，它们都是挂载在组件实例上的，在生成渲染函数的时候，直接从组件实例 vm 中访问这些函数即可。

而到了 Vue.js 3.*x*，创建 vnode 的函数 createVNode 是直接通过模块的方式导出的，其他函数比如 resolveComponent、openBlock 都是类似的，所以我们首先需要生成这些 import 声明的预设代码。

接着往下分析，由于 ssrHelpers 是 undefined，imports 的数组长度为空，所以这些内部逻辑都不会被执行，接着执行 genHoists 生成静态提升的相关代码，我们来看它的实现：

```
// compiler-core/src/codegen.ts
function genHoists(hoists, context) {
  if (!hoists.length) {
    return
  }
  context.pure = true
  const { push, newline } = context

  // 处理 scopeId
  // ...

  newline()
  hoists.forEach((exp, i) => {
    if (exp) {
      push(`const _hoisted_${i + 1} = `)
      genNode(exp, context)
      newline()
    }
  })

  context.pure = false
}
```

genHoists 内部先通过执行 newline 生成一个空行，然后遍历 hoists 数组，生成静态提升变量定义的函数。此时 hoists 的值大致如下：

```
[
  {
    "type": 15, /* JS_OBJECT_EXPRESSION */
    "properties": [
      {
        "type": 16, /* JS_PROPERTY */
        "key": {
          "type": 4, /* SIMPLE_EXPRESSION */
          "isConstant": false,
          "content": "class",
          "isStatic": true
        },
        "value": {
```

```
          "type": 4, /* SIMPLE_EXPRESSION */
          "isConstant": false,
          "content": "app",
          "isStatic": true
        }
      }
    ]
  },
  {
    "type": 15, /* JS_OBJECT_EXPRESSION */
    "properties": [
      {
        "type": 16, /* JS_PROPERTY */
        "key": {
          "type": 4, /* SIMPLE_EXPRESSION */
          "isConstant": false,
          "content": "key",
          "isStatic": true
        },
        "value": {
          "type": 4, /* SIMPLE_EXPRESSION */
          "isConstant": false,
          "content": "1",
          "isStatic": false
        }
      }
    ]
  },
  {
    "type": 13, /* VNODE_CALL */
    "tag": "\"p\"",
    "children": {
      "type": 2, /* ELEMENT */
      "content": "static"
    },
    "patchFlag": "-1 /* HOISTED */",
    "isBlock": false,
    "disableTracking": false
  },
  {
    "type": 13, /* VNODE_CALL */
    "tag": "\"p\"",
    "children": {
      "type": 2, /* ELEMENT */
      "content": "static",
    },
    "patchFlag": "-1 /* HOISTED */",
    "isBlock": false,
    "disableTracking": false,
  }
]
```

`hoists` 数组的长度为 4，前两个是 JavaScript 对象表达式节点，后两个是 `VNodeCall` 节点，通过执行 genNode 可以把这些节点生成对应的代码，这个函数的实现我后续会详细说明。

遍历 hoists 后生成如下代码：

```
import { resolveComponent as _resolveComponent, openBlock as _openBlock, createBlock as _createBlock,
createCommentVNode as _createCommentVNode, toDisplayString as _toDisplayString, createElementVNode as
_createElementVNode, createElementBlock as _createElementBlock } from "vue"

const _hoisted_1 = { class: "app" }
const _hoisted_2 = { key: 1 }
const _hoisted_3 = /*#__PURE__*/_createElementVNode("p", null, "static", -1 /* HOISTED */)
const _hoisted_4 = /*#__PURE__*/_createElementVNode("p", null, "static", -1 /* HOISTED */)
```

可以看到，此时除了从 Vue 中导入辅助函数，还创建了静态提升的变量。

我们回到 genModulePreamble 函数，最后会执行 newline()和 push(export)，非常好理解，也就是添加了一个空行和 export 字符串。

至此，预设代码生成完毕，目前生成的代码如下：

```
import { resolveComponent as _resolveComponent, openBlock as _openBlock, createBlock as _createBlock,
createCommentVNode as _createCommentVNode, toDisplayString as _toDisplayString, createElementVNode as
_createElementVNode, createElementBlock as _createElementBlock } from "vue"

const _hoisted_1 = { class: "app" }
const _hoisted_2 = { key: 1 }
const _hoisted_3 = /*#__PURE__*/_createElementVNode("p", null, "static", -1 /* HOISTED */)
const _hoisted_4 = /*#__PURE__*/_createElementVNode("p", null, "static", -1 /* HOISTED */)

export
```

14.3 生成渲染函数的名称和参数

我们回到 generate，接下来的步骤是生成渲染函数的名称和参数：

```
// compiler-core/src/codegen.ts
const functionName = ssr ? `ssrRender` : `render`
// 处理 render 函数的参数
const args = ssr ? ['_ctx', '_push', '_parent', '_attrs'] : ['_ctx', '_cache']
if (options.bindingMetadata && !options.inline) {
  args.push('$props', '$setup', '$data', '$options')
}
const signature = options.isTS
? args.map(arg => `${arg}: any`).join(',')
: args.join(', ')

if (isSetupInlined) {
  push(`(${signature}) => {`)
}
```

```
else {
  push(`function ${functionName}(${signature}) {`)
}
indent()
```

因为 ssr 为 false，所以函数名 functionName 是 render。另外，由于 options.bindingMetadata 不为空，且!options.inline 为 true，所以参数 args 是['_ctx', '_cache', '$props', '$setup', '$data', '$options']。

最终会生成如下代码：

```
import { resolveComponent as _resolveComponent, openBlock as _openBlock, createBlock as _createBlock, createCommentVNode as _createCommentVNode, toDisplayString as _toDisplayString, createElementVNode as _createElementVNode, createElementBlock as _createElementBlock } from "vue"

const _hoisted_1 = { class: "app" }
const _hoisted_2 = { key: 1 }
const _hoisted_3 = /*#__PURE__*/_createElementVNode("p", null, "static", -1 /* HOISTED */)
const _hoisted_4 = /*#__PURE__*/_createElementVNode("p", null, "static", -1 /* HOISTED */)

export function render(_ctx, _cache, $props, $setup, $data, $options) {
```

注意，最后执行了 indent 函数，代码的最后一行有两个空格的缩进。

再次回到 generate 函数，由于 useWithBlock 为 false，所以我们无须生成 with 相关的代码。

到目前为止，我们生成了渲染函数的名称和参数，接下来的目标就是生成渲染函数的函数体。

14.4 生成资源声明代码

在渲染函数体的内部，我们首先要生成资源声明代码：

```
// compiler-core/src/codegen.ts
// 生成自定义组件声明代码
if (ast.components.length) {
  genAssets(ast.components, 'component', context);
  if (ast.directives.length || ast.temps > 0) {
    newline()
  }
}
// 生成自定义指令声明代码
if (ast.directives.length) {
  genAssets(ast.directives, 'directive', context)
  if (ast.temps > 0) {
    newline()
  }
}
// ...
// 生成临时变量代码
```

```
if (ast.temps > 0) {
  push(`let `);
  for (let i = 0; i < ast.temps; i++) {
    push(`${i > 0 ? `, ` : ``}_temp${i}`)
  }
}
```

在示例中，由于 directives 数组长度为 0，temps 的值是 0，所以跳过自定义指令和临时变量代码生成的相关逻辑，最终 components 的值是["hello"]。

接下来会通过 genAssets 生成自定义组件声明代码，我们来看一下它的实现：

```
// compiler-core/src/codegen.ts
function genAssets(assets, type, { helper, push, newline, isTS }) {
  const resolver = helper(type === 'component' ? RESOLVE_COMPONENT : RESOLVE_DIRECTIVE)
  for (let i = 0; i < assets.length; i++) {
    const id = assets[i]
    // ...
    push(`const ${toValidAssetId(id, type)} = ${resolver}(${JSON.stringify(id)}${isTS ? `!` : ``})`)
    if (i < assets.length - 1) {
      newline()
    }
  }
}
```

genAssets 函数内部调用了 helper 函数，它就是从前面提到的 helperNameMap 中查找对应的字符串，component 返回的是_resolveComponent。

接着会遍历 assets 数组，生成自定义组件声明代码，在这个过程中，它们会把变量通过 toValidAssetId 进行一层包装：

```
// compiler-core/src/utils.ts
function toValidAssetId(name, type) {
  return `_${type}_${name.replace(/[^\w]/g, (searchValue, replaceValue) => {
    return searchValue === '-' ? '_' : name.charCodeAt(replaceValue).toString()
  })}`
}
```

比如名称为 hello 的组件，执行 toValidAssetId 后就变成了_component_hello。因此对于示例而言，genAssets 后会生成如下代码：

```
import { resolveComponent as _resolveComponent, openBlock as _openBlock, createBlock as _createBlock,
createCommentVNode as _createCommentVNode, toDisplayString as _toDisplayString, createElementVNode as
_createElementVNode, createElementBlock as _createElementBlock } from "vue"

const _hoisted_1 = { class: "app" }
const _hoisted_2 = { key: 1 }
const _hoisted_3 = /*#__PURE__*/_createElementVNode("p", null, "static", -1 /* HOISTED */)
const _hoisted_4 = /*#__PURE__*/_createElementVNode("p", null, "static", -1 /* HOISTED */)
```

```
export function render(_ctx, _cache, $props, $setup, $data, $options) {
  const _component_hello = _resolveComponent("hello")
```

这样处理后，在运行时就可以通过 resolveComponent 解析到注册的自定义组件对象，然后在后面创建组件 vnode 的时候，将它当作参数传入。

回到 generate 函数，接下来会执行如下代码：

```
// compiler-core/src/codegen.ts
if (ast.components.length || ast.directives.length || ast.temps) {
  push(`\n`)
  newline()
}

if (!ssr) {
  push(`return `)
}
```

接下来会进行判断，如果生成了资源声明代码，则再生成一个空行，并且如果 ssr 为 false，则再添加一个 return 字符串，此时得到的代码结果如下：

```
import { resolveComponent as _resolveComponent, openBlock as _openBlock, createBlock as _createBlock,
createCommentVNode as _createCommentVNode, toDisplayString as _toDisplayString, createElementVNode as
_createElementVNode, createElementBlock as _createElementBlock } from "vue"

const _hoisted_1 = { class: "app" }
const _hoisted_2 = { key: 1 }
const _hoisted_3 = /*#__PURE__*/_createElementVNode("p", null, "static", -1 /* HOISTED */)
const _hoisted_4 = /*#__PURE__*/_createElementVNode("p", null, "static", -1 /* HOISTED */)

export function render(_ctx, _cache, $props, $setup, $data, $options) {
  const _component_hello = _resolveComponent("hello")

  return
```

生成资源声明代码后，就需要生成创建 vnode 树的表达式了，因为 render 函数最终返回的就是 vnode 树。

14.5 生成创建 vnode 树的表达式

我们先来看它的实现：

```
// compiler-core/src/codegen.ts
if (ast.codegenNode) {
  genNode(ast.codegenNode, context)
}
else {
  push(`null`)
}
```

前面我们在转换过程中给根节点添加了 codegenNode，所以接下来就是通过 genNode 生成创建 vnode 树的表达式，我们来看它的实现：

```
// compiler-core/src/codegen.ts
function genNode(node, context) {
  if (isString(node)) {
    context.push(node)
    return
  }
  if (isSymbol(node)) {
    context.push(context.helper(node))
    return
  }
  switch (node.type) {
    case 1 /* ELEMENT */:
    case 9 /* IF */:
    case 11 /* FOR */:
      genNode(node.codegenNode, context)
      break
    case 2 /* TEXT */:
      genText(node, context)
      break
    case 4 /* SIMPLE_EXPRESSION */:
      genExpression(node, context)
      break
    case 5 /* INTERPOLATION */:
      genInterpolation(node, context)
      break
    case 12 /* TEXT_CALL */:
      genNode(node.codegenNode, context)
      break
    case 8 /* COMPOUND_EXPRESSION */:
      genCompoundExpression(node, context)
      break
    case 3 /* COMMENT */:
      genComment(node, context)
      break
    case 13 /* VNODE_CALL */:
      genVNodeCall(node, context)
      break
    case 14 /* JS_CALL_EXPRESSION */:
      genCallExpression(node, context)
      break
    case 15 /* JS_OBJECT_EXPRESSION */:
      genObjectExpression(node, context)
      break
    case 17 /* JS_ARRAY_EXPRESSION */:
      genArrayExpression(node, context)
      break
    case 18 /* JS_FUNCTION_EXPRESSION */:
      genFunctionExpression(node, context)
      break
    case 19 /* JS_CONDITIONAL_EXPRESSION */:
```

```
      genConditionalExpression(node, context)
      break
    case 20 /* JS_CACHE_EXPRESSION */:
      genCacheExpression(node, context)
      break
    // SSR only types
    case 21 /* JS_BLOCK_STATEMENT */:
      genNodeList(node.body, context, true, false)
      break
    case 22 /* JS_TEMPLATE_LITERAL */:
      genTemplateLiteral(node, context)
      break
    case 23 /* JS_IF_STATEMENT */:
      genIfStatement(node, context)
      break
    case 24 /* JS_ASSIGNMENT_EXPRESSION */:
      genAssignmentExpression(node, context)
      break
    case 25 /* JS_SEQUENCE_EXPRESSION */:
      genSequenceExpression(node, context)
      break
    case 26 /* JS_RETURN_STATEMENT */:
      genReturnStatement(node, context)
      break
  }
  // ...
}
```

genNode 的主要思路就是根据不同节点类型，生成不同代码。这里仍然以示例为主，来分析它们的实现。没有分析到的分支先略过，未来如果遇到相关的场景，再来详细看它们的实现也不迟。

我们先来看一下根节点 codegenNode 的值：

```
{
  type: 13, /* VNODE_CALL */
  tag: "div",
  children: [
    // 子节点
  ],
  props: {
    // 属性表达式节点
  },
  directives: undefined,
  disableTracking: false,
  dynamicProps: undefined,
  isBlock: true,
  patchFlag: undefined,
  isComment: false,
  loc: {
    // 代码位置信息
  }
}
```

由于根节点的 codegenNode 类型是 13，即一个 VNodeCall，所以会执行 genVNodeCall 生成创建 vnode 节点的表达式代码，它的实现如下：

```
// compiler-core/src/codegen.ts
function genVNodeCall(node, context) {
  const { push, helper, pure } = context
  const { tag, props, children, patchFlag, dynamicProps, directives, isBlock, disableTracking } = node
  if (directives) {
    push(helper(WITH_DIRECTIVES) + `(`)
  }
  if (isBlock) {
    push(`(${helper(OPEN_BLOCK)}(${disableTracking ? `true` : ``}), `)
  }
  if (pure) {
    push(PURE_ANNOTATION)
  }
  const callHelper = isBlock
    ? getVNodeBlockHelper(context.inSSR, isComponent)
    : getVNodeHelper(context.inSSR, isComponent)
  push(helper(callHelper) + `(`, node)
  genNodeList(genNullableArgs([tag, props, children, patchFlag, dynamicProps]), context)
  push(`)`)
  if (isBlock) {
    push(`)`)
  }
  if (directives) {
    push(`, `)
    genNode(directives, context)
    push(`)`)
  }
}
```

根据示例来看，没有定义 directives，因此不用处理。isBlock 为 true，disableTracking 为 false，那么生成如下打开 Block 的代码：

```
import { resolveComponent as _resolveComponent, openBlock as _openBlock, createBlock as _createBlock,
createCommentVNode as _createCommentVNode, toDisplayString as _toDisplayString, createElementVNode as
_createElementVNode, createElementBlock as _createElementBlock } from "vue"

const _hoisted_1 = { class: "app" }
const _hoisted_2 = { key: 1 }
const _hoisted_3 = /*#__PURE__*/_createElementVNode("p", null, "static", -1 /* HOISTED */)
const _hoisted_4 = /*#__PURE__*/_createElementVNode("p", null, "static", -1 /* HOISTED */)

export function render(_ctx, _cache, $props, $setup, $data, $options) {
  const _component_hello = _resolveComponent("hello")

  return (_openBlock()
```

接下来会判断 pure 是否为 true，如果是，则生成相关的注释。虽然这里的 pure 为 false，但是之前我们通过 genVNodeCall 生成静态提升变量相关代码的时候，pure 为 true，所以生成了注释代码/#PURE/，代码如下：

```
const _hoisted_3 = /*#__PURE__*/_createVNode("p", null, "static", -1 /* HOISTED */)
```

接下来会判断 isBlock，如果为 true，则执行 getVNodeBlockHelper 生成创建 Block 相关代码，如果它为 false，则执行 getVNodeHelper，生成创建 vnode 的相关代码。

因为这里 isBlock 为 true，所以执行 getVNodeBlockHelper：

```
function getVNodeBlockHelper(ssr, isComponent) {
  return ssr || isComponent ? CREATE_BLOCK : CREATE_ELEMENT_BLOCK
}
```

由于 isComponent 为 false，所以生成如下代码：

```
import { resolveComponent as _resolveComponent, openBlock as _openBlock, createBlock as _createBlock,
createCommentVNode as _createCommentVNode, toDisplayString as _toDisplayString, createElementVNode as
_createElementVNode, createElementBlock as _createElementBlock } from "vue"

const _hoisted_1 = { class: "app" }
const _hoisted_2 = { key: 1 }
const _hoisted_3 = /*#__PURE__*/_createElementVNode("p", null, "static", -1 /* HOISTED */)
const _hoisted_4 = /*#__PURE__*/_createElementVNode("p", null, "static", -1 /* HOISTED */)

export function render(_ctx, _cache, $props, $setup, $data, $options) {
  const _component_hello = _resolveComponent("hello")

  return (_openBlock(), _createElementBlock(
```

生成了一个_createElementBlock 的函数调用后，下面就需要生成函数的参数，相关代码如下：

```
// compiler-core/src/codegen.ts
genNodeList(genNullableArgs([tag, props, children, patchFlag, dynamicProps]), context)
```

依据代码的执行顺序，我们先来看 genNullableArgs 的实现：

```
// compiler-core/src/codegen.ts
function genNullableArgs(args) {
  let i = args.length
  while (i--) {
    if (args[i] != null)
      break
  }
  return args.slice(0, i + 1).map(arg => arg || `null`)
}
```

genNullableArgs 会倒序遍历参数数组，找到第一个不为空的参数，然后返回该参数前面的所有参数构成的新数组。

genNullableArgs 传入的参数数组依次是 tag、props、children、patchFlag 和 dynamicProps，

对于示例而言，此时 patchFlag 和 dynamicProps 为 undefined，所以 genNullableArgs 返回的是 [tag, props, children]构成的数组。

这是很好理解的，对于一个 vnode 节点来说，构成它的几个主要部分就是节点的标签 tag，属性 props 以及子节点 children，我们的目标就是生成类似_createElementBlock(tag, props, children)的代码。

接下来，我们再通过 genNodeList 来生成参数相关的代码，来看一下它的实现：

```
// compiler-core/src/codegen.ts
function genNodeList(nodes, context, multilines = false, comma = true) {
  const { push, newline } = context
  for (let i = 0; i < nodes.length; i++) {
    const node = nodes[i]
    if (isString(node)) {
      push(node)
    }
    else if (isArray(node)) {
      genNodeListAsArray(node, context)
    }
    else {
      genNode(node, context)
    }
    if (i < nodes.length - 1) {
      if (multilines) {
        comma && push(',')
        newline()
      }
      else {
        comma && push(', ')
      }
    }
  }
}
```

genNodeList 就是通过遍历 nodes，拿到每一个 node，然后判断 node 的类型，如果 node 是字符串，就直接添加到代码中；如果是一个数组，则执行 genNodeListAsArray 生成数组形式的代码，否则是一个对象，递归执行 genNode 生成节点代码。

我们还是根据示例代码走完这个流程，此时 nodes 的值大致如下：

```
['div',
  {
    type: 4, /* SIMPLE_EXPRESSION */
    content: '_hoisted_1',
    isConstant: true,
    isStatic: false,
    hoisted: {
      // 对象表达式节点
```

```
    },
  },
  [
    {
      type: 9, /* IF */
      branches: [
        // v-if 解析出的 2 个分支对象
      ],
      codegenNode: {
        // 代码生成节点
      }
    }
  ]
]
```

接下来我们依据 nodes 的值继续生成代码。首先，nodes 的第一个元素的值是'div'字符串，根据前面的逻辑，直接把字符串添加到代码中即可，由于 multilines 为 false，comma 为 true，所以生成如下代码：

```
import { resolveComponent as _resolveComponent, openBlock as _openBlock, createBlock as _createBlock, createCommentVNode as _createCommentVNode, toDisplayString as _toDisplayString, createElementVNode as _createElementVNode, createElementBlock as _createElementBlock } from "vue"

const _hoisted_1 = { class: "app" }
const _hoisted_2 = { key: 1 }
const _hoisted_3 = /*#__PURE__*/_createElementVNode("p", null, "static", -1 /* HOISTED */)
const _hoisted_4 = /*#__PURE__*/_createElementVNode("p", null, "static", -1 /* HOISTED */)

export function render(_ctx, _cache, $props, $setup, $data, $options) {
  const _component_hello = _resolveComponent("hello")

  return (_openBlock(), _createElementBlock("div",
```

然后看 nodes 的第二个元素，它代表的是 vnode 的属性 props，一个简单的对象表达式，因此会递归执行 genNode，进一步执行 genExpression，我们来看一下它的实现：

```
// compiler-core/src/codegen.ts
function genExpression(node, context) {
  const { content, isStatic } = node
  context.push(isStatic ? JSON.stringify(content) : content, node)
}
```

genExpression 就是往代码中添加 content 的内容。由于在 transform 阶段已经做过静态提升，此时 node 中的 content 值是_hoisted_1，且 isStatic 为 false，所以会生成如下代码：

```
import { resolveComponent as _resolveComponent, openBlock as _openBlock, createBlock as _createBlock, createCommentVNode as _createCommentVNode, toDisplayString as _toDisplayString, createElementVNode as _createElementVNode, createElementBlock as _createElementBlock } from "vue"

const _hoisted_1 = { class: "app" }
const _hoisted_2 = { key: 1 }
```

```
const _hoisted_3 = /*#__PURE__*/_createElementVNode("p", null, "static", -1 /* HOISTED */)
const _hoisted_4 = /*#__PURE__*/_createElementVNode("p", null, "static", -1 /* HOISTED */)

export function render(_ctx, _cache, $props, $setup, $data, $options) {
  const _component_hello = _resolveComponent("hello")

  return (_openBlock(), _createElementBlock("div", _hoisted_1,
```

接下来我们再看 nodes 的第三个元素，它代表的是子节点 chidren，是一个数组，那么会执行 genNodeListAsArray，来看它的实现：

```
// compiler-core/src/codegen.ts
function genNodeListAsArray(nodes, context) {
  const multilines = nodes.length > 3 || nodes.some(n => isArray(n) || !isText(n))
  context.push(`[`)
  multilines && context.indent()
  genNodeList(nodes, context, multilines)
  multilines && context.deindent()
  context.push(`]`)
}
```

genNodeListAsArray 主要是把一个 node 列表生成为类似数组形式的代码，所以前后会添加中括号，并且判断是否生成多行代码，如果是多行，前后还需要加减代码的缩进，中间部分的代码继续递归调用 genNodeList 即可生成。

那么针对示例，此时参数 nodes 的值如下：

```
[
  {
    type: 9, /* IF */
    branches: [
      // v-if 解析出的 2 个分支对象
    ],
    codegenNode: {
      // 代码生成节点
    }
  }
]
```

虽然它是一个长度为 1 的数组，但是这个数组元素的类型是一个对象，所以 multilines 为 true。那么在执行 genNodeList 之前，生成如下代码：

```
import { resolveComponent as _resolveComponent, openBlock as _openBlock, createBlock as _createBlock,
createCommentVNode as _createCommentVNode, toDisplayString as _toDisplayString, createElementVNode as
_createElementVNode, createElementBlock as _createElementBlock } from "vue"

const _hoisted_1 = { class: "app" }
const _hoisted_2 = { key: 1 }
const _hoisted_3 = /*#__PURE__*/_createElementVNode("p", null, "static", -1 /* HOISTED */)
const _hoisted_4 = /*#__PURE__*/_createElementVNode("p", null, "static", -1 /* HOISTED */)
```

```
export function render(_ctx, _cache, $props, $setup, $data, $options) {
  const _component_hello = _resolveComponent("hello")

  return (_openBlock(), _createElementBlock("div", _hoisted_1, [
```

接下来就是递归执行 genNodeList 的过程。由于 nodes 数组只有一个对象类型的元素，所以执行 genNode，并且这个对象的类型是 if 表达式，回顾 genNode 的实现，此时会执行到 genNode(node.codegenNode, context)，也就是取节点的 codegenNode，进一步执行 genNode，我们来看一下 codegenNode：

```
{
  type: 19, /* JS_CONDITIONAL_EXPRESSION */
  consequent: {
    // 主逻辑
    type: 13, /* VNODE_CALL */
    tag: "_component_hello",
    children: undefined,
    props: {
       // 属性表达式节点
    },
    directives: undefined,
    disableTracking: false,
    dynamicProps: undefined,
    isBlock: true,
    patchFlag: undefined
  },
  alternate: {
    // 备选逻辑
    type: 13, /* VNODE_CALL */
    tag: "div",
    children: [
      // 长度为 3 的子节点
    ],
    props: {
       // 属性表达式节点
    },
    directives: undefined,
    disableTracking: false,
    dynamicProps: undefined,
    isBlock: true,
    patchFlag: undefined
  },
  test: {
    // 逻辑测试
    type: 4, /* SIMPLE_EXPRESSION */
    content: "_ctx.flag",
    isConstant: false,
    isStatic: false
  },
  newline: true
}
```

codegenNode 是一个条件表达式节点，主要包括三个重要的属性，其中 test 表示逻辑测试，它是一个表达式节点；consequent 表示主逻辑，它是一个 vnode 调用节点；alternate 表示备选逻辑，它也是一个 vnode 调用节点。

其实条件表达式节点生成代码就是一个条件表达式，用伪代码表示是 test ? consequent : alternate。

genNode 遇到条件表达式节点会执行 genConditionalExpression，我们来看一下它的实现：

```
// compiler-core/src/codegen.ts
function genConditionalExpression(node, context) {
  const { test, consequent, alternate, newline: needNewline } = node
  const { push, indent, deindent, newline } = context
  // 生成条件表达式
  if (test.type === 4 /* SIMPLE_EXPRESSION */) {
    const needsParens = !isSimpleIdentifier(test.content)
    needsParens && push(`(`)
    genExpression(test, context)
    needsParens && push(`)`)
  }
  else {
    push(`(`)
    genNode(test, context)
    push(`)`)
  }
  // 换行加缩进
  needNewline && indent()
  context.indentLevel++
  needNewline || push(` `)
  // 生成主逻辑代码
  push(`? `)
  genNode(consequent, context)
  context.indentLevel--
  needNewline && newline()
  needNewline || push(` `)
  // 生成备选逻辑代码
  push(`: `)
  const isNested = alternate.type === 19 /* JS_CONDITIONAL_EXPRESSION */
  if (!isNested) {
    context.indentLevel++
  }
  genNode(alternate, context)
  if (!isNested) {
    context.indentLevel--
  }
  needNewline && deindent(true /* without newline */)
}
```

genConditionalExpression 的主要目的就是生成条件表达式代码，所以首先它会生成逻辑测试的代码。对于示例，这里是一个简单的表达式节点，生成如下代码：

```
import { resolveComponent as _resolveComponent, openBlock as _openBlock, createBlock as _createBlock,
createCommentVNode as _createCommentVNode, toDisplayString as _toDisplayString, createElementVNode as
_createElementVNode, createElementBlock as _createElementBlock } from "vue"

const _hoisted_1 = { class: "app" }
const _hoisted_2 = { key: 1 }
const _hoisted_3 = /*#__PURE__*/_createElementVNode("p", null, "static", -1 /* HOISTED */)
const _hoisted_4 = /*#__PURE__*/_createElementVNode("p", null, "static", -1 /* HOISTED */)

export function render(_ctx, _cache, $props, $setup, $data, $options) {
  const _component_hello = _resolveComponent("hello")

  return (_openBlock(), _createElementBlock("div", _hoisted_1, [
    (_ctx.flag)
```

接下来就是生成一些换行和缩进，紧接着生成主逻辑代码，也就是把 consequent 这个 vnode 调用节点通过 genNode 转换生成代码，这是一个递归过程，其中的细节我就不再赘述了，执行完会生成如下代码：

```
import { resolveComponent as _resolveComponent, openBlock as _openBlock, createBlock as _createBlock,
createCommentVNode as _createCommentVNode, toDisplayString as _toDisplayString, createElementVNode as
_createElementVNode, createElementBlock as _createElementBlock } from "vue"

const _hoisted_1 = { class: "app" }
const _hoisted_2 = { key: 1 }
const _hoisted_3 = /*#__PURE__*/_createElementVNode("p", null, "static", -1 /* HOISTED */)
const _hoisted_4 = /*#__PURE__*/_createElementVNode("p", null, "static", -1 /* HOISTED */)

export function render(_ctx, _cache, $props, $setup, $data, $options) {
  const _component_hello = _resolveComponent("hello")

  return (_openBlock(), _createElementBlock("div", _hoisted_1, [
    (_ctx.flag)
      ? (_openBlock(), _createBlock(_component_hello, { key: 0 }))
```

接下来生成备选逻辑的代码，即把 alternate 这个 vnode 调用节点通过 genNode 转换生成代码，也是一个递归过程，最终生成如下代码：

```
import { resolveComponent as _resolveComponent, openBlock as _openBlock, createBlock as _createBlock,
createCommentVNode as _createCommentVNode, toDisplayString as _toDisplayString, createElementVNode as
_createElementVNode, createElementBlock as _createElementBlock } from "vue"

const _hoisted_1 = { class: "app" }
const _hoisted_2 = { key: 1 }
const _hoisted_3 = /*#__PURE__*/_createElementVNode("p", null, "static", -1 /* HOISTED */)
const _hoisted_4 = /*#__PURE__*/_createElementVNode("p", null, "static", -1 /* HOISTED */)

export function render(_ctx, _cache, $props, $setup, $data, $options) {
  const _component_hello = _resolveComponent("hello")

  return (_openBlock(), _createElementBlock("div", _hoisted_1, [
    (_ctx.flag)
```

```
      ? (_openBlock(), _createBlock(_component_hello, { key: 0 }))
      : (_openBlock(), _createElementBlock("div", _hoisted_2, [
          _createElementVNode("p", null, "hello " + _toDisplayString(_ctx.msg + _ctx.test), 1 /* TEXT */),
          _hoisted_3,
          _hoisted_4
        ]))
```

需要注意的是，由于 consequent 和 alternate 对应的节点的 isBlock 属性是 true，所以会生成创建 Block 相关的代码。

我们回到 genNodeListAsArray 函数，处理完 children，下面就会减少缩进，并添加闭合的中括号，生成如下的代码：

```
import { resolveComponent as _resolveComponent, openBlock as _openBlock, createBlock as _createBlock,
createCommentVNode as _createCommentVNode, toDisplayString as _toDisplayString, createElementVNode as
_createElementVNode, createElementBlock as _createElementBlock } from "vue"

const _hoisted_1 = { class: "app" }
const _hoisted_2 = { key: 1 }
const _hoisted_3 = /*#__PURE__*/_createElementVNode("p", null, "static", -1 /* HOISTED */)
const _hoisted_4 = /*#__PURE__*/_createElementVNode("p", null, "static", -1 /* HOISTED */)

export function render(_ctx, _cache, $props, $setup, $data, $options) {
  const _component_hello = _resolveComponent("hello")

  return (_openBlock(), _createElementBlock("div", _hoisted_1, [
    (_ctx.flag)
      ? (_openBlock(), _createBlock(_component_hello, { key: 0 }))
      : (_openBlock(), _createElementBlock("div", _hoisted_2, [
          _createElementVNode("p", null, "hello " + _toDisplayString(_ctx.msg + _ctx.test), 1 /* TEXT */),
          _hoisted_3,
          _hoisted_4
        ]))
  ]
```

genNodeListAsArray 处理完子节点后，回到 genNodeList，发现所有 nodes 也处理完了，于是回到 genVNodeCall 函数，接下来的逻辑就是补齐函数调用的右括号：

```
// compiler-core/src/codegen.ts
push(`)`)
if (isBlock) {
  push(`)`)
}
```

因此会生成如下代码：

```
import { resolveComponent as _resolveComponent, openBlock as _openBlock, createBlock as _createBlock,
createCommentVNode as _createCommentVNode, toDisplayString as _toDisplayString, createElementVNode as
_createElementVNode, createElementBlock as _createElementBlock } from "vue"

const _hoisted_1 = { class: "app" }
const _hoisted_2 = { key: 1 }
```

```
const _hoisted_3 = /*#__PURE__*/_createElementVNode("p", null, "static", -1 /* HOISTED */)
const _hoisted_4 = /*#__PURE__*/_createElementVNode("p", null, "static", -1 /* HOISTED */)

export function render(_ctx, _cache, $props, $setup, $data, $options) {
  const _component_hello = _resolveComponent("hello")

  return (_openBlock(), _createElementBlock("div", _hoisted_1, [
    (_ctx.flag)
      ? (_openBlock(), _createBlock(_component_hello, { key: 0 }))
      : (_openBlock(), _createElementBlock("div", _hoisted_2, [
          _createElementVNode("p", null, "hello " + _toDisplayString(_ctx.msg + _ctx.test), 1 /* TEXT */),
          _hoisted_3,
          _hoisted_4
        ]))
  ]))
```

至此，根节点 vnode 树的表达式就创建好了。我们再回到 generate 函数，接下来就需要添加右括号'}'来闭合渲染函数：

```
// compiler-core/src/codegen.ts
deindent()
push(`}`)
```

最终生成如下代码：

```
import { resolveComponent as _resolveComponent, openBlock as _openBlock, createBlock as _createBlock,
createCommentVNode as _createCommentVNode, toDisplayString as _toDisplayString, createElementVNode as
_createElementVNode, createElementBlock as _createElementBlock } from "vue"

const _hoisted_1 = { class: "app" }
const _hoisted_2 = { key: 1 }
const _hoisted_3 = /*#__PURE__*/_createElementVNode("p", null, "static", -1 /* HOISTED */)
const _hoisted_4 = /*#__PURE__*/_createElementVNode("p", null, "static", -1 /* HOISTED */)

export function render(_ctx, _cache, $props, $setup, $data, $options) {
  const _component_hello = _resolveComponent("hello")

  return (_openBlock(), _createElementBlock("div", _hoisted_1, [
    (_ctx.flag)
      ? (_openBlock(), _createBlock(_component_hello, { key: 0 }))
      : (_openBlock(), _createElementBlock("div", _hoisted_2, [
          _createElementVNode("p", null, "hello " + _toDisplayString(_ctx.msg + _ctx.test), 1 /* TEXT */),
          _hoisted_3,
          _hoisted_4
        ]))
  ]))
}
```

这就是示例 template 编译生成的最终代码，虽然我们忽略了其中子节点的一些实现细节，但是整体流程还是很容易理解的：遇到不同类型的节点，执行相应的代码生成函数生成代码即可，同时利用递归的思想完成一些节点的处理。

节点生成代码所需的信息之所以可以从节点的属性中获取，完全得益于前面 transform 语法分析阶段生成的 codegenNode，根据这些信息很容易就能生成对应的代码了。

至此，我们已经了解了模板编译到代码的全部流程。相比 Vue.js 2.*x*，Vue.js 3.*x* 在编译阶段设计了 Block 的概念，在上述示例编译出来的代码中，很多节点就是通过创建 Block 来生成对应 vnode 的。

那么，这个 Block 在运行时是如何工作的？为什么它能够实现性能优化？接下来我们就来分析它背后的实现原理。

14.6　运行时优化

首先，我们来看一下 openBlock 的实现：

```
// runtime-core/src/vnode.ts
const blockStack = []
let currentBlock = null
function openBlock(disableTracking = false) {
  blockStack.push((currentBlock = disableTracking ? null : []));
}
```

Vue.js 3.*x* 在运行时设计了一个 blockStack 和 currentBlock，其中 blockStack 表示一个 Block Tree，因为要考虑嵌套 Block 的情况；currentBlock 表示当前的 Block。

openBlock 就是往当前 blockStack 添加一个新的 Block，作为 currentBlock。

那么设计 Block 的目的是什么呢？主要就是收集动态 vnode 节点，这样才能在 patch 阶段只比对这些动态 vnode 节点，避免进行不必要的静态节点比对，从而优化了性能。

那么动态 vnode 节点是什么时候被收集的呢？在执行 createBaseVNode 函数创建 vnode 对象的时候。我们来回顾一下它的实现：

```
// runtime-core/src/vnode.ts
function createBaseVNode(type, props = null, children = null, patchFlag = 0, dynamicProps = null,
shapeFlag = type === Fragment ? 0 : 1 /* ELEMENT */, isBlockNode = false, needFullChildrenNormalization
= false) {
  // 创建 vnode 对象
  // 标准化子节点，把不同数据类型的 children 转成数组或者文本类型。

  if (isBlockTreeEnabled > 0 &&
    !isBlockNode &&
    currentBlock &&
    (patchFlag > 0 || shapeFlag & 6 /* COMPONENT */) &&
    patchFlag !== 32 /* HYDRATE_EVENTS */) {
    currentBlock.push(vnode)
```

```
  }
  return vnode
}
```

我们重点看 createBaseVNode 函数的最后，这里会通过 patchFlag 判断 vnode 是不是一个动态节点，如果是并且 isBlockTreeEnabled 大于 0，则把它添加到 currentBlock 中，这就是动态 vnode 节点的收集过程。

注意，这里还会判断 isBlockNode 的值，如果它为 true，就不会把它添加到 currentBlock 中，它的作用稍后会分析。

我们接着看 createElementBlock 的实现：

```
// runtime-core/src/vnode.ts
function createElementBlock(type, props, children, patchFlag, dynamicProps, shapeFlag) {
  return setupBlock(createBaseVNode(type, props, children, patchFlag, dynamicProps, shapeFlag, true
/* isBlock */))
}

function setupBlock(vnode) {
  // 保留收集的 currentBlock
  vnode.dynamicChildren =
    isBlockTreeEnabled > 0 ? currentBlock || EMPTY_ARR : null
  // 将当前 Block 恢复到父 Block
  closeBlock()
  // 构造 Block Tree
  if (isBlockTreeEnabled > 0 && currentBlock) {
    currentBlock.push(vnode)
  }
  return vnode
}


function closeBlock() {
  blockStack.pop()
  // 将当前 Block 恢复到父 Block
  currentBlock = blockStack[blockStack.length - 1] || null
}
```

createElementBlock 函数本质上就是通过 setupBlock 函数封装 createBaseVNode 函数生成的 vnode，将其变成一个 Block vnode。

createElementBlock 函数首先会执行 createBaseVNode 创建一个 vnode 节点，注意最后一个参数是 true，这表明它是一个 Block vnode，因此不会把自身当作一个动态 vnode 收集到 currentBlock 中。

接着执行 setupBlock 函数，把收集动态子节点的 currentBlock 保留到当前 Block vnode 的 dynamicChildren 中，方便后续 patch 过程访问这些动态子节点。

最后把当前 Block 恢复到父 Block，如果父 Block 存在，那么把当前 Block vnode 作为动态节点添加到父 Block 中，这样就构造了 Block Tree。因此，作为一个 Block vnode，它可以被它的父级 Block 收集，不会被同级 Block 收集。

对于组件节点，Block 的创建是通过执行 createBlock 函数完成的：

```
function createBlock(type, props, children, patchFlag, dynamicProps) {
  return setupBlock(createVNode(type, props, children, patchFlag, dynamicProps, true /* isBlock */))
}
```

createBlock 函数逻辑和 createElementBlock 类似，差别就是它的内部通过 createVNode 函数创建 vnode。

你可能会好奇：为什么要设计 openBlock 和 createElementBlock 两个函数呢？比如在下面这个 render 函数中：

```
function render() {
  return (openBlock(), createElementBlock('div', null, [/*...*/]))
}
```

为什么不把 openBlock 和 createElementBlock 放在一个函数中执行呢，像下面这样：

```
function render() {
  return (createElementBlock('div', null, [/*...*/]))
}
function createElementBlock(type, props, children, patchFlag, dynamicProps) {
  openBlock()
  return setupBlock(createBaseVNode(type, props, children, patchFlag, dynamicProps, shapeFlag, true
/* isBlock */))
}
```

这样是不行的，其中原因并不复杂：createElementBlock 函数的第三个参数是 children，这些 children 中的元素也是经过 createVNode 或者 createBaseVNode 创建的，显然，一个函数的调用需要先去执行参数的计算，也就是优先创建子节点的 vnode。

在 createElementBlock 函数执行前，子节点就已经通过 createVNode 或者 createBaseVNode 创建了对应的 vnode，因此父 Block 要在子节点的创建之前创建，也就是 openBlock 要先于 createElementBlock 执行。如果把 openBlock 的逻辑放在了 createElementBlock 内部，那么相当于在子节点创建后才创建 currentBlock，这样就不能正确地收集子节点中的动态 vnode 了。

通过递归的方式，我们可以构造出一棵完整的 Block Tree，它会在 patch 阶段发挥作用。

我们之前分析过，在 patch 阶段更新节点元素的时候，会执行 patchElement 函数，我们再来回顾一下它的实现：

```
// runtime-core/src/renderer.ts
const patchElement = (n1, n2, parentComponent, parentSuspense, isSVG, slotScopeIds, optimized) => {
  const el = (n2.el = n1.el)
  let { patchFlag, dynamicChildren, dirs } = n2
  // ...
  const oldProps = (n1 && n1.props) || EMPTY_OBJ
  const newProps = n2.props || EMPTY_OBJ
  // ...
  // 更新子节点
  if (dynamicChildren) {
    patchBlockChildren(n1.dynamicChildren, dynamicChildren, el, parentComponent, parentSuspense,
      areChildrenSVG,slotScopeIds);
  }
  else if (!optimized) {
    patchChildren(n1, n2, el, null, parentComponent, parentSuspense, areChildrenSVG, slotScopeIds);
  }
}
```

我们在第 4 章分析过这个流程，在分析子节点更新的部分，当时并没有考虑到优化的场景，所以只分析了全量比对更新的场景。而实际上，如果这个 vnode 是一个 Block vnode，那么我们不用去通过 patchChildren 全量比对，只需要通过 patchBlockChildren 去比对并更新 Block 中的动态子节点即可。我们来看一下它的实现：

```
// runtime-core/src/renderer.ts
const patchBlockChildren = (oldChildren, newChildren, fallbackContainer, parentComponent,
parentSuspense, isSVG, slotScopeIds) => {
  for (let i = 0; i < newChildren.length; i++) {
    const oldVNode = oldChildren[i]
    const newVNode = newChildren[i]
    // 确定待更新节点的容器
    const container =
      oldVNode.el &&
      // 对于 Fragment，我们需要提供正确的父容器
      oldVNode.type === Fragment ||
      // 在不同节点情况下，都将有一个替换节点，它也需要正确的父容器
      !isSameVNodeType(oldVNode, newVNode) ||
      // 就组件而言，它可以包含任何内容
      oldVNode.shapeFlag & 6 /* COMPONENT */
        ? hostParentNode(oldVNode.el)
        :
        // 在其他情况下，父容器实际上并没有被使用，所以这里只传递 Block 元素即可
        fallbackContainer
    patch(oldVNode, newVNode, container, null, parentComponent, parentSuspense, isSVG, slotScopeIds, true)
  }
}
```

patchBlockChildren 主要就是遍历新的动态子节点数组，拿到对应的新旧动态子节点，并执行 patch 更新子节点，注意 patch 函数最后的参数 optimize 为 true。

在递归 patch 更新子节点的时候，会遇到子节点是普通动态 vnode 和 Block vnode 两种情况。

如果子节点是一个普通动态 vnode，那么它的 dynamicChildren 为 null，并且由于 optimize 为 true，无须做其他工作；如果子节点是 Block vnode，那么它会拥有 dynamicChildren，此时只需要递归执行 patchBlockChildren 即可。通过递归的方式，就可以完成组件下所有动态节点的更新了。

这样一来，更新的复杂度就变成和动态节点的数量正相关，而不与模板大小正相关，一个模板的动静比越低，性能优化的效果就越明显。

14.7　总结

代码生成阶段也是一个自顶向下的过程，它主要依据前面转换的 AST 对象去生成相应的代码。

在代码生成过程中，首先创建了 codengen 上下文，它负责维护整个代码生成中的一些状态数据，如当前代码和缩进，以及提供一些修改上下文数据的辅助函数。接着它会生成一些预设代码，比如引入辅助函数、生成静态提升相关代码等。最后就是生成与渲染函数相关的代码，比如生成渲染函数的名称和参数，生成资源声明的代码，生成创建 vnode 树的代码等。

在创建 vnode 树的过程中，会通过 genNode 针对不同的节点执行不同的代码生成逻辑，这个过程还可能存在递归执行 genNode 的情况，完成整个 vnode 树的代码构建。

此外，在整个编译阶段，会给动态节点打上相应的 patchFlag，这样在运行阶段，就可以收集到所有的动态节点，形成一棵 Block Tree。在 patch 阶段更新组件的时候，就可以遍历 Block Tree，只比对这些动态节点，从而达到性能优化的目的。

第五部分

实用特性

Vue.js 除了核心的组件化和响应式之外，还提供了很多非常实用的特性供我们使用，比如组件的依赖注入、插槽、自定义指令、`v-model` 等，它们让我们的开发更加灵活。

由于我们平时工作中会经常接触到这些特性，所以除了熟练运用它们之外，我建议你把它们底层的实现原理搞清楚，这样你就能更加自如地应用，并且能够在出现 bug 的时候第一时间定位到问题。

接下来，就让我们一起来探索这些实用特性背后的实现原理吧。

第 15 章

依赖注入

Vue.js 为我们提供了很多组件通信的方式，比较常见的是父子组件通过 prop 传递数据。但是在某些场景下，我们希望能进行跨父子组件的通信，这样一来，无论组件嵌套多少层级，都可以在后代组件中访问它们祖先组件的数据。

Vue.js 2.*x* 给我们提供了一种依赖注入的解决方案，即在祖先组件中提供一个 provide 选项。举个例子：

```
// Provider
export default {
  provide: function () {
    return {
      foo: this.foo
    }
  }
}
```

这就相当于祖先组件提供了变量数据 foo，我们可以在任意子孙组件中注入这个变量数据：

```
// Consumer
export default {
  inject: ['foo']
}
```

这样，我们就可以在子孙组件中通过 this.foo 访问祖先组件提供的数据了，以此达到组件通信的目的。

到了 Vue.js 3.*x*，除了可以沿用这种 Options 的依赖注入，还可以使用依赖注入的 API 函数 provide 和 inject，在 setup 函数中调用它们。

举个例子，我们在祖先组件中调用 provide：

```
// Provider
import { provide, ref } from 'vue'
export default {
  setup() {
    const theme = ref('dark')
    provide('theme', theme)
  }
}
```

然后在子孙组件中调用 inject：

```
// Consumer
import { inject } from 'vue'
export default {
  setup() {
    const theme = inject('theme', 'light')
    return {
      theme
    }
  }
}
```

这里要说明的是，inject 函数接收第二个参数作为默认值，如果祖先组件的上下文没有提供 theme，则使用这个默认值。

实际上，你可以把依赖注入看作一部分“大范围有效的 prop”，它的规则更加宽松：祖先组件不需要知道哪些后代组件在使用它提供的数据，后代组件也不需要知道注入的数据来自哪里。

那么，依赖注入的实现原理是怎样的呢？接下来我们就一起分析吧！

15.1 provide API

顾名思义，provide 的作用是提供数据，我们来看一下它的实现：

```
// runtime-core/src/apiInject.ts
function provide(key, value) {
  if (!currentInstance) {
    if ((process.env.NODE_ENV !== 'production')) {
      warn(`provide() can only be used inside setup().`)
    }
  }
  else {
    let provides = currentInstance.provides
    const parentProvides = currentInstance.parent && currentInstance.parent.provides
    if (parentProvides === provides) {
      // 由直接引用改为继承
      provides = currentInstance.provides = Object.create(parentProvides)
    }
```

```
    provides[key] = value
  }
}
```

provide 函数提供的数据主要保存在组件实例的 provides 对象上。而在创建组件实例的时候，组件实例的 provides 对象直接指向父组件实例的 provides 对象：

```
const instance = {
  // 与依赖注入相关的属性
  provides: parent ? parent.provides : Object.create(appContext.provides),
  // 其他属性
  // …
}
```

我们先通过图 15-1 来感受它们之间的关系。

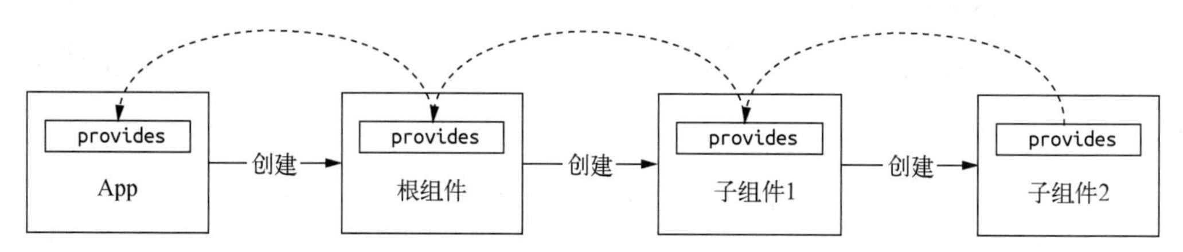

图 15-1　默认情况下的关系

所以在默认情况下，组件实例的 provides 直接指向其父组件的 provides 对象。

但是当组件实例需要提供自己的值时，也就是调用 provide 函数时，它会使用父级 provides 对象作为原型对象创建自己的 provides 对象，然后再给自己的 provides 添加新的属性值，如图 15-2 所示。

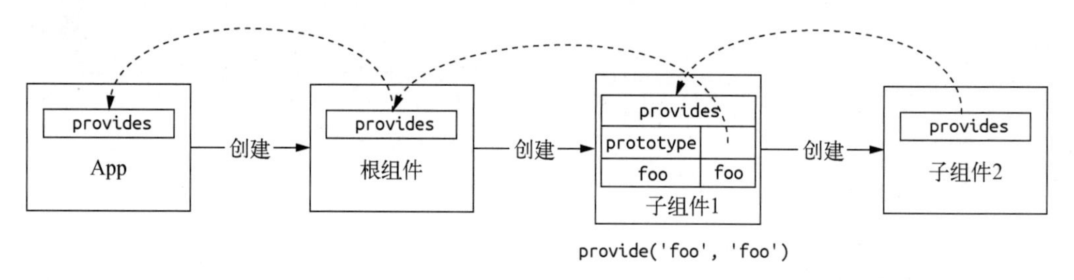

图 15-2　调用情况下的关系

通过这种方式，不仅仅可以提供新的数据，还可以保证在 inject 阶段，我们可以通过原型链来查找来自其父级的数据。

不过光有 provide 是不完整的，接下来，我们来分析依赖注入的另一个 API——inject。

15.2 inject API

顾名思义，inject 就是注入数据，即注入来自其祖先组件的数据，我们来看一下它的实现：

```
// runtime-core/src/apiInject.ts
function inject(key, defaultValue, treatDefaultAsFactory = false) {
  const instance = currentInstance || currentRenderingInstance
  if (instance) {
    // 从它的父组件的 provides 开始查找
    const provides = instance.parent == null
    ? instance.vnode.appContext && instance.vnode.appContext.provides
    : instance.parent.provides
    if (provides && key in provides) {
      return provides[key]
    }
    else if (arguments.length > 1) {
      // 默认值也支持函数
      return treatDefaultAsFactory && isFunction(defaultValue)
      ? defaultValue()
      : defaultValue
    }
    else if ((process.env.NODE_ENV !== 'production')) {
      warn(`injection "${String(key)}" not found.`)
    }
  }
}
```

前面我们已经分析了 provide 的实现，在此基础上，理解 inject 的实现就不难了。inject 主要是通过注入的 key，来访问其祖先组件实例中的 provides 对象对应的值。

如果某个祖先组件中执行了 provide(key, value)，那么在 inject(key)的过程中，我们先从其父组件的 provides 对象本身去查找这个 key，如果找到则返回对应的数据；如果找不到，则通过 provides 的原型查找这个 key，而 provides 的原型指向的是它的父级 provides 对象。

可以看到，inject 函数非常巧妙地利用了 JavaScript 原型链查找的方式，实现了层层查找祖先提供的同一个 key 所对应的数据。正因为这种查找方式，如果组件实例提供的数据和父级 provides 中数据的 key 相同，则可以覆盖父级提供的数据。举个例子：

```
import { createApp, h, provide, inject } from 'vue'
const ProviderOne = {
  setup () {
    provide('foo', 'foo')
    provide('bar', 'bar')
    return () => h(ProviderTwo)
  }
}
const ProviderTwo = {
  setup () {
```

```
    provide('foo', 'fooOverride')
    provide('baz', 'baz')
    return () => h(Consumer)
  }
}
const Consumer = {
  setup () {
    const foo = inject('foo')
    const bar = inject('bar')
    const baz = inject('baz')
    return () => h('div', [foo, bar, baz].join('&'))
  }
}
createApp(ProviderOne).mount('#app')
```

示例是一个嵌套 provider 的情况，组件 ProviderOne 是组件 ProviderTwo 的父组件，它们内部都提供了 key 为 foo 的数据；ProviderTwo 是 Consumer 组件的父组件，在 Consumer 内部，注入了 key 为 foo、bar、baz 的数据。

根据 provide 函数的实现，ProviderTwo 提供的 key 为 foo 的 provider 会覆盖 ProviderOne 提供的 key 为 foo 的 provider。原因是在查找到 ProviderTwo 提供的数据后，停止了继续向上查找，所以最后渲染在 Consumer 组件上的就是 fooOverride&bar&baz。

如果既查找不到数据，也没有传入默认值，则在非生产环境下发出警告，提示用户找不到这个注入的数据。

15.3　对比模块化共享数据的方式

我曾经看到过一个问题："Vue.js 3 跨组件共享数据，为何要用 provide/inject？直接 export/import 数据行吗？"

接下来我们探讨一下依赖注入和模块化共享数据的差异。先来看提问者给出的一个模块化共享数据的示例，首先在根组件创建一个共享的数据 sharedData：

```
// Root.js
export const sharedData = ref('')
export default {
  name: 'Root',
  setup() {
    // ...
  },
  // ...
}
```

然后在子组件中使用 sharedData：

```
import { sharedData } from './Root.js'
export default {
  name: 'Root',
  setup() {
    // 这里直接使用 sharedData 即可
  }
}
```

当然，从这个示例来看，模块化的方式是可以共享数据，但是 provide 和 inject 与模块化方式有如下几点不同。

- 作用域不同

  对于依赖注入，它的作用域是局部范围，所以只能把数据注入以这个节点为根的后代组件中，不是这棵子树上的组件是不能访问到该数据的；而对于模块化的方式，它的作用域是全局范围，可以在任何地方引用它导出的数据。

- 数据来源不同

  对于依赖注入，后代组件不需要知道注入的数据来自哪里，只管注入并使用即可；而对于模块化的方式提供的数据，用户必须明确知道这个数据是在哪个模块定义的，从而引入它。

- 上下文不同

  对于依赖注入，提供数据的组件的上下文就是组件实例，而且同一个组件定义是可以有多个组件实例的，我们可以根据不同的组件上下文为后代组件提供不同的数据；而对于模块化提供的数据，它是没有任何上下文的，仅仅是这个模块定义的数据，如果想要根据不同的情况提供不同数据，那么就需要从 API 层面开始更改设计。

  比如允许用户传递一个参数：

  ```
  export function getShareData(context) {
    // 根据不同的 context 参数返回不同的数据
  }
  ```

掌握了这些不同，在不同场景下你就应该知道选择哪种方式提供数据了。

15.4　依赖注入的缺陷和应用场景

我们再回到依赖注入，它确实提供了一种组件共享的方式，但并非完美。正因为依赖注入是上下文相关的，所以它会将应用程序中的组件与它们当前的组织方式耦合起来，这使得重构变得困难。

来回顾一下依赖注入的特点：祖先组件不需要知道哪些后代组件使用它提供的数据，后代组件也不需要知道注入的数据来自哪里。

如果在一次重构中我们不小心挪动了有依赖注入的后代组件的位置，或者挪动了提供数据的祖先组件的位置，就有可能导致后代组件丢失注入的数据，进而导致应用程序异常。所以，我并不推荐在普通应用程序代码中使用依赖注入。

但是我推荐你在组件库的开发中使用依赖注入，因为对于一个特定组件，它和其嵌套的子组件上下文联系得很紧密。

举一个 ElementUI 组件库中 Select 组件的例子：

```
<template>
  <el-select v-model="value" placeholder="请选择">
    <el-option
      v-for="item in options"
      :key="item.value"
      :label="item.label"
      :value="item.value">
    </el-option>
  </el-select>
</template>
<script>
  export default {
    data() {
      return {
        options: [{
          value: '选项 1',
          label: '黄金糕'
        }, {
          value: '选项 2',
          label: '双皮奶'
        }, {
          value: '选项 3',
          label: '蚵仔煎'
        }, {
          value: '选项 4',
          label: '龙须面'
        }, {
          value: '选项 5',
          label: '北京烤鸭'
        }],
        value: ''
      }
    }
  }
</script>
```

这是 Select 组件的基础示例，它最终会在页面上渲染成下面这样（见图 15-3）。

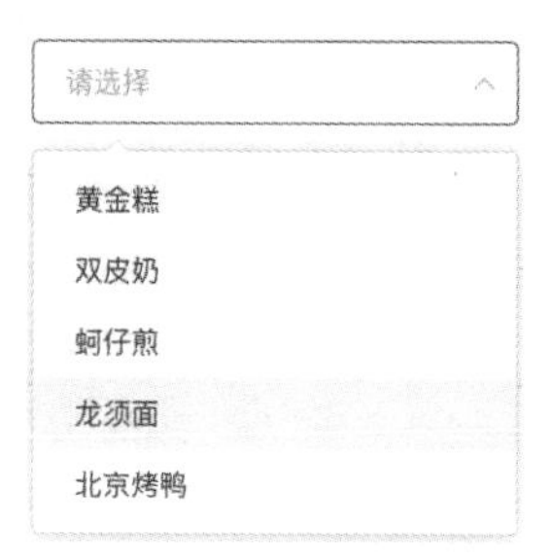

图 15-3 Select 组件的基础示例

子组件 ElOption 负责渲染每一个选项，它的内部想要访问最外层的 ElSelect 组件时，就可以通过依赖注入的方式，在 ElSelect 组件中提供组件的实例：

```
export default {
  provide() {
    return {
      'select': this
    };
  }
}
```

就这样，我们可以在 ElOption 组件中注入这个数据：

```
export default {
  inject: ['select']
}
```

虽然这些代码还是用的 Vue.js 2.*x* 的 Options API 方式，但是依赖注入的思想是不变的。

你可能会问：为什么不在 ElOption 子组件内通过 this.$parent 访问外层的 ElSelect 组件实例呢？

虽然 this.$parent 指向的是它的父组件实例，在当前这个例子中是可以的，但如果组件结构发生了变化呢？

我们再来看另一个例子：

```
<template>
  <el-select v-model="value" placeholder="请选择">
    <el-option-group
      v-for="group in options"
      :key="group.label"
      :label="group.label">
      <el-option
        v-for="item in group.options"
        :key="item.value"
        :label="item.label"
        :value="item.value">
```

```
      </el-option>
    </el-option-group>
  </el-select>
</template>
<script>
  export default {
    data() {
      return {
        options: [{
          label: '热门城市',
          options: [{
            value: 'Shanghai',
            label: '上海'
          }, {
            value: 'Beijing',
            label: '北京'
          }]
        }, {
          label: '城市名',
          options: [{
            value: 'Chengdu',
            label: '成都'
          }, {
            value: 'Shenzhen',
            label: '深圳'
          }, {
            value: 'Guangzhou',
            label: '广州'
          }]
        }],
        value: ''
      }
    }
  }
</script>
```

这是 Select 组件的分组示例，最终会在页面上渲染成下面这样（见图 15-4）。

图 15-4　Select 组件的分组示例

显然，这里 `ElOption` 中的 `this.$parent` 指向的就不是 `ElSelect` 组件实例，而是 `ElOptionGroup` 组件实例。但如果我们用依赖注入的方式，即使结构变了，还是可以在 `ElOption` 组件中正确访问 `ElSelect` 实例的。

所以，`this.$parent` 是一种强耦合的获取父组件实例的方式，非常不利于代码的重构，因为一旦组件层级发生变化，就会产生非预期的后果，因此在平时的开发工作中应该慎用这个属性。

相反，在组件库的场景中，依赖注入还是很方便的，除了示例中提供的组件实例数据，还可以提供任意类型的数据。因为入口组件和它的相关子组件关联性很强，所以无论后代组件的结构如何变化，最终都会渲染在入口组件的子树上。

15.5 总结

依赖注入的实现主要依赖实例中的 `provides` 对象，在默认情况下，子组件的 `provides` 对象直接指向父组件的 `provides` 对象。当组件执行 `provide(key, value)`函数提供的数据时，会使用父级的 `provides` 对象作为原型对象创建自己的 `provides` 的对象，然后再给自己的 `provides` 添加新的属性值。

当子组件执行 `inject(key)`注入数据的时候，会直接从它的父组件的 `provides` 对象中查找，如果找到则返回对应的数据；如果找不到，则从它的原型开始查找。通过 JavaScript 原型链查找的方式，实现了层层查找祖先提供的 `key` 对应的数据。

依赖注入还是有负面影响的，它会将应用程序中的组件与它们当前的组织方式耦合起来，使重构变得更加困难。但是在组件库的场景中，依赖注入还是很方便的，并且由于入口组件和它的相关子组件关联性很强，所以无论后代组件的结构如何变化，最终都会渲染在入口组件的子树上。

第 16 章

插　槽

在开发组件的过程中，我们通常会使用 props 来让组件支持不同的配置，进而实现不同的功能。

不过，有些时候我们希望可以定制子组件模板中的部分内容，这时 props 就显得不够灵活和易用了。Vue.js 受到 Web Component 草案的启发，通过插槽的方式实现内容分发，它允许在父组件中编写 DOM，并在子组件渲染时把 DOM 添加到子组件的插槽中，非常方便。

在分析插槽的实现前，我们先来简单回顾一下插槽的使用函数。

16.1　插槽的用法

举个简单的例子，首先定义一个 TodoButton 组件：

```
<button class="todo-button">
  <slot></slot>
</button>
```

然后在父组件中使用 TodoButton 组件：

```
<todo-button>
  <!-- 添加一个字体图标 -->
  <i class="icon icon-plus"></i>
  Add todo
</todo-button>
```

其实就是在 todo-button 标签内部去编写插槽中的 DOM 内容，最终 TodoButton 组件渲染的 HTML 如下：

```
<button class="todo-button">
  <!-- 添加一个字体图标 -->
  <i class="icon icon-plus"></i>
```

```
  Add todo
</button>
```

上述示例就是最简单的普通插槽的用法，有时候我们希望子组件可以有多个插槽，再举个例子，定义一个布局组件 Layout：

```
<div class="layout">
  <header>
    <slot name="header"></slot>
  </header>
  <main>
    <slot></slot>
  </main>
  <footer>
    <slot name="footer"></slot>
  </footer>
</div>
```

Layout 组件定义了多个插槽，并且其中两个插槽标签还添加了 name 属性（默认为 default），然后在父组件中使用 Layout 组件：

```
<template>
  <layout>
    <template v-slot:header>
      <h1>{{ header }}</h1>
    </template>

    <template v-slot:default>
      <p>{{ main }}</p>

    </template>

    <template v-slot:footer>
      <p>{{ footer }}</p>
    </template>
  </layout>
</template>
<script>
  export default {
    data (){
      return {
        header: 'Here might be a page title',
        main: 'A paragraph for the main content.',
        footer: 'Here\'s some contact info'
      }
    }
  }
</script>
```

上述示例就是命名插槽的用法，它满足了在一个组件中定义多个插槽的需求。另外需要注意，在父组件插槽中引入的数据，其作用域与父组件相同。

不过有些时候，我们希望父组件填充插槽内容的时候，使用子组件的一些数据。为了实现这个需求，Vue.js 提供了作用域插槽。

举个例子，定义一个 TodoList 组件：

```
<template>
  <ul>
    <li v-for="(item, index) in items">
      <slot :item="item"></slot>
    </li>
  </ul>
</template>
<script>
  export default {
    data() {
      return {
        items: ['Feed a cat', 'Buy milk']
      }
    }
  }
</script>
```

注意，这里给 slot 标签加上了 item 属性，目的就是传递子组件中的 item 数据，然后就可以在父组件中使用 TodoList 组件了：

```
<todo-list>
  <template v-slot:default="slotProps">
    <i class="icon icon-check"></i>
    <span class="green">{{ slotProps.item }}<span>
  </template>
</todo-list>
```

这里 v-slot 指令的值为 slotProps，它是一个对象，它的值包含了子组件往 slot 标签中添加的 props，在当前示例中，v-slot 包含了 item 属性。然后就可以在内部使用这个 slotProps.item 了，最终 TodoList 组件渲染的 HTML 如下：

```
<ul>
  <li v-for="(item, index) in items">
    <i class="icon icon-check"></i>
    <span class="green">{{ item }}<span>
  </li>
</ul>
```

上述示例就是作用域插槽的用法，它满足了在父组件中填写子组件插槽内容的时候，使用子组件传递数据的需求。

以上就是插槽的一些常见使用方式，接下来，我们就来分析插槽背后的实现原理。

16.2 插槽的实现

在分析具体的代码前，不妨先来想一下插槽的特点。其实就是在父组件中去编写子组件插槽部分的模板，然后在子组件渲染的时候，把这部分模板内容填充到子组件的插槽中。

所以在父组件渲染阶段，子组件插槽部分的 DOM 是不能渲染的，需要通过某种方式保留下来，等到子组件渲染的时候再渲染。顺着这个思路，我们来分析具体的实现代码。

16.2.1 父组件的渲染

为了更加直观，我们还是通过示例的方式来分析插槽实现的整个流程，首先来看父组件模板：

```
<layout>
  <template v-slot:header>
    <h1>{{ header }}</h1>
  </template>
  <template v-slot:default>
    <p>{{ main }}</p>
  </template>
  <template v-slot:footer>
    <p>{{ footer }}</p>
  </template>
</layout>
```

借助模板导出工具，可以看到它编译后的 render 函数：

```
import { toDisplayString as _toDisplayString, createElementVNode as _createElementVNode, resolveComponent
as _resolveComponent, withCtx as _withCtx, openBlock as _openBlock, createBlock as _createBlock } from "vue"

export function render(_ctx, _cache, $props, $setup, $data, $options) {
  const _component_layout = _resolveComponent("layout")

  return (_openBlock(), _createBlock(_component_layout, null, {
    header: _withCtx(() => [
      _createElementVNode("h1", null, _toDisplayString(_ctx.header), 1 /* TEXT */)
    ]),
    default: _withCtx(() => [
      _createElementVNode("p", null, _toDisplayString(_ctx.main), 1 /* TEXT */)
    ]),
    footer: _withCtx(() => [
      _createElementVNode("p", null, _toDisplayString(_ctx.footer), 1 /* TEXT */)
    ]),
    _: 1 /* STABLE */
  }))
}
```

前面我们分析过 createBlock，它的内部通过执行 createVNode 创建了 vnode。注意 createBlock 函数的第三个参数，它表示创建的 vnode 子节点，在上述示例中，它是一个对象。

通常，创建 vnode 传入的子节点是一个数组，那么对于对象类型的子节点来说，它在内部做了哪些处理呢？我们来回顾一下 createVNode 的实现：

```
// runtime-core/src/vnode.ts
function createVNode(type, props = null, children = null, patchFlag = 0, dynamicProps = null, isBlockNode
= false) {
  // 判断 type 是否为空

  // 判断 type 是不是一个 vnode 节点

  // 判断 type 是不是一个 class 类型的组件

  // class 和 style 标准化

  // 对 vnode 的类型信息做了编码

  return createBaseVNode(type, props, children, patchFlag, dynamicProps, shapeFlag, isBlockNode, true)
}
// runtime-core/src/vnode.ts
function createBaseVNode(type, props = null, children = null, patchFlag = 0, dynamicProps = null,
shapeFlag = type === Fragment ? 0 : 1 /* ELEMENT */, isBlockNode = false, needFullChildrenNormalization
= false) {
  // 创建 vnode 对象

  if (needFullChildrenNormalization) {
    normalizeChildren(vnode, children)
    if (shapeFlag & 128 /* SUSPENSE */) {
      type.normalize(vnode)
    }
  }
  else if (children) {
    vnode.shapeFlag |= isString(children)
      ? 8 /* TEXT_CHILDREN */
      : 16 /* ARRAY_CHILDREN */
  }
  // ...
  // 处理 Block Tree
  return vnode
}
```

可以看到在 createVNode 函数的最后，执行了 createBaseVNode 函数来创建 vnode 对象，并且最后一个参数 needFullChildrenNormalization 的值为 true。

在 createBaseVNode 函数内部会进行判断，如果 needFullChildrenNormalization 的值为 true，则执行 normalizeChildren 函数，标准化传入的参数 children，来看一下它的实现：

```
// runtime-core/src/vnode.ts
function normalizeChildren (vnode, children) {
  // 子节点类型
  let type = 0
  const { shapeFlag } = vnode
```

```
  if (children == null) {
    children = null
  }
  else if (isArray(children)) {
    type = 16 /* ARRAY_CHILDREN */
  }
  else if (typeof children === 'object') {
    // 标准化 slot 子节点
    if (shapeFlag & 1 /* ELEMENT */ || shapeFlag & 64 /* TELEPORT */) {
      // 普通元素和 Teleport 插槽处理
      // ...
      return
    }
    else {
      // 确定 vnode 子节点类型为 slot 子节点
      type = 32 /* SLOTS_CHILDREN */
      const slotFlag = children._
      if (!slotFlag && !(InternalObjectKey in children)) {
        children._ctx = currentRenderingInstance
      }
      else if (slotFlag === 3 /* FORWARDED */ && currentRenderingInstance) {
        // 处理类型为 FORWARDED 的情况
        // ...
      }
    }
  }
  else if (isFunction(children)) {
    // 处理 children 是函数的场景，当作插槽
    children = { default: children, _ctx: currentRenderingInstance }
    type = 32 /* SLOTS_CHILDREN */
  }
  else {
    children = String(children)
    if (shapeFlag & 64 /* TELEPORT */) {
      type = 16 /* ARRAY_CHILDREN */
      children = [createTextVNode(children)]
    }
    else {
      type = 8 /* TEXT_CHILDREN */
    }
  }
  vnode.children = children
  vnode.shapeFlag |= type
}
```

normalizeChildren函数主要的作用就是标准化children以及更新vnode的节点类型shapeFlag。

我们重点关注插槽相关的逻辑，此时 children 是 object 类型，经过处理，vnode.children 是插槽对象，而 vnode.shapeFlag 会与 slot 子节点类型 SLOTS_CHILDREN 进行或运算，由于当前 vnode 本身的 shapFlag 是 STATEFUL_COMPONENT，所以运算后的 shapeFlag 是 SLOTS_CHILDREN | STATEFUL_COMPONENT。

确定了 shapeFlag 后会影响后续的 patch 过程，在 patch 中，一般根据 vnode 的 type 和 shapeFlag 来决定后续的执行逻辑，下面回顾一下它的实现：

```
// runtime-core/src/renderer.ts
const patch = (n1, n2, container, anchor = null, parentComponent = null, parentSuspense = null, isSVG
= false, slotScopeIds = null, optimized = false) => {
  const { type, shapeFlag } = n2
  switch (type) {
    case Text:
      // 处理文本节点
      break
    case Comment:
      // 处理注释节点
      break
    case Static:
      // 处理静态节点
      break
    case Fragment:
      // 处理 Fragment 元素
      break
    default:
      if (shapeFlag & 1 /* ELEMENT */) {
        // 处理普通 DOM 元素
        processElement(n1, n2, container, anchor, parentComponent, parentSuspense, isSVG,
slotScopeIds, optimized)
      }
      else if (shapeFlag & 6 /* COMPONENT */) {
        // 处理组件
        processComponent(n1, n2, container, anchor, parentComponent, parentSuspense, isSVG,
slotScopeIds, optimized)
      }
      else if (shapeFlag & 64 /* TELEPORT */) {
        // 处理 TELEPORT
      }
      else if (shapeFlag & 128 /* SUSPENSE */) {
        // 处理 SUSPENSE
      }
  }
}
```

由于 type 是组件对象，shapeFlag 满足 shapeFlag & 6/* COMPONENT */的情况，所以会运行 processComponent 逻辑，递归渲染子组件。

到目前为止，带有子节点插槽的组件渲染与普通的组件渲染并无区别，还是通过递归的方式进行，而插槽对象则保留在组件 vnode 的 children 属性中。

16.2.2　子组件的渲染

在组件渲染的过程中，有一个 setupComponent 的流程，我们来回顾一下它的实现：

```
// runtime-core/src/component.ts
function setupComponent (instance, isSSR = false) {
  const { props, children, shapeFlag } = instance.vnode
  // 判断是否是一个有状态的组件
  const isStateful = shapeFlag & 4
  // 初始化 props
  initProps(instance, props, isStateful, isSSR)
  // 初始化插槽
  initSlots(instance, children)
  // 设置有状态的组件实例
  const setupResult = isStateful
    ? setupStatefulComponent(instance, isSSR)
    : undefined
  return setupResult
}
```

注意，这里的 instance.vnode 就是组件 vnode，我们可以从中拿到子组件的实例、props 和 children 等数据，其中 children 就是插槽对象。

在 setupComponent 的执行过程中，会通过 initSlots 函数去初始化插槽，并传入 instance 和 children，来看一下它的实现：

```
// runtime-core/src/component.ts
const initSlots = (instance, children) => {
  if (instance.vnode.shapeFlag & 32 /* SLOTS_CHILDREN */) {
    const type = children._
    if (type) {
      instance.slots = toRaw(children)
      def(children, '_', type)
    }
    else {
      normalizeObjectSlots(children, (instance.slots = {}))
    }
  }
  else {
    instance.slots = {}
    if (children) {
      normalizeVNodeSlots(instance, children)
    }
  }
  def(instance.slots, InternalObjectKey, 1)
}
```

由于组件 vnode 的 shapeFlag 满足 shapeFlag & 32 /* SLOTS_CHILDREN */，所以我们可以把插槽对象保留到 instance.slots 对象中，后续的程序就可以从 instance.slots 拿到插槽对象了。

到目前为止，子组件拿到了父组件传入的插槽对象，那么它是如何把插槽对象渲染到页面上的呢？

还是通过示例的方式进行分析，来看子组件的模板：

```
<div class="layout">
  <header>
    <slot name="header"></slot>
  </header>
  <main>
    <slot></slot>
  </main>
  <footer>
    <slot name="footer"></slot>
  </footer>
</div>
```

借助模板导出工具，可以看到它编译后的 `render` 函数：

```
import { renderSlot as _renderSlot, createElementVNode as _createElementVNode, openBlock as _openBlock,
createElementBlock as _createElementBlock } from "vue"

const _hoisted_1 = { class: "layout" }

export function render(_ctx, _cache, $props, $setup, $data, $options) {
  return (_openBlock(), _createElementBlock("div", _hoisted_1, [
    _createElementVNode("header", null, [
      _renderSlot(_ctx.$slots, "header")
    ]),
    _createElementVNode("main", null, [
      _renderSlot(_ctx.$slots, "default")
    ]),
    _createElementVNode("footer", null, [
      _renderSlot(_ctx.$slots, "footer")
    ])
  ]))
}
```

从编译后的代码可以看出，子组件插槽部分的 DOM 主要是通过 `renderSlot` 函数渲染生成的，它的实现如下：

```
// runtime-core/src/helpers/renderSlot.ts
function renderSlot(slots, name, props = {}, fallback, noSlotted) {
  let slot = slots[name]

  if (slot && slot._c) {
    // 基于模板的编译，开启 Block tracking
    slot._d = false
  }
  openBlock()

  // 如果 slot 内部全是注释节点，则不是一个合法的插槽
  const validSlotContent = slot && ensureValidVNode(slot(props))

  const rendered = createBlock(Fragment, { key: props.key || `_${name}` }, validSlotContent || (fallback ?
fallback() : []), validSlotContent && slots._ === 1 /* STABLE */
  ? 64 /* STABLE_FRAGMENT */
  : -2 /* BAIL */)
```

```
  if (!noSlotted && rendered.scopeId) {
    rendered.slotScopeIds = [rendered.scopeId + '-s']
  }
  if (slot && slot._c) {
    // 恢复关闭 Block tracking
    slot._d = true
  }
  return rendered
}
```

renderSlot 函数拥有五个参数，这里只关注前三个参数，其中 slots 是子组件初始化时获取的插槽对象；name 表示插槽的名称；props 是插槽的数据，主要用于作用域插槽，后面我会详细分析它。

renderSlot 首先根据第二个参数 name 获取对应的插槽函数 slot。然后执行 slot 函数获取插槽的内容，注意这里会执行 ensureValidVNode 进行判断，如果插槽中全是注释节点，则不是一个合法的插槽内容。最后通过 createBlock 创建了 Fragment 类型的 vnode 节点并返回，其中 children 是 validSlotContent。

也就是说，在子组件执行 renderSlot 的时候，创建了与插槽内容对应的 vnode 节点，后续在 patch 的过程中就可以渲染它并生成对应的 DOM 了。

那么 slot 函数具体执行了什么逻辑？来看一下示例中的 instance.slots 的值：

```
{
  header: _withCtx(() => [
    _createElementVNode("h1", null, _toDisplayString(_ctx.header), 1 /* TEXT */)
  ]),
  default: _withCtx(() => [
    _createElementVNode("p", null, _toDisplayString(_ctx.main), 1 /* TEXT */)
  ]),
  footer: _withCtx(() => [
    _createElementVNode("p", null, _toDisplayString(_ctx.footer), 1 /* TEXT */)
  ]),
  _: 1 /* STABLE */
}
```

当 name 为 header，对应的 slot 的值就是：

```
_withCtx(() => [
  _createElementVNode("h1", null, _toDisplayString(_ctx.header), 1 /* TEXT */)
```

它是执行_withCtx 函数后的返回值，接着来分析 withCtx 函数的实现：

```
// runtime-core/src/componentRenderUtils.ts
function withCtx(fn, ctx = currentRenderingInstance) {
  if (!ctx)
    return fn
  if (fn._n) {
```

```
    // 已被标准化，直接返回
    return fn
  }
  const renderFnWithContext = (...args) => {
    // 阻止 Block tracking，
    if (renderFnWithContext._d) {
      setBlockTracking(-1)
    }
    const prevInstance = setCurrentRenderingInstance(ctx)
    const res = fn(...args)
    setCurrentRenderingInstance(prevInstance)
    // 恢复 Block tracking
    if (renderFnWithContext._d) {
      setBlockTracking(1)
    }
    return res
  }
  // 标记已被标准化，避免重复执行该过程
  renderFnWithContext._n = true
  // 标记它是一个编译的插槽
  renderFnWithContext._c = true
  // 默认阻止 Block tracking
  renderFnWithContext._d = true
  return renderFnWithContext
}
```

withCtx 的主要作用就是给待执行的函数 fn 做一层封装，使 fn 执行时当前组件实例指向上下文变量 ctx。ctx 的默认值是 currentRenderingInstance，也就是执行 render 函数时的组件实例。

对于 withCtx 返回新的函数 renderFnWithContext 来说，当它执行的时候，会先执行 setCurrentRenderingInstance，把 ctx 设置为当前渲染组件实例，并返回之前的渲染组件实例 prevInstance。接着执行 fn，执行完毕后，再把之前的 prevInstance 设置为当前渲染组件实例。

通过 withCtx 的封装，保证了在子组件中渲染具体插槽内容时，渲染组件实例仍然是父组件实例，这样也就保证了数据作用域来源于父组件。

header 插槽的 slot 函数的返回值是一个数组：

```
[
  _createElementVNode("h1", null, _toDisplayString(_ctx.header), 1 /* TEXT */)
]
```

我们回到 renderSlot 函数，最终插槽对应的 vnode 就变成了如下结果：

```
createBlock(Fragment, { key: props.key }, [_createElementVNode("h1", null,
_toDisplayString(_ctx.header), 1 /* TEXT */)], 64 /* STABLE_FRAGMENT */)
```

根据前面的分析我们知道，createBlock 内部会执行 createVNode 创建 vnode，vnode 创建完成后，仍然会通过 patch 把 vnode 挂载到页面上，那么对于插槽的渲染而言，patch 过程有什么不同呢？

注意，这里 vnode 的 type 是 Fragement，所以在执行 patch 的时候，会走 processFragment 的处理逻辑，来看它的实现：

```
// runtime-core/src/renderer.ts
const processFragment = (n1, n2, container, anchor, parentComponent, parentSuspense, isSVG, slotScopeIds,
  optimized) => {
  const fragmentStartAnchor = (n2.el = n1 ? n1.el : hostCreateText(''))
  const fragmentEndAnchor = (n2.anchor = n1 ? n1.anchor : hostCreateText(''))
  // ...
  if (n1 == null) {
    // 插入节点
    // 先在前后插入两个空文本节点
    hostInsert(fragmentStartAnchor, container, anchor)
    hostInsert(fragmentEndAnchor, container, anchor)
    // 再挂载子节点
    mountChildren(n2.children, container, fragmentEndAnchor, parentComponent, parentSuspense, isSVG,
      slotScopeIds, optimized)
  } else {
    // 更新节点
  }
}
```

这里我们只分析挂载子节点的过程，所以 n1 的值为 null，n2 就是我们前面创建的 vnode 节点，它的 children 是一个数组。

processFragment 函数首先通过 hostInsert 在容器的前后插入两个空文本节点，然后再以尾部的文本节点作为参考锚点，通过 mountChildren 把 children 挂载到 container 容器中。

至此，子组件插槽内容就渲染完成了。前面分析的示例是针对普通插槽的实现，那么作用域插槽的实现又有何不同呢，它是如何实现子组件数据传递的呢？

16.2.3 作用域插槽

同样地，我们还是通过示例的方式来分析作用域插槽的实现流程，首先来看父组件模板：

```
<todo-item>
  <template v-slot:default="slotProps">
    <i class="icon icon-check"></i>
    <span class="green">{{ slotProps.item }}<span>
  </template>
</todo-item>
```

借助模板导出工具，可以看到它编译后的 render 函数：

```
import { createElementVNode as _createElementVNode, toDisplayString as _toDisplayString,
createTextVNode as _createTextVNode, resolveComponent as _resolveComponent, withCtx as _withCtx,
openBlock as _openBlock, createBlock as _createBlock } from "vue"

const _hoisted_1 = /*#__PURE__*/_createElementVNode("i", { class: "icon icon-check" }, null, -1 /*
HOISTED */)
const _hoisted_2 = { class: "green" }
const _hoisted_3 = /*#__PURE__*/_createElementVNode("span", null, null, -1 /* HOISTED */)

export function render(_ctx, _cache, $props, $setup, $data, $options) {
  const _component_todo_item = _resolveComponent("todo-item")

  return (_openBlock(), _createBlock(_component_todo_item, null, {
    default: _withCtx((slotProps) => [
      _hoisted_1,
      _createElementVNode("span", _hoisted_2, [
        _createTextVNode(_toDisplayString(slotProps.item), 1 /* TEXT */),
        _hoisted_3
      ])
    ]),
    _: 1 /* STABLE */
  }))
}
```

和普通插槽相比，作用域插槽编译生成的 render 函数中的插槽对象稍有不同：使用 withCtx 封装的插槽函数多了一个参数 slotProps，这样函数内部就可以从 slotProps 中获取数据了。

那么 slotProps 是如何传入的呢？我们再来看子组件的模板：

```
<div class="todo-item">
  <slot :item="item"></slot>
</div>
```

借助模板编译导出工具，可以看到它编译后的 render 函数：

```
import { renderSlot as _renderSlot, openBlock as _openBlock, createElementBlock as _createElementBlock }
from "vue"

const _hoisted_1 = { class: "todo-item" }

export function render(_ctx, _cache, $props, $setup, $data, $options) {
  return (_openBlock(), _createElementBlock("div", _hoisted_1, [
    _renderSlot(_ctx.$slots, "default", { item: _ctx.item })
  ]))
}
```

作用域插槽和普通插槽一样，也是通过执行 renderSlot 函数去渲染插槽节点内容的，唯一不同的是，renderSlot 多了第三个参数，这就是子组件提供的数据。我们来回顾一下 renderSlot 函数的实现：

```
// runtime-core/src/helpers/renderSlot.ts
function renderSlot(slots, name, props = {}, fallback, noSlotted) {
  let slot = slots[name]

  // ...
  openBlock()

  // 如果 slot 内部全是注释节点，那么不是一个合法的插槽
  const validSlotContent = slot && ensureValidVNode(slot(props))

  const rendered = createBlock(Fragment, { key: props.key || `_${name}` }, validSlotContent ||
(fallback ? fallback() : []), validSlotContent && slots._ === 1 /* STABLE */
  ? 64 /* STABLE_FRAGMENT */
  : -2 /* BAIL */)

  // ...
  return rendered
}
```

可以注意到，`renderSlot` 函数的第三个参数 `props` 就是前面提到的 `slotProps`，它是在执行 `slot` 插槽函数的时候作为参数传入的，通过这种方式，就可以把子组件中的数据传递给父组件中定义的插槽函数了。

16.3 总结

插槽的实现实际上就是一种延时渲染，把父组件中编写的插槽内容保存到一个对象上，并且把具体渲染 DOM 的代码用函数的方式封装，然后在子组件渲染的时候，根据插槽名称在对象中找到对应的函数，再执行这些函数生成对应的 vnode。

普通插槽渲染时的数据作用域仍然和父组件相同，如果想要在插槽渲染时使用子组件的数据，可以通过作用域插槽的方式，让子组件在渲染插槽的时候，通过函数的参数传递子组件的数据。

第 17 章

自定义指令

Vue.js 的核心思想之一是数据驱动，数据是 DOM 的映射。在大部分情况下，用户是不用操作 DOM 的，但是这并不意味着不能操作 DOM。

有些时候，我们希望手动去操作某个元素节点的 DOM，比如当这个元素节点挂载到页面的时候，通过操作底层的 DOM 来做一些事情。

为了支持这个需求，Vue.js 提供了指令功能，它允许我们自定义指令，并作用在普通 DOM 元素上。

举个例子，我们希望在页面加载时，输入框自动获得焦点。可以先全局注册一个 `v-focus` 指令：

```
import Vue from 'vue'
const app = Vue.createApp({})
// 注册全局 v-focus 指令
app.directive('focus', {
  // 挂载的钩子函数
  mounted(el) {
    el.focus()
  }
})
```

当然，我们也可以在组件内部进行局部注册：

```
directives: {
  focus: {
    mounted(el) {
      el.focus()
    }
  }
}
```

然后就可以在模板中使用该指令了：`<input v-focus />`。

这样，在 input 元素挂载到页面后，会执行 mounted 函数，进而执行 el.focus()实现元素的自动聚焦。

通常，一个自定义指令从开发到应用，需要先定义指令，然后注册指令，最终把它作用到元素节点上。

接下来，我们就从指令的定义、指令的注册和指令的应用三个方面来一起探究它的实现原理。

17.1 指令的定义

指令本质上就是一个 JavaScript 对象，对象上挂着一些钩子函数。举个例子，定义一个 v-log 指令，这个指令做的事情就是在指令的各个生命周期输出一些 log 信息：

```
const logDirective = {
  created() {
    console.log('log directive created')
  },
  beforeMount() {
    console.log('log directive before mount')
  },
  mounted() {
    console.log('log directive mounted')
  },
  beforeUpdate() {
    console.log('log directive before update')
  },
  updated() {
    console.log('log directive updated')
  },
  beforeUnmount() {
    console.log('log directive beforeUnmount')
  },
  unmounted() {
    console.log('log directive unmounted')
  }
}
```

一个指令定义对象可以提供如下几个钩子函数。

- created：在绑定元素的 attribute 或事件侦听器被应用之前调用。当指令需要添加一些事件侦听器，且这些事件侦听器需要在普通的 v-on 事件侦听器前调用时，可以利用此钩子函数。
- beforeMount：当指令第一次绑定到元素，在挂载父组件之前调用。
- mounted：在绑定元素的父组件被挂载后调用。

- beforeUpdate：在更新包含此指令元素的 vnode 之前调用。
- updated：在包含此指令元素的 vnode 及其子元素的 vnode 更新后调用。
- beforeUnmount：在卸载绑定元素的父组件之前调用。
- unmounted：在指令与元素解除绑定且父组件已卸载时调用。

因此，定义一个指令，无非就是在合适的钩子函数中编写相关的处理逻辑。

17.2 指令的注册

编写好指令后，在应用它之前，我们需要先注册它。所谓注册，其实就是把指令的定义保存到相应的地方，在未来使用的时候可以从保存的地方拿到它。

指令的注册和组件一样，可以全局注册，也可以局部注册。

首先，我们来了解全局注册的方式，它是通过 app.directive 函数进行注册的：

```
import { createApp } from 'vue'
import App from './App'
const app = createApp(App)
app.directive('focus', {
  // 挂载的钩子函数
  mounted(el) {
    el.focus()
  }
})
```

app 对象拥有 directive 函数，来看它的实现：

```
// runtime-core/src/renderer.ts
function createApp(rootComponent, rootProps = null) {
  const context = createAppContext()
  const app = {
    _component: rootComponent,
    _props: rootProps,
    directive(name, directive) {
      if ((process.env.NODE_ENV !== 'production')) {
        validateDirectiveName(name)
      }
      if (!directive) {
        // 如果没有第二个参数，则获取对应的指令对象
        return context.directives[name]
      }
      if ((process.env.NODE_ENV !== 'production') && context.directives[name]) {
        // 重复注册的警告
        warn(`Directive "${name}" has already been registered in target app.`)
      }
      context.directives[name] = directive
```

```
      return app
    }
    // 其他属性
    // ...
  }
  return app
}
```

directive 函数拥有两个参数，其中 name 表示指令的名称，directive 表示指令对象。

指令的全局注册就是把指令对象注册到 app 对象创建的全局上下文 context.directives 中，并用 name 作为 key。

这里有几个细节要注意一下，validateDirectiveName 用来检测指令名是否和内置的指令（如 v-model、v-show）冲突；如果不传入第二个参数指令对象，则表示这是一次指令的获取；指令重复注册会发出警告。

除了全局注册，还支持在组件对象中直接注册指令：

```
directives: {
  focus: {
    mounted(el) {
      el.focus()
    }
  }
}
```

指令全局注册和局部注册的主要区别是指令对象保存的地方不同，一个保存在 appContext 中，一个保存在组件对象的定义中。因此，全局注册的指令可以在任意组件中使用，而局部注册的指令只能在当前组件内部使用。

17.3 指令的应用

接下来，我们重点分析指令的应用过程，以 v-focus 指令为例，先在组件中使用这个指令：

```
<input v-focus />
```

借助模板导出工具，可以看到它编译后的 render 函数：

```
import { resolveDirective as _resolveDirective, withDirectives as _withDirectives, openBlock as
_openBlock, createElementBlock as _createElementBlock } from "vue"

export function render(_ctx, _cache, $props, $setup, $data, $options) {
  const _directive_focus = _resolveDirective("focus")

  return _withDirectives((_openBlock(), _createElementBlock("input", null, null, 512 /* NEED_PATCH
*/)), [
```

```
    [_directive_focus]
  ])
}
```

再来看如果不使用 v-focus，单个 input 编译生成后的 render 函数：

```
import { openBlock as _openBlock, createElementBlock as _createElementBlock } from "vue"

export function render(_ctx, _cache, $props, $setup, $data, $options) {
  return (_openBlock(), _createElementBlock("input"))
}
```

对比两个编译结果可以看到，如果元素节点使用指令，那么它编译生成的 vnode 会用 withDirectives 进行一层包装。

在分析 withDirectives 函数的实现之前，先来看指令的解析函数 resolveDirective。因为前面我们已经了解指令的注册其实就是把定义的指令对象保存下来，那么 resolveDirective 做的事情，就是根据指令的名称找到保存的指令对象，来看一下它的实现：

```
// runtime-core/src/helpers/resolveAssets.ts
const DIRECTIVES = 'directives'
function resolveDirective(name) {
  return resolveAsset(DIRECTIVES, name)
}
function resolveAsset(type, name, warnMissing = true) {
  // 获取当前渲染实例
  const instance = currentRenderingInstance || currentInstance
  if (instance) {
    const Component = instance.type
    // ...
    const res =
      // 局部注册
      resolve(instance[type] || Component[type], name) ||
      // 全局注册
      resolve(instance.appContext[type], name)
    if ((process.env.NODE_ENV !== 'production') && warnMissing && !res) {
      warn(`Failed to resolve ${type.slice(0, -1)}: ${name}`)
    }
    return res
  }
  else if ((process.env.NODE_ENV !== 'production')) {
    warn(`resolve${capitalize(type.slice(0, -1))} ` +
      `can only be used in render() or setup().`)
  }
}
function resolve(registry, name) {
  return (registry &&
    (registry[name] ||
      registry[camelize(name)] ||
      registry[capitalize(camelize(name))]))
}
```

resolveDirective 内部调用了 resolveAsset 函数，传入的类型名称为 directives 字符串。

resolveAsset 内部先通过 resolve 函数解析注册的资源，由于我们传入的是 directives，所以就从组件实例中的 directives 查找对应 name 的指令；查找不到则从组件定义对象上的 directives 属性中查找；如果都查找不到，则通过 instance.appContext（也就是前面提到的全局的 appContext）中的 name 查找对应的指令。

因此 resolveDirective 的逻辑就是优先查找组件是否局部注册该指令，如果没有则看是否全局注册该指令，如果还找不到，就在非生产环境下发出警告，提示用户没有解析到该指令。如果你在日常工作中遇到这个警告，那么很可能就是没有注册这个指令，或者 name 写错了。

注意，在 resolve 函数实现的过程中，它会先根据 name 匹配，如果失败，则把 name 变成驼峰格式继续匹配，如果仍然匹配不到，就把 name 首字母大写后继续匹配，这么做是为了兼容用户定义的指令名称。

接下来，我们再来分析 withDirectives 的实现：

```
// runtime-core/src/directives.ts
function withDirectives(vnode, directives) {
  const internalInstance = currentRenderingInstance
  if (internalInstance === null) {
    (process.env.NODE_ENV !== 'production') && warn(`withDirectives can only be used inside render
functions.`)
    return vnode
  }
  const instance = internalInstance.proxy
  // 把指令对象绑定到 vnode.dirs 中
  const bindings = vnode.dirs || (vnode.dirs = [])
  for (let i = 0; i < directives.length; i++) {
    let [dir, value, arg, modifiers = EMPTY_OBJ] = directives[i]
    if (isFunction(dir)) {
      dir = {
        mounted: dir,
        updated: dir
      }
    }
    bindings.push({
      dir,
      instance,
      value,
      oldValue: void 0,
      arg,
      modifiers
    })
  }
  return vnode
}
```

withDirectives 拥有两个参数，其中 vnode 就是应用指令节点的 vnode 对象；directives 是指令构成的数组，因为一个元素节点上是可以应用多个指令的。

withDirectives 其实就是给 vnode 添加了一个 dirs 属性，属性的值就是这个元素节点上所有指令构成的对象数组。它通过对 directives 的遍历，拿到每一个指令对象以及指令对应的值 value、参数 arg、修饰符 modifiers 等，然后构造成一个 binding 对象，这个对象还绑定了组件的实例 instance。

这么做的目的是知道在元素的生命周期中都运行了哪些和指令相关的钩子函数，以及在运行这些钩子函数的时候，还可以往钩子函数中传递一些指令相关的参数。

那么，接下来我们就来分析在元素的生命周期中是如何运行这些钩子函数的。

首先，我们来分析元素挂载的时候会执行哪些指令的钩子函数。通过前面的学习可以了解到，一个元素的挂载是通过执行 mountElement 函数完成的，来回顾一下它的实现：

```
// runtime-core/src/renderer.ts
const mountElement = (vnode, container, anchor, parentComponent, parentSuspense, isSVG, slotScopeIds,
optimized) => {
  let el
  const { type, props, shapeFlag, dirs } = vnode
  // 创建 DOM 元素节点
  el = vnode.el = hostCreateElement(vnode.type, isSVG, props && props.is)
  // ...
  if (shapeFlag & 8 /* TEXT_CHILDREN */) {
    // 处理子节点是纯文本的情况
    hostSetElementText(el, vnode.children)
  } else if (shapeFlag & 16 /* ARRAY_CHILDREN */) {
    // 处理子节点是数组的情况，挂载子节点
    mountChildren(vnode.children, el, null, parentComponent, parentSuspense, isSVG && type !==
'foreignObject', optimized || !!vnode.dynamicChildren)
  }
  if (dirs) {
    invokeDirectiveHook(vnode, null, parentComponent, 'created')
  }
  if (props) {
    // 处理 props，比如 class、style、event 等属性
  }
  // ...
  if (dirs) {
    invokeDirectiveHook(vnode, null, parentComponent, 'beforeMount')
  }
  // ...
  // 把创建的 DOM 元素节点挂载到 container 上
  hostInsert(el, container, anchor)

  if ((vnodeHook = props && props.onVnodeMounted) || dirs) {
    queuePostRenderEffect(()=>{
      vnodeHook && invokeVNodeHook(vnodeHook, parentComponent, vnode)
```

```
      dirs && invokeDirectiveHook(vnode, null, parentComponent, 'mounted')
    }, parentSuspense)
  }
}
```

这次我们添加了元素指令调用的相关代码，可以直观地看到，在处理元素的 props（比如 class、style、event）之前，会执行指令的 created 钩子函数；在元素插入到容器之前会执行指令的 beforeMount 钩子函数；在插入元素之后，会通过 queuePostRenderEffect 的方式执行指令的 mounted 钩子函数。

钩子函数的执行是通过调用 invokeDirectiveHook 函数完成的，来看它的实现：

```
// runtime-core/src/directives.ts
function invokeDirectiveHook(vnode, prevVNode, instance, slotScopeIds, name) {
  const bindings = vnode.dirs
  const oldBindings = prevVNode && prevVNode.dirs
  // 遍历 vnode.dirs 获取每一个指令对象
  for (let i = 0; i < bindings.length; i++) {
    const binding = bindings[i]
    if (oldBindings) {
      binding.oldValue = oldBindings[i].value
    }
    const hook = binding.dir[name]
    if (hook) {
      pauseTracking()
      callWithAsyncErrorHandling(hook, instance, 8 /* DIRECTIVE_HOOK */, [
        vnode.el,
        binding,
        vnode,
        prevVNode
      ])
      resetTracking()
    }
  }
}
```

invokeDirectiveHook 函数拥有四个参数，其中 vnode 表示元素当前的 vnode；preVNode 表示先前的 vnode；instance 表示组件实例；name 表示钩子函数的名称。

invokeDirectiveHook 函数通过遍历 vnode.dirs 数组，找到每一个指令对应的 binding 对象，然后从 binding 对象中根据 name 找到指令定义的钩子函数，如果定义了这个钩子函数则执行它，并且传入一些相应的参数，包括元素的 DOM 节点 el、binding 对象、新旧 vnode，这就是在执行指令钩子函数的时候，可以访问到这些参数的原因。

另外我们注意到，mounted 钩子函数会用 queuePostRenderEffect 封装一层再执行，这么做和组件的初始化过程执行 mounted 钩子函数一样，在整个应用都运行了 render 函数后，在同步执行 flushPostFlushCbs 的时候执行元素指令的 mounted 钩子函数。

接下来分析元素更新的时候会执行哪些指令的钩子函数。我们已经知道，一个元素的更新是通过执行 patchElement 函数实现的：

```
// runtime-core/src/renderer.ts
const patchElement = (n1, n2, parentComponent, parentSuspense, isSVG, slotScopeIds, optimized) => {
  const el = (n2.el = n1.el)
  const oldProps = (n1 && n1.props) || EMPTY_OBJ
  const newProps = n2.props || EMPTY_OBJ
  const { dirs } = n2

  if (dirs) {
    invokeDirectiveHook(n2, n1, parentComponent, 'beforeUpdate')
  }
  // 更新 props
  patchProps(el, n2, oldProps, newProps, parentComponent, parentSuspense, isSVG)
  const areChildrenSVG = isSVG && n2.type !== 'foreignObject'

  // 更新子节点
  patchChildren(n1, n2, el, null, parentComponent, parentSuspense, areChildrenSVG, slotScopeIds,
slotScopeIds)

  if ((vnodeHook = newProps.onVnodeUpdated) || dirs) {
    queuePostRenderEffect(()=>{
      vnodeHook && invokeVNodeHook(vnodeHook, parentComponent, n2, n1)
      dirs && invokeDirectiveHook(n2, n1, parentComponent, 'updated')
    })
  }
}
```

这次我们添加了元素指令调用的相关代码，可以直观地看到，在更新子节点之前会执行指令的 beforeUpdate 钩子函数，在更新完子节点之后，会通过 queuePostRenderEffect 的方式执行指令的 updated 钩子函数。

最后，我们来分析元素卸载的过程，看看它会执行哪些指令的钩子函数。通过前面章节的学习可以了解到，元素的卸载是通过执行 unmount 函数来完成的，来看它的实现：

```
// runtime-core/src/renderer.ts
const unmount = (vnode, parentComponent, parentSuspense, doRemove = false, optimized = false) => {
  const { type, props, children, dynamicChildren, shapeFlag, patchFlag, dirs } = vnode
  // ...
  const shouldInvokeDirs = shapeFlag & 1 /* ELEMENT */ && dirs
  let vnodeHook
  if ((vnodeHook = props && props.onVnodeBeforeUnmount)) {
    invokeVNodeHook(vnodeHook, parentComponent, vnode)
  }
  if (shapeFlag & 6 /* COMPONENT */) {
    unmountComponent(vnode.component, parentSuspense, doRemove)
  }
  else {
    if (shapeFlag & 128 /* SUSPENSE */) {
      vnode.suspense.unmount(parentSuspense, doRemove)
      return
```

```
    }
    if (shouldInvokeDirs) {
      invokeDirectiveHook(vnode, null, parentComponent, 'beforeUnmount')
    }
    // 卸载子节点
     if (shapeFlag & 64 /* TELEPORT */) {
      vnode.type.remove(vnode, internals)
    }
    else if (dynamicChildren &&
      (type !== Fragment ||
        (patchFlag > 0 && patchFlag & 64 /* STABLE_FRAGMENT */))) {
      unmountChildren(dynamicChildren, parentComponent, parentSuspense, false, true)
    }
    else if ((type === Fragment && (patchFlag & 128 /* KEYED_FRAGMENT */ || patchFlag & 256
      /* UNKEYED_FRAGMENT */)) || (!optimized && shapeFlag & 16 /* ARRAY_CHILDREN */)) {
      unmountChildren(children, parentComponent, parentSuspense)
    }
    // 移除 DOM 节点
    if (doRemove) {
      remove(vnode)
    }
  }
  if ((vnodeHook = props && props.onVnodeUnmounted) || shouldInvokeDirs) {
    queuePostRenderEffect(() => {
      vnodeHook && invokeVNodeHook(vnodeHook, parentComponent, vnode)
      if (shouldInvokeDirs) {
        invokeDirectiveHook(vnode, null, parentComponent, 'unmounted')
      }
    }, parentSuspense)
  }
}
```

unmount 函数的主要思路就是用递归的方式去遍历删除自身节点和子节点。

可以看到，在移除元素的子节点之前会执行指令的 beforeUnmount 钩子函数，在移除子节点和当前节点之后，会通过 queuePostRenderEffect 的方式执行指令的 unmounted 钩子函数。

17.4 总结

自定义指令是 Vue.js 提供给用户对普通 DOM 元素进行底层操作的一种方式。

定义一个指令，无非就是在合适的钩子函数中编写一些相关的处理逻辑。指令定义完成后，需要先注册它，然后才能在元素中应用。

在 Vue.js 组件的生命周期内，也会对组件内部的元素进行挂载、更新和销毁。而应用了指令的元素，会在它挂载、更新、销毁的过程中执行指令对应的钩子函数。

第 18 章

v-model 指令

不少人在学习 Vue.js 的时候，会把 Vue.js 的响应式原理误解为双向绑定。其实响应式原理是一种单向行为，它是数据到 DOM 的映射。而真正的双向绑定，除了数据变化会引起 DOM 的变化之外，还应该在操作 DOM 改变后，反过来影响数据的变化。

那么 Vue.js 里有内置的双向绑定的实现吗？答案是“有”，`v-model` 指令就是一种双向绑定的实现，我们在平时的项目开发中，也经常会使用 `v-model`。

但是，`v-model` 并不能作用到任意标签，它只能在一些特定的表单标签（如 `input`、`select`、`textarea`）和自定义组件中使用。

那么 `v-model` 的实现原理到底是怎样的呢？接下来，我会从普通表单元素和自定义组件两个方面，分别配合示例来分析它的实现。

18.1 普通表单元素

首先，我们来分析在普通表单元素上作用 `v-model`，举个例子：

```
<input v-model="searchText"/>
```

借助模板导出工具，可以看到它编译后的 `render` 函数：

```
import { vModelText as _vModelText, withDirectives as _withDirectives, openBlock as _openBlock,
createElementBlock as _createElementBlock } from "vue"

const _hoisted_1 = ["onUpdate:modelValue"]

export function render(_ctx, _cache, $props, $setup, $data, $options) {
  return _withDirectives((_openBlock(), _createElementBlock("input", {
    "onUpdate:modelValue": $event => (_ctx.searchText = $event)
  }, null, 8 /* PROPS */, _hoisted_1)), [
    [_vModelText, _ctx.searchText]
```

```
  ])
}
```

可以看到，作用在 input 标签的 v-model 指令在编译后，除了使用 withDirectives 给 vnode 添加了 vModelText 指令对象外，还额外传递了一个名为 onUpdate:modelValue 的 prop，它的值是一个函数，这个函数就是用来更新变量 searchText 的。

我们接着来看 vModelText 的实现：

```
// runtime-dom/src/directives/vModel.ts
const vModelText = {
  created(el, { modifiers: { lazy, trim, number } }, vnode) {
    el._assign = getModelAssigner(vnode)
    const castToNumber = number || el.type === 'number'
    addEventListener(el, lazy ? 'change' : 'input', e => {
      if (e.target.composing)
        return
      let domValue = el.value
      if (trim) {
        domValue = domValue.trim()
      }
      else if (castToNumber) {
        domValue = toNumber(domValue)
      }
      el._assign(domValue)
    })
    if (trim) {
      addEventListener(el, 'change', () => {
        el.value = el.value.trim()
      })
    }
    if (!lazy) {
      addEventListener(el, 'compositionstart', onCompositionStart)
      addEventListener(el, 'compositionend', onCompositionEnd)
      addEventListener(el, 'change', onCompositionEnd)
    }
  },
  mounted() {
    el.value = value == null ? '' : value
  },
  beforeUpdate(el, { value, modifiers: { trim, number } }, vnode) {
    el._assign = getModelAssigner(vnode)
    if (el.composing)
      return
    if (document.activeElement === el) {
      if(lazy) {
        return
      }
      if (trim && el.value.trim() === value) {
        return
      }
      if ((number || el.type === 'number') && toNumber(el.value) === value) {
```

```
        return
      }
    }
    const newValue = value == null ? '' : value
    if (el.value !== newValue) {
      el.value = newValue
    }
  }
}
const getModelAssigner = (vnode) => {
  const fn = vnode.props['onUpdate:modelValue']
  return isArray(fn) ? value => invokeArrayFns(fn, value) : fn
}
function onCompositionStart(e) {
  e.target.composing = true
}
function onCompositionEnd(e) {
  const target = e.target
  if (target.composing) {
    target.composing = false
    trigger(target, 'input')
  }
}
```

接下来，我们就来拆解这个指令的实现。首先，这个指令实现了三个钩子函数：created、mounted 和 beforeUpdate。

先来分析 created 部分的实现，根据前面对指令实现的分析，我们知道第一个参数 el 是节点的 DOM 对象；第二个参数 binding 对象存储指令的相关数据，比如指令的修饰符 modifiers；第三个参数 vnode 是节点的 vnode 对象。

created 函数首先通过 getModelAssigner 函数获取 props 中的 onUpdate:modelValue 属性对应的函数，赋值给 el._assign 属性；然后通过 addEventListener 来侦听 input 标签的事件，它会根据是否配置 lazy 这个修饰符来决定侦听 input 还是 change 事件。

接着看这个事件侦听函数，当用户手动输入一些数据触发事件的时候，会执行该函数，并通过 el.value 获取 input 标签的新值，然后调用 el._assign 函数更新数据，这就是从 DOM 到数据的流动。

在 create 函数内部，我们发现有多处关于指令修饰符的判断逻辑，接下来就依次分析这几个修饰符。

- lazy 修饰符

  如果配置了 lazy 修饰符，那么侦听的是 input 的 change 事件，它不会在 input 输入框实时输入的时候触发，而会在 input 元素值改变且失去焦点的时候触发。

如果不配置 lazy，则侦听的是 input 的 input 事件，它会在用户实时输入的时候触发。此外，还会多侦听 compositionstart 和 compositionend 事件。

当用户在使用中文输入法的时候，会触发 compositionstart 事件，此时设置 e.target.composing 为 true，这样虽然 input 事件触发了，但是 input 事件的回调函数里判断了 e.target.composing 的值，如果为 true 则直接返回，并不会把 DOM 值赋值给数据。

接下来，当用户从输入法中确定选中数据完成输入后，会触发 compositionend 事件，此时判断 e.target.composing，如果为 true，则把它设置为 false，然后再手动触发元素的 input 事件，完成数据的赋值。

- trim 修饰符

如果配置了 trim 修饰符，那么会在 input 或者 change 事件的回调函数中，在获取 DOM 的值后，更新数据前，手动调用 trim 函数去除首尾空格。同时，还会额外侦听 change 事件，执行 el.value.trim 把 DOM 值的首尾空格去除。

- number 修饰符

如果配置了 number 修饰符，或者 input 的 type 是 number，就会把 DOM 的值转成 number 类型后再赋值给数据。

根据前面的分析，可以看到 created 函数主要完成的是 DOM 变化引起数据变化的部分，那么数据变化引起 DOM 变化的部分在哪呢？

带着疑问，再来分析 mounted 钩子函数，它会在指令作用的元素挂载后把 v-model 绑定的值 value 赋值给 el.value。也就是说，v-model 绑定的表达元素的 DOM 初始值来源于其绑定的值 value。

那么，如果绑定的 value 值发生了变化，如何更新 DOM 呢？我们接着来分析 beforeUpdated 钩子函数。

beforeUpdated 函数内部会进行判断，如果数据的值和 DOM 的值不同，那么会把数据更新到 DOM 上。因为 v-model 绑定的值是响应式数据，所以它的值发生变化就会触发组件的重新渲染，进而会触发该表单元素指令的 beforeUpdated 钩子函数，最终把新值更新到 DOM 上。这就完成了数据变化引起 DOM 变化的过程。

前面我们分析的是文本类型的 input，如果对示例稍加修改：

```
<input type="checkbox" v-model="searchText"/>
```

再借助模板导出工具，可以看到它编译后的 render 函数：

```
import { vModelCheckbox as _vModelCheckbox, withDirectives as _withDirectives, openBlock as _openBlock,
createElementBlock as _createElementBlock } from "vue"

const _hoisted_1 = ["onUpdate:modelValue"]

export function render(_ctx, _cache, $props, $setup, $data, $options) {
  return _withDirectives((_openBlock(), _createElementBlock("input", {
    type: "checkbox",
    "onUpdate:modelValue": $event => (_ctx.searchText = $event)
  }, null, 8 /* PROPS */, _hoisted_1)), [
    [_vModelCheckbox, _ctx.searchText]
  ])
}
```

可见，编译的结果不同，调用的对象指令也不一样了，建议你参考 vModelText 的实现思路，自行分析 vModelCheckbox 的实现。

18.2　自定义组件

v-model 指令除了可以在表单元素上应用，还可以在自定义组件上应用。那么作用于自定义组件的实现和表单元素有哪些区别呢？先看如下示例：

```
app.component('custom-input', {
  props: ['modelValue'],
  emits: ['update:modelValue'],
  template: `
    <input v-model="value">
  `,
  computed: {
    value: {
      get() {
        return this.modelValue
      },
      set(value) {
        this.$emit('update:modelValue', value)
      }
    }
  }
})
```

我们先通过 app.component 全局注册了一个 custom-input 自定义组件，内部使用了原生的 input 并使用了 v-model 指令实现数据的绑定。

注意这里不能直接把 modelValue 作为 input 对应的 v-model 数据，因为不能直接对 props 的值进行修改，因此这里使用了计算属性。

计算属性 value 对应的 getter 函数会直接取 modelValue 这个 prop 的值，而 setter 函数会派发一个自定义事件 update:modelValue。

接下来我们就可以在应用的其他地方使用这个自定义组件了：

```
<custom-input v-model="searchText"/>
```

借助模板导出工具，可以看到它编译后的 render 函数：

```
import { resolveComponent as _resolveComponent, openBlock as _openBlock, createBlock as _createBlock }
from "vue"

export function render(_ctx, _cache, $props, $setup, $data, $options) {
  const _component_custom_input = _resolveComponent("custom-input")

  return (_openBlock(), _createBlock(_component_custom_input, {
    modelValue: _ctx.searchText,
    "onUpdate:modelValue": $event => (_ctx.searchText = $event)
  }, null, 8 /* PROPS */, ["modelValue", "onUpdate:modelValue"]))
}
```

现在看来，编译的结果似乎和指令没有什么关系，并没有调用 withDirective 函数。

我们对示例稍做修改：

```
<custom-input :modelValue="searchText" @update:modelValue="$event => {searchText = $event}"/>
```

借助模板导出工具，可以看到它编译后的 render 函数：

```
import { resolveComponent as _resolveComponent, openBlock as _openBlock, createBlock as _createBlock }
from "vue"

export function render(_ctx, _cache, $props, $setup, $data, $options) {
  const _component_custom_input = _resolveComponent("custom-input")

  return (_openBlock(), _createBlock(_component_custom_input, {
    modelValue: _ctx.searchText,
    "onUpdate:modelValue": $event => {_ctx.searchText = $event}
  }, null, 8 /* PROPS */, ["modelValue", "onUpdate:modelValue"]))
}
```

我们发现，它和前面示例的编译结果一模一样，因为 v-model 作用于组件，就是给组件传入了一个名为 modelValue 的 prop，它的值是组件传入的数据 data，另外它还在组件上侦听了一个名为 update:modelValue 的自定义事件，事件的回调函数拥有单个参数$event，执行的时候会把参数 $event 赋值给数据 data。

正因为这个原理，我们想要实现自定义组件的 v-model，就需要首先定义一个名为 modelValue 的 prop，然后在数据改变的时候，派发一个名为 update:modelValue 的事件。

Vue.js 3.*x* 关于组件 v-model 的实现和 Vue.js 2.*x* 的实现是很类似的，在 Vue.js 2.*x* 中，想要实现自定义组件的 v-model，首先需要定义一个名为 value 的 prop，然后在数据改变的时候，派发一个名为 input 的事件。

总结下来，作用在组件上的 v-model 实际上就是一种打通数据双向通信的语法糖，即外部可以给组件传递数据，组件内部经过某些操作行为修改了数据，然后把更改后的数据再回传到外部。

v-model 在自定义组件的设计中非常常用，你可以看到几乎所有的 Element UI 表单组件都是通过 v-model 方式完成数据交换的。

一旦使用了 v-model 的方式，我们必须在组件中声明一个 modelValue 的 prop，如果不想用这个 prop，想换个名字，该怎么做呢?

Vue.js 3.*x* 给组件的 v-model 提供了参数的方式，允许指定 prop 的名称：

```
<custom-input v-model:text="searchText"/>
```

借助模板导出工具，可以看到它编译后的 render 函数：

```
import { resolveComponent as _resolveComponent, openBlock as _openBlock, createBlock as _createBlock }
from "vue"

export function render(_ctx, _cache, $props, $setup, $data, $options) {
  const _component_custom_input = _resolveComponent("custom-input")

  return (_openBlock(), _createBlock(_component_custom_input, {
    text: _ctx.searchText,
    "onUpdate:text": $event => (_ctx.searchText = $event)
  }, null, 8 /* PROPS */, ["text", "onUpdate:text"]))
}
```

可以看到，组件传递的 prop 变成了 text，侦听的自定义事件也变成了@update:text 了。显然，如果 v-model 支持了参数，那么我们就可以在一个组件上使用多个 v-model 了：

```
<ChildComponent v-model:title="pageTitle" v-model:content="pageContent"/>
```

因此组件 v-model 的本质就是语法糖：通过 prop 给组件传递数据，并侦听自定义事件，接收组件回传的数据并更新。

之前我们分析过 prop 的实现原理，但自定义事件是如何派发的呢? 从模板的编译结果看，除了 modelValue 这个 prop，还多了一个 onUpdate:modelValue 的 prop，它和自定义事件有什么关系？接下来我们就来分析这部分的实现。

18.3 自定义事件派发

从前面的示例我们知道，子组件会执行 this.$emit('update:modelValue',value)函数派发自定义事件，$emit 内部执行了 emit 函数，来看一下它的实现：

```
// runtime-core/src/componentEmits.ts
function emit(instance, event, ...rawArgs) {
  const props = instance.vnode.props || EMPTY_OBJ
  // ...
  let args = rawArgs
  const isModelListener = event.startsWith('update:')
  // 针对 v-model update:xxx 事件，尝试给参数应用修饰符
  const modelArg = isModelListener && event.slice(7)
  if (modelArg && modelArg in props) {
    const modifiersKey = `${modelArg === 'modelValue' ? 'model' : modelArg}Modifiers`
    const { number, trim } = props[modifiersKey] || EMPTY_OBJ
    // 默认修饰符处理逻辑
    if (trim) {
      args = rawArgs.map(a => a.trim())
    }
    else if (number) {
      args = rawArgs.map(toNumber)
    }
  }

  // 查找对应的事件回调函数
  let handlerName
  // eg, event: foo-bar;
  // 优先查找 onFoo-bar，然后查找 onFooBar
  let handler = props[(handlerName = toHandlerKey(event))] || props[(handlerName =
toHandlerKey(camelize(event)))]

  if (!handler && isModelListener) {
    // eg, event: update:bar-prop
    handler = props[(handlerName = toHandlerKey(hyphenate(event)))]
  }

  if (handler) {
    callWithAsyncErrorHandling(handler, instance, 6 /* COMPONENT_EVENT_HANDLER */, args)
  }

  // ...
}

const toHandlerKey = cacheStringFunction((str) => (str ? `on${capitalize(str)}` : ``))
```

emit 函数拥有三个参数，其中 instance 表示组件的实例，也就是执行$emit 函数的组件实例；event 表示自定义事件名称，args 表示事件传递的参数。

emit 函数内部有针对修饰符的处理逻辑，这部分稍后我会单独分析，先重点分析它根据 event

事件名查找事件处理函数的逻辑。

首先，它会获取事件名称，把传递的 event 首字母大写，然后前面加上 on 字符串，比如我们前面示例派发的 update:modelValue 事件名称，处理后就变成了 onUpdate:modelValue。

然后，它会从 props 中根据处理后的事件名查找对应的 prop 值，作为事件的回调函数。如果找不到对应的 prop，则尝试先把 event 驼峰化，然后再把首字母大写，前面加上 on 字符串，比如 foo-bar，处理后就变成了 onFooBar。

接着，它会再次从 props 中根据处理后的事件名称查找对应的 prop 值，作为事件的回调函数。找到回调函数 handler 后，再去执行这个回调函数，并且把参数 args 传入。针对 v-model 场景，这个回调函数的作用就是拿到子组件回传的数据，然后修改父元素传入到子组件的 prop 数据。

18.4　v-model 修饰符

在 Vue.js 2.*x* 中，我们对组件 v-model 上的.trim 等修饰符提供了硬编码支持。但是，如果组件可以支持自定义修饰符，则会更有用。在 Vue.js 3.*x* 中，添加到组件 v-model 的修饰符将通过 modelModifiers 属性提供给组件。

前面分析 v-model 作用于表单元素的时候，我们看到 v-model 有内置修饰符.trim、.number 和.lazy。当 v-model 作用于自定义组件的时候，除了内置支持了.trim 和.number 修饰符，还可以添加自定义修饰符。

添加到组件 v-model 的修饰符将通过 modelModifiers 属性提供给组件。在下面的示例中，我们创建了一个组件，其中包含默认为空对象的 modelModifiers 属性：

```
app.component('my-component', {
  props: {
    modelValue: String,
    modelModifiers: {
      default: () => ({})
    }
  },
  emits: ['update:modelValue'],
  methods: {
    emitValue(e) {
      let value = e.target.value
      if (this.modelModifiers.capitalize) {
        value = value.charAt(0).toUpperCase() + value.slice(1)
      }
      this.$emit('update:modelValue', value)
    }
```

```
  },
  template: `<input
    type="text"
    :value="modelValue"
    @input="emitValue">`
})
```

然后可以这样去使用组件：

```
<my-component v-model.capitalize="myText"></my-component>
```

当组件的 created 生命周期钩子函数被触发时，modelModifiers 属性会包含 capitalize，且其值为 true，这样在组件内部就可以判断 this.modelModifiers.capitalize 的值，然后去处理某些逻辑了。

接下来，我们从源码的角度来分析一下给 v-model 添加了.capitalize 修饰符后，会发生哪些变化。

首先，借助模板导出工具，可以看到上述示例编译后的 render 函数：

```
import { resolveComponent as _resolveComponent, openBlock as _openBlock, createBlock as _createBlock }
from "vue"

export function render(_ctx, _cache, $props, $setup, $data, $options) {
  const _component_my_component = _resolveComponent("my-component")

  return (_openBlock(), _createBlock(_component_my_component, {
    modelValue: _ctx.myText,
    "onUpdate:modelValue": $event => (_ctx.myText = $event),
    modelModifiers: { capitalize: true }
  }, null, 8 /* PROPS */, ["modelValue", "onUpdate:modelValue"]))
}
```

和前面的实例相比，在创建 vnode 的过程中，多传了 modelModifiers 属性，并且它的值是一个对象，包含 capitalize 属性，对应的值是 true。这就是组件内部可以获取到 modelModifiers 属性值的原因。

18.4.1 默认修饰符

前面提到过，自定义组件的 v-model 支持了.trim 和.number 两个修饰符，那么它们是如何实现的呢？

我们对前面的示例稍加修改：

```
<my-component v-model.capitalize.trim.number="myText"></my-component>
```

借助模板导出工具，可以看到它编译后的 render 函数：

```
import { resolveComponent as _resolveComponent, openBlock as _openBlock, createBlock as _createBlock }
from "vue"

export function render(_ctx, _cache, $props, $setup, $data, $options) {
  const _component_my_component = _resolveComponent("my-component")

  return (_openBlock(), _createBlock(_component_my_component, {
    modelValue: _ctx.myText,
    "onUpdate:modelValue": $event => (_ctx.myText = $event),
    modelModifiers: { capitalize: true, trim: true, number: true }
  }, null, 8 /* PROPS */, ["modelValue", "onUpdate:modelValue"]))
}
```

可以看到，这里的 modelModifiers 多了 trim 和 number 属性，它们对应的值都为 true。

但是在组件的实现中，我们并没有针对 modelModifiers.trim 和 modelModifiers.number 做相应的处理，那么它们是如何生效的呢？

前面在分析 emit 函数的实现时，其中有一段关于修饰符的逻辑：

```
// runtime-core/src/componentEmits.ts
let args = rawArgs
const isModelListener = event.startsWith('update:')
// 针对 v-model update:xxx 事件，尝试给参数应用修饰符
const modelArg = isModelListener && event.slice(7)
if (modelArg && modelArg in props) {
  const modifiersKey = `${modelArg === 'modelValue' ? 'model' : modelArg}Modifiers`
  const { number, trim } = props[modifiersKey] || EMPTY_OBJ
  // 默认修饰符处理逻辑
  if (trim) {
    args = rawArgs.map(a => a.trim())
  }
  else if (number) {
    args = rawArgs.map(toNumber)
  }
}
```

当组件内部执行 this.$emit('update:modelValue', value)派发更新 model 值的自定义事件时，会执行 emit 函数，此时可以得到对应 modelArg 的值是 modelValue，modifiersKey 的值是 modelModifiers。然后会判断 props 中是否有 trim 和 number 修饰符，有则执行对应的逻辑：trim 的功能是给参数去除首尾空白字符，number 的功能是把参数转换成数字类型。这就是.trim 和.number 修饰符的默认处理逻辑。

18.4.2　带参数的修饰符

如果是给带参数的 v-model 绑定修饰符，那么对应的实现需要稍加修改：

```
app.component('my-component', {
  props: {
    description: String,
    descriptionModifiers: {
      default: () => ({})
    }
  },
  emits: ['update:modelValue'],
  methods: {
    emitValue(e) {
      let value = e.target.value
      if (this.descriptionModifiers.capitalize) {
        value = value.charAt(0).toUpperCase() + value.slice(1)
      }
      this.$emit('update:description', value)
    }
  },
  template: `<input
    type="text"
    :value="description"
    @input="emitValue">`
})
```

然后可以这样去使用组件：

```
<my-component v-model:description.capitalize.trim="myText"></my-component>
```

借助模板导出工具，可以看到它编译后的 render 函数：

```
import { resolveComponent as _resolveComponent, openBlock as _openBlock, createBlock as _createBlock }
from "vue"

export function render(_ctx, _cache, $props, $setup, $data, $options) {
  const _component_my_component = _resolveComponent("my-component")

  return (_openBlock(), _createBlock(_component_my_component, {
    description: _ctx.myText,
    "onUpdate:description": $event => (_ctx.myText = $event),
    descriptionModifiers: { capitalize: true, trim: true }
  }, null, 8 /* PROPS */, ["description", "onUpdate:description"]))
}
```

除了 modelValue 属性变成了 description，modelModifiers 属性也变成了 descriptionModifiers。

此外，当组件执行 this.$emit('update:description', value)的时候，内部对应的 modelArg 值不再是 modelValue，而是 description，相应的 modifiersKey 值也变成了 descriptionModifiers，这样就可以正确判断默认修饰符并执行相关的逻辑了。

18.5 总结

v-model 指令才是真正意义上的双向绑定，因为数据的流动是双向的，它可以作用于原生的表单元素，也可以作用于自定义指令。

当 v-model 作用于表单元素时，它会借助于指令的钩子函数在元素挂载后把数据赋值给表单元素，在数据发生变化后，在更新元素前，把数据再次赋值给表单元素，这就是数据变化引起 DOM 变化的过程。

此外，表单元素会侦听相关事件，比如 input 标签会侦听 change 或者 input 事件，在事件回调函数中修改数据的值，这就是 DOM 变化引起数据变化的过程。

当 v-model 作用于自定义组件时，实际上是传递了一个名为 modelValue 的自定义属性，以及侦听了 update:modelValue 的自定义事件，在事件回调函数中完成对数据的修改。

在自定义组件的场景中，可以通过 v-model 参数的方式传入多个 v-model，并且可以添加多个自定义修饰符。

第六部分

内置组件

Vue.js 除了提供组件化和响应式的能力，以及实用的特性外，还提供了很多好用的内置组件辅助我们的开发，这些极大地丰富了 Vue.js 的能力。

既然我们平时经常用到这些内置组件，那么了解它们的实现原理有助于我们更好地运用这些组件，遇到 bug 后可以及时定位问题。同时 Vue.js 内置组件的源码，也是一个很好的编写组件的参考学习范例，我们可以借鉴其中的一些实现。

既然学习内置组件有那么多的好处，那么就让我们一起来探索内置组件的秘密吧！

第 19 章

Teleport 组件

我们都知道，Vue.js 的核心思想之一是组件化，组件就是 DOM 的映射，通过嵌套的组件可以构成一个组件应用程序的树。

然而，有时组件模板的一部分逻辑上属于该组件，但从技术角度来看，最好将模板的这一部分移动到 DOM 中 Vue app 之外的其他位置。

一个常见的场景是创建一个包含全屏模式的对话框组件。在大多数情况下，我们希望对话框的逻辑存在于组件中，但是对话框的定位 CSS 是一个很大的问题，它非常容易受到外层父组件的 CSS 的影响。

假设有这样一个 `Dialog` 组件，它用按钮来管理一个 `Dialog`：

```
<template>
  <div v-show="visible" class="dialog">
    <div class="dialog-body">
      <p>I'm a dialog!</p>
      <button @click="visible=false">Close</button>
    </div>
  </div>
</template>
<script>
  export default {
    data() {
      return {
        visible: false
      }
    },
    methods: {
      show() {
        this.visible = true
      }
    }
  }
</script>
```

```
<style>
  .dialog {
    position: absolute;
    top: 0; right: 0; bottom: 0; left: 0;
    background-color: rgba(0,0,0,.5);
    display: flex;
    flex-direction: column;
    align-items: center;
    justify-content: center;
  }
  .dialog .dialog-body {
    display: flex;
    flex-direction: column;
    align-items: center;
    justify-content: center;
    background-color: white;
    width: 300px;
    height: 300px;
    padding: 5px;
  }
</style>
```

然后在它的父组件中使用这个组件：

```
<template>
  <button @click="showDialog">Show dialog</button>
  <Dialog ref="dialog"></Dialog>
</template>
<script>
  import Dialog from './components/dialog'
  export default {
    components: {
      Dialog
    },
    methods: {
      showDialog() {
        this.$refs.dialog.show()
      }
    }
  }
</script>
```

因为 `Dialog` 组件使用的是 `position:absolute` 绝对定位的方式，所以如果它的父级 DOM 有 `position` 不为 `static` 的布局方式，那么 `Dialog` 的定位就会受到影响，不能按预期渲染了。

所以一种好的解决方案是把 `Dialog` 组件渲染的这部分 DOM 挂载到 `body` 下面，这样就不会受到父级样式的影响了。

在 Vue.js 2.*x* 中，想实现上面的需求，可以依赖开源插件 portal-vue 或者 vue-create-api。而 Vue.js 3.*x* 把这一能力内置到了内核中，提供了内置组件 `Teleport`，它提供了一种干净的方法，允许我们控制在 DOM 中哪个父节点下渲染 HTML：

```
<template>
  <button @click="showDialog">Show Dialog</button>
  <teleport to="body">
    <Dialog ref="dialog"></Dialog>
  </teleport>
</template>
<script>
  import Dialog from './components/dialog'
  export default {
    components: {
      Dialog
    },
    methods: {
      showDialog() {
        this.$refs.dialog.show()
      }
    }
  }
</script>
```

Teleport 组件使用起来非常简单，套在想要在别处渲染的组件或者 DOM 节点的外部，然后通过 to 这个 prop 去指定渲染到的位置。to 可以是一个 DOM 选择器字符串，也可以是一个 DOM 节点。

了解了使用方式，接下来，我们就来分析它的实现原理，看看 Teleport 是如何脱离当前组件渲染子组件的。

19.1　Teleport 实现原理

对于内置组件 Teleport，Vue.js 从编译阶段就做了特殊处理，我们先来看一下前面示例模板编译后的结果：

```
import { createElementVNode as _createElementVNode, resolveComponent as _resolveComponent, createVNode
as _createVNode, Teleport as _Teleport, openBlock as _openBlock, createBlock as _createBlock, Fragment
as _Fragment, createElementBlock as _createElementBlock } from "vue"

const _hoisted_1 = ["onClick"]

export function render(_ctx, _cache, $props, $setup, $data, $options) {
  const _component_Dialog = _resolveComponent("Dialog")

  return (_openBlock(), _createElementBlock(_Fragment, null, [
    _createElementVNode("button", { onClick: _ctx.showDialog }, "Show Dialog", 8 /* PROPS */, _hoisted_1),
    (_openBlock(), _createBlock(_Teleport, { to: "body" }, [
      _createVNode(_component_Dialog, { ref: "dialog" }, null, 512 /* NEED_PATCH */)
    ]))
  ], 64 /* STABLE_FRAGMENT */))
}
```

可以看到，对于 Teleport 标签，内部直接创建了 Teleport 内置组件，我们接下来分析它的实现：

```
// runtime-core/src/components/Teleport.ts
const Teleport = TeleportImpl
const TeleportImpl = {
  __isTeleport: true,
  process(n1, n2, container, anchor, parentComponent, parentSuspense, isSVG, slotScopeIds, optimized,
internals) {
    if (n1 == null) {
      // 创建逻辑
    }
    else {
      // 更新逻辑
    }
  },
  remove(vnode, parentComponent, parentSuspense, optimized, { um: unmount, o: { remove: hostRemove } },
doRemove) {
    // 删除逻辑
  },
  move: moveTeleport,
  hydrate: hydrateTeleport
}
```

Teleport 组件本质上就是一个对象，对外提供了几个函数，其中 process 函数负责组件的创建和更新逻辑，remove 函数负责组件的删除逻辑。接下来我们就从这三个方面来分析 Teleport 的实现原理。

19.1.1 组件创建

组件创建的过程，会经历 patch 阶段，下面回顾它的实现：

```
// runtime-core/src/renderer.ts
const patch = (n1, n2, container, anchor = null, parentComponent = null, parentSuspense = null, isSVG
= false, slotScopeIds = null, optimized = false) => {
  const { type, shapeFlag } = n2
  switch (type) {
    case Text:
      // 处理文本节点
      break
    case Comment:
      // 处理注释节点
      break
    case Static:
      // 处理静态节点
      break
    case Fragment:
      // 处理 Fragment 元素
      break
    default:
      if (shapeFlag & 1 /* ELEMENT */) {
```

```
      // 处理普通 DOM 元素
    }
    else if (shapeFlag & 6 /* COMPONENT */) {
      // 处理组件
    }
    else if (shapeFlag & 64 /* TELEPORT */) {
      // 处理 TELEPORT
      type.process(n1, n2, container, anchor, parentComponent, parentSuspense, isSVG, slotScopeIds,
        optimized, internals)
    }
    else if (shapeFlag & 128 /* SUSPENSE */) {
      // 处理 SUSPENSE
    }
  }
}
```

可以看到，在patch阶段，会判断如果type是一个Teleport组件，则执行它的process函数。接下来我们来看process函数关于Teleport组件创建部分的逻辑：

```
// runtime-core/src/components/Teleport.ts
function process(n1, n2, container, anchor, parentComponent, parentSuspense, isSVG, slotScopeIds,
optimized, internals) {
  const { mc: mountChildren, pc: patchChildren, pbc: patchBlockChildren, o: { insert, querySelector,
createText, createComment } } = internals
  const disabled = isTeleportDisabled(n2.props)
  const { shapeFlag, children, dynamicChildren } = n2
  if (n1 == null) {
    // 在主视图里插入注释节点或者空白文本节点
    const placeholder = (n2.el = (process.env.NODE_ENV !== 'production')
      ? createComment('teleport start')
      : createText(''))
    const mainAnchor = (n2.anchor = (process.env.NODE_ENV !== 'production')
      ? createComment('teleport end')
      : createText(''))
    insert(placeholder, container, anchor)
    insert(mainAnchor, container, anchor)
    // 获取目标移动的 DOM 节点
    const target = (n2.target = resolveTarget(n2.props, querySelector))
    const targetAnchor = (n2.targetAnchor = createText(''))
    if (target) {
      // 插入目标元素锚点
      insert(targetAnchor, target)
    }
    else if ((process.env.NODE_ENV !== 'production')) {
      // 查找不到 target 则发出警告
      warn('Invalid Teleport target on mount:', target, `(${typeof target})`)
    }
    const mount = (container, anchor) => {
      if (shapeFlag & 16 /* ARRAY_CHILDREN */) {
        // 挂载子节点
        mountChildren(children, container, anchor, parentComponent, parentSuspense, isSVG, slotScopeIds,
          optimized)
      }
    }
```

```
    if (disabled) {
      // disabled 情况就在原先的位置挂载
      mount(container, mainAnchor)
    }
    else if (target) {
      // 挂载到 target 的位置
      mount(target, targetAnchor)
    }
  }
}
```

Teleport 组件创建部分主要分为三个步骤：第一步，在主视图里插入注释节点或者空白文本节点；第二步，获取目标元素节点；第三步，往目标元素插入 Teleport 组件的子节点。

先来看第一步，在非生产环境往 Teleport 组件原本的位置插入注释节点，在生产环境插入空白文本节点。在开发环境中，组件的 el 对象指向 teleport start 注释节点，它是 Teleport 组件主视图的占位元素；组件的 anchor 对象指向 teleport end 注释节点，它是 Teleport 主视图的锚点元素。

接着看第二步，通过 resolveTarget 函数从 props 中的 to 属性以及 DOM 选择器拿到要移动到的目标元素 target。

最后看第三步，判断 disabled 变量的值，它是在 Teleport 组件中通过 prop 传递的。如果 disabled 的值为 true，那么子节点仍然挂载到 Teleport 原本视图的位置；如果为 false，那么子节点则挂载到 target 目标元素的内部。

通过以上三个步骤，就实现了 Teleport 包裹的子节点脱离当前组件，渲染到目标元素位置的需求。

19.1.2 组件更新

当然，Teleport 包裹的子节点渲染后并不是一成不变的，当组件发生更新的时候，仍然会执行 patch 逻辑，运行到 Teleport 的 process 函数去处理 Teleport 组件的更新。下面我们来分析这部分的实现：

```
// runtime-core/src/components/Teleport.ts
function process(n1, n2, container, anchor, parentComponent, parentSuspense, isSVG, slotScopeIds,
  optimized, internals) {
  const { mc: mountChildren, pc: patchChildren, pbc: patchBlockChildren, o: { insert, querySelector,
    createText, createComment } } = internals
  const disabled = isTeleportDisabled(n2.props)
  const { shapeFlag, children, dynamicChildren } = n2
  if (n1 == null) {
    // 创建逻辑
  }
  else {
```

```
    n2.el = n1.el
    const mainAnchor = (n2.anchor = n1.anchor)
    const target = (n2.target = n1.target)
    const targetAnchor = (n2.targetAnchor = n1.targetAnchor)
    // 之前是不是 disabled 状态
    const wasDisabled = isTeleportDisabled(n1.props)
    const currentContainer = wasDisabled ? container : target
    const currentAnchor = wasDisabled ? mainAnchor : targetAnchor
    // 更新子节点
    if (dynamicChildren) {
      patchBlockChildren(n1.dynamicChildren, dynamicChildren, currentContainer, parentComponent,
        parentSuspense, isSVG, slotScopeIds)
      if (n2.shapeFlag & 16 /* ARRAY_CHILDREN */) {
        const oldChildren = n1.children
        const children = n2.children
        for (let i = 0; i < children.length; i++) {
          if (!children[i].el) {
            children[i].el = oldChildren[i].el
          }
        }
      }
      traverseStaticChildren(n1, n2, true)
    }
    else if (!optimized) {
      patchChildren(n1, n2, currentContainer, currentAnchor, parentComponent, parentSuspense,
        slotScopeIds, isSVG, false)
    }
    if (disabled) {
      if (!wasDisabled) {
        // enabled -> disabled
        // 把子节点移动回主容器
        moveTeleport(n2, container, mainAnchor, internals, 1 /* TOGGLE */)
      }
    }
    else {
      if ((n2.props && n2.props.to) !== (n1.props && n1.props.to)) {
        // 目标元素改变
        const nextTarget = (n2.target = resolveTarget(n2.props, querySelector))
        if (nextTarget) {
          // 移动到新的目标元素
          moveTeleport(n2, nextTarget, null, internals, 0 /* TARGET_CHANGE */)
        }
        else if ((process.env.NODE_ENV !== 'production')) {
          warn('Invalid Teleport target on update:', target, `(${typeof target})`)
        }
      }
      else if (wasDisabled) {
        // disabled -> enabled
        // 移动到目标元素位置
        moveTeleport(n2, target, targetAnchor, internals, 1 /* TOGGLE */)
      }
    }
  }
}
```

Teleport 组件更新无非就是做几件事情：更新子节点，处理 disabled 属性变化的情况，处理 to 属性变化的情况。

首先，更新 Teleport 组件的子节点，这里更新分为优化更新和普通的全量比对更新两种情况，之前分析过，就不再赘述了。

接着，判断 Teleport 组件新节点配置 disabled 属性的情况，如果满足新节点的 disabled 为 true，且旧节点的 disabled 为 false 的话，说明我们需要把 Teleport 的子节点从目标元素内部移回到主视图内部。

如果新节点的 disabled 为 false，那么先通过 to 属性是否改变来判断目标元素 target 有没有变化，如果有变化，则把 Teleport 的子节点移动到新的 target 内部；如果目标元素没变化，则判断旧节点的 disabled 是否为 true，如果是则把 Teleport 的子节点从主视图内部移动到目标元素内部。

19.1.3 组件移除

当组件移除的时候会执行 unmount 函数，下面回顾它的实现：

```
// runtime-core/src/renderer.ts
const unmount = (vnode, parentComponent, parentSuspense, doRemove = false, optimized = false) => {
  const { type, props, children, dynamicChildren, shapeFlag, patchFlag, dirs } = vnode
  // ...
  if (shapeFlag & 6 /* COMPONENT */) {
    // 卸载组件
  }
  else {
    if (shapeFlag & 128 /* SUSPENSE */) {
      // 卸载 SUSPENSE 组件
      return
    }
    // ...
    if (shapeFlag & 64 /* TELEPORT */) {
      // 卸载 TELEPORT 组件
      vnode.type.remove(vnode, internals)
    }
    // 卸载子节点
    else if (dynamicChildren &&
      (type !== Fragment ||
        (patchFlag > 0 && patchFlag & 64 /* STABLE_FRAGMENT */))) {
      unmountChildren(dynamicChildren, parentComponent, parentSuspense, false, true)
    }
    else if ((type === Fragment && (patchFlag & 128 /* KEYED_FRAGMENT */ || patchFlag & 256
      /* UNKEYED_FRAGMENT */)) || (!optimized && shapeFlag & 16 /* ARRAY_CHILDREN */)) {
      unmountChildren(children, parentComponent, parentSuspense)
    }
```

```
    // 移除 DOM 节点
    if (doRemove) {
      remove(vnode)
    }
  }
  // ...
}
```

unmount 内部会判断如果移除的组件是一个 Teleport 组件，就执行组件的 remove 函数。来看它的实现：

```
// runtime-core/src/components/Teleport.ts
function remove(vnode, parentComponent, parentSuspense, optimized, { um: unmount, o: { remove:
  hostRemove } }, doRemove) {
  const { shapeFlag, children, anchor, targetAnchor, target, props } = vnode
  if (target) {
    // 删除目标元素锚点
    hostRemove(targetAnchor)
  }
  // 如果没有被禁用，卸载的 Teleport 组件需要删除它的子节点
  if (doRemove || !isTeleportDisabled(props)) {
    // 删除主区域锚点元素
    hostRemove(anchor)
    if (shapeFlag & 16 /* ARRAY_CHILDREN */) {
      for (let i = 0; i < children.length; i++) {
        const child = children[i]
        unmount(child, parentComponent, parentSuspense, true, !!child.dynamicChildren)
      }
    }
  }
}
```

remove 函数首先要判断有没有目标元素，有则先执行 hostRemove 删除目标元素节点的锚点。接着会删除主视图渲染的锚点 teleport end 注释节点，然后删除 Teleport 组件包裹的子节点。

执行完 Teleport 的 remove 函数，回到 unmount 函数，继续执行底层的 remove 函数移除 Teleport 主视图渲染的占位元素 teleport start 注释节点。至此，整个 Teleport 组件完成了移除。

19.2 总结

Teleport 组件是 Vue.js 3.x 提供的内置组件，它的目的是让它包裹的子节点可以脱离当前组件的 DOM 流，渲染到任意指定的目标元素内部。

由于直接引入了内部定义的 Teleport 组件对象，因此 Teleport 组件可以直接使用而无须注册。

Teleport 组件会创建 Teleport 类型的 vnode 节点，在 patch 阶段会运行自己单独的逻辑执行 process 函数。如果配置了 to 属性，指定了目标元素 target，则会把 Teleport 组件包裹的子节点挂载到 target 目标元素的内部。

Teleport 组件允许动态修改 to 属性来改变它的渲染目标元素，或者修改 disabled 属性来开启或者禁用 Teleport 的功能。组件更新时，会判断上述值的变化，并通过移动 DOM 节点的方式来实现对应的功能。

第 20 章

KeepAlive 组件

根据前面章节的学习，我们已经了解了多个平行组件的条件渲染。当满足条件的时候，会触发某个组件的渲染，而当条件不满足的时候，会触发已渲染组件的卸载，举个例子：

```
<comp-a v-if="flag"></comp-a>
<comp-b v-else></comp-b>
<button @click="flag=!flag">toggle</button>
```

当 flag 为 true 的时候，就会触发组件 a 的渲染，然后点击按钮把 flag 修改为 false，又会触发组件 a 的卸载及组件 b 的渲染。

组件的渲染和卸载都是一个递归过程，会有一定的性能损耗，对于这种可能会频繁切换的组件，有没有办法减少这其中的性能损耗呢？

答案是肯定的，Vue.js 提供了内置组件 KeepAlive，其使用方式如下：

```
<keep-alive>
  <comp-a v-if="flag"></comp-a>
  <comp-b v-else></comp-b>
</keep-alive>
<button @click="flag=!flag">toggle</button>
```

借助模板导出工具，可以看到它编译后的 render 函数：

```
import { resolveComponent as _resolveComponent, openBlock as _openBlock, createBlock as _createBlock,
createCommentVNode as _createCommentVNode, KeepAlive as _KeepAlive, createElementVNode as
_createElementVNode, Fragment as _Fragment, createElementBlock as _createElementBlock } from "vue"

const _hoisted_1 = ["onClick"]

export function render(_ctx, _cache, $props, $setup, $data, $options) {
  const _component_comp_a = _resolveComponent("comp-a")
  const _component_comp_b = _resolveComponent("comp-b")

  return (_openBlock(), _createElementBlock(_Fragment, null, [
```

```
    (_openBlock(), _createBlock(_KeepAlive, null, [
      (_ctx.flag)
        ? (_openBlock(), _createBlock(_component_comp_a, { key: 0 }))
        : (_openBlock(), _createBlock(_component_comp_b, { key: 1 }))
    ], 1024 /* DYNAMIC_SLOTS */)),
    _createElementVNode("button", {
      onClick: $event => (_ctx.flag=!_ctx.flag)
    }, "toggle", 8 /* PROPS */, _hoisted_1)
  ], 64 /* STABLE_FRAGMENT */))
}
```

可以看到，对于 keep-alive 标签，内部直接创建了 KeepAlive 内置组件，我们接下来分析它的实现：

```
// runtime-core/src/components/KeepAlive.ts
const KeepAlive = KeepAliveImpl
const KeepAliveImpl = {
  name: `KeepAlive`,
  __isKeepAlive: true,
  props: {
    include: [String, RegExp, Array],
    exclude: [String, RegExp, Array],
    max: [String, Number]
  },
  setup(props, { slots }) {
    const instance = getCurrentInstance()
    const sharedContext = instance.ctx
    if (!sharedContext.renderer) {
      return slots.default
    }
    const cache = new Map()
    const keys = new Set()
    let current = null
    const parentSuspense = instance.suspense
    const { renderer: { p: patch, m: move, um: _unmount, o: { createElement } } } = sharedContext
    const storageContainer = createElement('div')
    sharedContext.activate = (vnode, container, anchor, isSVG, optimized) => {
      // activate 组件激活逻辑
    }
    sharedContext.deactivate = (vnode) => {
      // deactivate 组件失活逻辑
    }
    function unmount(vnode) {
      // 组件卸载逻辑
    }
    function pruneCache(filter) {
      // 缓存删除逻辑
    }
    function pruneCacheEntry(key) {
      // 缓存删除入口
    }
    // 当 include/exclude 属性改变，删除相应的缓存
    watch(() => [props.include, props.exclude], ([include, exclude]) => {
```

```
      include && pruneCache(name => matches(include, name))
      exclude && pruneCache(name => !matches(exclude, name))
    },
    // prune post-render after `current` has been updated
    { flush: 'post', deep: true })
  let pendingCacheKey = null
  const cacheSubtree = () => {
    // 缓存子树 vnode
  }
  onMounted(cacheSubtree)
  onUpdated(cacheSubtree)
  onBeforeUnmount(() => {
    // KeepAlive 组件销毁逻辑
  })
  return () => {
    // KeepAlive 组件渲染逻辑
  }
 }
}
```

我把 KeepAlive 的实现拆成四个部分：组件的渲染、缓存的设计、Props 设计和组件的卸载。接下来就来依次分析它们的实现。在分析的过程中，我会结合前面的示例讲解。

20.1　组件的渲染

首先，我们来分析组件的渲染部分。可以看到，KeepAlive 组件使用了 Composition API 的方式去实现，当 setup 函数的返回值是一个函数，那么这个函数就是组件的渲染函数，来看它的实现：

```
// runtime-core/src/components/KeepAlive.ts
return () => {
  pendingCacheKey = null
  if (!slots.default) {
    return null
  }
  const children = slots.default()
  const rawVNode = children[0]
  if (children.length > 1) {
    // KeepAlive 组件只能包裹一个子组件节点
    if ((process.env.NODE_ENV !== 'production')) {
      warn(`KeepAlive should contain exactly one component child.`)
    }
    current = null
    return children
  }
  else if (!isVNode(rawVNode) ||
    (!(rawVNode.shapeFlag & 4 /* STATEFUL_COMPONENT */) &&
      !(rawVNode.shapeFlag & 128 /* SUSPENSE */))) {
    current = null
    return rawVNode
  }
```

```
  // 获取内部节点 vnode
  let vnode = getInnerChild(rawVNode)
  const comp = vnode.type
  const name = getComponentName(isAsyncWrapper(vnode)
    ? vnode.type.__asyncResolved || {}
    : comp)
  const { include, exclude, max } = props
  if ((include && (!name || !matches(include, name))) ||
    (exclude && name && matches(exclude, name))) {
    // 不需要缓存，直接返回
    current = vnode
    return rawVNode
  }
  const key = vnode.key == null ? comp : vnode.key
  // 根据 key 从缓存中获取对应的 vnode
  const cachedVNode = cache.get(key)
  if (vnode.el) {
    vnode = cloneVNode(vnode)
    if (rawVNode.shapeFlag & 128 /* SUSPENSE */) {
      rawVNode.ssContent = vnode
    }
  }
  pendingCacheKey = key
  if (cachedVNode) {
    vnode.el = cachedVNode.el
    vnode.component = cachedVNode.component
    if (vnode.transition) {
      setTransitionHooks(vnode, vnode.transition)
    }
    // 设置 shapeFlag，避免 vnode 节点作为新节点被挂载
    vnode.shapeFlag |= 512 /* COMPONENT_KEPT_ALIVE */
    // 让这个 key 保持新鲜
    keys.delete(key)
    keys.add(key)
  }
  else {
    keys.add(key)
    // 删除最久不用的 key，符合 LRU 思想
    if (max && keys.size > parseInt(max, 10)) {
      pruneCacheEntry(keys.values().next().value)
    }
  }
  // 避免 vnode 被卸载
  vnode.shapeFlag |= 256 /* COMPONENT_SHOULD_KEEP_ALIVE */
  current = vnode
  return rawVNode
}
```

渲染函数先通过执行 slots.default()拿到子节点 children，它就是 KeepAlive 组件包裹的子组件，由于 KeepAlive 只能渲染单个子节点，所以当 children 长度大于 1 的时候会发出警告。

我们先不考虑缓存部分，KeepAlive 渲染的 vnode 就是子节点 children 的第一个元素，它是函数的返回值。

因此我们说 KeepAlive 是抽象组件，它本身不渲染成实体节点，而是渲染它的第一个子节点。

当然，没有缓存的 KeepAlive 组件是没有灵魂的，这种抽象的封装也是没有任何意义的，所以接下来我们重点来看它的缓存是如何设计的。

20.2 缓存的设计

先来思考一件事情，需要缓存什么？

组件的递归 patch 过程，主要就是为了渲染 DOM，显然这个递归过程是有一定的性能耗时的，既然目标是为了渲染 DOM，那么我们是不是可以把 DOM 缓存了，这样下一次渲染就可以直接从缓存里获取 DOM 并渲染，不需要每次都重新递归渲染了。

实际上 KeepAlive 组件就是这么做的，它注入了两个钩子函数：onMounted 和 onUpdated。在这两个钩子函数内部都执行了 cacheSubtree 函数来做缓存：

```
const cacheSubtree = () => {
  if (pendingCacheKey != null) {
    cache.set(pendingCacheKey, getInnerChild(instance.subTree))
  }
}
```

当 KeepAlive 组件执行 render 函数的时候，pendingCacheKey 会被赋值为 vnode.key，回顾示例模板编译后的 render 函数：

```
import { resolveComponent as _resolveComponent, openBlock as _openBlock, createBlock as _createBlock,
createCommentVNode as _createCommentVNode, KeepAlive as _KeepAlive, createElementVNode as
_createElementVNode, Fragment as _Fragment, createElementBlock as _createElementBlock } from "vue"

const _hoisted_1 = ["onClick"]

export function render(_ctx, _cache, $props, $setup, $data, $options) {
  const _component_comp_a = _resolveComponent("comp-a")
  const _component_comp_b = _resolveComponent("comp-b")

  return (_openBlock(), _createElementBlock(_Fragment, null, [
    (_openBlock(), _createBlock(_KeepAlive, null, [
      (_ctx.flag)
        ? (_openBlock(), _createBlock(_component_comp_a, { key: 0 }))
        : (_openBlock(), _createBlock(_component_comp_b, { key: 1 }))
    ], 1024 /* DYNAMIC_SLOTS */)),
    _createElementVNode("button", {
      onClick: $event => (_ctx.flag=!_ctx.flag)
    }, "toggle", 8 /* PROPS */, _hoisted_1)
  ], 64 /* STABLE_FRAGMENT */))
}
```

我们注意到 KeepAlive 的子节点创建的时候都添加了一个 key 的 prop，它就是专门为 KeepAlive 的缓存设计的，这样每一个子节点都能有一个唯一的 key。

当组件渲染完毕，会执行 onMounted 钩子函数，此时会进入 cacheSubtree 函数中，对于上述示例，此时 pendingCacheKey 对应的是 a 组件 vnode 的 key，instance.subTree 对应的也是 a 组件的渲染子树，因此 a 组件得到了缓存。

接着当我们点击按钮的时候，修改了 flag 的值，会触发当前组件的重新渲染，进而也触发了 KeepAlive 组件的重新渲染，在组件重新渲染后，会执行 onUpdated 对应的钩子函数，也就再次执行到 cacheSubtree 函数中。

此时，pendingCacheKey 对应的是 b 组件 vnode 的 key，instance.subTree 对应的也是 b 组件的渲染子树，所以 KeepAlive 在每次更新后，都会缓存当前渲染组件的子树 vnode。

当我们再次点击按钮，修改 flag 值的时候，会再次触发 KeepAlive 组件的重新渲染，此时就可以从缓存中根据 a 组件 vnode 的 key 拿到对应的渲染子树 cachedVNode 了，然后执行如下逻辑：

```
// runtime-core/src/components/KeepAlive.ts
const key = vnode.key == null ? comp : vnode.key
const cachedVNode = cache.get(key)
if (cachedVNode) {
  vnode.el = cachedVNode.el
  vnode.component = cachedVNode.component
  if (vnode.transition) {
    setTransitionHooks(vnode, vnode.transition)
  }
  // 设置 shapeFlag，避免 vnode 节点作为新节点被挂载
  vnode.shapeFlag |= 512 /* COMPONENT_KEPT_ALIVE */
  // 让这个 key 保持新鲜
  keys.delete(key)
  keys.add(key)
}
```

有了缓存的渲染子树后，我们就可以直接拿到它对应的 DOM 和组件实例 component 了，然后赋值给 KeepAlive 的 vnode，并更新 vnode.shapeFlag，以便后续 patch 阶段使用。

那么，对于 KeepAlive 组件的渲染来说，有缓存和没缓存在 patch 阶段有何区别呢？由于 KeepAlive 缓存的都是有状态的组件 vnode，所以我们再来回顾一下 patchComponent 函数的实现：

```
// runtime-core/src/renderer.ts
const processComponent = (n1, n2, container, anchor, parentComponent, parentSuspense, isSVG,
slotScopeIds, optimized) => {
  n2.slotScopeIds = slotScopeIds
  if (n1 == null) {
    // 处理 KeepAlive 组件
    if (n2.shapeFlag & 512 /* COMPONENT_KEPT_ALIVE */) {
```

```
      parentComponent.ctx.activate(n2, container, anchor, isSVG, optimized)
    }
    else {
      // 挂载组件
      mountComponent(n2, container, anchor, parentComponent, parentSuspense, isSVG, optimized)
    }
  }
  else {
    // 更新组件
  }
}
```

KeepAlive 组件首次渲染某个子节点时，和正常的组件节点渲染没有区别，但是有缓存后，由于标记了 shapeFlag，所以在执行 processComponent 函数时会运行到处理 KeepAlive 组件的逻辑中，执行 KeepAlive 组件实例上下文中的 activate 函数，我们来看它的实现：

```
// runtime-core/src/components/KeepAlive.ts
sharedContext.activate = (vnode, container, anchor, isSVG, optimized) => {
  const instance = vnode.component
  // 挂载 DOM
  move(vnode, container, anchor, 0 /* ENTER */, parentSuspense)
  // 防止属性发生变化
  patch(instance.vnode, vnode, container, anchor, instance, parentSuspense, isSVG, vnode.slotScopeIds,
optimized)
  queuePostRenderEffect(() => {
    instance.isDeactivated = false
    if (instance.a) {
      invokeArrayFns(instance.a)
    }
    const vnodeHook = vnode.props && vnode.props.onVnodeMounted
    if (vnodeHook) {
      invokeVNodeHook(vnodeHook, instance.parent, vnode)
    }
  }, parentSuspense)
}
```

由于此时已经能从 vnode.el 中拿到缓存的 DOM 了，所以可以直接调用 move 函数挂载节点，然后执行 patch 函数更新组件，以防发生 props 变化的情况。

接下来，就是通过 queuePostRenderEffect 的方式，在组件渲染完毕后，执行子节点组件定义的 activated 钩子函数。

和普通的组件挂载相比，KeepAlive 组件在有缓存的情况下通过 activate 的方式渲染其包裹的子组件，节省了组件初始化、render 函数的执行等过程，达到了优化性能的目的。

当然，仅有缓存还不够灵活，有些时候我们想设置某些子组件缓存、某些子组件不缓存，另外，还想限制 KeepAlive 组件的最大缓存个数，怎么办呢？KeepAlive 设计了几个 props，允许你可以对上述需求做配置。

20.3 props 设计

KeepAlive 组件一共支持了三个 props，分别是 include、exclude 和 max。

```
// runtime-core/src/components/KeepAlive.ts
props: {
  include: [String, RegExp, Array],
  exclude: [String, RegExp, Array],
  max: [String, Number]
}
```

include 和 exclude 在渲染函数中对应的实现逻辑如下：

```
// runtime-core/src/components/KeepAlive.ts
const { include, exclude, max } = props
if ((include && (!name || !matches(include, name))) ||
  (exclude && name && matches(exclude, name))) {
  current = vnode
  return rawVNode
}
```

很好理解，子组件名称不匹配 include 的 vnode，以及子组件名称匹配 exclude 的 vnode 都不应该被缓存，而应该直接返回。

当然，由于 props 是响应式的，在 include 和 exclude props 发生变化的时候也有相关的处理逻辑：

```
// runtime-core/src/components/KeepAlive.ts
watch(() => [props.include, props.exclude], ([include, exclude]) => {
  include && pruneCache(name => matches(include, name))
  exclude && !pruneCache(name => matches(exclude, name))
})


function pruneCache(filter) {
  cache.forEach((vnode, key) => {
    const name = getComponentName(vnode.type)
    if (name && (!filter || !filter(name))) {
      pruneCacheEntry(key)
    }
  })
}
function pruneCacheEntry(key) {
  const cached = cache.get(key)
  if (!current || cached.type !== current.type) {
    unmount(cached)
  }
  else if (current) {
    // 移除 KeepAlive 的标识
    resetShapeFlag(current)
  }
```

```
  cache.delete(key)
  keys.delete(key)
}
```

侦听的逻辑也很简单，当 include 发生变化的时候，从缓存中删除那些 name 不匹配 include 的 vnode 节点；当 exclude 发生变化的时候，从缓存中删除那些 name 匹配 exclude 的 vnode 节点。此外，如果从缓存中移除掉的组件不是当前激活的组件，那么需要执行 unmount 函数卸载它们；如果是当前激活的组件，不直接卸载，但需要把 KeepAlive 的标识移除了，这样该组件下次在 patch 阶段就会走普通的渲染流程了。

除了 include 和 exclude 之外，KeepAlive 组件还支持了 max prop 来控制缓存的最大个数。

由于缓存本身就是占用了内存，所以有些场景我们希望限制 KeepAlive 缓存的个数，这时可以通过 max 属性来控制，当缓存新的 vnode 的时候，会做一定程度的缓存管理：

```
// runtime-core/src/components/KeepAlive.ts
keys.add(key)
// 删除最久不用的 key，符合 LRU 思想
if (max && keys.size > parseInt(max, 10)) {
  pruneCacheEntry(keys.values().next().value)
}
```

由于新的缓存 key 都是在 keys 的结尾添加的，所以当缓存的个数超过 max 的时候，就从最前面开始删除，符合 LRU 最近最少使用的算法思想。

20.4　组件的卸载

我们先来分析 KeepAlive 内部包裹的子组件的卸载过程，前面提到 KeepAlive 渲染的过程实际上是渲染它的第一个子组件节点，并且会给渲染的 vnode 打上如下标记：

```
// runtime-core/src/components/KeepAlive.ts
vnode.shapeFlag |= 256 /* COMPONENT_SHOULD_KEEP_ALIVE */
```

该标识让 KeepAlive 组件缓存的子组件在 patch 节点直接执行 activate 函数从缓存中拿到 DOM 并挂载。那么它在组件卸载阶段又起到什么作用呢？还是结合前面的示例来分析：

```
<keep-alive>
  <comp-a v-if="flag"></comp-a>
  <comp-b v-else></comp-b>
</keep-alive>
<button @click="flag=!flag">toggle</button>
```

当 flag 为 true 的时候，渲染 a 组件，然后我们点击按钮修改 flag 的值，会触发 KeepAlive 组件的重新渲染，此时除了会渲染 b 组件，还会卸载 a 组件。

组件的卸载会执行 unmount 函数，其中有一个关于 KeepAlive 的逻辑：

```
// runtime-core/src/renderer.ts
const unmount = (vnode, parentComponent, parentSuspense, doRemove = false) => {
  const { shapeFlag  } = vnode
  if (shapeFlag & 256 /* COMPONENT_SHOULD_KEEP_ALIVE */) {
    parentComponent.ctx.deactivate(vnode)
    return
  }
  // 卸载组件
}
```

如果 shapeFlag 满足 KeepAlive 的条件，则执行相应的 deactivate 函数，它的定义如下：

```
// runtime-core/src/components/KeepAlive.ts
const storageContainer = createElement('div')
sharedContext.deactivate = (vnode) => {
  const instance = vnode.component
  // 从现有 DOM 流中移除节点
  move(vnode, storageContainer, null, 1 /* LEAVE */, parentSuspense)
  queuePostRenderEffect(() => {
    if (instance.da) {
      invokeArrayFns(instance.da)
    }
    const vnodeHook = vnode.props && vnode.props.onVnodeUnmounted
    if (vnodeHook) {
      invokeVNodeHook(vnodeHook, instance.parent, vnode)
    }
    instance.isDeactivated = true
  }, parentSuspense)
}
```

函数首先通过 move 函数从 DOM 树中移除该节点，接着通过 queuePostRenderEffect 的方式执行定义的 deactivated 钩子函数。

注意，这里的移除节点实际上是把当前 vnode 渲染的 DOM 移动到内存中的 DOM 容器 storageContainer 中，所以它看上去像是从页面中移除了。此外，也并没有真正意义上地执行子组件的整套卸载流程。

除了点击按钮引起子组件的卸载之外，当 KeepAlive 组件所在的父组件被卸载时，由于卸载的递归特性，也会触发 KeepAlive 组件的卸载，在卸载的过程中会执行 onBeforeUnmount 钩子函数：

```
onBeforeUnmount(() => {
  cache.forEach(cached => {
    const { subTree, suspense } = instance
    const vnode = getInnerChild(subTree)
    if (cached.type === subTree.type) {
      resetShapeFlag(vnode)
```

```
      const da = subTree.component.da
      da && queuePostRenderEffect(da, suspense)
      return
    }
    unmount(cached)
  })
})
```

它会遍历所有缓存的 vnode，并且比对缓存的 vnode 是不是当前 KeepAlive 组件渲染的 vnode。

如果是，则执行 resetShapeFlag 函数，它的作用是修改 vnode 的 shapeFlag，不让该 vnode 再被当作一个 KeepAlive 的 vnode，这样就可以走正常的卸载逻辑。接着通过 queuePostRenderEffect 的方式执行子组件的 deactivated 钩子函数。

如果不是，则执行 unmount 函数重置 shapeFlag 以及执行 vnode 的整套卸载流程。

20.5　总结

KeepAlive 是一个抽象组件，组件本身不渲染任何实体节点，只渲染第一个子元素节点。

KeepAlive 组件通过缓存组件子树 vnode 的方式，让内部的子组件在切换的时候，从缓存中直接拿到渲染好的 DOM 并挂载，并且不会走一整套递归卸载和挂载组件的流程，从而优化了性能。这是一种典型的空间换时间的优化思想。

KeepAlive 组件可以通过动态修改 include、exclude 以及 max 这些属性，来决定要缓存哪些子组件，以及最大缓存组件的个数。

第 21 章

Transition 组件

作为一名前端开发工程师，平时开发页面少不了要编写一些过渡动画，通常可以用 CSS 脚本来实现，当然有些时候也会使用 JavaScript 操作 DOM 实现动画。那么，如果我们使用 Vue.js 技术栈，有没有好的实现动画的方式呢?

答案是肯定的，Vue.js 提供了内置的 `Transition` 组件，它可以让我们轻松实现动画过渡效果。

21.1 Transition 组件的用法

`Transition` 组件通常有三类用法：CSS 过渡、CSS 动画和 JavaScript 钩子函数，我们分别用几个示例来说明。

首先来看 CSS 过渡：

```
<template>
  <div class="app">
    <button @click="show = !show">
      Toggle render
    </button>
    <transition name="fade">
      <p v-if="show">hello</p>
    </transition>
  </div>
</template>
<script>
  export default {
    data() {
      return {
        show: true
      }
    }
  }
</script>
```

```
<style>
  .fade-enter-active,
  .fade-leave-active {
    transition: opacity 0.5s ease;
  }
  .fade-enter-from,
  .fade-leave-to {
    opacity: 0;
  }
</style>
```

CSS 过渡主要定义了一些过渡的 CSS 样式，当我们点击按钮切换文本显隐的时候，就会应用这些 CSS 样式，实现过渡效果。

接着来看 CSS 动画：

```
<template>
  <div class="app">
    <button @click="show = !show">Toggle show</button>
    <transition name="bounce">
      <p v-if="show">Vue is an awesome front-end MVVM framework. We can use it to build multiple apps.</p>
    </transition>
  </div>
</template>
<script>
  export default {
    data() {
      return {
        show: true
      }
    }
  }
</script>
<style>
  .bounce-enter-active {
    animation: bounce-in 0.5s;
  }
  .bounce-leave-active {
    animation: bounce-in 0.5s reverse;
  }
  @keyframes bounce-in {
    0% {
      transform: scale(0);
    }
    50% {
      transform: scale(1.5);
    }
    100% {
      transform: scale(1);
    }
  }
</style>
```

和 CSS 过渡类似，CSS 动画主要定义了一些动画的 CSS 样式，当我们去点击按钮切换文本显隐的时候，就会应用这些 CSS 样式，实现动画效果。

最后来看 JavaScript 钩子函数：

```
<template>
  <div class="app">
    <button @click="show = !show">
      Toggle render
    </button>
    <transition
      @before-enter="beforeEnter"
      @enter="enter"
      @before-leave="beforeLeave"
      @leave="leave"
      css="false"
    >
      <p v-if="show">hello</p>
    </transition>
  </div>
</template>
<script>
  export default {
    data() {
      return {
        show: true
      }
    },
    methods: {
      beforeEnter(el) {
        el.style.opacity = 0
        el.style.transition = 'opacity 0.5s ease'
      },
      enter(el) {
        this.$el.offsetHeight
        el.style.opacity = 1
      },
      beforeLeave(el) {
        el.style.opacity = 1
      },
      leave(el) {
        el.style.transition = 'opacity 0.5s ease'
        el.style.opacity = 0
      }
    }
  }
</script>
```

`Transition` 组件也允许在一个过渡组件中定义它过渡生命周期的 JavaScript 钩子函数，我们可以在这些钩子函数中编写 JavaScript 操作 DOM 来实现过渡动画效果。

21.2　组件的核心思想

通过前面三个示例，我们不难发现它们都是在点击按钮时，通过修改 v-if 的条件值来触发过渡动画的。

其实 Transition 组件过渡动画的触发条件有以下四点：条件渲染（使用 v-if），条件展示（使用 v-show），动态组件，组件根节点。

所以你只能在上述四种情况中使用 Transition 组件，在进入/离开过渡的时候会有六个 class 切换，如图 21-1 所示。

- v-enter-from：定义进入过渡的开始状态。在元素被插入之前生效，在元素被插入之后的下一帧移除。
- v-enter-active：定义进入过渡生效时的状态。在整个进入过渡的阶段中应用，在元素被插入之前生效，在过渡动画完成之后移除。这个类可以被用来定义进入过渡的过程时间、延迟和曲线函数。
- v-enter-to：定义进入过渡的结束状态。在元素被插入之后的下一帧生效（与此同时 v-enter-from 被移除），在过渡动画完成之后移除。
- v-leave-from：定义离开过渡的开始状态。在离开过渡被触发时立刻生效，下一帧被移除。
- v-leave-active：定义离开过渡生效时的状态。在整个离开过渡的阶段中应用，在离开过渡被触发时立刻生效，在过渡动画完成之后移除。这个类可以被用来定义离开过渡的过程时间、延迟和曲线函数。
- v-leave-to：定义离开过渡的结束状态。在离开过渡被触发之后的下一帧生效（与此同时 v-leave-from 被删除），在过渡动画完成之后移除。

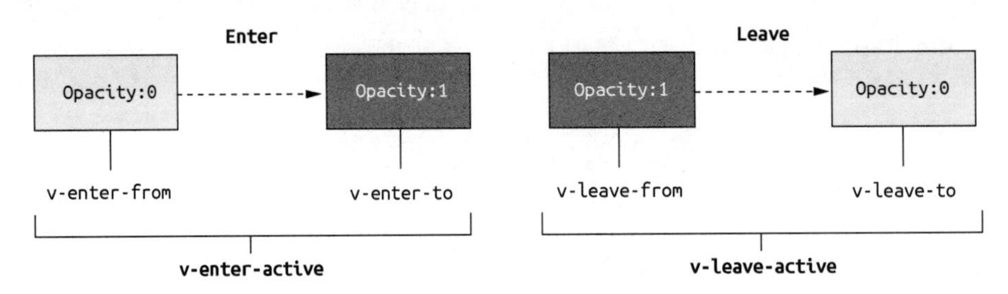

图 21-1　Transition 组件的核心思想

Transition 组件的核心思想就是：Transition 包裹的元素插入和删除时，在适当的时机插入这些 CSS 样式，而这些 CSS 的实现则决定了元素的过渡动画。

大致了解了 Transition 组件的用法和核心思想后，接下来我们就来探究 Transition 组件的实现原理。

21.3 组件的实现原理

为了方便理解，我们还是结合示例来分析：

```
<template>
  <div class="app">
    <button @click="show = !show">
      Toggle render
    </button>
    <transition name="fade">
      <p v-if="show">hello</p>
    </transition>
  </div>
</template>
```

借助模板导出工具，可以看到它编译后的 render 函数：

```
import { createElementVNode as _createElementVNode, openBlock as _openBlock, createElementBlock as
_createElementBlock, createCommentVNode as _createCommentVNode, Transition as _Transition, withCtx as
_withCtx, createVNode as _createVNode } from "vue"

const _hoisted_1 = { class: "app" }
const _hoisted_2 = ["onClick"]
const _hoisted_3 = { key: 0 }

export function render(_ctx, _cache, $props, $setup, $data, $options) {
  return (_openBlock(), _createElementBlock("div", _hoisted_1, [
    _createElementVNode("button", {
      onClick: $event => (_ctx.show = !_ctx.show)
    }, " Toggle render ", 8 /* PROPS */, _hoisted_2),
    _createVNode(_Transition, { name: "fade" }, {
      default: _withCtx(() => [
        (_ctx.show)
          ? (_openBlock(), _createElementBlock("p", _hoisted_3, "hello"))
          : _createCommentVNode("v-if", true)
      ], undefined, true),
      _: 1 /* STABLE */
    })
  ]))
}
```

可以看到，对于 transition 标签，内部直接创建了 Transition 内置组件，我们接下来分析它的实现：

```
const Transition = (props, { slots }) => h(BaseTransition, resolveTransitionProps(props), slots)
// runtime-core/src/components/BaseTransition.ts
const BaseTransition = BaseTransitionImpl
```

```
const BaseTransitionImpl = {
  name: `BaseTransition`,
  props: {
    mode: String,
    appear: Boolean,
    persisted: Boolean,
    // enter
    onBeforeEnter: TransitionHookValidator,
    onEnter: TransitionHookValidator,
    onAfterEnter: TransitionHookValidator,
    onEnterCancelled: TransitionHookValidator,
    // leave
    onBeforeLeave: TransitionHookValidator,
    onLeave: TransitionHookValidator,
    onAfterLeave: TransitionHookValidator,
    onLeaveCancelled: TransitionHookValidator,
    // appear
    onBeforeAppear: TransitionHookValidator,
    onAppear: TransitionHookValidator,
    onAfterAppear: TransitionHookValidator,
    onAppearCancelled: TransitionHookValidator
  },
  setup(props, { slots }) {
    const instance = getCurrentInstance()
    const state = useTransitionState()
    let prevTransitionKey
    return () => {
      const children = slots.default && getTransitionRawChildren(slots.default(), true)
      if (!children || !children.length) {
        return
      }
      // Transition 组件只允许一个子元素节点，多个警告提示使用 TransitionGroup 组件
      if ((process.env.NODE_ENV !== 'production') && children.length > 1) {
        warn('<transition> can only be used on a single element or component. Use ' +
          '<transition-group> for lists.')
      }
      // 不需要追踪响应式，所以改成原始值，提升性能
      const rawProps = toRaw(props)
      const { mode } = rawProps
      // 检查 mode 是否合法
      if ((process.env.NODE_ENV !== 'production') && mode && !['in-out', 'out-in', 'default'].
includes(mode)) {
        warn(`invalid <transition> mode: ${mode}`)
      }
      // 获取第一个子元素节点
      const child = children[0]
      if (state.isLeaving) {
        return emptyPlaceholder(child)
      }
      // 处理 <transition><keep-alive/></transition> 的情况
      const innerChild = getKeepAliveChild(child)
      if (!innerChild) {
        return emptyPlaceholder(child)
      }
```

```
      const enterHooks = resolveTransitionHooks(innerChild, rawProps, state, instance)
      setTransitionHooks(innerChild, enterHooks)
      const oldChild = instance.subTree
      const oldInnerChild = oldChild && getKeepAliveChild(oldChild)
      let transitionKeyChanged = false
      const { getTransitionKey } = innerChild.type
      if (getTransitionKey) {
        const key = getTransitionKey()
        if (prevTransitionKey === undefined) {
          prevTransitionKey = key
        }
        else if (key !== prevTransitionKey) {
          prevTransitionKey = key
          transitionKeyChanged = true
        }
      }
      // 处理模式
      if (oldInnerChild &&
        oldInnerChild.type !== Comment &&
        (!isSameVNodeType(innerChild, oldInnerChild) || transitionKeyChanged)) {
        const leavingHooks = resolveTransitionHooks(oldInnerChild, rawProps, state, instance)
        // 更新旧树的钩子函数
        setTransitionHooks(oldInnerChild, leavingHooks)
        // 在两个视图之间切换
        if (mode === 'out-in') {
          state.isLeaving = true
          // 返回空的占位符节点，当离开过渡结束后，重新渲染组件
          leavingHooks.afterLeave = () => {
            state.isLeaving = false
            instance.update()
          }
          return emptyPlaceholder(child)
        }
        else if (mode === 'in-out') {
          leavingHooks.delayLeave = (el, earlyRemove, delayedLeave) => {
            const leavingVNodesCache = getLeavingNodesForType(state, oldInnerChild)
            leavingVNodesCache[String(oldInnerChild.key)] = oldInnerChild
            el._leaveCb = () => {
              earlyRemove()
              el._leaveCb = undefined
              delete enterHooks.delayedLeave
            }
            enterHooks.delayedLeave = delayedLeave
          }
        }
      }
      return child
    }
  }
}
```

可以看到，Transition 组件是在 BaseTransition 的基础上封装的高阶函数式组件。由于整个 Transition 的实现代码较多，我就挑重点部分，为你讲清楚整体的实现思路。

21.3.1　组件的渲染

我们先来看 Transition 组件是如何渲染的，重点分析 setup 函数中返回的渲染函数部分的逻辑。

Transition 组件和前面学习的 KeepAlive 组件一样，是一个抽象组件，组件本身不渲染任何实体节点，只渲染第一个子元素节点。

如果 Transition 组件内部嵌套的是 KeepAlive 组件，那么它会继续查找 KeepAlive 组件嵌套的第一个子元素节点，来作为渲染的元素节点。

如果 Transition 组件内部没有嵌套任何子节点，那么它会渲染空的注释节点。

在渲染的过程中，Transition 组件还会通过 resolveTransitionHooks 去解析组件创建和删除阶段的钩子函数对象，然后再通过 setTransitionHooks 函数去把这个钩子函数对象设置到 vnode.transition 上。

渲染过程中，还会判断这是否是一次更新渲染，如果是，就会对不同的模式执行不同的处理逻辑，我会在后续介绍模式的应用时对其进行详细的分析。

以上就是 Transition 组件渲染时做的事情，你需要记住的是 Transition 渲染的是组件嵌套的第一个子元素节点。

但是 Transition 是如何在节点的创建和删除过程中设置那些与过渡动画相关的 CSS 的呢？这些都与钩子函数相关，我们先来看 resolveTransitionHooks 的实现，看看它定义的钩子函数对象是怎样的：

```
// runtime-core/src/components/BaseTransition.ts
function resolveTransitionHooks(vnode, props, state, instance) {
  const { appear, mode, persisted = false, onBeforeEnter, onEnter, onAfterEnter, onEnterCancelled,
onBeforeLeave, onLeave, onAfterLeave, onLeaveCancelled, onBeforeAppear, onAppear, onAfterAppear,
onAppearCancelled } = props
  const key = String(vnode.key)
  const leavingVNodesCache = getLeavingNodesForType(state, vnode)
  const callHook = (hook, args) => {
    hook &&
    callWithAsyncErrorHandling(hook, instance, 9 /* TRANSITION_HOOK */, args)
  }
  const hooks = {
    mode,
    persisted,
    beforeEnter(el) {
```

```
      // beforeEnter 钩子函数
    },
    enter(el) {
      // enter 钩子函数
    },
    leave(el, remove) {
      // leave 钩子函数
    },
    clone(vnode) {
      return resolveTransitionHooks(vnode, props, state, instance)
    }
  }
  return hooks
}
```

钩子函数对象定义了三个钩子函数，分别是 beforeEnter、enter 和 leave，它们的执行时机是什么？又是怎么处理我们给 Transition 组件传递的属性的？接下来我们就来分析这几个钩子函数的执行过程。

21.3.2 钩子函数的执行

首先，我们来分析 beforeEnter 钩子函数，它的执行时机是在 patch 阶段的 mountElement 函数中，在插入元素节点前且存在过渡的条件下会执行 vnode.transition 中的 beforeEnter 函数，来看它的实现：

```
// runtime-core/src/components/BaseTransition.ts
beforeEnter(el) {
  let hook = onBeforeEnter
  if (!state.isMounted) {
    if (appear) {
      hook = onBeforeAppear || onBeforeEnter
    }
    else {
      return
    }
  }
  if (el._leaveCb) {
    el._leaveCb(true /* cancelled */)
  }
  const leavingVNode = leavingVNodesCache[key]
  if (leavingVNode &&
    isSameVNodeType(vnode, leavingVNode) &&
    leavingVNode.el._leaveCb) {
    leavingVNode.el._leaveCb()
  }
  callHook(hook, [el])
}
```

beforeEnter 钩子函数主要做的事情就是根据 appear 的值和 DOM 是否挂载，来执行 onBeforeEnter 函数或者 onBeforeAppear 函数。关于_leaveCb 的执行逻辑我会稍后分析。

appear、onBeforeEnter、onBeforeAppear 这些变量都是从 props 中获取的，那么这些 props 是怎么初始化的呢？回到 Transition 组件的定义：

```
// runtime-dom/src/components/Transition.ts
const Transition = (props, { slots }) => h(BaseTransition, resolveTransitionProps(props), slots
```

可以看到，传递的 props 经过了 resolveTransitionProps 函数的封装，来看它的实现：

```
// runtime-dom/src/components/Transition.ts
function resolveTransitionProps(rawProps) {
  const baseProps = {}
  for (const key in rawProps) {
    if (!(key in DOMTransitionPropsValidators)) {
      baseProps[key] = rawProps[key]
    }
  }
  if (rawProps.css === false) {
    return baseProps
  }
  let { name = 'v', type, css = true, duration, enterFromClass = `${name}-enter-from`,
    enterActiveClass = `${name}-enter-active`, enterToClass = `${name}-enter-to`,
    appearFromClass = enterFromClass, appearActiveClass = enterActiveClass,
    appearToClass = enterToClass, leaveFromClass = `${name}-leave-from`,
    leaveActiveClass = `${name}-leave-active`, leaveToClass = `${name}-leave-to` } = rawProps
  const durations = normalizeDuration(duration)
  const enterDuration = durations && durations[0]
  const leaveDuration = durations && durations[1]
  const { onBeforeEnter, onEnter, onEnterCancelled, onLeave, onLeaveCancelled, onBeforeAppear =
onBeforeEnter, onAppear = onEnter, onAppearCancelled = onEnterCancelled } = baseProps
  const finishEnter = (el, isAppear, done) => {
    removeTransitionClass(el, isAppear ? appearToClass : enterToClass)
    removeTransitionClass(el, isAppear ? appearActiveClass : enterActiveClass)
    done && done()
  }
  const finishLeave = (el, done) => {
    removeTransitionClass(el, leaveToClass)
    removeTransitionClass(el, leaveActiveClass)
    done && done()
  }
  const makeEnterHook = (isAppear) => {
    return (el, done) => {
      const hook = isAppear ? onAppear : onEnter
      const resolve = () => finishEnter(el, isAppear, done)
      callHook(hook, [el, resolve])
      nextFrame(() => {
        removeTransitionClass(el, isAppear ? appearFromClass : enterFromClass)
        addTransitionClass(el, isAppear ? appearToClass : enterToClass)
        if (!hasExplicitCallback(hook)) {
          whenTransitionEnds(el, type, enterDuration, resolve)
        }
      })
    }
  }
```

```
  return extend(baseProps, {
    onBeforeEnter(el) {
      onBeforeEnter && onBeforeEnter(el)
      addTransitionClass(el, enterActiveClass)
      addTransitionClass(el, enterFromClass)
    },
    onBeforeAppear(el) {
      onBeforeAppear && onBeforeAppear(el)
      addTransitionClass(el, appearActiveClass)
      addTransitionClass(el, appearFromClass)
    },
    onEnter: makeEnterHook(false),
    onAppear: makeEnterHook(true),
    onLeave(el, done) {
      const resolve = () => finishLeave(el, done)
      addTransitionClass(el, leaveActiveClass)
      // 强制浏览器重绘让 *-leave-from 样式立即生效
      forceReflow()
      addTransitionClass(el, leaveFromClass)
      nextFrame(() => {
        removeTransitionClass(el, leaveFromClass)
        addTransitionClass(el, leaveToClass)
        if (!hasExplicitCallback(onLeave)) {
          whenTransitionEnds(el, type, leaveDuration, resolve)
        }
      })
      callHook(onLeave, [el, resolve])
    },
    onEnterCancelled(el) {
      finishEnter(el, false)
      onEnterCancelled && onEnterCancelled(el)
    },
    onAppearCancelled(el) {
      finishEnter(el, true)
      onAppearCancelled && onAppearCancelled(el)
    },
    onLeaveCancelled(el) {
      finishLeave(el)
      onLeaveCancelled && onLeaveCancelled(el)
    }
  })
}
```

resolveTransitionProps 函数主要作用是在给 Transition 组件传递的 props 基础上做一层封装，然后返回一个新的 props 对象。它包含了所有的 props 处理，你不需要一下子了解所有的实现，按需分析即可。

我们来看 onBeforeEnter 函数，它的内部执行了基础 props 传入的 onBeforeEnter 钩子函数，并且给 DOM 元素 el 添加了 enterActiveClass 和 enterFromClass 样式。

props 传入的 onBeforeEnter 函数就是我们写 Transition 组件时添加的 beforeEnter 钩子函

数。enterActiveClass 默认值是 v-enter-active，enterFromClass 默认值是 v-enter-from，如果给 Transition 组件传入了 name 属性，比如 fade，那么 enterActiveClass 的值就是 fade-enter-active，enterFromClass 的值就是 fade-enter-from。

原来这就是 DOM 元素对象在创建后、插入到页面之前做的事情：执行 beforeEnter 钩子函数，以及给元素添加相应的 CSS 样式。

onBeforeAppear 和 onBeforeEnter 的逻辑类似，就不赘述了，它是在给 Transition 组件传入 appear 属性，而且是在首次挂载的时候执行的。

执行完 beforeEnter 钩子函数，接着插入元素到页面，然后会执行 vnode.transition 中的 enter 钩子函数，来看它的实现：

```
// runtime-core/src/components/BaseTransition.ts
enter(el) {
  let hook = onEnter
  let afterHook = onAfterEnter
  let cancelHook = onEnterCancelled
  if (!state.isMounted) {
    if (appear) {
      hook = onAppear || onEnter
      afterHook = onAfterAppear || onAfterEnter
      cancelHook = onAppearCancelled || onEnterCancelled
    }
    else {
      return
    }
  }
  let called = false
  const done = (el._enterCb = (cancelled) => {
    if (called)
      return
    called = true
    if (cancelled) {
      callHook(cancelHook, [el])
    }
    else {
      callHook(afterHook, [el])
    }
    if (hooks.delayedLeave) {
      hooks.delayedLeave()
    }
    el._enterCb = undefined
  })
  if (hook) {
    hook(el, done)
    if (hook.length <= 1) {
      done()
    }
```

```
  }
  else {
    done()
  }
}
```

enter 钩子函数主要做的事情就是根据 appear 的值和 DOM 是否挂载，执行 onEnter 函数或者 onAppear 函数，并且这个函数的第二个参数是一个 done 函数，表示过渡动画完成后执行的回调函数，它是异步执行的。

注意，当 onEnter 或者 onAppear 函数的参数长度小于等于 1 的时候，done 函数会在执行完 hook 函数后同步执行。

在 done 函数的内部，会根据动画是否被取消，执行 onAfterEnter 函数或者 onEnterCancelled 函数。

同理，onEnter、onAppear、onAfterEnter 和 onEnterCancelled 函数也是通过 props 传入的。我们重点分析 onEnter 的实现，它是 makeEnterHook(false)函数执行后的返回值：

```
// runtime-dom/src/components/Transition.ts
const makeEnterHook = (isAppear) => {
  return (el, done) => {
    const hook = isAppear ? onAppear : onEnter
    const resolve = () => finishEnter(el, isAppear, done)
    callHook(hook, [el, resolve])
    nextFrame(() => {
      removeTransitionClass(el, isAppear ? appearFromClass : enterFromClass)
      addTransitionClass(el, isAppear ? appearToClass : enterToClass)
      if (!hasExplicitCallback(hook)) {
        // 侦听动画结束事件，执行 resolve 函数
        whenTransitionEnds(el, type, enterDuration, resolve)
      }
    })
  }
}
```

在函数内部，首先执行基础 props 传入的 onEnter 钩子函数，然后在下一帧给 DOM 元素 el 移除了 enterFromClass，同时添加了 enterToClass 样式。

props 传入的 onEnter 函数就是我们写 Transition 组件时添加的 enter 钩子函数，enterFromClass 是在 beforeEnter 阶段添加的，会在当前阶段移除；新增的 enterToClass 值默认是 v-enter-to，如果给 Transition 组件传入了 name 属性，比如 fade，那么 enterToClass 的值就是 fade-enter-to。

注意，当 enterToClass 添加后，这个时候浏览器就开始根据我们编写的 CSS 进入过渡动画了，那么动画何时结束呢？

如果我们给 Transition 传递了 enter 钩子函数，那么当 enter 钩子函数的第二个参数 done 函数执行时，表示动画结束，进而执行 finishEnter 函数。

如果没有配置 enter 钩子函数，Transition 组件允许传入 enterDuration 属性，它会指定进入过渡的动画时长。当然，如果你不指定，Vue.js 内部会自动侦听动画结束事件，然后在动画结束后，执行 finishEnter 函数。来看它的实现：

```
// runtime-dom/src/components/Transition.ts
const finishEnter = (el, isAppear, done) => {
  removeTransitionClass(el, isAppear ? appearToClass : enterToClass)
  removeTransitionClass(el, isAppear ? appearActiveClass : enterActiveClass)
  done && done()
}
```

其实就是移除 DOM 元素的 enterToClass 以及 enterActiveClass，同时执行 done 函数，进而执行 onAfterEnter 钩子函数。

至此，元素进入的过渡动画逻辑就分析完了，接下来分析元素离开的过渡动画逻辑。

当元素被删除的时候，会执行 remove 函数，在真正从 DOM 移除元素前且存在过渡的情况下，会执行 vnode.transition 中的 leave 钩子函数，并且把移除 DOM 的函数作为第二个参数传入，来看它的定义：

```
// runtime-core/src/components/BaseTransition.ts
leave(el, remove) {
  const key = String(vnode.key)
  if (el._enterCb) {
    el._enterCb(true /* cancelled */)
  }
  if (state.isUnmounting) {
    return remove()
  }
  callHook(onBeforeLeave, [el])
  let called = false
  const done = (el._leaveCb = (cancelled) => {
    if (called)
      return
    called = true
    remove()
    if (cancelled) {
      callHook(onLeaveCancelled, [el])
    }
    else {
      callHook(onAfterLeave, [el])
    }
    el._leaveCb = undefined
    if (leavingVNodesCache[key] === vnode) {
      delete leavingVNodesCache[key]
```

```
    }
  })
  leavingVNodesCache[key] = vnode
  if (onLeave) {
    onLeave(el, done)
    if (onLeave.length <= 1) {
      done()
    }
  }
  else {
    done()
  }
}
```

leave 钩子函数主要做的事情就是执行 props 传入的 onBeforeLeave 钩子函数和 onLeave 函数，onLeave 函数的第二个参数是一个 done 函数，它表示离开过渡动画结束后执行的回调函数。

done 函数内部主要做的事情就是执行 remove 函数移除 DOM，然后根据动画是否被取消执行 onAfterLeave 钩子函数或者 onLeaveCancelled 函数。

接下来，我们重点分析 onLeave 函数的实现，看看离开过渡动画是如何执行的。

```
// runtime-dom/src/components/Transition.ts
onLeave(el, done) {
  const resolve = () => finishLeave(el, done)
  addTransitionClass(el, leaveActiveClass)
  // 强制浏览器重绘让 *-leave-from 样式立即生效
  forceReflow()
  addTransitionClass(el, leaveFromClass)
  nextFrame(() => {
    removeTransitionClass(el, leaveFromClass)
    addTransitionClass(el, leaveToClass)
    if (!hasExplicitCallback(onLeave)) {
      whenTransitionEnds(el, type, leaveDuration, resolve)
    }
  })
  callHook(onLeave, [el, resolve])
}
```

onLeave 函数首先给 DOM 元素添加 leaveActiveClass 和 leaveFromClass，并执行基础 props 传入的 onLeave 钩子函数，然后在下一帧移除 leaveFromClass，并添加 leaveToClass。

其中，leaveActiveClass 的默认值是 v-leave-active，leaveFromClass 的默认值是 v-leave-from，leaveToClass 的默认值是 v-leave-to。如果给 Transition 组件传入了 name 的 prop，比如 fade，那么 leaveActiveClass 的值就是 fade-leave-active，leaveFromClass 的值就是 fade-leave-from，leaveToClass 的值就是 fade-leave-to。

注意，当我们添加 leaveToClass 时，浏览器就开始根据我们编写的 CSS 执行离开过渡动画了，那么动画何时结束呢？

和进入动画类似，如果我们给 Transition 传递了 leave 钩子函数，那么当 leave 钩子函数的第二个参数 done 函数执行时，表示动画结束，进而执行 finishLeave 函数。

如果没有配置 enter 钩子函数，Transition 组件允许我们传入 leaveDuration 属性，指定过渡的动画时长。当然，如果你不指定，Vue.js 内部会侦听动画结束事件，然后在动画结束后，执行 finishLeave 函数。来看它的实现：

```
// runtime-dom/src/components/Transition.ts
const finishLeave = (el, done) => {
  removeTransitionClass(el, leaveToClass)
  removeTransitionClass(el, leaveActiveClass)
  done && done()
}
```

其实就是移除 DOM 元素的 leaveToClass 以及 leaveActiveClass，同时执行 done 函数，进而执行 onAfterLeave 钩子函数。

这里还有个细节值得注意，在 beforeEnter 钩子函数里会判断 el._leaveCb 函数是否存在，存在则执行，在 leave 钩子函数里会判断 el._enterCb 函数是否存在，存在则执行。代码实现如下：

```
// runtime-core/src/components/BaseTransition.ts
beforeEnter(el) {
  if (el._leaveCb) {
      el._leaveCb(true /* cancelled */)
  }
}

leave(el, remove) {
  if (el._enterCb) {
      el._enterCb(true /* cancelled */)
  }
}
```

之所以要这么做，是因为 Transition 组件的进入和离开过渡都是异步执行的过程。假设在执行进入过渡动画的过程中，我们修改了组件的显示状态，让组件执行离开过渡。这个时候会添加离开过渡的相关的 CSS，可能会导致进入过渡动画失效，且不能如期派发动画停止事件，从而不能执行 done 回调函数。因此手动执行 el._enterCb(true)，表示这是一次取消的操作：

```
// runtime-core/src/components/BaseTransition.ts
let called = false
const done = (el._enterCb = (cancelled) => {
  if (called)
    return
  called = true
  if (cancelled) {
```

```
    callHook(cancelHook, [el])
  }
  else {
    callHook(afterHook, [el])
  }
  if (hooks.delayedLeave) {
    hooks.delayedLeave()
  }
  el._enterCb = undefined
})
```

在 el._enterCb 函数内部，会判断 cancelled 变量，为 true 则会执行 onEnterCancelled 函数。此外，这里有一个临时变量 called，保证该函数在一次进入和离开过渡周期内只执行一次。

同理，假设在执行离开过渡动画的过程中，我们修改了组件的显示状态，让组件执行进入过渡，此时也应该在 beforeEnter 函数中手动执行 el._leaveCb(true)确保整个过渡的状态正常。

21.3.3 模式的应用

前面我们在介绍 Transition 的渲染过程中提到过模式的应用，模式有什么用呢？还是通过示例说明，对前面的例子稍作修改：

```
<template>
  <div class="app">
    <button @click="show = !show">
      Toggle render
    </button>
    <transition name="fade">
      <p v-if="show">hello</p>
      <p v-else>hi</p>
    </transition>
  </div>
</template>
<script>
  export default {
    data() {
      return {
        show: true
      }
    }
  }
</script>
<style>
  .fade-enter-active,
  .fade-leave-active {
    transition: opacity 0.5s ease;
  }
  .fade-enter-from,
  .fade-leave-to {
    opacity: 0;
  }
</style>
```

当我们点击按钮把 show 修改为 false 时，显示的字符串会从 hello 切换为 hi，但是这个过渡效果有点生硬，并不理想。

然后，我们给这个 Transition 组件加一个 out-in 的 mode：

```
<transition mode="out-in" name="fade">
  <p v-if="show">hello</p>
  <p v-else>hi</p>
</transition>
```

你会发现这个过渡效果好多了，hello 文本完成离开的过渡后，hi 文本开始进入过渡动画。

此模式非常适合这种两个元素切换的场景。Vue.js 给 Transition 组件提供了两种模式：in-out 和 out-in，它们有什么区别呢？

- 在 in-out 模式下，新元素先进行过渡，完成之后当前元素过渡离开。
- 在 out-in 模式下，当前元素先进行过渡，完成之后新元素过渡进入。

在实际工作中，你大部分情况是在使用 out-in 模式，而 in-out 模式很少用到，所以接下来我们就来分析 out-in 模式的实现原理。

不妨先思考一下，为什么在不加模式的情况下，会出现示例那样的过渡效果。

当我们点击按钮时，show 变量由 true 变成 false，会触发当前元素 hello 文本的离开动画，同时也会触发新元素 hi 文本的进入动画。由于动画是同时进行的，而且在离开动画结束之前，当前元素 hello 是没有被移除 DOM 的，所以它还会占位，就把新元素 hi 文本挤到下面去了。当 hello 文本的离开动画执行完毕从 DOM 中删除后，hi 文本才能回到之前的位置。

那么，我们怎么做才能做到当前元素过渡动画执行完毕后，再执行新元素的过渡呢？来看一下 out-in 模式的实现：

```
// runtime-core/src/components/BaseTransition.ts
const leavingHooks = resolveTransitionHooks(oldInnerChild, rawProps, state, instance)
setTransitionHooks(oldInnerChild, leavingHooks)
if (mode === 'out-in') {
  state.isLeaving = true
  leavingHooks.afterLeave = () => {
    state.isLeaving = false
    instance.update()
  }
  return emptyPlaceholder(child)
}
```

当模式为 out-in 的时候，会标记 state.isLeaving 为 true，然后返回一个空的注释节点，同时更新当前元素的钩子函数中的 afterLeave 函数，内部执行 instance.update 重新渲染组件。

这样做就保证了在当前元素执行离开过渡的时候，新元素只渲染成一个注释节点，这样页面上看上去还是只执行当前元素的离开过渡动画。

然后当离开动画执行完毕后，触发了 `Transition` 组件的重新渲染，这个时候就可以如期渲染新元素并执行进入过渡动画了，是不是很巧妙呢？

21.4 总结

`Transition` 是一个抽象组件，组件本身不渲染任何实体节点，只渲染第一个子元素节点。

`Transition` 组件主要用于处理元素的进入和离开过渡，本质上就是在元素的生命周期内添加和移除一些 CSS 或者通过 JavaScript 操作 DOM 的方式去执行过渡动画。

在多个元素过渡的场景下，你可以利用过渡模式来实现平滑的过渡效果。

第 22 章

TransitionGroup 组件

上一章，我们分析了 Transition 组件的实现，它只能针对单一元素实现过渡效果。我们做前端开发时经常会遇到列表的需求，对列表元素进行添加和删除，有时候也希望有过渡效果，Vue.js 提供了 TransitionGroup 组件，很好地帮助我们实现了列表的过渡效果。在分析这个组件的实现前，先了解它的几个特点：

- 默认情况下，它不会渲染一个包裹元素，但是你可以通过 tag 属性指定渲染一个元素；
- 过渡模式不可用，因为我们不再相互切换特有的元素；
- 内部元素总是需要提供唯一的 key 属性值；
- CSS 过渡的类将会应用在内部的元素中，而不是这个组/容器本身。

接下来，我们就来分析 TransitionGroup 组件的实现原理。

22.1 组件的实现原理

为了更直观，我们通过一个示例来分析：

```
<template>
  <div id="list-complete-demo" class="demo">
    <button @click="shuffle">Shuffle</button>
    <button @click="add">Add</button>
    <button @click="remove">Remove</button>
    <transition-group name="list-complete" tag="p">
    <span v-for="item in items" :key="item" class="list-complete-item">
      {{ item }}
    </span>
    </transition-group>
  </div>
</template>
<script>
  export default {
    data() {
```

```
      return {
        items: [1, 2, 3, 4, 5, 6, 7, 8, 9],
        nextNum: 10
      }
    },
    methods: {
      randomIndex() {
        return Math.floor(Math.random() * this.items.length)
      },
      add() {
        this.items.splice(this.randomIndex(), 0, this.nextNum++)
      },
      remove() {
        this.items.splice(this.randomIndex(), 1)
      },
      shuffle() {
        this.items = window._.shuffle(this.items)
      }
    }
  }
</script>

<style>
  .list-complete-item {
    display: inline-block;
    margin-right: 10px;
  }

  .list-complete-move {
    transition: all 1s;
  }

  .list-complete-enter-from,
  .list-complete-leave-to {
    opacity: 0;
    transform: translateY(30px);
  }

  .list-complete-enter-active {
    transition: all 1s;
  }

  .list-complete-leave-active {
    position: absolute;
    transition: all 1s;
  }
</style>
```

示例初始会展现 1~9 这 10 个数字，当点击 Add 按钮时，会生成 nextNum 并在当前列表中随机插入；当点击 Remove 按钮时，会随机删除掉一个数。我们会发现在添加和删除数字的过程中，列表会有过渡动画，这就是 TransitionGroup 组件配合定义的 CSS 产生的效果。

借助模板导出工具，可以看到它编译后的 render 函数：

```
import { createElementVNode as _createElementVNode, renderList as _renderList, Fragment as _Fragment,
openBlock as _openBlock, createElementBlock as _createElementBlock, toDisplayString as _toDisplayString,
TransitionGroup as _TransitionGroup, withCtx as _withCtx, createVNode as _createVNode } from "vue"

const _hoisted_1 = {
  id: "list-complete-demo",
  class: "demo"
}
const _hoisted_2 = ["onClick"]
const _hoisted_3 = ["onClick"]
const _hoisted_4 = ["onClick"]

export function render(_ctx, _cache, $props, $setup, $data, $options) {
  return (_openBlock(), _createElementBlock("div", _hoisted_1, [
    _createElementVNode("button", { onClick: _ctx.shuffle }, "Shuffle", 8 /* PROPS */, _hoisted_2),
    _createElementVNode("button", { onClick: _ctx.add }, "Add", 8 /* PROPS */, _hoisted_3),
    _createElementVNode("button", { onClick: _ctx.remove }, "Remove", 8 /* PROPS */, _hoisted_4),
    _createVNode(_TransitionGroup, {
      name: "list-complete",
      tag: "p"
    }, {
      default: _withCtx(() => [
        (_openBlock(true), _createElementBlock(_Fragment, null, _renderList(_ctx.items, (item) => {
          return (_openBlock(), _createElementBlock("span", {
            key: item,
            class: "list-complete-item"
          }, _toDisplayString(item), 1 /* TEXT */))
        }), 128 /* KEYED_FRAGMENT */))
      ], undefined, true),
      _: 1 /* STABLE */
    })
  ]))
}
```

可以看到，对于 transition-group 标签，内部直接创建了 TransitionGroup 内置组件，我们接下来分析它的实现：

```
// runtime-dom/src/components/TransitionGroup.ts
const TransitionGroup = TransitionGroupImpl
const TransitionGroupImpl = {
  name: 'TransitionGroup',
  props: /*#__PURE__*/ extend({}, TransitionPropsValidators, {
    tag: String,
    moveClass: String
  }),
  setup(props, { slots }) {
    const instance = getCurrentInstance()
    const state = useTransitionState()
    let prevChildren
    let children
    onUpdated(() => {
      // 处理移动过渡效果
    })
```

```
    return () => {
      const rawProps = toRaw(props)
      // 解析出过渡相关的属性
      const cssTransitionProps = resolveTransitionProps(rawProps)
      let tag = rawProps.tag || Fragment
      prevChildren = children
      // 获取 children
      children = slots.default ? getTransitionRawChildren(slots.default()) : []
      for (let i = 0; i < children.length; i++) {
        const child = children[i]
        // 子节点必须有唯一的 key 属性
        if (child.key != null) {
          // 给每一个子节点设置过渡相关的钩子函数对象
          setTransitionHooks(child, resolveTransitionHooks(child, cssTransitionProps, state, instance))
        }
        else if ((process.env.NODE_ENV !== 'production')) {
          warn(`<TransitionGroup> children must be keyed.`)
        }
      }
      if (prevChildren) {
        for (let i = 0; i < prevChildren.length; i++) {
          const child = prevChildren[i]
          setTransitionHooks(child, resolveTransitionHooks(child, cssTransitionProps, state, instance))
          // 存储位置
          positionMap.set(child, child.el.getBoundingClientRect())
        }
      }
      // 根据 tag 创建相应的 vnode
      return createVNode(tag, null, children)
    }
  }
}
```

22.1.1 组件的渲染

我们先来看 TransitionGroup 组件是如何渲染的，重点分析 setup 函数中返回的渲染函数部分的逻辑。

这里要注意两个变量：prevChildren 用来存储上一次的子节点；children 用来存储当前的子节点。

渲染函数首先通过 resolveTransitionProps 从 TransitionGroup 解析出过渡相关的属性。

接着获取 TransitionGroup 的子节点，遍历它们，通过 resolveTransitionHooks 解析子节点创建和删除阶段的钩子函数对象，然后再通过 setTransitionHooks 函数把这个钩子函数对象设置到子节点的 vnode.transition 上。这样，每一个子节点都可以在它们的生命周期中应用相应的钩子函数来实现过渡效果。

接着判断 prevChildren 是否存在，如果存在则遍历它的子节点，更新 vnode.transition，以及记录每个子节点 DOM 的位置。稍后我会分析它的作用。

最后执行 createVNode，根据 tag 创建相应的 vnode，默认情况下 tag 为 Fragement，它不会渲染一个包裹元素。但是你也可以指定 tag 属性渲染一个真实元素。

如果 TransitionGroup 只是实现了这个渲染函数，那么每次插入和删除元素的过渡效果是可以实现的。在我们的例子中，当新增一个元素时，它的插入过渡效果虽然是有的，但是剩余元素的平移过渡效果没有。接下来，我们就来分析 TransitionGroup 组件是如何实现剩余元素的平移过渡效果的。

22.1.2　move 过渡实现

其实元素的插入和删除，无非就是在操作数据，控制它们的添加和删除。比如在新增元素的时候，会添加一条数据，除了重新执行组件渲染函数、渲染新的节点外，还会触发 updated 钩子函数，move 过渡效果就是在这个钩子函数中实现的：

```
// runtime-dom/src/components/TransitionGroup.ts
onUpdated(() => {
  if (!prevChildren.length) {
    return
  }
  const moveClass = props.moveClass || `${props.name || 'v'}-move`
  // 判断子元素样式是否包含 CSS 过渡
  if (!hasCSSTransform(prevChildren[0].el, instance.vnode.el, moveClass)) {
    return
  }
  // 子节点预处理
  // 分成三个循环，以避免 DOM 读写混合，防止布局抖动
  prevChildren.forEach(callPendingCbs)
  prevChildren.forEach(recordPosition)
  const movedChildren = prevChildren.filter(applyTranslation)
  // 强制重绘
  forceReflow()
  // 遍历子元素实现 move 过渡
  movedChildren.forEach(c => {
    const el = c.el
    const style = el.style
    addTransitionClass(el, moveClass)
    style.transform = style.webkitTransform = style.transitionDuration = ''
    const cb = (el._moveCb = (e) => {
      if (e && e.target !== el) {
        return
      }
      if (!e || /transform$/.test(e.propertyName)) {
        el.removeEventListener('transitionend', cb)
        el._moveCb = null
        removeTransitionClass(el, moveClass)
      }
```

```
    })
    el.addEventListener('transitionend', cb)
  })
})
```

我们把更新过程拆成三个步骤，依次分析。

- **判断子元素样式是否包含过渡 CSS**

由于元素的移动也需要过渡效果，那么子元素就必须要有过渡相关的 CSS，因此首先执行 `hasCSSTransform` 函数来判断，来看它的实现：

```
// runtime-dom/src/components/TransitionGroup.ts
function hasCSSTransform(el, root, moveClass) {
  const clone = el.cloneNode()
  if (el._vtc) {
    // 有额外添加的样式则删除
    el._vtc.forEach(cls => {
      cls.split(/\s+/).forEach(c => c && clone.classList.remove(c))
    })
  }
  // 添加 moveClass
  moveClass.split(/\s+/).forEach(c => c && clone.classList.add(c))
  clone.style.display = 'none'
  const container = (root.nodeType === 1
    ? root
    : root.parentNode)
  container.appendChild(clone)
  // 判断是否有过渡相关的 CSS
  const { hasTransform } = getTransitionInfo(clone)
  container.removeChild(clone)
  return hasTransform
}
```

`hasCSSTransform` 拥有三个参数，其中 `el` 是子元素 DOM；`root` 是组件根节点；`moveClass` 是移动相关的样式，默认是 `v-move`。

函数首先克隆一个 DOM 节点，然后判断如果有额外添加的样式则移除，避免其他样式对后续判断的影响。接着添加了 `moveClass` 样式，设置 `display` 为 `none`，添加到组件根节点上。然后通过 `getTransitionInfo` 获取节点和过渡相关的节点信息，其中 `hasTransform` 属性就是用来判断它是否包含过渡相关的 CSS。最后移除克隆的节点，返回 `hasTransform`。

对于示例而言，`moveClass` 对应的就是 `list-complete-move`，它的 CSS 属性包含了 `transition`，因此 `hasCSSTransform` 的返回值为 `true`。

- **子节点预处理**

如果子元素样式包含 CSS 过渡，那么接着要对它做一系列预处理，主要包括以下三个步骤：

```
// runtime-dom/src/components/TransitionGroup.ts
prevChildren.forEach(callPendingCbs)
prevChildren.forEach(recordPosition)
const movedChildren = prevChildren.filter(applyTranslation)

function callPendingCbs(c) {
  const el = c.el
  if (el._moveCb) {
    el._moveCb()
  }
  if (el._enterCb) {
    el._enterCb()
  }
}
function recordPosition(c) {
  newPositionMap.set(c, c.el.getBoundingClientRect())
}
function applyTranslation(c) {
  const oldPos = positionMap.get(c)
  const newPos = newPositionMap.get(c)
  const dx = oldPos.left - newPos.left
  const dy = oldPos.top - newPos.top
  if (dx || dy) {
    const s = c.el.style
    s.transform = s.webkitTransform = `translate(${dx}px,${dy}px)`
    s.transitionDuration = '0s'
    return c
  }
}
```

首先是遍历子元素执行 `callPendingCbs`，这个逻辑在前面分析 `Transition` 组件的实现时分析过，由于过渡是异步的，所以在每次执行过渡前，要先执行上一次过渡未执行的回调函数。

接着是遍历子元素执行 `recordPosition`，记录节点的新位置。

最后是遍历子元素执行 `applyTranslation`，并过滤出需要移动的元素节点。它会计算节点新位置和旧位置的差值 `dx` 和 `dy`，如果存在某个方向的差值不为 `0`，则说明这些节点是需要移动的，通过设置 `transform` 把需要移动的节点位置又偏移到之前的旧位置，目的是为了给 `move` 缓动做准备。

子元素的预处理之所以拆成了三个循环，是为了把对 DOM 的读写操作分开，防止布局抖动。

- **遍历子元素实现 move 过渡**

过滤完需要移动的元素节点后，接下来就要为这些元素实现过渡的缓动效果了：

```
// runtime-dom/src/components/TransitionGroup.ts
forceReflow()
movedChildren.forEach(c => {
```

```
  const el = c.el
  const style = el.style
  addTransitionClass(el, moveClass)
  style.transform = style.webkitTransform = style.transitionDuration = ''
  const cb = (el._moveCb = (e) => {
    if (e && e.target !== el) {
      return
    }
    if (!e || /transform$/.test(e.propertyName)) {
      el.removeEventListener('transitionend', cb)
      el._moveCb = null
      removeTransitionClass(el, moveClass)
    }
  })
  el.addEventListener('transitionend', cb)
})
```

首先会执行 `forceReflow` 强制进行浏览器重绘，目的是让移动回旧位置的元素节点在浏览器中绘制出来。

接下来遍历这些元素节点，首先设置 `moveClass`，然后再把这些节点样式中的 `transform` 和 `transitionDuration` 属性都重置为空，这样这些元素就要从旧位置移动到它们的新位置。在示例中，由于 `moveClass` 定义了 `transition: all 1s` 缓动，那么这个过程就会以过渡动画的形式展示出来。

最后添加动画完成的回调函数 `cb`，该回调函数内部主要做一些清理操作：清除 `transitionend` 的事件侦听，删除 `moveClass`。

22.2 总结

`TransitionGroup` 的应用场景是列表子元素的过渡，默认情况下，`TransitionGroup` 会以 `Fragment` 的方式渲染列表子元素，当然也可以通过设置 `tag` 属性渲染指定的包裹元素。

子元素也是通过在生命周期内添加和移除一些 CSS 来实现过渡效果的。除此之外，还可以通过配置 `moveClass` 来实现移动的过渡效果。

移动的主要原理是在更新渲染前记录旧位置，在渲染完毕后记录新位置，通过对比的每个子元素新旧位置来确定是否需要移动，并且给需要移动的节点设置 `transform` 来将其移动到旧的位置，强制进行浏览器重绘，然后设置 `moveClass` 以及重置 `transform`、`transitionDuration`，让元素以过渡的方式从旧位置移动到新位置。

第七部分

官方生态

Vue.js 是一个渐进式的前端框架，除了提供好用的核心库之外，官方还提供了前端路由和状态管理的解决方案。

当我们开发大型应用程序的时候，离不开前端路由和状态管理，因此了解它们的实现原理有助于我们更好地掌握和应用它们。如果在使用过程中出现 bug，希望你也可以从源码层面去找到问题的本质。

那么接下来，就让我们一起来探究它们的实现原理吧。

第 23 章

Vue Router

对于有一定基础的前端开发工程师来说，路由并不陌生，它最初源于服务端，在服务端中路由描述的是 URL 与处理函数之间的映射关系。

而在 Web 前端单页应用中，路由描述的是 URL 与视图之间的映射关系，这种映射是单向的，即 URL 的变化会引起视图的更新。

相比于后端路由，前端路由的好处是无须刷新页面，减轻了服务器的压力，提升了用户体验。目前主流支持单页应用的前端框架，基本都有配套的或第三方的路由系统。相应地，Vue.js 也提供了官方前端路由实现 Vue Router，接下来我们就来分析它的实现原理。

23.1 路由的基本用法

我们先通过一个简单的示例来看路由的基本用法。可以使用 `vue-cli` 脚手架创建一个 Vue.js 3.*x* 的项目，并安装 4.*x* 版本的 Vue Router，让项目运行起来。

注意，为了让 Vue.js 可以在运行时编译模板，需要在根目录下配置 `vue.config.js`，并将 `runtimeCompiler` 设置为 `true`：

```
// vue.config.js
module.exports = {
  runtimeCompiler: true
}
```

然后我们修改页面的 HTML 模板，加上如下代码：

```
<div id="app">
  <h1>Hello App!</h1>
  <p>
    <router-link to="/">Go to Home</router-link>
    <router-link to="/about">Go to About</router-link>
```

```
  </p>
  <router-view></router-view>
</div>
```

其中，RouterLink 和 RouterView 是 Vue Router 内置的组件。

RouterLink 表示路由的导航组件，我们可以配置 to 属性来指定它跳转的链接，它最终会在页面上渲染生成 a 标签。

RouterView 表示路由的视图组件，它会渲染路径对应的 Vue 组件，也支持嵌套。

有了模板之后，我们接下来看如何初始化路由：

```
import { createApp } from 'vue'
import { createRouter, createWebHistory } from 'vue-router'
// 1. 定义路由组件
const Home = { template: '<div>Home</div>' }
const About = { template: '<div>About</div>' }
// 2. 定义路由配置，每个路径映射一个路由视图组件
const routes = [
  { path: '/', component: Home },
  { path: '/about', component: About },
]
// 3. 创建路由实例，可以指定路由模式，传入路由配置对象
const router = createRouter({
  history: createWebHistory(),
  routes
})
// 4. 创建 app 实例
const app = createApp({
})
// 5. 在挂载页面之前先安装路由
app.use(router)
// 6. 挂载页面
app.mount('#app')
```

可以看到，路由的初始化过程很简单，首先需要定义一个路由配置，这个配置主要用于描述路径和组件的映射关系，即什么路径下 RouterView 应该渲染什么路由组件。

接着创建路由对象实例，传入路由配置对象，并且也可以指定路由模式，Vue Router 目前支持三种模式，即 hash 模式，以及 HTML5 的 history 模式和 memory 模式，我们常用的是前两种模式。

最后在挂载页面之前，我们需要安装路由，这样我们就可以在各个组件中访问路由对象以及使用路由的内置组件 RouterLink 和 RouterView 了。

知道了 Vue Router 的基本用法后，接下来我们就可以探究它的实现原理了。由于 Vue Router 源码加起来有几千行，限于篇幅，我会把重点放在整体的实现流程上。

23.2 路由的实现原理

我们从用户使用的角度来分析，先从路由对象的创建过程开始。

23.2.1 路由对象的创建

Vue Router 提供了一个 createRouter API，你可以通过它来创建一个路由对象，我们来看它的实现：

```
// src/router.ts
function createRouter(options) {
  // 定义一些辅助函数和变量

  // ...

  // 创建 router 对象
  const router = {
    // 当前路径
    currentRoute,
    addRoute,
    removeRoute,
    hasRoute,
    getRoutes,
    resolve,
    options,
    push,
    replace,
    go,
    back: () => go(-1),
    forward: () => go(1),
    beforeEach: beforeGuards.add,
    beforeResolve: beforeResolveGuards.add,
    afterEach: afterGuards.add,
    onError: errorHandlers.add,
    isReady,
    install(app) {
      // 安装路由函数
    }
  }
  return router
}
```

这里省略了大部分代码，只保留了路由对象相关的代码，可以看到路由对象 router 就是一个对象，它维护了当前路径 currentRoute，且拥有很多辅助函数。

目前你只需要了解这么多，创建完路由对象后，我们接下来安装它。

23.2.2 路由的安装

Vue Router 作为 Vue 的插件，当执行 app.use(router)的时候，实际上就是在执行 router 对

象的 install 函数来安装路由，并把 app 作为参数传入，来看它的定义：

```
// src/router.ts
const router = {
  install(app) {
    const router = this
    // 注册路由组件
    app.component('RouterLink', RouterLink)
    app.component('RouterView', RouterView)
    // 全局定义 $router 和 $route
    app.config.globalProperties.$router = router
    Object.defineProperty(app.config.globalProperties, '$route', {
      enumerable: true,
      get: () => unref(currentRoute),
    })
    // 在浏览器端初始化导航
    if (isBrowser &&
      !started &&
      currentRoute.value === START_LOCATION_NORMALIZED) {
      started = true
      push(routerHistory.location).catch(err => {
        if ((process.env.NODE_ENV !== 'production'))
          warn('Unexpected error when starting the router:', err)
      })
    }
    // 定义响应式路径
    const reactiveRoute = {}
    for (let key in START_LOCATION_NORMALIZED) {
      reactiveRoute[key] = computed(() => currentRoute.value[key])
    }
    // 全局注入 router 和 reactiveRoute
    app.provide(routerKey, router)
    app.provide(routeLocationKey, reactive(reactiveRoute))
    app.provide(routerViewLocationKey, currentRoute)
    const unmountApp = app.unmount
    installedApps.add(app)
    // 应用卸载的时候，需要做一些路由清理工作
    app.unmount = function () {
      installedApps.delete(app)
      if (installedApps.size < 1) {
        pendingLocation = START_LOCATION_NORMALIZED
        removeHistoryListener && removeHistoryListener()
        currentRoute.value = START_LOCATION_NORMALIZED
        started = false
        ready = false
      }
      unmountApp()
    }
  }
}
```

路由的安装过程我们需要记住以下两件事情。

(1) 全局注册 RouterView 和 RouterLink 组件——这是在安装了路由后，可以在任何组件中去使用这两个组件的原因，如果使用 RouterView 或者 RouterLink 的时候收到提示不能解析 router-link 和 router-view，这说明你压根就没有执行 app.use(router)安装路由。

(2) 通过 provide 方式全局注入 router 对象、reactiveRoute 对象和 currentRoute。其中 router 表示用户通过 createRouter 创建的路由对象，我们可以通过它去动态操作路由；currentRoute 表示当前路径对象，它是在初始路径对象 START_LOCATION_NORMALIZED 的基础上做的一层 shallowRef；reactiveRoute 表示响应式的路径对象，它的每一个属性值都是根据 currentRoute 对应的属性值计算而来。

那么至此我们就已经了解了路由对象的创建，以及路由的安装，但是前端路由的实现，还需要解决两个核心问题：路径是如何管理的，路径和路由组件的渲染是如何映射的。

那么接下来，我们就来更细节地分析和解决这两个问题。

23.2.3　路径的管理

路由的基础结构就是一个路径对应一种视图，当我们切换路径的时候对应的视图也会切换，因此一个很重要的方面就是对路径的管理。

首先，我们需要维护当前的路径 currentRoute，可以给它一个初始值 START_LOCATION_NORMALIZED：

```
// src/types/index.ts
const START_LOCATION_NORMALIZED = {
  path: '/',
  name: undefined,
  params: {},
  query: {},
  hash: '',
  fullPath: '/',
  matched: [],
  meta: {},
  redirectedFrom: undefined
}
```

可以看到，路径对象包含了非常丰富的路径信息，它是对路径的完整描述。

路由想要发生变化，就是通过改变路径完成的，路由对象提供了很多改变路径的函数，比如 router.push、router.replace，它们的底层最终都是通过 pushWithRedirect 来完成路径的切换，我们来看一下它的实现：

```
// src/router.ts
function pushWithRedirect(to, redirectedFrom) {
  // 解析成标准的路径对象
  const targetLocation = (pendingLocation = resolve(to))
```

```
  const from = currentRoute.value
  const data = to.state
  const force = to.force
  const replace = to.replace === true
  // 处理重定向逻辑
  const shouldRedirect = handleRedirectRecord(targetLocation)
  if (shouldRedirect)
    return pushWithRedirect(assign(locationAsObject(shouldRedirect), {
      state: data,
      force,
      replace,
      }),
      redirectedFrom || targetLocation)
  // 定义目标跳转路径
  const toLocation = targetLocation
  toLocation.redirectedFrom = redirectedFrom
  let failure
  if (!force && isSameRouteLocation(stringifyQuery, from, targetLocation)) {
    failure = createRouterError(16 /* NAVIGATION_DUPLICATED */, { to: toLocation, from })
    handleScroll(from, from, true, false)
  }
  // 执行 navigate 做路径跳转
  return (failure ? Promise.resolve(failure) : navigate(toLocation, from))
    .catch((error) => isNavigationFailure(error)
    ? error
    : triggerError(error, toLocation, from))
    .then((failure) => {
      if (failure) {
        // 处理错误
      }
      else {
        failure = finalizeNavigation(toLocation, from, true, replace, data)
      }
      triggerAfterEach(toLocation, from, failure)
      return failure
    })
}
```

pushWithRedirect 函数拥有两个参数，其中 to 表示要路径切换的目标，它可以是一个表示路径的字符串，也可以是一个路径对象；redirectedFrom 表示重定向的来源路径，因为路径切换的场景也可能由某个路径重定向而来。

pushWithRedirect 首先会对切换的目标 to 执行 resolve 函数，将它解析成一个标准的路径对象，接下来执行 navigate 函数，它实际上是执行路由切换过程中的一系列守卫函数，我稍后会介绍。navigate 成功后，会执行 finalizeNavigation 确认导航，在这里完成真正的路径切换，我们来看它的实现：

```
// src/router.ts
function finalizeNavigation(toLocation, from, isPush, replace, data) {
  const error = checkCanceledNavigation(toLocation, from)
```

```
  if (error)
    return error
  const isFirstNavigation = from === START_LOCATION_NORMALIZED
  const state = !isBrowser ? {} : history.state
  if (isPush) {
    if (replace || isFirstNavigation)
      routerHistory.replace(toLocation.fullPath, assign({
        scroll: isFirstNavigation && state && state.scroll,
      }, data))
    else
      routerHistory.push(toLocation.fullPath, data)
  }
  currentRoute.value = toLocation
  handleScroll(toLocation, from, isPush, isFirstNavigation)
  markAsReady()
}
```

这里的 finalizeNavigation 函数，我们重点关注两个逻辑：一个是更新当前的路径 currentRoute 的值；一个是执行 routerHistory.push 或者 routerHistory.replace 函数更新浏览器的 URL 记录。

每当我们切换路由的时候，会发现浏览器的 URL 发生了变化，但是页面却没有刷新，它是怎么做的呢？

在我们创建 router 对象的时候，会传入一个 history 对象：

```
const router = createRouter({
  history: createWebHistory(),
  routes
})
```

前面提到 Vue Router 支持三种模式，这里我们重点分析 HTML5 的 history 模式：

```
// src/history/html.ts
function createWebHistory(base) {
  base = normalizeBase(base)
  const historyNavigation = useHistoryStateNavigation(base)
  const historyListeners = useHistoryListeners(base, historyNavigation.state,
historyNavigation.location, historyNavigation.replace)
  function go(delta, triggerListeners = true) {
    if (!triggerListeners)
      historyListeners.pauseListeners()
    history.go(delta)
  }
  const routerHistory = assign({
    location: '',
    base,
    go,
    createHref: createHref.bind(null, base),
  }, historyNavigation, historyListeners)
  Object.defineProperty(routerHistory, 'location', {
```

```
    enumerable: true,
    get: () => historyNavigation.location.value,
  })
  Object.defineProperty(routerHistory, 'state', {
    enumerable: true,
    get: () => historyNavigation.state.value,
  })
  return routerHistory
}
```

对于 routerHistory 对象而言，它有两个重要的作用：一是完成路径的切换，二是侦听路径的变化。

路径切换主要是通过 historyNavigation 来完成的，它是 useHistoryStateNavigation 函数的返回值，我们来看它的实现：

```
// src/history/html.ts
function useHistoryStateNavigation(base) {
  const { history, location } = window
  const currentLocation = {
    value: createCurrentLocation(base, location),
  }
  const historyState = { value: history.state }
  if (!historyState.value) {
    changeLocation(currentLocation.value, {
      back: null,
      current: currentLocation.value,
      forward: null,
      position: history.length - 1,
      replaced: true,
      scroll: null,
    }, true)
  }
  function changeLocation(to, state, replace) {
    const hashIndex = base.indexOf('#')
    const url = hashIndex > -1
      ? (location.host && document.querySelector('base')
      ? base
      : base.slice(hashIndex)) + to
      : createBaseLocation() + base + to
    try {
      history[replace ? 'replaceState' : 'pushState'](state, '', url)
      historyState.value = state
    }
    catch (err) {
      if ((process.env.NODE_ENV !== 'production')) {
        warn('Error with push/replace State', err)
      }
      else {
        console.error(err)
      }
```

```
      location[replace ? 'replace' : 'assign'](url)
    }
  }
  function replace(to, data) {
    const state = assign({}, history.state, buildState(historyState.value.back,
      to, historyState.value.forward, true), data, { position: historyState.value.position })
    changeLocation(to, state, true)
    currentLocation.value = to
  }
  function push(to, data) {
    const currentState = assign({},
      historyState.value, history.state, {
        forward: to,
        scroll: computeScrollPosition(),
      })
    if ((process.env.NODE_ENV !== 'production') && !history.state) {
      warn(`history.state seems to have been manually replaced without preserving the necessary values.
Make sure to preserve existing history state if you are manually calling history.replaceState:\n\n` +
        `history.replaceState(history.state, '', url)\n\n` +
        `You can find more information at https://next.router.vuejs.org/guide/migration/#usage-of-
history-state.`)
    }
    changeLocation(currentState.current, currentState, true)
    const state = assign({}, buildState(currentLocation.value, to, null), { position: currentState.
position + 1 }, data)
    changeLocation(to, state, false)
    currentLocation.value = to
  }
  return {
    location: currentLocation,
    state: historyState,
    push,
    replace,
  }
}
```

该函数返回的 `push` 和 `replace` 函数，会添加到 `routerHistory` 对象上，因此当我们调用 `routerHistory.push` 或者 `routerHistory.replace` 函数的时候，实际上就是在执行这两个函数。

`push` 和 `replace` 函数内部都是执行了 `changeLocation` 函数，该函数内部执行了浏览器底层的 `history.pushState` 或者 `history.replaceState` 函数，会向当前浏览器会话的历史堆栈中添加一个状态，这样就在不刷新页面的情况下修改了页面的 URL。

我们使用这种函数修改了路径，这个时候假设我们点击浏览器的回退按钮回到上一个 URL，这需要恢复到上一个路径以及更新路由视图，因此我们还需要侦听这种 history 变化的行为，做一些相应的处理。

`History` 变化的侦听主要是通过 `historyListeners` 来完成的，它是 `useHistoryListeners` 函数的返回值，我们来看它的实现：

```
function useHistoryListeners(base, historyState, currentLocation, replace) {
  let listeners = []
  let teardowns = []
  let pauseState = null
  const popStateHandler = ({ state, }) => {
    const to = createCurrentLocation(base, location)
    const from = currentLocation.value
    const fromState = historyState.value
    let delta = 0
    if (state) {
      currentLocation.value = to
      historyState.value = state
      if (pauseState && pauseState === from) {
        pauseState = null
        return
      }
      delta = fromState ? state.position - fromState.position : 0
    }
    else {
      replace(to)
    }
    listeners.forEach(listener => {
      listener(currentLocation.value, from, {
        delta,
        type: NavigationType.pop,
        direction: delta
          ? delta > 0
            ? NavigationDirection.forward
            : NavigationDirection.back
          : NavigationDirection.unknown,
      })
    })
  }
  function pauseListeners() {
    pauseState = currentLocation.value
  }
  function listen(callback) {
    listeners.push(callback)
    const teardown = () => {
      const index = listeners.indexOf(callback)
      if (index > -1)
        listeners.splice(index, 1)
    }
    teardowns.push(teardown)
    return teardown
  }
  function beforeUnloadListener() {
    const { history } = window
    if (!history.state)
      return
    history.replaceState(assign({}, history.state, { scroll: computeScrollPosition() }), '')
  }
  function destroy() {
    for (const teardown of teardowns)
```

```
    teardown()
  teardowns = []
  window.removeEventListener('popstate', popStateHandler)
  window.removeEventListener('beforeunload', beforeUnloadListener)
 }
 window.addEventListener('popstate', popStateHandler)
 window.addEventListener('beforeunload', beforeUnloadListener)
 return {
   pauseListeners,
   listen,
   destroy,
 }
}
```

该函数返回了 listen 函数，允许你添加一些侦听器，侦听 history 的变化，同时这个函数也被挂载到了 routerHistory 对象上，这样外部就可以访问到了。

该函数内部侦听了浏览器底层的 popstate 事件，当我们点击浏览器的回退按钮或者执行 history.back 函数的时候，会触发事件的回调函数 popStateHandler，进而遍历侦听器 listeners，执行每一个侦听器函数。

那么，Vue Router 是如何添加这些侦听器的呢？原来在安装路由的时候，会执行一次初始化导航，执行 push 函数进而执行了 finalizeNavigation 函数。

在 finalizeNavigation 函数的最后，会执行 markAsReady 函数，我们来看它的实现：

```
// src/router.ts
function markAsReady(err) {
  if (ready)
    return
  ready = true
  setupListeners()
  readyHandlers
    .list()
    .forEach(([resolve, reject]) => (err ? reject(err) : resolve()))
  readyHandlers.reset()
}
```

markAsReady 内部会执行 setupListeners 函数初始化侦听器，且保证只初始化一次。我们再接着来看 setupListeners 的实现：

```
function setupListeners() {
  removeHistoryListener = routerHistory.listen((to, _from, info) => {
    const toLocation = resolve(to)
    pendingLocation = toLocation
    const from = currentRoute.value
    if (isBrowser) {
      saveScrollPosition(getScrollKey(from.fullPath, info.delta), computeScrollPosition())
    }
```

```
    navigate(toLocation, from)
      .catch((error) => {
        if (isNavigationFailure(error, 4 /* NAVIGATION_ABORTED */ | 8 /* NAVIGATION_CANCELLED */)) {
          return error
        }
        if (isNavigationFailure(error, 2 /* NAVIGATION_GUARD_REDIRECT */)) {
          if (info.delta)
            routerHistory.go(-info.delta, false)
          pushWithRedirect(error.to, toLocation
          ).catch(noop)

          return Promise.reject()
        }
        if (info.delta)
          routerHistory.go(-info.delta, false)
        return triggerError(error)
      })
      .then((failure) => {
        failure =
          failure ||
          finalizeNavigation(
            toLocation, from, false)
        if (failure && info.delta)
          routerHistory.go(-info.delta, false)
        triggerAfterEach(toLocation, from, failure)
      })
      .catch(noop)
  })
}
```

setupListeners 内部通过 routerHistory.listen 函数注册了侦听器函数。

侦听器函数内部执行了 navigate 函数，执行路由切换过程中的一系列守卫函数，在 navigate 成功后执行 finalizeNavigation 函数，完成真正的路径切换。这样就保证了在用户点击浏览器回退按钮后，可以恢复到上一个路径以及更新路由视图。

至此，我们就完成了路径管理，在内存中通过 currentRoute 维护记录当前的路径，通过浏览器底层 API 实现了 URL 的变换以及侦听 history 状态的变化，重新切换路径。

23.2.4 路径和路由组件的渲染的映射

通过前面的示例我们了解到，路由组件就是通过 RouterView 组件渲染的，那么 RouterView 是怎么渲染的呢？我们来看它的实现：

```
// src/RouterView.ts
const RouterViewImpl = defineComponent({
  name: 'RouterView',
  inheritAttrs: false,
  props: {
    name: {
```

```
      type: String,
      default: 'default',
    },
    route: Object,
  },
  setup(props, { attrs, slots }) {
    (process.env.NODE_ENV !== 'production') && warnDeprecatedUsage()
    const injectedRoute = inject(routerViewLocationKey)
    const routeToDisplay = computed(() => props.route || injectedRoute.value)
    const depth = inject(viewDepthKey, 0)
    const matchedRouteRef = computed(() => routeToDisplay.value.matched[depth])
    provide(viewDepthKey, depth + 1)
    provide(matchedRouteKey, matchedRouteRef)
    provide(routerViewLocationKey, routeToDisplay)
    const viewRef = ref()
    watch(() => [viewRef.value, matchedRouteRef.value, props.name], ([instance, to, name],
[oldInstance, from, oldName]) => {
      if (to) {
        to.instances[name] = instance
        if (from && from !== to && instance && instance === oldInstance) {
          if (!to.leaveGuards.size) {
            to.leaveGuards = from.leaveGuards
          }
          if (!to.updateGuards.size) {
            to.updateGuards = from.updateGuards
          }
        }
      }
      if (instance &&
        to &&
        (!from || !isSameRouteRecord(to, from) || !oldInstance)) {
        (to.enterCallbacks[name] || []).forEach(callback => callback(instance))
      }
    }, { flush: 'post' })
    return () => {
      const route = routeToDisplay.value
      const matchedRoute = matchedRouteRef.value
      const ViewComponent = matchedRoute && matchedRoute.components[props.name]
      const currentName = props.name
      if (!ViewComponent) {
        return normalizeSlot(slots.default, { Component: ViewComponent, route })
      }
      const routePropsOption = matchedRoute.props[props.name]
      const routeProps = routePropsOption
        ? routePropsOption === true
          ? route.params
          : typeof routePropsOption === 'function'
            ? routePropsOption(route)
            : routePropsOption
        : null
      const onVnodeUnmounted = vnode => {
        if (vnode.component.isUnmounted) {
          matchedRoute.instances[currentName] = null
        }
```

```
      }
      const component = h(ViewComponent, assign({}, routeProps, attrs, {
        onVnodeUnmounted,
        ref: viewRef,
      }))
      return (
        normalizeSlot(slots.default, { Component: component, route }) ||
        component)
    }
  },
})
```

RouterView 组件是基于 Composition API 实现的，我们重点看它的渲染部分。由于 setup 函数的返回值是一个函数，这个函数就是它的渲染函数。

我们从后往前看。通常，在不带插槽的情况下，会返回 component 变量，它是根据 ViewComponent 渲染出来的，而 ViewComponent 是根据 matchedRoute.components[props.name]求得的，matchedRoute 是 matchedRouteRef 对应的 value。

matchedRouteRef 是一个计算属性，它是由 routeToDisplay.value.matched[depth]求得的。routeToDisplay 也是一个计算属性，在不考虑 RouterView 组件传入 route prop 的情况下，它是由 injectedRoute.value 求得的。injectedRoute 就是我们在前面安装路由时候，注入的响应式 currentRoute 对象。depth 表示的是 RouterView 的嵌套层级。

因此，我们可以看到，RouterView 渲染的路由组件和当前路径 currentRoute 的 matched 对象相关，也和 RouterView 自身的嵌套层级相关。

那么接下来，我们就来看路径对象中 matched 的值是怎么在路径切换的情况下更新的。

还是通过示例的方式来说明，我们对前面的示例稍做修改，加上嵌套路由的场景：

```
import { createApp } from 'vue'
import { createRouter, createWebHashHistory } from 'vue-router'
const Home = { template: '<div>Home</div>' }
const About = {
  template: `<div>About
  <router-link to="/about/user">Go User</router-link>
  <router-view></router-view>
  </div>`
}
const User = {
  template: '<div>User</div>,'
}
const routes = [
  { path: '/', component: Home },
  {
    path: '/about',
```

```
    component: About,
    children: [
      {
        path: 'user',
        component: User
      }
    ]
  }
]
const router = createRouter({
  history: createWebHashHistory(),
  routes
})
const app = createApp({})
app.use(router)
app.mount('#app')
```

它和前面示例的区别在于，我们在 About 路由组件中又嵌套了一个 RouterView 组件，然后对 routes 数组中 path 为/about 的路径配置扩展了 children 属性，对应的就是 About 组件嵌套路由的配置。

当我们执行 createRouter 函数创建路由的时候，内部会执行 createRouterMatcher 来创建一个 matcher 对象，并传入 routes 路径配置数组：

```
// src/router.ts
const matcher = createRouterMatcher(options.routes, options)
```

它的目的就是根据路径配置数组创建一个路由的匹配对象，再来看它的实现：

```
// src/mathcer/index.ts
function createRouterMatcher(routes, globalOptions) {
  const matchers = []
  const matcherMap = new Map()
  globalOptions = mergeOptions({ strict: false, end: true, sensitive: false }, globalOptions)

  function addRoute(record, parent, originalRecord) {
    const isRootAdd = !originalRecord
    const mainNormalizedRecord = normalizeRouteRecord(record)
    mainNormalizedRecord.aliasOf = originalRecord && originalRecord.record
    const options = mergeOptions(globalOptions, record)
    const normalizedRecords = [
      mainNormalizedRecord
    ]
    // 处理 alias 相关逻辑
    // ...
    let matcher
    let originalMatcher
    for (const normalizedRecord of normalizedRecords) {
      const { path } = normalizedRecord
      if (parent && path[0] !== '/') {
        const parentPath = parent.record.path
        const connectingSlash = parentPath[parentPath.length - 1] === '/' ? '' : '/'
```

```
      normalizedRecord.path =
        parent.record.path + (path && connectingSlash + path)
    }
    matcher = createRouteRecordMatcher(normalizedRecord, parent, options)
    // 处理 alias 相关逻辑
    // ...
    if ('children' in mainNormalizedRecord) {
      let children = mainNormalizedRecord.children
      for (let i = 0; i < children.length; i++) {
        addRoute(children[i], matcher, originalRecord && originalRecord.children[i])
      }
    }
    originalRecord = originalRecord || matcher
    insertMatcher(matcher)
  }
  return originalMatcher
    ? () => {
      removeRoute(originalMatcher)
    }
    : noop
}

function insertMatcher(matcher) {
  let i = 0
  while (i < matchers.length &&
  comparePathParserScore(matcher, matchers[i]) >= 0)
    i++
  matchers.splice(i, 0, matcher)
  if (matcher.record.name && !isAliasRecord(matcher))
    matcherMap.set(matcher.record.name, matcher)
}

// 定义其他一些辅助函数
// ...

// 添加初始路径
routes.forEach(route => addRoute(route))
return { addRoute, resolve, removeRoute, getRoutes, getRecordMatcher }
}
```

createRouterMatcher 函数内部定义了一个 matchers 数组和一些辅助函数，我们先重点关注 addRoute 函数的实现，只关注核心流程。

在 createRouterMatcher 函数的最后，会遍历 routes 路径数组调用 addRoute 函数添加初始路径。

在 addRoute 函数内部，首先会把 route 对象标准化成一个 record，其实就是给路径对象添加更丰富的属性。

然后再执行 createRouteRecordMatcher 函数，传入标准化的 record 对象，我们再来看它的实现：

```
// src/mathcer/pathMatcher.ts
function createRouteRecordMatcher(record, parent, options) {
  const parser = tokensToParser(tokenizePath(record.path), options)
  {
    const existingKeys = new Set()
    for (const key of parser.keys) {
      if (existingKeys.has(key.name))
        warn(`Found duplicated params with name "${key.name}" for path "${record.path}". Only the last
          one will be available on "$route.params".`)
      existingKeys.add(key.name)
    }
  }
  const matcher = assign(parser, {
    record,
    parent,
    children: [],
    alias: []
  })
  if (parent) {
    if (!matcher.record.aliasOf === !parent.record.aliasOf)
      parent.children.push(matcher)
  }
  return matcher
}
```

其实 createRouteRecordMatcher 创建的 matcher 对象不仅仅拥有 record 属性来存储 record，还扩展了一些其他属性，需要注意，如果存在 parent matcher，那么会把当前 matcher 添加到 parent.children 中去，这样就维护了父子关系，构造了树形结构。

那么什么情况下会有 parent matcher 呢？让我们先回到 addRoute 函数，在创建了 matcher 对象后，接着判断 record 中是否有 children 属性，如果有则遍历 children，递归执行 addRoute 函数添加路径，并把创建的 matcher 作为第二个参数 parent 传入，这也就是 parent matcher 存在的原因。

所有 children 处理完毕后，再执行 insertMatcher 函数，把创建的 matcher 存入到 matchers 数组中。

至此，我们就根据用户配置的 routes 路径数组，初始化好了 matchers 数组。

那么再回到我们前面的问题，分析路径对象中 matched 的值是怎么在路径切换的情况下更新的。

之前我们提到过，切换路径会执行 pushWithRedirect 函数，内部会执行一段代码：

```
// src/router.ts
const targetLocation = (pendingLocation = resolve(to))
```

这里会执行 resolve 函数把目标路径 to 解析生成 targetLocation，这个 targetLocation 最

后也会在 finalizeNavigation 的时候赋值给 currentRoute 更新当前路径。我们来看 resolve 函数的实现：

```
// src/router.ts
function resolve(rawLocation, currentLocation) {
  currentLocation = assign({}, currentLocation || currentRoute.value)
  if (typeof rawLocation === 'string') {
    const locationNormalized = parseURL(parseQuery, rawLocation, currentLocation.path)
    const matchedRoute = matcher.resolve({ path: locationNormalized.path }, currentLocation)
    const href = routerHistory.createHref(locationNormalized.fullPath)
    if ((process.env.NODE_ENV !== 'production')) {
      if (href.startsWith('//'))
        warn(`Location "${rawLocation}" resolved to "${href}". A resolved location cannot start with
          multiple slashes.`)
      else if (!matchedRoute.matched.length) {
        warn(`No match found for location with path "${rawLocation}"`)
      }
    }
    return assign(locationNormalized, matchedRoute, {
      params: decodeParams(matchedRoute.params),
      hash: decode(locationNormalized.hash),
      redirectedFrom: undefined,
      href,
    })
  }
  let matcherLocation
  if ('path' in rawLocation) {
    if ((process.env.NODE_ENV !== 'production') &&
      'params' in rawLocation &&
      !('name' in rawLocation) &&
      Object.keys(rawLocation.params).length) {
      warn(`Path "${rawLocation.path}" was passed with params but they will be ignored. Use a named
        route alongside params instead.`)
    }
    matcherLocation = assign({}, rawLocation, {
      path: parseURL(parseQuery$1, rawLocation.path, currentLocation.path).path,
    })
  }
  else {
    const targetParams = assign({}, rawLocation.params)
    for (const key in targetParams) {
      if (targetParams[key] == null) {
        delete targetParams[key]
      }
    }
    matcherLocation = assign({}, rawLocation, {
      params: encodeParams(rawLocation.params),
    })
    currentLocation.params = encodeParams(currentLocation.params)
  }
  const matchedRoute = matcher.resolve(matcherLocation, currentLocation)
  const hash = rawLocation.hash || ''
  if ((process.env.NODE_ENV !== 'production') && hash && !hash.startsWith('#')) {
```

```
    warn(`A \`hash\` should always start with the character "#". Replace "${hash}" with "#${hash}".`)
  }
  matchedRoute.params = normalizeParams(decodeParams(matchedRoute.params))
  const fullPath = stringifyURL(stringifyQuery$1, assign({}, rawLocation, {
    hash: encodeHash(hash),
    path: matchedRoute.path,
  }))
  const href = routerHistory.createHref(fullPath)
  if ((process.env.NODE_ENV !== 'production')) {
    if (href.startsWith('//')) {
      warn(`Location "${rawLocation}" resolved to "${href}". A resolved location cannot start with
        multiple slashes.`)
    }
    else if (!matchedRoute.matched.length) {
      warn(`No match found for location with path "${'path' in rawLocation ? rawLocation.path :
        rawLocation}"`)
    }
  }
  return assign({
    fullPath,
    hash,
    query: stringifyQuery === stringifyQuery
        ? normalizeQuery(rawLocation.query)
        : (rawLocation.query || {}),
  }, matchedRoute, {
    redirectedFrom: undefined,
    href,
  })
}
```

resolve 函数无非就是根据传入的 rawLocation 和当前路径 currentLocation 计算出目标路径。

该函数内部会根据 rawLocation 是字符串还是对象类型做不同的处理，最终会返回一个信息更加丰富的 location 对象。

这里和路径匹配的逻辑如下：

```
// src/router.ts
const matchedRoute = matcher.resolve(matcherLocation, currentLocation)
```

通过执行 matcher 对象的 resolve 函数做进一步的解析，再来看它的实现：

```
// src/mathcer/index.ts
function resolve(location, currentLocation) {
  let matcher
  let params = {}
  let path
  let name
  if ('name' in location && location.name) {
    matcher = matcherMap.get(location.name)
    if (!matcher)
      throw createRouterError(1 /* MATCHER_NOT_FOUND */, {
```

```
      location,
    })
    name = matcher.record.name
    params = assign(
      paramsFromLocation(currentLocation.params,
        matcher.keys.filter(k => !k.optional).map(k => k.name)), location.params)
    path = matcher.stringify(params)
  }
  else if ('path' in location) {
    path = location.path
    if ((process.env.NODE_ENV !== 'production') && !path.startsWith('/')) {
      warn(`The Matcher cannot resolve relative paths but received "${path}". Unless you directly called
        \`matcher.resolve("${path}")\`, this is probably a bug in vue-router. Please open an issue
        at https://new-issue.vuejs.org/?repo=vuejs/vue-router-next.`)
    }
    matcher = matchers.find(m => m.re.test(path))
    if (matcher) {
      params = matcher.parse(path)
      name = matcher.record.name
    }
  }
  else {
    matcher = currentLocation.name
      ? matcherMap.get(currentLocation.name)
      : matchers.find(m => m.re.test(currentLocation.path))
    if (!matcher)
      throw createRouterError(1 /* MATCHER_NOT_FOUND */, {
        location,
        currentLocation,
      })
    name = matcher.record.name
    params = assign({}, currentLocation.params, location.params)
    path = matcher.stringify(params)
  }
  const matched = []
  let parentMatcher = matcher
  while (parentMatcher) {
    matched.unshift(parentMatcher.record)
    parentMatcher = parentMatcher.parent
  }
  return {
    name,
    path,
    params,
    matched,
    meta: mergeMetaFields(matched),
  }
}
```

resolve 函数主要做的事情就是根据 location 的 name 或者 path 从我们前面创建的 matchers 数组中找到对应的 matcher，然后再顺着 matcher 的 parent 一直找到链路上所有匹配的 matcher，然后获取其中的 record 属性构造成一个 matched 数组，最终返回包含 matched 属性的新的路径对象。

这么做的目的就是让 matched 数组完整记录 record 路径，它的顺序和嵌套的 RouterView 组件顺序一致，也就是 matched 数组中的第 n 个元素就代表着嵌套 RouterView 的第 n 层。

因此经过 resolve 函数的处理，targetLocation 和 to 相比，解析成了标准化的路径对象，并且还包含了 matched 属性。

再回到我们的 RouterView 组件：

```
// src/RouterView.ts
const matchedRouteRef = computed(() => routeToDisplay.value.matched[depth])
const matchedRoute = matchedRouteRef.value
const ViewComponent = matchedRoute && matchedRoute.components[props.name]
```

就可以先从 routeToDisplay.value.matched[depth]中拿到匹配的路径对象 matchedRouteRef，然后再从它的 components[props.name]中获取到对应组件的对象定义并渲染。

至此，我们就搞清楚路径和路由组件的渲染是如何映射的了。

前面的分析过程中，我们提到过在路径切换过程中，会执行 navigate 函数，它包含了一系列守卫函数的执行，接下来我们就来分析这部分的实现原理。

23.2.5　守卫函数的实现

守卫函数主要是让用户在路径切换的生命周期中可以注入钩子函数，执行一些自己的逻辑，也可以取消和重定向导航，举个例子：

```
router.beforeEach((to, from, next) => {
  if (to.name !== 'Login' && !isAuthenticated) next({ name: 'Login' }) else {
    next()
  }
})
```

这里的大致含义就是进入路由前检查用户是否登录，如果没有则跳转到登录的视图组件，否则继续。

router.beforeEach 传入的参数是一个函数，我们把这类函数称为守卫函数。

那么这些守卫函数是怎么执行的呢？接下来，我们来分析 navigate 函数的实现：

```
// src/router.ts
function navigate(to, from) {
  let guards
  const [leavingRecords, updatingRecords, enteringRecords,] = extractChangingRecords(to, from)
  guards = extractComponentsGuards(leavingRecords.reverse(), 'beforeRouteLeave', to, from)
  for (const record of leavingRecords) {
    for (const guard of record.leaveGuards) {
```

```
    guards.push(guardToPromiseFn(guard, to, from))
  }
}
const canceledNavigationCheck = checkCanceledNavigationAndReject.bind(null, to, from)
guards.push(canceledNavigationCheck)
return (runGuardQueue(guards)
  .then(() => {
    guards = []
    for (const guard of beforeGuards.list()) {
      guards.push(guardToPromiseFn(guard, to, from))
    }
    guards.push(canceledNavigationCheck)
    return runGuardQueue(guards)
  })
  .then(() => {
    guards = extractComponentsGuards(updatingRecords, 'beforeRouteUpdate', to, from)
    for (const record of updatingRecords) {
      for (const guard of record.updateGuards) {
        guards.push(guardToPromiseFn(guard, to, from))
      }
    }
    guards.push(canceledNavigationCheck)
    return runGuardQueue(guards)
  })
  .then(() => {
    guards = []
    for (const record of to.matched) {
      if (record.beforeEnter && from.matched.indexOf(record) < 0) {
        if (Array.isArray(record.beforeEnter)) {
          for (const beforeEnter of record.beforeEnter)
            guards.push(guardToPromiseFn(beforeEnter, to, from))
        }
        else {
          guards.push(guardToPromiseFn(record.beforeEnter, to, from))
        }
      }
    }
    guards.push(canceledNavigationCheck)
    return runGuardQueue(guards)
  })
  .then(() => {
    to.matched.forEach(record => (record.enterCallbacks = {}))
    guards = extractComponentsGuards(enteringRecords, 'beforeRouteEnter', to, from)
    guards.push(canceledNavigationCheck)
    return runGuardQueue(guards)
  })
  .then(() => {
    guards = []
    for (const guard of beforeResolveGuards.list()) {
      guards.push(guardToPromiseFn(guard, to, from))
    }
    guards.push(canceledNavigationCheck)
    return runGuardQueue(guards)
  })
```

```
    .catch(err => isNavigationFailure(err, 8 /* NAVIGATION_CANCELLED */)
      ? err
      : Promise.reject(err)))
}
```

可以看到 navigate 执行守卫函数的方式是先构造 guards 数组，数组中每个元素都是一个返回 Promise 对象的函数。

然后通过 runGuardQueue 去执行这些 guards，来看它的实现：

```
// src/router.ts
function runGuardQueue(guards) {
  return guards.reduce((promise, guard) => promise.then(() => guard()), Promise.resolve())
}
```

其实就是通过数组的 reduce 函数，链式执行 guard 函数，每个 guard 函数都会返回一个 Promise 对象。

但是从我们的例子看，我们添加的是一个普通函数，并不是一个返回 Promise 对象的函数，这是怎么做的呢？

原来在把 guard 添加到 guards 数组前，都会执行 guardToPromiseFn 函数把普通函数 Promise 化，来看它的实现：

```
// src/navigationGuards.ts
function guardToPromiseFn(guard, to, from, record, name) {
  const enterCallbackArray = record &&
    (record.enterCallbacks[name] = record.enterCallbacks[name] || [])
  return () => new Promise((resolve, reject) => {
    const next = (valid) => {
      if (valid === false)
        reject(createRouterError(4 /* NAVIGATION_ABORTED */, {
          from,
          to,
        }))
      else if (valid instanceof Error) {
        reject(valid)
      }
      else if (isRouteLocation(valid)) {
        reject(createRouterError(2 /* NAVIGATION_GUARD_REDIRECT */, {
          from: to,
          to: valid
        }))
      }
      else {
        if (enterCallbackArray &&
          record.enterCallbacks[name] === enterCallbackArray &&
          typeof valid === 'function')
          enterCallbackArray.push(valid)
        resolve()
```

```
      }
    }
    const guardReturn = guard.call(record && record.instances[name], to, from, next )
    let guardCall = Promise.resolve(guardReturn)
    if (guard.length < 3)
      guardCall = guardCall.then(next)
    if ((process.env.NODE_ENV !== 'production') && guard.length > 2) {
      const message = `The "next" callback was never called inside of ${guard.name ? '"' + guard.name
+ '"' : ''}:\n${guard.toString()}\n. If you are returning a value instead of calling "next", make sure
to remove the "next" parameter from your function.`
      if (typeof guardReturn === 'object' && 'then' in guardReturn) {
        guardCall = guardCall.then(resolvedValue => {
          if (!next._called) {
            warn(message)
            return Promise.reject(new Error('Invalid navigation guard'))
          }
          return resolvedValue
        })
      }
      else if (guardReturn !== undefined) {
        if (!next._called) {
          warn(message)
          reject(new Error('Invalid navigation guard'))
          return
        }
      }
    }
    guardCall.catch(err => reject(err))
  })
}
```

guardToPromiseFn 函数会返回一个新的函数，这个函数内部会执行 guard 函数。

这里要注意 next 函数的设计，当我们在守卫函数中执行 next 时，实际上就是执行这里定义的 next 函数。

在执行 next 函数时，如果参数 valid 是 false，则创建一个导航取消的错误 reject 出去；如果参数 valid 是一个 Error 实例，则直接执行 reject，并把错误传递出去；如果参数 valid 是一个路径对象，则创建一个导航重定向的错误传递出去；如果参数 valid 是一个函数，那么它会被当作一个回调函数添加到 enterCallbacks 数组中，稍后我会详细介绍它的作用；如果不传参数，则直接执行 resolve 进入下一个导航。

有些时候，我们写守卫函数不使用 next 函数，而是直接返回 true 或 false，这种情况下则先执行如下代码：

```
// src/navigationGuards.ts
guardCall = Promise.resolve(guardReturn)
```

把守卫函数的返回值 Promise 化，然后再执行 guardCall.then(next)，把守卫函数的返回值传给 next 函数。

当然，如果你在守卫函数中定义了第三个参数 next，但是没有在函数中调用它，也会收到警告。

因此，在执行 navigate 的过程中，首先会提取出路由中的的守卫函数，然后经过 Promise 化后添加到 guards 数组中，再通过 runGuards 以及 Promise 的方式链式调用，最终依次顺序执行这些守卫函数。

23.2.6 完整的导航解析流程

接下来，我们从源码角度分析完整的导航解析流程。

(1) 导航被触发。

当 navigate 函数执行时，表示导航被触发。

(2) 在卸载的组件里执行 beforeRouteLeave 守卫函数。

beforeRouteLeave 守卫函数是在组件中定义的：

```
const UserDetails = {
  template: `...`,
  beforeRouteLeave(to, from) {
    // 在导航离开渲染该组件的对应路由时调用
    // 它可以访问组件实例 this
  },
}
```

导航触发的时机发生在路由视图切换的时候，而路由视图的切换就意味着可能有一些路由视图组件被卸载，一些路由视图组件被复用，一些路由视图组件被激活。

因此在 navigate 函数执行的时候，会先执行即将卸载的组件的 beforeRouteLeave 守卫函数。

```
// src/router.ts
function navigate(to, from) {
  let guards
  const [leavingRecords, updatingRecords, enteringRecords,] = extractChangingRecords(to, from)
  guards = extractComponentsGuards(leavingRecords.reverse(), 'beforeRouteLeave', to, from)
  // ...
  for (const record of leavingRecords) {
    record.leaveGuards.forEach(guard => {
      guards.push(guardToPromiseFn(guard, to, from))
    })
  }

  return (runGuardQueue(guards)
```

```
    .then(() => {
    // ...
  }))
}
```

首先执行 extractChangingRecords(to, from)提取出即将被卸载组件的路径 leavingRecords，然后通过 extractComponentsGuards(leavingRecords.reverse(),'beforeRouteLeave', to, from) 从 leavingRecords 中找到对应要卸载的组件，并且提取组件中定义的 beforeRouteLeave 守卫函数，添加到 guards 中。

然后遍历 leavingRecords，获取每一个 record 的 leaveGuards 属性，然后遍历 leaveGuards，获取每一个 leaveGuard 并添加到 guards 中，而这些 leaveGuard 是通过 Vue Router 提供的 Composition API onBeforeRouteLeave 注册的守卫函数。

接下来通过 runGuardQueue(guards)来执行这些即将卸载的组件的 beforeRouteLeave 守卫函数。

(3) 执行全局的 beforeEach 守卫函数。

我们可以使用 router.beforeEach 注册一个全局前置守卫函数：

```
const router = createRouter({ ... })

router.beforeEach((to, from) => {
  // ...
  // 返回 false 以取消导航
  return false
})
```

在执行完即将卸载的 beforeRouteLeave 守卫函数后，就会执行全局的 beforeEach 守卫函数。

```
// src/router.ts
function navigate(to, from) {
  let guards
  // ...
  return (runGuardQueue(guards)
    .then(() => {
      guards = []
      for (const guard of beforeGuards.list()) {
        guards.push(guardToPromiseFn(guard, to, from))
      }
      guards.push(canceledNavigationCheck)
      return runGuardQueue(guards)
  }))
}
```

分析这部分逻辑前，先来了解一下 beforeGuards 的定义：

```
// src/router.ts
const beforeGuards = useCallbacks()

function createRouter(options) {
  // ...
  const router = {
    // ...
    beforeEach: beforeGuards.add
  }
  return router
}

// src/utils/callback.ts
function useCallbacks() {
  let handlers = []
  function add(handler) {
    handlers.push(handler)
    return () => {
      const i = handlers.indexOf(handler)
      if (i > -1)
        handlers.splice(i, 1)
    }
  }
  function reset() {
    handlers = []
  }
  return {
    add,
    list: () => handlers,
    reset,
  }
}
```

beforeGuards 是一个拥有 add、list、rest 三个函数的对象，内部通过 handlers 来存储对应的回调函数，也就是守卫函数。

当用户执行 router.beforeEach 添加一个守卫函数时，也就相当于执行了 beforeGuards.add 函数把守卫函数添加进了 handlers 中。

再回到 navigate 函数，这里访问了 beforeGuards.list，就相当于获取了添加的 handlers，遍历它们得到每一个守卫函数的 guard，添加到 guards 中，然后再通过 runGuardQueue(guards) 来执行这些全局的 beforeEach 守卫函数。

(4) 在复用的组件里执行 beforeRouteUpdate 守卫函数。

beforeRouteUpdate 守卫函数是在组件中定义的：

```
const UserDetails = {
  template: `...`,
  beforeRouteUpdate(to, from) {
```

```
    // 在当前路由改变，但是该组件被复用时调用
    // 举例来说，对于一个带有动态参数的路径 /users/:id，在 /users/1 和 /users/2 之间跳转的时候
    // 由于会渲染同样的 UserDetails 组件，因此组件实例会被复用。而这个钩子函数就会在这个情况下被调用
    // 因为在这种情况发生的时候，组件已经挂载好了，导航守卫就可以访问组件实例 this
  }
}
```

在执行完全局的 beforeEach 守卫函数后，接下来就会执行复用的组件中的 beforeRouteUpdate 守卫函数：

```
// src/router.ts
function navigate(to, from) {
  let guards
  // ...
  return (runGuardQueue(guards)
    .then(() => {
      // 执行全局的 beforeEach 守卫函数
  }).then(() => {
    guards = extractComponentsGuards(updatingRecords, 'beforeRouteUpdate', to, from)
    for (const record of updatingRecords) {
      record.updateGuards.forEach(guard => {
        guards.push(guardToPromiseFn(guard, to, from))
      })
    }
    guards.push(canceledNavigationCheck)
     return runGuardQueue(guards)
  }))
}
```

和执行 beforeRouteLeave 守卫函数的过程类似，通过 extractComponentsGuards(updatingRecords, 'beforeRouteUpdate', to, from)从复用的 updatingRecords 中找到对应要更新的组件，并且提取组件中定义的 beforeRouteUpdate 守卫函数，添加到 guards 中。

接下来遍历 updatingRecords，获取每一个 record 的 updateGuards 属性，然后再遍历 updateGuards，获取每一个 updateGuard 添加到 guards 中，而这些 updateGuard 是通过 Vue Router 提供的 Composition API onBeforeRouteUpdate 注册的守卫函数。

接下来就会通过 runGuardQueue(guards)来执行这些复用的组件的 beforeRouteUpdate 守卫函数。

(5) 执行在路由配置里定义的 beforeEnter 守卫函数。

beforeEnter 守卫函数是在路由配置中定义的：

```
const routes = [
  {
    path: '/users/:id',
    component: UserDetails,
```

```
    beforeEnter: (to, from) => {
      // reject the navigation
      return false
    },
  },
]
```

在执行完复用的组件中的 beforeRouteUpdate 守卫函数后，就会执行路由配置中定义的 beforeEnter 守卫函数：

```
// src/router.ts
function navigate(to, from) {
  let guards
  // ...
  return (runGuardQueue(guards)
    .then(() => {
      // 执行全局的 beforeEach 守卫函数
  }).then(()=>{
     // 在复用的组件里执行 beforeRouteUpdate 守卫函数
  }).then(()=> {
    guards = []
    for (const record of to.matched) {
     // 重用的视图组件不会触发 beforeEnter
     if (record.beforeEnter && !from.matched.includes(record)) {
       if (Array.isArray(record.beforeEnter)) {
         for (const beforeEnter of record.beforeEnter)
           guards.push(guardToPromiseFn(beforeEnter, to, from))
       } else {
         guards.push(guardToPromiseFn(record.beforeEnter, to, from))
       }
     }
    }
    guards.push(canceledNavigationCheck)
    return runGuardQueue(guards)
  }))
}
```

这里遍历的是目标匹配的路径，找到配置中定义的 beforeEnter 守卫函数，添加到 guards 中。

接下来通过 runGuardQueue(guards)来执行在路由配置里定义的 beforeEnter 守卫函数。

注意，重用的视图组件不会触发 beforeEnter。举例来说，当一个带有动态参数的路径/users/:id 在/users/1 和/users/2 之间跳转的时候，就不会执行 beforeEnter 守卫函数。

(6) 在被激活的组件里执行 beforeRouteEnter 守卫函数。

beforeRouteEnter 守卫函数是在组件中定义的：

```
const UserDetails = {
  template: `...`,
  beforeRouteEnter(to, from) {
```

```
    // 在渲染该组件的对应路由被验证前调用
    // 不能获取组件实例 this
    // 因为当守卫函数执行时，组件实例还没被创建
  },
}
```

在完成旧视图组件的卸载和重用后，接下来就要处理新视图组件的激活，在被激活的组件里执行 beforeRouteEnter 函数：

```
// src/router.ts
function navigate(to, from) {
  let guards
  // ...
  return (runGuardQueue(guards)
    .then(() => {
      // 执行全局的 beforeEach 守卫函数
  }).then(() => {
     // 在复用的组件里执行 beforeRouteUpdate 守卫函数
  }).then(() => {
     // 执行在路由配置里定义的 beforeEnter 守卫函数
  }).then(() => {
    to.matched.forEach(record => (record.enterCallbacks = {}))
    guards = extractComponentsGuards(enteringRecords, 'beforeRouteEnter', to, from)
    guards.push(canceledNavigationCheck)
    return runGuardQueue(guards)
  }))
}
```

首先清空路径对象中的 enterCallbacks，然后通过 extractComponentsGuards(enteringRecords, 'beforeRouteEnter', to, from)从即将激活的 enteringRecords 中找到对应要激活的组件，并且提取组件中定义的 beforeRouteEnter 守卫函数，添加到 guards 中。

接下来就会通过 runGuardQueue(guards)来执行被激活的组件定义的 beforeRouteEnter 守卫函数。

(7) 执行全局的 beforeResolve 守卫函数。

我们可以使用 router.beforeResolve 注册一个全局解析守卫函数：

```
router.beforeResolve(async to => {
  if (to.meta.requiresCamera) {
    try {
      await askForCameraPermission()
    } catch (error) {
      if (error instanceof NotAllowedError) {
        // 处理错误，然后取消导航
        return false
      } else {
        // 意料之外的错误，取消导航并把错误传给全局处理器
        throw error
```

```
      }
    }
  }
})
```

在导航被确认前，还有机会通过执行全局的 beforeResolve 去做一些事情，甚至修改导航的状态：

```
// src/router.ts
function navigate(to, from) {
  let guards
  // ...
  return (runGuardQueue(guards)
    .then(() => {
      // 执行全局的 beforeEach 守卫函数
  }).then(() => {
     // 在复用的组件里执行 beforeRouteUpdate 守卫函数
  }).then(() => {
     // 执行在路由配置里定义的 beforeEnter 守卫函数
  }).then(() => {
    //  在被激活的组件里执行 beforeRouteEnter 守卫函数
  }).then(() => {
    guards = [];
    for (const guard of beforeResolveGuards.list()) {
      guards.push(guardToPromiseFn(guard, to, from))
    }
    guards.push(canceledNavigationCheck)
    return runGuardQueue(guards)
  }))
}
```

先来了解一下 beforeResolveGuards 的定义：

```
// src/router.ts
const beforeResolveGuards = useCallbacks()

function createRouter(options) {
  // ...
  const router = {
    // ...
    beforeResolve: beforeResolveGuards.add
  }
  return router
}
```

和 beforeGuards 类似，beforeResolveGuards 也是一个拥有 add、list、rest 三个函数的对象，内部通过 handlers 来存储对应的回调函数，也就是守卫函数。

当用户执行 router.beforeResolve 添加一个守卫函数时，也就相当于执行了 beforeResolveGuards.add 函数把守卫函数添加进了 handlers 中。

再回到 navigate 函数，这里访问了 beforeResolveGuards.list，就相当于获取了添加的 handlers，遍历它们得到每一个守卫函数 guard，添加到 guards 中，然后再通过 runGuardQueue(guards)来执行这些全局的 beforeResolve 守卫函数。

(8) 导航被确认。

在 navigate 函数执行完毕后，会执行 finalizeNavigation 确认导航，它的主要作用是更新当前路径 currentRoute 的值；以及执行 routerHistory.push 或者 routerHistory.replace 函数更新浏览器的 URL 记录。

(9) 执行全局的 afterEach 守卫函数。

我们可以使用 router.afterEach 注册一个全局后置守卫函数：

```
const router = createRouter({ ... })

router.afterEach((to, from) => {
  sendToAnalytics(to.fullPath)
})
```

在导航被确认后，通过 triggerAfterEach 来执行全局的 afterEach 守卫函数：

```
function triggerAfterEach(to, from, failure) {
    for (const guard of afterGuards.list())
      guard(to, from, failure)
}
```

先来了解一下 afterGuards 的定义：

```
// src/router.ts
const afterGuards = useCallbacks()

function createRouter(options) {
  // ...
  const router = {
    // ...
    afterEach: afterGuards.add
  }
  return router
}
```

和 beforeGuards、beforeResolveGuards 类似，afterGuards 也是一个拥有 add、list、rest 三个函数的对象，内部通过 handlers 来存储对应的回调函数，也就是守卫函数。

当用户执行 router.afterEach 添加一个守卫函数时，也就相当于执行了 afterGuards.add 函数把守卫函数添加进了 handlers 中。

再回到 triggerAfterEach 函数，这里访问了 afterGuards.list，就相当于获取了添加的 handlers，遍历并执行每一个守卫函数 guard。

(10) 触发 DOM 更新。

由于 currentRoute 被修改，就会触发 RouterView 组件的重新渲染，在 nextTick 后，RouterView 组件的 DOM 会更新。

(11) 执行 beforeRouteEnter 守卫函数中传给 next 的回调函数，创建好的组件实例会作为回调函数的参数传入。

前面提到过，beforeRouteEnter 守卫函数不能访问组件实例 this，因为守卫函数在导航确认前就会被执行，新组件还没被创建。

不过，我们可以通过传一个回调函数给 next 来访问组件实例。在导航被确认的时候执行回调函数，并且把组件实例作为回调函数的参数：

```
beforeRouteEnter (to, from, next) {
  next(vm => {
    // 通过 vm 访问组件实例
  })
}
```

在前面第(6)步，在被激活的组件里执行 beforeRouteEnter 守卫函数的时候，通过执行 extractComponentsGuards(enteringRecords, 'beforeRouteEnter', to, from)从组件中提取对应的 beforeRouteEnter 导航函数。而在 extractComponentsGuards 内部，会对组件中定义的守卫函数 guard 做一层 guardToPromiseFn 的处理。

guardToPromiseFn 函数的实现在前面分析过，当 guard 函数的第三个参数 next 函数的参数 valid 是一个函数的时候，它会被当作一个回调函数添加到 record.enterCallbacks 数组中。

在 RouterView 的组件实现中，有这么一段逻辑：

```
// src/RouterView.ts
watch(() => [viewRef.value, matchedRouteRef.value, props.name], ([instance, to, name], [oldInstance,
from, oldName]) => {
  if (to) {
    to.instances[name] = instance
    if (from && from !== to && instance && instance === oldInstance) {
      if (!to.leaveGuards.size) {
        to.leaveGuards = from.leaveGuards
      }
      if (!to.updateGuards.size) {
        to.updateGuards = from.updateGuards
      }
```

```
    }
  }
  if (instance &&
    to &&
    (!from || !isSameRouteRecord(to, from) || !oldInstance)) {
    (to.enterCallbacks[name] || []).forEach(callback => callback(instance))
  }
}, { flush: 'post' })
```

这里观测了组件实例、匹配路径、路由名称的变化，在回调函数中遍历执行了路径对象中引用的 `enterCallbacks`，并把组件实例 `instance` 作为参数传入。

由于这是一个 `post watcher`，所以它的回调函数的执行时机是在组件 DOM 更新后。

23.3 总结

在创建 Vue Router 的过程中，我们通常会传入用来描述路由映射关系的路径数组、路由的模式。

创建完 `router` 对象后，我们需要先注册再使用，这样就可以在组件中使用 `RouterView` 和 `RouterLink` 组件了。

路由的基础结构就是一个路径对应一种视图，当我们切换路径的时候，对应的视图也会切换。因此，对路径的管理是一个很重要的方面，需要在内存中维护当前路径信息 `currentRoute`，底层通过浏览器的 API 实现了 URL 的变换以及侦听 history 状态的变化，重新切换路径。

路由组件就是通过 `RouterView` 组件渲染的，它主要的渲染思路就是根据路径 `route` 和当前 `RouterView` 嵌套的深度来匹配路由配置中对应的路由组件并渲染。

在切换路径的过程中，还会执行一系列守卫函数，它们在经过执行 `Promise` 后链式依次执行。

当然，路由实现的细节是非常多的，还支持很多其他的功能。在了解了路由的基本实现后，再分析它们就不难了，有需求的读者可以自行分析。

第 24 章

Vuex

Vue.js 的核心思想之一就是数据驱动视图，当应用变得越来越复杂，尤其是某些数据被多个视图组件所共享时，数据状态的管理就会尤为重要。为了解决这一问题，官方开发了 Vuex。

24.1 Vuex 是什么

Vuex 是一个专门为 Vue.js 应用程序开发的状态管理模式 + 库。它采用集中式存储管理应用所有组件的状态，并以相应的规则保证状态以一种可预测的方式发生变化。

24.1.1 什么是“状态管理模式”

让我们从一个简单的 Vue 计数应用开始介绍：

```
const Counter = {
  // 状态
  data () {
    return {
      count: 0
    }
  },
  // 视图
  template: `
    <div>{{ count }}</div>
  `,
  // 操作
  methods: {
    increment () {
      this.count++
    }
  }
}

createApp(Counter).mount('#app')
```

这个状态自管理应用包含以下几个部分。

- 状态（State）：驱动应用的数据源。
- 视图（View）：以声明方式将状态映射到视图。
- 操作（Actions）：响应在视图上的用户输入导致的状态变化。

图 24-1 是一个表示“单向数据流”理念的简单示意图。

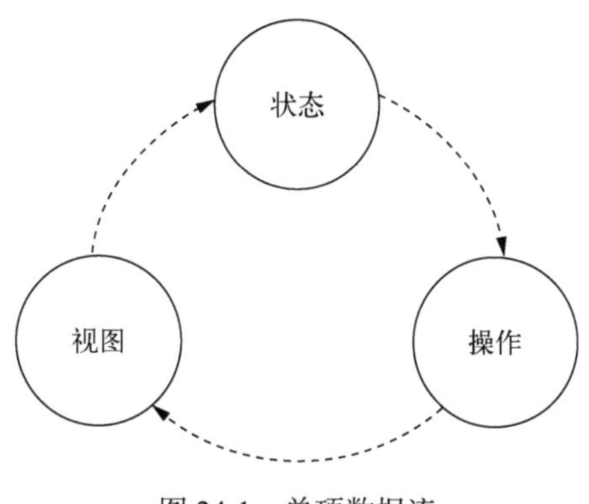

图 24-1　单项数据流

但是，当应用遇到多个组件共享状态时，单向数据流的简洁性很容易被破坏，比如：

(1) 多个视图依赖于同一状态；

(2) 来自不同视图的行为需要变更为同一状态。

对于问题(1)，传参的函数将会非常烦琐，并且对于兄弟组件间的状态传递无能为力；对于问题(2)，我们经常会使用父子组件直接引用或者通过事件来变更和同步状态。以上的模式非常脆弱，通常会导致代码无法维护。

因此，我们为什么不把组件的共享状态抽取出来，以一个全局单例模式管理呢？在这种模式下，组件树会构成一个巨大的“视图”，不管在树的哪个位置，所有组件都能获取状态并触发行为，如图 24-2 所示。

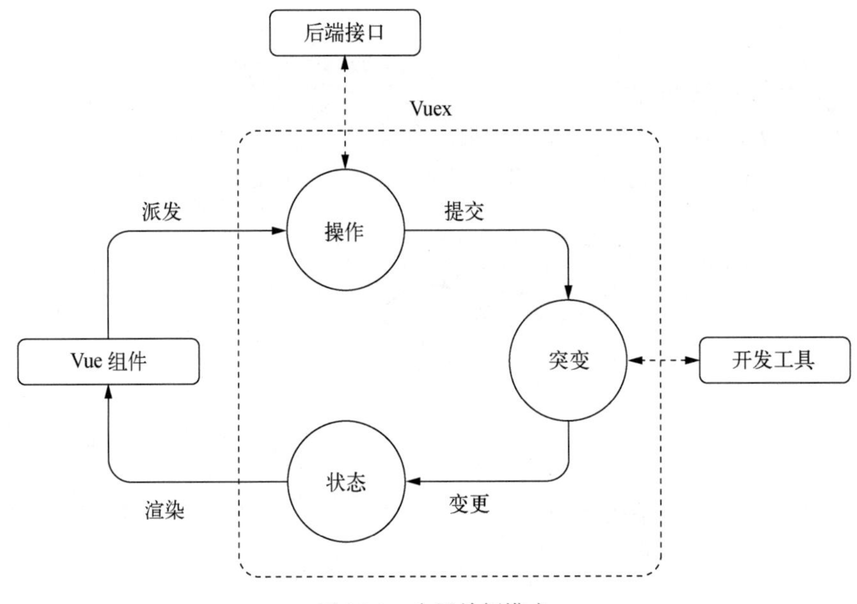

图 24-2　全局单例模式

24.1.2　Vuex 核心思想

Vuex 应用的核心就是 `store`（仓库）。“`store`”基本上就是一个容器，它包含着应用中的大部分状态。你可能会问：先定义一个全局对象，再去上层封装一些数据存取的接口，不也可以吗？

Vuex 和单纯的全局对象有以下两点不同。

第一，Vuex 的状态存储是响应式的。当 Vue 组件从 `store` 中读取状态的时候，若 `store` 中的状态发生变化，那么相应的组件也会得到高效更新。

第二，你不能直接改变 `store` 中的状态。改变 `store` 中的状态的唯一途径就是显式地提交 (`commit`) `mutation`。这使得我们可以方便地跟踪每一个状态的变化，并开发出一些工具，帮助我们更好地了解应用。

通过定义和隔离状态管理中的各种概念并强制遵守一定的规则，我们的代码将会更结构化且易维护。

24.2　Vuex 初始化

Vuex 的初始化过程主要包括两个方面：创建 `store` 实例和安装插件。

```
import { createApp } from 'vue'
import { createStore } from 'vuex'

// 创建一个新的 store 实例
const store = createStore({
  state () {
    return {
      count: 0
    }
  },
  mutations: {
    increment (state) {
      state.count++
    }
  }
})

const app = createApp({ /* 根组件 */ })
// 将 store 实例作为插件安装
app.use(store)
```

24.2.1 创建 store 实例

首先，我们来分析 store 实例的创建过程，它是通过 createStore 函数创建的，下面来看它的实现：

```
// src/store.js
export function createStore (options) {
  return new Store(options)
}

export class Store {
  constructor (options = {}) {
    if (__DEV__) {
      assert(typeof Promise !== 'undefined', `vuex requires a Promise polyfill in this browser.`)
      assert(this instanceof Store, `store must be called with the new operator.`)
    }

    const {
      plugins = [],
      strict = false,
      devtools
    } = options

    // 定义内部一些状态
    this._committing = false
    this._actions = Object.create(null)
    this._actionSubscribers = []
    this._mutations = Object.create(null)
    this._wrappedGetters = Object.create(null)
    // 初始化模块
    this._modules = new ModuleCollection(options)
```

```
    this._modulesNamespaceMap = Object.create(null)
    this._subscribers = []
    this._makeLocalGettersCache = Object.create(null)

    this._scope = null

    this._devtools = devtools

    const store = this
    const { dispatch, commit } = this
    this.dispatch = function boundDispatch (type, payload) {
      return dispatch.call(store, type, payload)
    }
    this.commit = function boundCommit (type, payload, options) {
      return commit.call(store, type, payload, options)
    }

    this.strict = strict

    const state = this._modules.root.state

    // 安装模块
    installModule(this, state, [], this._modules.root)

    // 重置 state，响应式处理
    resetStoreState(this, state)

    // 应用插件
    plugins.forEach(plugin => plugin(this))
  }
}
```

createStore 返回的是 Store 类的实例，在 Store 类的构造函数中，定义了一些内部状态数据，包含了 actions、getters、state、mutations、modules 等 Vuex 的核心概念。

createStore 主要做了三件事情：初始化模块、安装模块以及重置 state。

24.2.2　初始化模块

在分析模块的初始化之前，我们先来了解一下模块对于 Vuex 的意义。由于使用单一状态树，应用的所有状态会集中到一个比较大的对象上，当应用变得非常复杂时，store 对象就有可能变得相当臃肿。

为了解决以上问题，Vuex 允许我们将 store 分割成模块（module）。每个模块拥有自己的 state、mutation、action、getter，甚至是嵌套子模块——从上至下进行同样方式的分割。请看下面的代码：

```
const moduleA = {
  state: { ... },
  mutations: { ... },
```

```
  actions: { ... },
  getters: { ... }
}

const moduleB = {
  state: { ... },
  mutations: { ... },
  actions: { ... },
  getters: { ... },
}

const store = createStore({
  modules: {
    a: moduleA,
    b: moduleB
  }
})

store.state.a // -> moduleA 的状态
store.state.b // -> moduleB 的状态
```

所以从数据结构上来看，模块的设计就是一个树形结构，`store` 本身可以理解为一个 `root module`，它内部的 `modules` 就是子模块。Vuex 需要完成这棵树的构建，构建过程的入口如下：

```
// src/store.js
this._modules = new ModuleCollection(options)
```

通过实例化 `ModuleCollection` 来初始化 `modules`，来看它的实现：

```
// src/module/module-collection.js
export default class ModuleCollection {
  constructor (rawRootModule) {
    // 注册根模块
    this.register([], rawRootModule, false)
  }

  get (path) {
    return path.reduce((module, key) => {
      return module.getChild(key)
    }, this.root)
  }

  getNamespace (path) {
    let module = this.root
    return path.reduce((namespace, key) => {
      module = module.getChild(key)
      return namespace + (module.namespaced ? key + '/' : '')
    }, '')
  }

  update (rawRootModule) {
    update([], this.root, rawRootModule)
  }
```

```
  register (path, rawModule, runtime = true) {
    if (__DEV__) {
      assertRawModule(path, rawModule)
    }

    const newModule = new Module(rawModule, runtime)
    if (path.length === 0) {
      this.root = newModule
    } else {
      const parent = this.get(path.slice(0, -1))
      parent.addChild(path[path.length - 1], newModule)
    }

    // 注册嵌套 modules
    if (rawModule.modules) {
      forEachValue(rawModule.modules, (rawChildModule, key) => {
        this.register(path.concat(key), rawChildModule, runtime)
      })
    }
  }

  unregister (path) {
    const parent = this.get(path.slice(0, -1))
    const key = path[path.length - 1]
    const child = parent.getChild(key)

    if (!child) {
      if (__DEV__) {
        console.warn(
          `[vuex] trying to unregister module '${key}', which is ` +
          `not registered`
        )
      }
      return
    }

    if (!child.runtime) {
      return
    }

    parent.removeChild(key)
  }

  isRegistered (path) {
    const parent = this.get(path.slice(0, -1))
    const key = path[path.length - 1]

    if (parent) {
      return parent.hasChild(key)
    }

    return false
  }
}
```

ModuleCollection 实例化的过程其实就是执行 register 函数去注册模块。register 函数拥有三个参数，其中 path 表示路径，因为我们的整体目标是要构建一棵模块树，path 是在构建树的过程中维护的路径；rawModule 表示定义模块的原始配置；runtime 代表该模块是否为一个运行时创建的模块。

register 函数首先通过执行 const newModule = new Module(rawModule, runtime)创建了一个 Module 的实例，Module 是用来描述单个模块的类：

```
// src/module/module.js
export default class Module {
  constructor (rawModule, runtime) {
    this.runtime = runtime

    this._children = Object.create(null)
    this._rawModule = rawModule
    const rawState = rawModule.state

    this.state = (typeof rawState === 'function' ? rawState() : rawState) || {}
  }

  get namespaced () {
    return !!this._rawModule.namespaced
  }

  addChild (key, module) {
    this._children[key] = module
  }

  removeChild (key) {
    delete this._children[key]
  }

  getChild (key) {
    return this._children[key]
  }

  hasChild (key) {
    return key in this._children
  }

  update (rawModule) {
    this._rawModule.namespaced = rawModule.namespaced
    if (rawModule.actions) {
      this._rawModule.actions = rawModule.actions
    }
    if (rawModule.mutations) {
      this._rawModule.mutations = rawModule.mutations
    }
    if (rawModule.getters) {
      this._rawModule.getters = rawModule.getters
    }
```

```
  }

  forEachChild (fn) {
    forEachValue(this._children, fn)
  }

  forEachGetter (fn) {
    if (this._rawModule.getters) {
      forEachValue(this._rawModule.getters, fn)
    }
  }

  forEachAction (fn) {
    if (this._rawModule.actions) {
      forEachValue(this._rawModule.actions, fn)
    }
  }

  forEachMutation (fn) {
    if (this._rawModule.mutations) {
      forEachValue(this._rawModule.mutations, fn)
    }
  }
}
```

重点看一下 Module 的构造函数，对于每个模块而言，this._rawModule 表示模块的配置，this._children 表示它的所有子模块，this.state 表示这个模块定义的 state。

再回到 register 函数中，在实例化 Module 后，接着判断当前 path 的长度。如果为 0，说明它是一个根模块，把 newModule 赋值给了 this.root，否则就需要建立父子关系了：

```
// src/module/module-collection.js
const parent = this.get(path.slice(0, -1))
parent.addChild(path[path.length - 1], newModule)
```

我们先大体上了解它的逻辑：首先根据路径获取父模块，然后再调用父模块的 addChild 函数建立父子关系。

register 函数的最后一步就是遍历当前模块定义中的所有 modules，递归调用 register 函数注册子模块。注意，往 register 函数传入的第一个参数就是父模块的 path 和当前 key 拼接成的新路径，它是一个数组。

我们再回过头看一下建立父子关系的逻辑，首先执行了 this.get(path.slice(0, -1)函数：

```
// src/module/module-collection.js
get (path) {
  return path.reduce((module, key) => {
    return module.getChild(key)
  }, this.root)
}
```

传入的 path 是父模块的 path，然后从根模块开始，通过 reduce 函数一层层去找到对应的模块，在查找的过程中，执行的是 module.getChild(key)函数：

```
// src/module/module.js
getChild (key) {
  return this._children[key]
}
```

其实就是返回当前模块的_children 中对应 key 的模块，那么每个模块的_children 是如何添加的呢？

因为执行了 parent.addChild(path[path.length - 1], newModule)函数：

```
// src/module/module.js
addChild (key, module) {
  this._children[key] = module
}
```

所以对于 root module 的下一层 modules 来说，它们的 parent 就是 root module，会被添加到 root module 的_children 中。

每个子模块通过路径找到它的父模块，然后通过父模块的 addChild 函数建立父子关系。递归执行这样的过程，最终就会建立一棵完整的模块树。

24.2.3 安装模块

初始化模块后，接下来会执行安装模块的相关逻辑，它的目标就是对模块中的 state、getters、mutations、actions 做初始化工作，它的入口代码如下：

```
// src/store.js
const state = this._modules.root.state
installModule(this, state, [], this._modules.root)
```

来看一下 installModule 的定义：

```
// src/store-util.js
export function installModule (store, rootState, path, module, hot) {
  const isRoot = !path.length
  const namespace = store._modules.getNamespace(path)

  if (module.namespaced) {
    if (store._modulesNamespaceMap[namespace] && __DEV__) {
      console.error(`[vuex] duplicate namespace ${namespace} for the namespaced module
${path.join('/')}`)
    }
    store._modulesNamespaceMap[namespace] = module
  }
```

```
  if (!isRoot && !hot) {
    const parentState = getNestedState(rootState, path.slice(0, -1))
    const moduleName = path[path.length - 1]
    store._withCommit(() => {
      if (__DEV__) {
        if (moduleName in parentState) {
          console.warn(
            `[vuex] state field "${moduleName}" was overridden by a module with the same name at
              "${path.join('.')}"`
          )
        }
      }
      parentState[moduleName] = module.state
    })
  }

  const local = module.context = makeLocalContext(store, namespace, path)

  module.forEachMutation((mutation, key) => {
    const namespacedType = namespace + key
    registerMutation(store, namespacedType, mutation, local)
  })

  module.forEachAction((action, key) => {
    const type = action.root ? key : namespace + key
    const handler = action.handler || action
    registerAction(store, type, handler, local)
  })

  module.forEachGetter((getter, key) => {
    const namespacedType = namespace + key
    registerGetter(store, namespacedType, getter, local)
  })

  module.forEachChild((child, key) => {
    installModule(store, rootState, path.concat(key), child, hot)
  })
}
```

installModule 函数拥有五个参数，其中 store 表示 root store，state 表示 root state，path 表示模块的访问路径，module 表示当前模块，hot 表示是否是热更新。

接下来分析函数逻辑，这里涉及命名空间的概念。在默认情况下，模块内部的 action、mutation 和 getter 是注册在全局命名空间的，这样可以使多个模块对同一 mutation 或 action 做出响应。

如果我们希望模块具有更高的封装度和复用性，可以通过添加 namespaced: true 的方式使其成为带命名空间的模块。当模块被注册后，它所有的 getter、action 及 mutation 都会自动根据模块注册的路径调整命名。例如：

```
const store = createStore({
  modules: {
    account: {
      namespaced: true,

      // 模块内容 (module assets)
      state: { ... }, // 模块内的状态已经是嵌套的了，使用 `namespaced` 属性不会对其产生影响
      getters: {
        isAdmin () { ... } // -> getters['account/isAdmin']
      },
      actions: {
        login () { ... } // -> dispatch('account/login')
      },
      mutations: {
        login () { ... } // -> commit('account/login')
      },

      // 嵌套模块
      modules: {
        // 继承父模块的命名空间
        myPage: {
          state: { ... },
          getters: {
            profile () { ... } // -> getters['account/profile']
          }
        },

        // 进一步嵌套命名空间
        posts: {
          namespaced: true,

          state: { ... },
          getters: {
            popular () { ... } // -> getters['account/posts/popular']
          }
        }
      }
    }
  }
})
```

回到 `installModule` 函数，我们首先根据 `path` 获取 `namespace`：

```
// src/store-util.js
const namespace = store._modules.getNamespace(path)
```

来看一下 `getNamespace` 的实现：

```
// src/module/module-collection.js
getNamespace (path) {
  let module = this.root
  return path.reduce((namespace, key) => {
    module = module.getChild(key)
```

```
    return namespace + (module.namespaced ? key + '/' : '')
  }, '')
}
```

从 root module 开始，通过 reduce 函数一层层找子模块，如果发现该模块配置了 namespaced 为 true，则把该模块的 key 拼到 namesapce 中，最终返回完整的 namespace 字符串。

回到 installModule 函数，接下来把 namespace 对应的模块保存下来，为了方便以后能根据 namespace 快速查找模块：

```
// src/store-util.js
if (module.namespaced) {
  if (store._modulesNamespaceMap[namespace] && __DEV__) {
    console.error(`[vuex] duplicate namespace ${namespace} for the namespaced module
${path.join('/')}`)
  }
  store._modulesNamespaceMap[namespace] = module
}
```

在非 root module 且非 hot 的情况下，会执行一些逻辑，这部分内容我们稍后再分析。

接着是很重要的逻辑，构造了一个本地上下文环境：

```
// src/store-util.js
const local = module.context = makeLocalContext(store, namespace, path)
```

我们来看一下 makeLocalContext 的实现：

```
// src/store-util.js
function makeLocalContext (store, namespace, path) {
  const noNamespace = namespace === ''

  const local = {
    dispatch: noNamespace ? store.dispatch : (_type, _payload, _options) => {
      const args = unifyObjectStyle(_type, _payload, _options)
      const { payload, options } = args
      let { type } = args

      if (!options || !options.root) {
        type = namespace + type
        if (__DEV__ && !store._actions[type]) {
          console.error(`[vuex] unknown local action type: ${args.type}, global type: ${type}`)
          return
        }
      }

      return store.dispatch(type, payload)
    },

    commit: noNamespace ? store.commit : (_type, _payload, _options) => {
      const args = unifyObjectStyle(_type, _payload, _options)
```

```
      const { payload, options } = args
      let { type } = args

      if (!options || !options.root) {
        type = namespace + type
        if (__DEV__ && !store._mutations[type]) {
          console.error(`[vuex] unknown local mutation type: ${args.type}, global type: ${type}`)
          return
        }
      }

      store.commit(type, payload, options)
    }
  }

  Object.defineProperties(local, {
    getters: {
      get: noNamespace
        ? () => store.getters
        : () => makeLocalGetters(store, namespace)
    },
    state: {
      get: () => getNestedState(store.state, path)
    }
  })

  return local
}
```

makeLocalContext 函数拥有三个参数，其中 store 表示 root store，namespace 表示模块的命名空间，path 表示模块的 path。该函数定义了 local 对象，对于 dispatch 和 commit 函数，如果没有 namespace，它们就直接指向了 root store 的 dispatch 和 commit 函数，否则会创建函数，把 type 自动拼接上 namespace，然后执行 store 上对应的函数。

对于 getters 而言，如果没有 namespace，则直接返回 root store 的 getters，否则返回 makeLocalGetters(store, namespace)的返回值：

```
// src/store-util.js
function makeLocalGetters (store, namespace) {
  if (!store._makeLocalGettersCache[namespace]) {
    const gettersProxy = {}
    const splitPos = namespace.length
    Object.keys(store.getters).forEach(type => {
      if (type.slice(0, splitPos) !== namespace) return

      const localType = type.slice(splitPos)

      Object.defineProperty(gettersProxy, localType, {
        get: () => store.getters[type],
        enumerable: true
      })
```

```
    })
    store._makeLocalGettersCache[namespace] = gettersProxy
  }

  return store._makeLocalGettersCache[namespace]
}
```

makeLocalGetters 函数的目的是对匹配 namespace 的 getter 属性的访问做一层代理。

由于整个过程有一定性能消耗，所以这里用 store._makeLocalGettersCache 对代理结果做了一层缓存，空间换时间。

在没有命中缓存的情况下，内部首先获取 namespace 的长度，然后遍历 root store 下的所有 getters，先判断它的类型是否匹配 namespace，只有匹配的时候才会从 namespace 的位置截取后面的字符串，从而得到 localType；接着用 Object.defineProperty 定义了 gettersProxy，获取 localType 实际上是访问 store.getters[type]；最后把代理结果 gettersProxy 添加到缓存中。

回到 makeLocalContext 函数，再来看一下对 state 的处理，它的获取是通过 getNestedState (store.state, path)函数实现的：

```
// src/store-util.js
function getNestedState (state, path) {
  return  path.reduce((state, key) => state[key], state)
}
```

getNestedState 的逻辑很简单，从 root state 开始，通过 path.reduce 函数一层层查找子模块 state，最终找到目标模块的 state。

构造完 local 上下文后，我们再回到 installModule 函数。接下来它就会遍历模块中定义的 mutations、actions、getters，分别执行它们的注册工作，它们的注册逻辑都大同小异。

我们先来看 registerMutation：

```
// src/store-util.js
module.forEachMutation((mutation, key) => {
  const namespacedType = namespace + key
  registerMutation(store, namespacedType, mutation, local)
})

function registerMutation (store, type, handler, local) {
  const entry = store._mutations[type] || (store._mutations[type] = [])
  entry.push(function wrappedMutationHandler (payload) {
    handler.call(store, local.state, payload)
  })
}
```

首先遍历模块中 mutations 的定义，拿到每一个 mutation 和 key，并在 key 前面拼接上 namespace，然后执行 registerMutation 函数。该函数实际上就是给 rootstore 上的_mutations[types] 添加 wrappedMutationHandler 函数，该函数的具体实现我们之后会提到。注意，同一 type 的 _mutations 可以对应多个函数。

下面来看 registerAction：

```
// src/store-util.js
module.forEachAction((action, key) => {
  const type = action.root ? key : namespace + key
  const handler = action.handler || action
  registerAction(store, type, handler, local)
})

function registerAction (store, type, handler, local) {
  const entry = store._actions[type] || (store._actions[type] = [])
  entry.push(function wrappedActionHandler (payload) {
    let res = handler.call(store, {
      dispatch: local.dispatch,
      commit: local.commit,
      getters: local.getters,
      state: local.state,
      rootGetters: store.getters,
      rootState: store.state
    }, payload)
    if (!isPromise(res)) {
      res = Promise.resolve(res)
    }
    if (store._devtoolHook) {
      return res.catch(err => {
        store._devtoolHook.emit('vuex:error', err)
        throw err
      })
    } else {
      return res
    }
  })
}
```

首先遍历模块中 actions 的定义，拿到每一个 action 和 key，并判断 action.root 是否存在，若存在，则 type 就是 key，否则在 key 前面拼接上 namespace，然后执行 registerAction 函数。该函数实际上就是给 root store 上的_actions[types]添加 wrappedActionHandler 函数，具体实现我们之后会提到。注意，同一 type 的_actions 可以对应多个函数。

最后是 registerGetter：

```
// src/store-util.js
module.forEachGetter((getter, key) => {
  const namespacedType = namespace + key
  registerGetter(store, namespacedType, getter, local)
```

```
})

function registerGetter (store, type, rawGetter, local) {
  if (store._wrappedGetters[type]) {
    if (__DEV__) {
      console.error(`[vuex] duplicate getter key: ${type}`)
    }
    return
  }
  store._wrappedGetters[type] = function wrappedGetter (store) {
    return rawGetter(
      local.state, // local state
      local.getters, // local getters
      store.state, // root state
      store.getters // root getters
    )
  }
}
```

首先遍历模块中的 getters 的定义，拿到每一个 getter 和 key，并把 key 拼接上 namespace，然后执行 registerGetter 函数。该函数实际上就是给 root store 上的_wrappedGetters[key]指定 wrappedGetter 函数，具体实现我们之后会提到。注意，同一 type 的_wrappedGetters 只能定义一个。

我们再回到 installModule 函数，最后一步就是遍历模块中的所有子 modules，递归执行 installModule 函数：

```
module.forEachChild((child, key) => {
  installModule(store, rootState, path.concat(key), child, hot)
})
```

之前我们忽略了非 root module 下的 state 初始化逻辑，现在来看一下：

```
if (!isRoot && !hot) {
  const parentState = getNestedState(rootState, path.slice(0, -1))
  const moduleName = path[path.length - 1]
  store._withCommit(() => {
    if (__DEV__) {
      if (moduleName in parentState) {
        console.warn(
          `[vuex] state field "${moduleName}" was overridden by a module with the same name at
            "${path.join('.')}"`
        )
      }
    }
    parentState[moduleName] = module.state
  })
}
```

之前我们提到过，getNestedState 函数是从 root state 开始，一层层根据模块名访问对应 path 的 state，那么它每一层关系的建立实际上就是通过 parentState[moduleName] = module.state 实现的。store._withCommit 函数的作用我们之后再介绍。

因此 installModule 实际上就是完成了模块下的 state、getters、actions、mutations 的初始化工作，并且通过递归遍历的方式，完成了所有子模块的安装工作。

24.2.4 重置 state

store 实例化的最后一步就是重置 state，它的入口代码如下：

```
// src/store.js
resetStoreState(this, state)
```

来看一下 resetStoreState 的实现：

```
// src/store-util.js
export function resetStoreState (store, state, hot) {
  const oldState = store._state
  const oldScope = store._scope

  store.getters = {}
  store._makeLocalGettersCache = Object.create(null)
  const wrappedGetters = store._wrappedGetters
  const computedObj = {}
  const computedCache = {}

  const scope = effectScope(true)

  scope.run(() => {
    forEachValue(wrappedGetters, (fn, key) => {
      computedObj[key] = partial(fn, store)
      computedCache[key] = computed(() => computedObj[key]())
      Object.defineProperty(store.getters, key, {
        get: () => computedCache[key].value,
        enumerable: true
      })
    })
  })

  store._state = reactive({
    data: state
  })

  store._scope = scope

  // 开启严格模式
  if (store.strict) {
    enableStrictMode(store)
  }
```

```
  if (oldState) {
    if (hot) {
      store._withCommit(() => {
        oldState.data = null
      })
    }
  }

  if (oldScope) {
    oldScope.stop()
  }
}
```

resetStoreState 函数主要做了三件事：建立 getters 和 state 之间的响应式依赖关系，把 state 变成响应式的，以及开启严格模式。

从设计上来说，getters 的获取依赖了 state，并且希望它的依赖能被缓存起来，且只有当它的依赖值发生改变时才会被重新计算。因此这里利用了 Vue 中的 computed API 来实现。

resetStoreState 函数内部首先创建了局部的 effect 作用域，并在作用域封装函数的执行时，遍历_wrappedGetters 获得每个 getter 的函数 fn 和 key，然后把 fn 做了一层 partial 函数的封装处理：

```
// src/util.js
function partial (fn, arg) {
  return function () {
    return fn(arg)
  }
}
```

partial 函数会返回一个函数，该函数内部会执行 fn，且传入参数 arg，这样就在闭包环境下把 arg 参数保留了下来。

对于 computedObj[key] = partial(fn, store)的处理，可以保证在执行 computedObj[key]函数的时候，fn 执行且参数是 store。

接下来利用 computed API 定义了 computedCache，最后再用 Object.defineProperty 定义了 store.getters 的访问 getter 函数。

当我们根据 key 访问 store.getters 的某一个 getter 的时候，实际上就是访问了计算属性 computedCache 的值，进而也会触发计算属性的 getter 函数，返回 computedObj[key]()的值。

当执行 computedObj[key]的时候，就是执行了 fn，并且把参数 store 传入。我们之前提到过 _wrappedGetters 的初始化过程，这里的 fn 就相当于如下的 wrappedGetter 函数：

```
store._wrappedGetters[type] = function wrappedGetter (store) {
  return rawGetter(
    local.state, // local state
    local.getters, // local getters
    store.state, // root state
    store.getters // root getters
  )
}
```

wrappedGetter 函数返回的就是 rawGetter 函数执行后的返回值，而 rawGetter 就是用户定义的 getter 函数，它的前两个参数是 local state 和 local getters，后两个参数是 root state 和 root getters。

回到 resetStoreState，接下来我们利用 reactive API 把 state 变成响应式的：

```
// src/store-util.js
store._state = reactive({
  data: state
})
```

目的也很简单，除了 state 的变化需要影响 getters 的变化外，state 的变化也需要触发组件的重新渲染。

store 实例也定义了 state 属性的 getter：

```
export class Store {
  // ...
  get state () {
    return this._state.data
  }
}
```

这样当我们在组件渲染时获取 store.state.xxx 数据，就相当于访问 store._state.data.xxx。由于 store._state.data 是一个响应式对象，所以会触发依赖收集，这样后续通过 commit mutation 修改 store.state.xxx 的时候，会触发组件的重新渲染。

最后，我们来看一下开启严格模式的逻辑：

```
if (store.strict) {
  enableStrictMode(store)
}

function enableStrictMode (store) {
  watch(() => store._state.data, () => {
    if (__DEV__) {
      assert(store._committing, `do not mutate vuex store state outside mutation handlers.`)
    }
  }, { deep: true, flush: 'sync' })
}
```

在严格模式下，会用 watch API 对 store._state.data 做深度观测，也就是当 store.state 被修改的时候，store._committing 必须为 true，否则在开发阶段会发出警告。

store._committing 的默认值是 false，那么它什么时候会为 true 呢？Store 类定义了_withCommit 实例函数：

```
_withCommit (fn) {
  const committing = this._committing
  this._committing = true
  fn()
  this._committing = committing
}
```

_withCommit 实例函数对 fn 做了一层包装，确保在 fn 中执行任何逻辑的时候，store._committing 的值是 true。因此，如果不是通过 Vuex 提供的接口直接修改 state，由于没有修改 store._committing 的值为 true，会在开发阶段触发警告。

24.2.5 Vuex 安装

作为 Vue 的插件，Vuex 在执行 app.use(router)的时候，实际上就是在执行 router 对象的 install 函数来安装路由，并把 app 作为参数传入，我们一起来看它的定义：

```
class Store{
  install (app, injectKey) {
    app.provide(injectKey || storeKey, this)
    app.config.globalProperties.$store = this

    const useDevtools = this._devtools !== undefined
      ? this._devtools
      : __DEV__ || __VUE_PROD_DEVTOOLS__

    if (useDevtools) {
      addDevtools(app, this)
    }
  }
  // ...
}
```

Vuex 安装主要做了两件事情：通过 provide 方式全局注入 store 对象；将全局的$store 属性指向 store 对象。

Vuex 对外提供了 useStore 函数：

```
export function useStore (key = null) {
  return inject(key !== null ? key : storeKey)
}
```

如果用户使用 Composition API 开发组件，那么可以在 setup 函数中通过 useStore 函数获得

store 对象，因为 store 对象在安装 Vuex 的时候已经注入。

如果用户使用 Options API 开发组件，也可以通过 this.$store 访问 store 对象。

24.3 API

在完成 store 对象的初始化后，就相当于建立好了一个数据仓库，当然只有仓库是不够的，还需要提供一些用于操作仓库、存取数据的 API。

24.3.1 数据获取

Vuex 最终是将数据存储在 state 上的。之前分析过，在 store.state 上存储的是 root state，那么对于模块上的 state，假设我们有两个嵌套的 modules，它们的 key 分别为 a 和 b，如果想获取内层的 b 模块的数据，可以采用 store.state.a.b.xxx 的方式。state 的初始化过程发生在执行 installModule 函数的时候，再来回顾一下：

```
function installModule (store, rootState, path, module, hot) {
  const isRoot = !path.length

  // ...
  // 设置 state
  if (!isRoot && !hot) {
      const parentState = getNestedState(rootState, path.slice(0, -1))
      const moduleName = path[path.length - 1]
      store._withCommit(() => {
        parentState[moduleName] = module.state
      })
    }
  // ...
}
```

在递归执行 installModule 函数的过程中就完成了整个 state 的建设，这样我们就可以通过 module 的 path 访问深层 module 的 state 了。

有些时候，我们获取的数据不仅仅是一个 state，而是由多个 state 计算而来。Vuex 提供了 getters，允许我们定义一个 getter 函数：

```
getters: {
  total (state, getters, localState, localGetters) {
    // 可以访问全局 state 和 getters。如果在 modules 下，可以访问局部 state 和局部 getters
    return state.a + state.b
  }
}
```

我们在 installModule 的过程中，递归执行了所有 getters 定义的注册，在之后的 resetStoreState 过程中，执行了 store.getters 的初始化工作：

```
// src/store-util.js
function installModule (store, rootState, path, module, hot) {
  // ...
  const namespace = store._modules.getNamespace(path)
  // ...
  const local = module.context = makeLocalContext(store, namespace, path)

  // ...

  module.forEachGetter((getter, key) => {
    const namespacedType = namespace + key
    registerGetter(store, namespacedType, getter, local)
  })

  // ...
}

function registerGetter (store, type, rawGetter, local) {
  if (store._wrappedGetters[type]) {
    if (__DEV__) {
      console.error(`[vuex] duplicate getter key: ${type}`)
    }
    return
  }
  store._wrappedGetters[type] = function wrappedGetter (store) {
    return rawGetter(
      local.state, // local state
      local.getters, // local getters
      store.state, // root state
      store.getters // root getters
    )
  }
}

export function resetStoreState (store, state, hot) {
  const oldState = store._state
  const oldScope = store._scope

  store.getters = {}
  store._makeLocalGettersCache = Object.create(null)
  const wrappedGetters = store._wrappedGetters
  const computedObj = {}
  const computedCache = {}

  const scope = effectScope(true)

  scope.run(() => {
    forEachValue(wrappedGetters, (fn, key) => {
      computedObj[key] = partial(fn, store)
      computedCache[key] = computed(() => computedObj[key]())
      Object.defineProperty(store.getters, key, {
        get: () => computedCache[key].value,
        enumerable: true
      })
```

```
    })
  })

  store._state = reactive({
    data: state
  })

  // ...
}
```

在 installModule 函数的执行过程中，给每个模块建立了上下文环境。当我们访问 store.getters.xxx 的时候，实际上就是执行了 rawGetter 函数。rawGetter 就是用户定义的 getter 函数，它拥有四个参数。除了全局的 state 和 getter 外，我们还可以访问当前 module 下的 state 和 getter。

24.3.2 数据存储

Vuex 对数据存储的本质就是对 state 做修改，并且只允许我们通过提交 mutation 的形式去修改 state，mutation 是一个函数：

```
mutations: {
  increment (state) {
    state.count++
  }
}
```

mutations 的初始化过程也发生在执行 installModule 函数的时候：

```
// src/store-util.js
function installModule (store, rootState, path, module, hot) {
  // ...
  const namespace = store._modules.getNamespace(path)

  // ...
  const local = module.context = makeLocalContext(store, namespace, path)

  module.forEachMutation((mutation, key) => {
    const namespacedType = namespace + key
    registerMutation(store, namespacedType, mutation, local)
  })
  // ...
}

function registerMutation (store, type, handler, local) {
  const entry = store._mutations[type] || (store._mutations[type] = [])
  entry.push(function wrappedMutationHandler (payload) {
    handler.call(store, local.state, payload)
  })
}
```

store 实例提供的 commit 函数允许我们提交一个 mutation：

```
// src/store.js
commit (_type, _payload, _options) {
  const {
    type,
    payload,
    options
  } = unifyObjectStyle(_type, _payload, _options)

  const mutation = { type, payload }
  const entry = this._mutations[type]
  if (!entry) {
    if (__DEV__) {
      console.error(`[vuex] unknown mutation type: ${type}`)
    }
    return
  }
  this._withCommit(() => {
    entry.forEach(function commitIterator (handler) {
      handler(payload)
    })
  })

  this._subscribers
    .slice().forEach(sub => sub(mutation, this.state))

  if (
    __DEV__ &&
    options && options.silent
  ) {
    console.warn(
      `[vuex] mutation type: ${type}. Silent option has been removed. ` +
      'Use the filter functionality in the vue-devtools'
    )
  }
}
```

这里的参数_type 就是 mutation 的 type，我们可以从 store._mutations[type]找到对应的函数数组，遍历它们获取每个 handler 然后执行，实际上就是执行了 wrappedMutationHandler(playload)。接着会执行用户定义的 mutation 函数，并传入当前模块的 state，这样我们就可以在定义的 mutation 函数中对当前模块的 state 做修改。

需要注意的是，mutation 必须是同步函数，但是我们在开发实际项目时，经常会遇到先发送一个请求，然后根据请求的结果去修改 state 的场景，此时只通过提交 mutation 是无法完成需求的。针对此类场景，Vuex 又设计了 action。

action 类似于 mutation，不同之处在于，action 提交的是 mutation，而不是直接操作 state，并且它可以包含任意异步操作：

```
mutations: {
  increment (state) {
    state.count++
  }
},
actions: {
  increment (context) {
    setTimeout(() => {
      context.commit('increment')
    }, 0)
  }
}
```

actions 的初始化过程也发生在执行 installModule 函数的时候：

```
// src/store-util.js
function installModule (store, rootState, path, module, hot) {
  // ...
  const namespace = store._modules.getNamespace(path)

  // ...
  const local = module.context = makeLocalContext(store, namespace, path)

  module.forEachAction((action, key) => {
    const type = action.root ? key : namespace + key
    const handler = action.handler || action
    registerAction(store, type, handler, local)
} )
  // ...
}

function registerAction (store, type, handler, local) {
  const entry = store._actions[type] || (store._actions[type] = [])
  entry.push(function wrappedActionHandler (payload, cb) {
    let res = handler.call(store, {
      dispatch: local.dispatch,
      commit: local.commit,
      getters: local.getters,
      state: local.state,
      rootGetters: store.getters,
      rootState: store.state
    }, payload, cb)
    if (!isPromise(res)) {
      res = Promise.resolve(res)
    }
    if (store._devtoolHook) {
      return res.catch(err => {
        store._devtoolHook.emit('vuex:error', err)
        throw err
      })
    } else {
      return res
    }
```

```
  })
}
```

store 提供的 dispatch 函数让我们提交一个 action：

```
dispatch (_type, _payload) {
  const {
    type,
    payload
  } = unifyObjectStyle(_type, _payload)

  const action = { type, payload }
  const entry = this._actions[type]
  if (!entry) {
    if (__DEV__) {
      console.error(`[vuex] unknown action type: ${type}`)
    }
    return
  }

  try {
    this._actionSubscribers
      .slice()
      .filter(sub => sub.before)
      .forEach(sub => sub.before(action, this.state))
  } catch (e) {
    if (__DEV__) {
      console.warn(`[vuex] error in before action subscribers: `)
      console.error(e)
    }
  }

  const result = entry.length > 1
    ? Promise.all(entry.map(handler => handler(payload)))
    : entry[0](payload)

  return new Promise((resolve, reject) => {
    result.then(res => {
      try {
        this._actionSubscribers
          .filter(sub => sub.after)
          .forEach(sub => sub.after(action, this.state))
      } catch (e) {
        if (__DEV__) {
          console.warn(`[vuex] error in after action subscribers: `)
          console.error(e)
        }
      }
      resolve(res)
    }, error => {
      try {
        this._actionSubscribers
          .filter(sub => sub.error)
```

```
          .forEach(sub => sub.error(action, this.state, error))
      } catch (e) {
        if (__DEV__) {
          console.warn(`[vuex] error in error action subscribers: `)
          console.error(e)
        }
      }
      reject(error)
    })
  })
}
```

这里的参数_type 就是 action 的 type，我们可以从 store._actions[type]找到对应的函数数组，遍历它们获取每个 handler 然后执行，实际上就是执行了 wrappedActionHandler(payload)。接着会执行用户定义的 action 函数，并传入一个对象，包含了当前模块下的 dispatch、commit、getters、state，以及全局的 rootState 和 rootGetters。因此在用户定义的 action 函数内部，我们可以访问当前模块下的 commit 函数。

因此，相比我们自己写一个函数执行异步操作，然后提交 mutation，使用 action 可以在参数中获取到当前模块的一些函数和状态。Vuex 帮我们做好了这些。

另外注意，在执行 action 函数的前后，还会遍历执行 action 的订阅函数。

24.3.3 语法糖

store 是 Store 对象的一个实例，它是一个原生的 JavaScript 对象，我们可以在任意地方使用它们。根据前面的分析我们知道，在 Vuex 的安装过程中，store 对象已经全局注入，因此我们可以在组件中访问 store 的任何属性和函数。比如我们在组件中访问 state 中的数据：

```
const Counter = {
  template: `<div>{{ count }}</div>`,
  computed: {
    count () {
      return this.$store.state.count
    }
  }
}
```

但是当一个组件需要获取多个状态时候，将这些状态都声明为计算属性会有些重复和冗余。同样的问题也在存于 getter、mutation 和 action 中。

为了解决这个问题，Vuex 提供了一系列 mapXXX 辅助函数，帮助我们在组件中方便地注入 store 的属性和函数。

我们先来看一下 mapState 的用法：

```
// 在单独构建的版本中，辅助函数为 Vuex.mapState
import { mapState } from 'vuex'

export default {
  // ...
  computed: mapState({
    // 箭头函数可使代码更简练
    count: state => state.count,

    // 传字符串参数 count 等同于 state => state.count
    countAlias: 'count',

    // 为了能够使用 this 获取局部状态，必须使用常规函数
    countPlusLocalState (state) {
      return state.count + this.localCount
    }
  })
}
```

接着来看 mapState 的实现：

```
// src/helpers.js
export const mapState = normalizeNamespace((namespace, states) => {
  const res = {}
  if (__DEV__ && !isValidMap(states)) {
    console.error('[vuex] mapState: mapper parameter must be either an Array or an Object')
  }
  normalizeMap(states).forEach(({ key, val }) => {
    res[key] = function mappedState () {
      let state = this.$store.state
      let getters = this.$store.getters
      if (namespace) {
        const module = getModuleByNamespace(this.$store, 'mapState', namespace)
        if (!module) {
          return
        }
        state = module.context.state
        getters = module.context.getters
      }
      return typeof val === 'function'
        ? val.call(this, state, getters)
        : state[val]
    }
    res[key].vuex = true
  })
  return res
})

function normalizeNamespace (fn) {
  return (namespace, map) => {
    if (typeof namespace !== 'string') {
      map = namespace
      namespace = ''
```

```
    } else if (namespace.charAt(namespace.length - 1) !== '/') {
      namespace += '/'
    }
    return fn(namespace, map)
  }
}

function normalizeMap (map) {
  if (!isValidMap(map)) {
    return []
  }
  return Array.isArray(map)
    ? map.map(key => ({ key, val: key }))
    : Object.keys(map).map(key => ({ key, val: map[key] }))
}
```

首先，mapState 是执行 normalizeNamespace 返回的函数，它拥有两个参数，其中 namespace 表示命名空间，map 表示具体需要映射数据的对象。namespace 可为空，稍后我会介绍 namespace 的作用。

当执行 mapState(map)函数的时候，实际上就是执行 normalizeNamespace 包裹的函数，然后把 map 作为参数 states 传入。

mapState 最终要构造一个对象，每个对象的元素都是一个函数，因为这个对象是要扩展到组件的 computed 计算属性中的。函数首先执行 normalizeMap 函数，把这个 states 变成一个数组，数组的每个元素都是{key, val}的形式。然后遍历这个数组，以 key 作为对象的 key，值为 mappedState 函数，在这个函数的内部，可以获取到$store.getters 和$store.state。接着判断数组的 val：如果是一个函数，则执行该函数，传入 state 和 getters，否则直接访问 state[val]。

比起一个个手动声明计算属性，mapState 确实要方便许多。下面我们来看一下 namespace 的作用。

当我们想访问一个子模块的 state 的时候，可能需要这样访问：

```
computed: {
  mapState({
    a: state => state.some.nested.module.a,
    b: state => state.some.nested.module.b
  })
}
```

这种写法略显冗余，为了优化，mapState 支持传入 namespace，我们可以这么写：

```
computed: {
  mapState('some/nested/module', {
    a: state => state.a,
    b: state => state.b
```

```
  })
}
```

这样看起来就清爽许多。在 mapState 的实现中，如果有 namespace，可以尝试通过 getModuleByNamespace(this.$store, 'mapState', namespace)获取对应的 module，接着把 state 和 getters 修改为 module 对应的 state 和 getters。

```
// src/helpers.js
function getModuleByNamespace (store, helper, namespace) {
  const module = store._modulesNamespaceMap[namespace]
  if (process.env.NODE_ENV !== 'production' && !module) {
    console.error(`[vuex] module namespace not found in ${helper}(): ${namespace}`)
  }
  return module
}
```

我们在 Vuex 初始化执行 installModule 的过程中，初始化了这个映射表：

```
// src/store-util.js
function installModule (store, rootState, path, module, hot) {
  // ...
  const namespace = store._modules.getNamespace(path)
  if (module.namespaced) {
    store._modulesNamespaceMap[namespace] = module
  }
  // ...
}
```

然后我们来看一下 mapGetters 的用法：

```
import { mapGetters } from 'vuex'

export default {
  // ...
  computed: {
    // 使用对象展开运算符将 getter 混入 computed 对象中
    ...mapGetters([
      'doneTodosCount',
      'anotherGetter'
      // ...
    ])
  }
}
```

和 mapState 类似，mapGetters 将 store 中的 getter 映射到局部计算属性，来看一下它的定义：

```
// src/helper.js
export const mapGetters = normalizeNamespace((namespace, getters) => {
  const res = {}
  if (__DEV__ && !isValidMap(getters)) {
```

```
    console.error('[vuex] mapGetters: mapper parameter must be either an Array or an Object')
  }
  normalizeMap(getters).forEach(({ key, val }) => {
    // The namespace has been mutated by normalizeNamespace
    val = namespace + val
    res[key] = function mappedGetter () {
      if (namespace && !getModuleByNamespace(this.$store, 'mapGetters', namespace)) {
        return
      }
      if (__DEV__ && !(val in this.$store.getters)) {
        console.error(`[vuex] unknown getter: ${val}`)
        return
      }
      return this.$store.getters[val]
    }
    res[key].vuex = true
  })
  return res
})
```

mapGetters 的实现和 mapState 类似，它也同样支持 namespace，每个 mappedGetter 的实现实际上就是获取 this.$store.getters[val]。

- **mapMutations**

我们可以在组件中使用 this.$store.commit('xxx')提交 mutation，或者使用 mapMutations 辅助函数将组件中的 methods 映射为 store.commit 的调用。

我们先来看一下 mapMutations 的用法：

```
import { mapMutations } from 'vuex'

export default {
  // ...
  methods: {
    ...mapMutations([
      'increment', // 将 `this.increment()` 映射为 `this.$store.commit('increment')`
    ]),
    ...mapMutations({
      add: 'increment' // 将 `this.add()` 映射为 `this.$store.commit('increment')`
    })
  }
}
```

mapMutations 支持传入一个数组或者对象，目标都是将组件中对应的 methods 映射为 store.commit 的调用。我们来看一下它的定义：

```
// src/helper.js
export const mapMutations = normalizeNamespace((namespace, mutations) => {
  const res = {}
```

```
  if (__DEV__ && !isValidMap(mutations)) {
    console.error('[vuex] mapMutations: mapper parameter must be either an Array or an Object')
  }
  normalizeMap(mutations).forEach(({ key, val }) => {
    res[key] = function mappedMutation (...args) {
      let commit = this.$store.commit
      if (namespace) {
        const module = getModuleByNamespace(this.$store, 'mapMutations', namespace)
        if (!module) {
          return
        }
        commit = module.context.commit
      }
      return typeof val === 'function'
        ? val.apply(this, [commit].concat(args))
        : commit.apply(this.$store, [val].concat(args))
    }
  })
  return res
})
```

可以看到，mappedMutation 同样支持了 namespace，并且支持传入额外的参数 args 作为提交 mutation 的 payload，最终就是执行了 store.commit 函数，并且这个 commit 会根据传入的 namespace，映射到对应 module 的 commit 函数上。

再来看 mapActions。我们可以在组件中使用 this.$store.dispatch('xxx')提交 action，或者使用 mapActions 辅助函数将组件中的 methods 映射为 store.dispatch 的调用。

mapActions 在用法上和 mapMutations 几乎一样，实现也很类似：

```
// src/helper.js
export const mapActions = normalizeNamespace((namespace, actions) => {
  const res = {}
  if (__DEV__ && !isValidMap(actions)) {
    console.error('[vuex] mapActions: mapper parameter must be either an Array or an Object')
  }
  normalizeMap(actions).forEach(({ key, val }) => {
    res[key] = function mappedAction (...args) {
      let dispatch = this.$store.dispatch
      if (namespace) {
        const module = getModuleByNamespace(this.$store, 'mapActions', namespace)
        if (!module) {
          return
        }
        dispatch = module.context.dispatch
      }
      return typeof val === 'function'
        ? val.apply(this, [dispatch].concat(args))
        : dispatch.apply(this.$store, [val].concat(args))
    }
  })
```

```
  return res
})
```

mapActions 和 mapMutations 的实现几乎一样，不同的是把 commit 函数换成了 dispatch 函数。

24.3.4 动态更新模块

在 Vuex 初始化阶段，我们构造了模块树，初始化了模块上的各个部分。在有些场景下，我们需要动态注入一些新的模块。Vuex 提供了模块动态注册功能，在 store 对象上提供了 registerModule API：

```
// src/store.js
registerModule (path, rawModule, options = {}) {
  if (typeof path === 'string') path = [path]

  if (__DEV__) {
    assert(Array.isArray(path), `module path must be a string or an Array.`)
    assert(path.length > 0, 'cannot register the root module by using registerModule.')
  }

  this._modules.register(path, rawModule)
  installModule(this, this.state, path, this._modules.get(path), options.preserveState)
  resetStoreState(this, this.state)
}
```

registerModule 函数拥有三个参数，其中 path 表示模块路径，rawModule 表示模块定义，options 为一些配置选项。

registerModule 内部首先执行模块的 register 函数扩展模块树，然后执行 installModule 安装模块，最后执行 resetStoreState 重置 store 的状态。

相对地，有动态注册模块的需求就有动态卸载模块的需求，Vuex 提供了动态卸载模块的功能，在 store 对象上提供了 unregisterModule API：

```
// src/store.js
unregisterModule (path) {
  if (typeof path === 'string') path = [path]

  if (__DEV__) {
    assert(Array.isArray(path), `module path must be a string or an Array.`)
  }

  this._modules.unregister(path)
  this._withCommit(() => {
    const parentState = getNestedState(this.state, path.slice(0, -1))
    delete parentState[path[path.length - 1]]
  })
  resetStore(this)
}
```

unregisterModule 函数的参数 path 表示模块路径，函数内部首先执行模块 unregister 函数去修剪模块树：

```
// src/module/module-collection.js
unregister (path) {
  const parent = this.get(path.slice(0, -1))
  const key = path[path.length - 1]
  const child = parent.getChild(key)

  if (!child) {
    if (__DEV__) {
      console.warn(
        `[vuex] trying to unregister module '${key}', which is ` +
        `not registered`
      )
    }
    return
  }

  if (!child.runtime) {
    return
  }

  parent.removeChild(key)
}
```

注意，这里只会移除我们运行时动态创建的模块。

接着回到 unregisterModule 函数，会删除 state 在该路径下的引用，最后执行 resetStore 函数：

```
// src/store-util.js
export function resetStore (store, hot) {
  store._actions = Object.create(null)
  store._mutations = Object.create(null)
  store._wrappedGetters = Object.create(null)
  store._modulesNamespaceMap = Object.create(null)
  const state = store.state
  installModule(store, state, [], store._modules.root, true)
  resetStoreState(store, state, hot)
}
```

resetStore 函数就是把 store 对象对应存储的_actions、_mutations、_wrappedGetters 和 _modulesNamespaceMap 都清空，然后重新执行 installModule，安装所有模块，执行 resetStoreState，重置 store 的状态。

24.4　插件

Vuex 除了提供存取能力，还提供了一种插件能力，让我们可以通过监控 store 的变化过程来做一些事情。比如在实例化 Store 的时候，我们可以传入插件，它们是一些数组。在执行 Store 构造函数的时候，会执行这些插件：

```
// src/store.js
const {
  plugins = [],
  strict = false,
  devtools
} = options
plugins.forEach(plugin => plugin(this))
```

在实际项目中，用得最多的就是 Vuex 内置的 Logger 插件，它能够帮我们追踪 state 的变化，然后输出一些格式化日志。下面我们就来分析这个插件的实现：

```
export function createLogger ({
  collapsed = true,
  filter = (mutation, stateBefore, stateAfter) => true,
  transformer = state => state,
  mutationTransformer = mut => mut,
  actionFilter = (action, state) => true,
  actionTransformer = act => act,
  logMutations = true,
  logActions = true,
  logger = console
} = {}) {
  return store => {
    let prevState = deepCopy(store.state)

    if (typeof logger === 'undefined') {
      return
    }

    if (logMutations) {
      store.subscribe((mutation, state) => {
        const nextState = deepCopy(state)

        if (filter(mutation, prevState, nextState)) {
          const formattedTime = getFormattedTime()
          const formattedMutation = mutationTransformer(mutation)
          const message = `mutation ${mutation.type}${formattedTime}`

          startMessage(logger, message, collapsed)
          logger.log('%c prev state', 'color: #9E9E9E; font-weight: bold', transformer(prevState))
          logger.log('%c mutation', 'color: #03A9F4; font-weight: bold', formattedMutation)
          logger.log('%c next state', 'color: #4CAF50; font-weight: bold', transformer(nextState))
          endMessage(logger)
        }

        prevState = nextState
      })
    }
```

```
    if (logActions) {
      store.subscribeAction((action, state) => {
        if (actionFilter(action, state)) {
          const formattedTime = getFormattedTime()
          const formattedAction = actionTransformer(action)
          const message = `action ${action.type}${formattedTime}`

          startMessage(logger, message, collapsed)
          logger.log('%c action', 'color: #03A9F4; font-weight: bold', formattedAction)
          endMessage(logger)
        }
      })
    }
  }
}
```

Logger 插件的主要作用就是用格式化的方式输出提交的 mutation、mutation 前后变化的 state，以及提交的 action。

当 logMutations 为 true 的时候，会通过 store.subscribe 来订阅 state 的变化；当 logActions 为 true 的时候，会通过 store.subscribeAction 来订阅 action 的提交。下面来看 store 对象的两个订阅函数的实现：

```
// src/store.js
subscribe (fn, options) {
  return genericSubscribe(fn, this._subscribers, options)
}

subscribeAction (fn, options) {
  const subs = typeof fn === 'function' ? { before: fn } : fn
  return genericSubscribe(subs, this._actionSubscribers, options)
}

// src/store-util.js
export function genericSubscribe (fn, subs, options) {
  if (subs.indexOf(fn) < 0) {
    options && options.prepend
      ? subs.unshift(fn)
      : subs.push(fn)
  }
  return () => {
    const i = subs.indexOf(fn)
    if (i > -1) {
      subs.splice(i, 1)
    }
  }
}
```

subscribe 和 subscribeAction 函数内部都执行了 genericSubscribe 函数，其中，subscribe 函数把订阅的回调函数 fn 添加到 store._subscribers 中；subscribeAction 函数把订阅的回调函数 fn 添加到 store._actionSubscribers 中。而我们在执行 store.commit 函数的时候，会遍历

`store._subscribers` 执行它们对应的回调函数：

```
commit (_type, _payload, _options) {
  const {
    type,
    payload,
    options
  } = unifyObjectStyle(_type, _payload, _options)

  const mutation = { type, payload }
  // ...
  this._subscribers.forEach(sub => sub(mutation, this.state))
}
```

同样，在执行 `store.dispatch` 函数的时候，也会遍历 `store.actionSubscribers` 执行它们对应的回调函数：

```
dispatch (_type, _payload) {
  // check object-style dispatch
  const {
    type,
    payload
  } = unifyObjectStyle(_type, _payload)

  const action = { type, payload }

  // ...

  try {
    this._actionSubscribers
      .slice()
      .filter(sub => sub.before)
      .forEach(sub => sub.before(action, this.state))
  } catch (e) {
    // ...
  }

  const result = entry.length > 1
    ? Promise.all(entry.map(handler => handler(payload)))
    : entry[0](payload)

  return new Promise((resolve, reject) => {
    result.then(res => {
      try {
        this._actionSubscribers
          .filter(sub => sub.after)
          .forEach(sub => sub.after(action, this.state))
      } catch (e) {
        // ...
      }
      resolve(res)
    }, error => {
      try {
```

```
        this._actionSubscribers
          .filter(sub => sub.error)
          .forEach(sub => sub.error(action, this.state, error))
      } catch (e) {
        // ...
      }
      reject(error)
    })
  })
}
```

actionSubscribers 中的每一个订阅者都可以是一个对象：对象内部的 sub.before 函数会在执行 action 函数前执行；sub.after 函数会在执行 action 函数后执行；sub.error 函数会在执行 action 函数出错后执行。

再回到 Logger 插件，对于 mutation 的订阅函数，它会用格式化的方式输出提交 mutation 前的 prevState、提交的 mutation 字符串，以及提交 mutation 后的 nextState。

注意，prevState 和 nextState 都通过 deepCopy 函数复制了 store.state，因为 store.state 是引用类型的对象，而提交 mutation 的过程就是对 store.state 的修改，所以如果直接执行 log，会输出修改后的最新 store.state 对象，而使用副本就可以输出 store.state 当时的状态值。

action 订阅函数会用格式化的方式输出派发 action 的类型。

24.5　总结

Vuex 是专门为 Vue.js 设计的状态管理工具。我们可以把 store 想象成一个数据仓库，为了更方便地管理仓库，我们把一个大的 store 拆成一些小的 module，整个 modules 是一个树形结构。每个 module 又分别定义了 state、getters、mutations、actions，我们也通过递归遍历模块的方式完成了它们的初始化。

store 内部通过 state 存储数据，它是一个响应式对象，只能通过提交 mutation 的方式修改。如果在组件中引入 state，那么它的变化也会引起组件的重新渲染。getters 是由 state 计算而来的数据，内部也是通过计算属性来实现的。对于异步修改 state，我们通常会通过派发一个 action 来实现。

Vuex 还给我们提供了很多好用的 API，帮助我们实现数据的存取、模块的动态更新，以及状态变化的订阅。

Vuex 从设计上支持了插件，让我们能很好地从外部追踪 store 内部的变化。Logger 插件在我们的开发阶段起到了很好的指引作用。